目 录

在近代历史中，由于长期封建主义的腐败统治和帝国主义的侵略与掠夺，使得我国的机械工业一直处于非常落后的状态。据资料记载，直到19世纪中叶起我国才开始有少量的机械加工厂；1915年，上海荣昌泰机器厂才制造出了第一台国产车床；1947年，我国民用机械工业也只有3000多家，拥有机床仅20000多台。当时使用的最好的刀具材料是碳素工具钢，其切削速度不超过16m/min，切削效率很低。

0.1.2 近年来我国机械加工技术及设备的发展水平与展望

新中国成立后，我国的机械加工技术得到了迅速发展。机械加工技术有赖于机床工业的发展和刀具材料的革新。新中国成立后我国的机床工业从无到有、从小到大、从仿造到自己设计、制造，扩建及兴建了一大批机床制造厂，开始了各种机床的研究和试制工作。这使我国的机床工业逐步形成了一个布局日趋合理、产品门类日趋全面的完整体系，能够生产出从小型的仪表机床到重型（质量达30t）的各类机床，从通用机床到各种精密、高效率、高自动化的机床，机床年产量达到了13万台，品种达1000多种。自20世纪50年代起，我国机械制造业开始广泛使用硬质合金刀具材料，大大提高了切削速度，1950年上海机床厂首创了550m/min的切削速度。与此同时，大力推广高速切削、强力切削、多刀多刃切削，兴起了改革刀具的热潮，各地劳模和先进工作者成功研制出了一大批先进刀具。另外，先进的加工工艺、新型刀具材料也不断涌现。切削机理也得到了更加深入的研究，许多高等院校、研究所、工具刃具厂在机械加工技术和切削刀具的研究方面都取得了十分丰硕的成果。

改革开放以来，机械行业注意从国外引进先进技术，通过与国际学术组织、专家学者的学术与技术交流，促进了我国的机械加工设备及切削技术水平的进一步提高，并逐步缩小了我国与国际先进水平的差距。当今需要切削的材料十分广泛，除传统的金属材料之外，非金属材料也越来越多。从软的橡胶、塑料到坚硬的花岗岩石；从普通的钢材到高强度钢、耐热钢、铁合金、冷作硬化铸铁、淬硬钢等。切削技术不仅能够解决各种硬、韧、脆、粘等难加工材料，而且能够解决各种特高精度、特长、特深、特薄、特小等特形零件的加工。

近年来，随着电子计算机在切削研究、刀具设计与机械制造中的广泛应用，一批我国自行开发的先进制造技术已经得到社会认可，有的已经接近或达到国际先进水平。随着科学技术和现代工业日新月异的快速发展，机械加工技术也正朝着“高速、精密、复合、智能和环保”的方向大步前进。

0.2 机械加工技术在我国国民经济中的地位

0.2.1 机械制造业在国民经济中的地位和作用

在人们的日常工作、生活中，使用着各种各样的机器设备、仪器工具，这些机器、设备、仪器和工具大部分是由一定形状和尺寸的金属零件所组成的。生产这些零件并将它们装配成机器、设备、仪器和工具的工业，即称为机械制造业。机械制造业为人类的生存、生产、生活提供各种设备，它既是国民经济中的基础产业，在一定程度上也是国家创造力、竞争力和综合国力的重要标志。它不仅为现代工业社会提供物质基础，为信息与知识社会提供先进装备和技术平台，也是实现具有中国特色军事变革和国防安全的基础。

0.2.2 机械加工技术及设备在国民经济中的地位和作用

在机械零件的加工制造过程中，采用铸造、锻压、焊接、冲压等制造方法，可以获得低精度的零件。对于精度要求较高、表面粗糙度值较小的零件，主要依靠切削加工的方法来实现。可以这样讲，机械工业的发展和进步，在很大程度上取决于切削加工技术的发展。从历史上看，1769 年瓦特发明了蒸汽机，但是当时加工技术还十分落后，由于加工不出高精度的气缸而使蒸汽机得不到推广应用。1775 年，威尔逊成功地改造了一台气缸镗床，解决了这一难题。就在第二年（1776 年）蒸汽机便得到了实际应用，从而掀起了第一次产业革命，由此可见，切削加工技术的发展对人类科学技术的进步有着十分重要的作用。在科学技术高度发展的今天，依然如此。现代工业对切削加工技术提出了越来越高的要求，如要求达到纳米级（10^{-6}mm）的超精密加工，大规模集成电路硅片划片的超微细加工，重型设备超大型件的加工，难加工材料和具有特殊物理性能材料的加工等，诸如此类，给现代切削加工技术提出了许多新的课题。同时，当产品的设计图样确定之后，要提高产品的质量和劳动生产率，降低生产成本，采用先进的加工技术是关键。因此，在未来的竞争中，谁掌握了先进的加工技术，谁就拥有控制市场的主动权。

事实已经证明，机械加工技术的发展水平直接影响着机械制造工业的发达程度，更是评价一个国家综合国力强弱的一大标志。机械制造离不开加工设备，尤其离不开金属切削加工的设备——机床，没有机床就没有机械制造业。要发展高精尖的装备制造业，必须首先发展更加高精尖的机床制造业，否则发展高端制造业就是空谈。金属切削机床是制造机器的机器，又称为“工作母机”或“工具机”，在机械制造工业中，尤其是在加工精密零件时，目前主要是依靠切削加工来达到所需的加工精度和表面粗糙度。所以，金属切削机床是加工机器零件的主要设备，据有关资料表明，目前各国机械制造业中使用的工作母机，有 80% ~ 90% 是各种类型和规格的切削机床。因此说，机床是工业化的核心。在一般机械制造厂，机床所担负的总工作量约占机器的总制造工作量的 40% ~ 60%，它的技术性能和先进程度直接影响到机器制造的产品质量和劳动生产率，进而决定着国民经济的发展水平。

一个国家要繁荣富强，需要一个强大的机械制造业为国民经济各部门提供各种现代化的先进技术装备，然而一个现代化的机械制造业必须要有一个现代化的机床制造业作后盾。机床的拥有量、产量、品种和质量，是衡量一个国家工业水平的重要标志之一。由此可见，机械加工技术及设备在国民经济中占有极其重要的地位。

0.3 本课程的性质、内容、学习要求和方法

0.3.1 本课程的性质

“机械加工技术及设备”是工科院校机械类专业的主修专业课。它是在课程改革的过程中，由原来机械类专业的“金属切削原理与刀具”、“金属切削机床”、“机械制造工艺学”和“机床夹具设计”等多门专业课的基本理论和基础知识经过有机整合而形成的一门新课，是机械类专业学生必修的重要知识内容。本课程是研究金属切削加工的基本原理和基本规律、金属切削机床的结构和工作原理、机械制造的方法和工艺过程以及机床夹具设计的基本

知识和方法的一门学科，是为整个机械制造过程服务的。其主要任务是：使学生具备整个机械加工过程中所必需的基本知识和基本技能，培养学生的创新意识和解决机械加工过程中一般技术问题的能力。它是机械类各专业的重要课程之一。

0.3.2　本课程所包含的内容和学习要求

一个机械产品的制造过程包括零件制造和整机装配等一系列的工作。零件的加工实质是零件表面的成形过程，这些成形过程是由不同的加工方法来完成的。在一个零件上，被加工的表面类型不同，所采用的加工方法也就不同；同一个被加工表面，精度和表面质量要求不同，所采用的加工方法以及各种加工方法的组合也不同。本课程所讲授的内容主要包括：①金属切削加工的基本知识；②金属切削加工理论及其应用；③车床及车刀；④铣床及铣刀；⑤齿轮加工机床及切齿刀具；⑥其他加工机床（如钻、镗、刨、插、拉、磨等）及刀具；⑦先进加工设备简介；⑧机械加工工艺规程的制订；⑨典型零件加工；⑩机械装配工艺基础；⑪机械加工质量；⑫机床夹具设计基础。

通过本课程的学习，使学生掌握机械加工的基本原理和规律，机械加工的程序和基本方法、所用的设备、工具的构造、工作原理及其选用、机床夹具设计的基本理论和方法，先进制造技术的有关知识，从而为将来从事机械加工岗位的专业技术工作奠定一定的理论知识基础。

0.3.3　本课程的学习方法

“机械加工技术及设备”是一门综合性和实践性很强的学科，涉及知识面很广。它源于生产实践，又服务和指导于生产实践，具有很强的实践性，没有足够的实践基础很难准确地把握与理解。因此本课程对初学者来说，会感到有一定的难度。所以，学习本课程时不但要注意系统地学好本课程的基础理论知识和沟通它与基础学科和相关学科知识间的联系，而且更要注重密切联系生产实践，重视利用各类实践性教学环节来帮助学生更好地体会和加深理解所学的内容，将知识转化为技术并提高分析问题和解决问题的能力。通过本课程及后续课程的学习，逐步掌握机械加工的理论与实践知识，为毕业后参加社会实践、投身国家的现代化建设打下坚实的基础。

第1章　金属切削加工基本知识

【学习目标】本章主要介绍切削加工当中的运动和切削要素、刀具切削部分的几何参数以及各种因素对刀具工作角度的影响；介绍切削加工对刀具材料性能的要求以及常用刀具材料的适用范围和选择原则；介绍机床的分类方法和类型、机床型号的编制方法、表面成形运动的分析、机床的传动联系和传动原理图的分析、机床的传动系统图和转速分布图。通过本章的学习，帮助学生为学习后续章节打下一定的知识基础。

金属切削加工是指利用金属切削刀具，在工件表面上切除多余的材料，使工件达到规定的几何形状、尺寸精度和表面质量的一种机械加工方法。用金属切削加工的方法从工件表面上切除多余的金属，形成符合要求的已加工表面，必须具备两个基本条件：切削运动和切削刀具。

1.1　切削加工的基本概念

1.1.1　切削运动

在金属切削加工中，刀具和工件间必须完成一定的切削运动，才能从工件表面上切去一部分多余的金属层。切削运动是为了形成工件表面所必需的刀具与工件之间的相对运动。切削运动按其作用不同，分为主运动和进给运动，如图1-1所示。

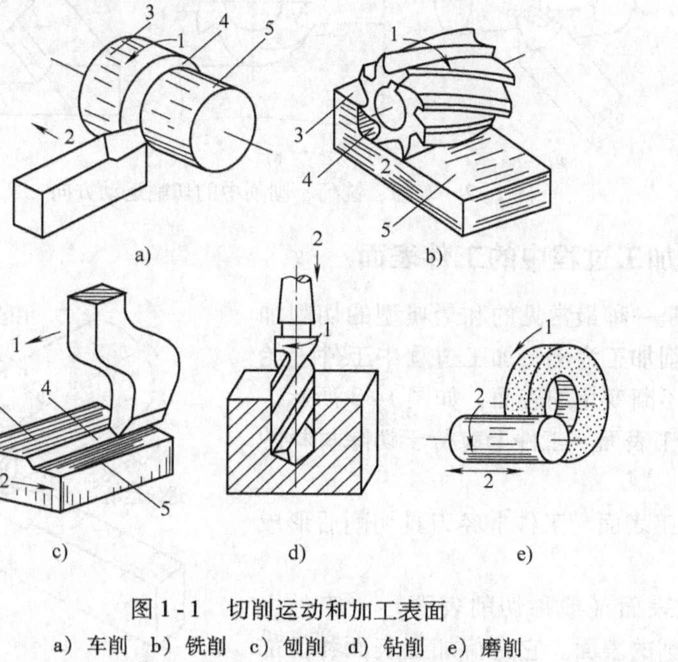

图1-1　切削运动和加工表面

a）车削　b）铣削　c）刨削　d）钻削　e）磨削

1—主运动　2—进给运动　3—待加工表面　4—过渡表面　5—已加工表面

1. 主运动

主运动是切削中由机床提供的使刀具与工件之间产生的最主要的相对运动，它使刀具切削刃及其邻近的刀具表面切入工件上多余的材料，并使其转变为切屑，从而形成工件的新表面。在切削运动中，主运动的运动速度最高、消耗功率最大。车削时主轴带动工件的旋转运动是主运动；铣削和钻削时刀具的旋转运动是主运动；磨削时砂轮的旋转运动是主运动。

（1）主运动方向　刀具切削刃上选定点相对于工件的瞬时主运动方向。

（2）切削速度 v_c　刀具切削刃上选定点相对于工件的主运动的瞬时速度。

2. 进给运动

进给运动是由机床或人力提供的刀具与工件之间附加相对运动，它配合主运动依次地或连续不断地切除工件上的加工余量，从而形成具有所需几何特性的已加工表面。进给运动可由刀具完成（如车削），也可由工件完成（如铣削），可以是间歇的（如刨削），也可以是连续的（如车削）。进给运动的速度较小，消耗的功率也较少。

（1）进给运动方向　切削刃上选定点相对于工件的瞬时进给方向。

（2）进给速度 v_f　切削刃上选定点相对于工件的进给运动的瞬时速度。

3. 合成切削运动

主运动和进给运动合成的运动称为合成切削运动。主运动和进给运动矢量和的方向是合成运动速度的方向；主运动和进给运动矢量和的大小是合成运动速度的大小。

图 1-2a、b、c 中的 3、4、5 分别是车削、铣削和刨削时工件上的待加工表面、过渡表面和已加工表面。

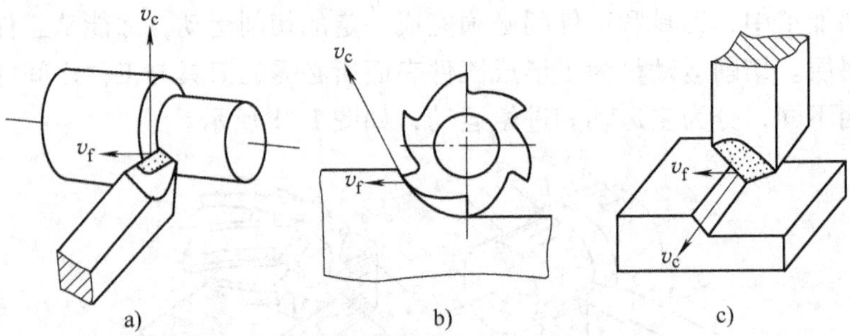

图 1-2　车削、铣削、刨削中的切削运动方向

1.1.2　切削加工过程中的工件表面

车削加工是一种最常见的和最典型的切削加工方法。以车削加工为例，加工过程中工件上始终存在着三个不断变化的表面，如图 1-3 所示。

（1）待加工表面　工件上有待于切除材料的表面。

（2）已加工表面　工件上经刀具切削后形成的新表面。

（3）过渡表面（或称切削表面）　工件上切削刃正在切削的表面。它是待加工表面和已加工表面之间的过渡表面。

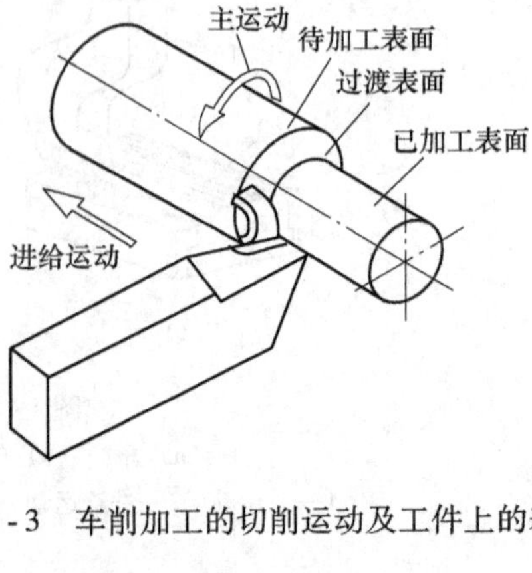

图 1-3　车削加工的切削运动及工件上的表面

1.1.3　切削要素

切削要素主要是指切削加工过程的切削用量要素和在切削加工过程中由余量变成切屑的切削层横截面要素，如图 1-4 所示。

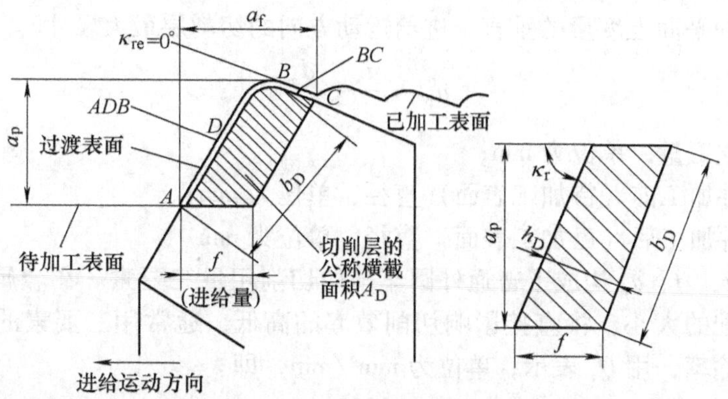

图 1-4　车削时的切削层尺寸

1. 切削用量要素

切削用量要素是指切削加工过程中切削速度、进给量和背吃刀量（切削深度）三个要素的总称。它表示主运动和进给运动的量，用于调整机床的工艺参数。

（1）切削速度 v_c　切削速度是指切削刃上选定点相对于工件的主运动的瞬时速度。外圆车削时的切削速度为

$$v_c = \frac{\pi d_w n}{1000} \tag{1-1}$$

式中　v_c——切削速度，单位为 m/min；

d_w——工件待加工表面的直径，单位为 mm；

n——工件的转速，单位为 r/min。

（2）进给量 f　进给量是指刀具在进给方向上相对工件的位移量。当主运动是回转运动时，进给量是指工件或刀具每回转一周，两者沿进给方向的相对位移量，单位为 mm/r，如车削时的进给量 f 是指工件每转一转，车刀沿进给运动方向的位移量；当主运动是直线运动时，进给量是指刀具或工件每往复直线运动一次，两者沿进给方向的相对位移量，单位为 mm/双行程或 mm/单行程；对于多齿的旋转刀具（如铣刀、切齿刀），常用每齿进给量 f_z，单位为 mm/z 或 mm/齿，它与进给量 f 的关系为

$$f = zf_z \tag{1-2}$$

式中　z——铣刀的刀齿数。

车削时进给速度 v_f 可由式（1-3）计算

$$v_f = fn \tag{1-3}$$

式中　v_f——进给速度，单位为 mm/min；

f——进给量，单位为 mm/r；

n——主运动转速，单位为 r/min。

铣削时进给速度为

$$v_f = fn = zf_z n \tag{1-4}$$

因此，合成切削速度 v_e 可表达为

$$\overline{v_e} = \overline{v_c} + \overline{v_f} \tag{1-5}$$

（3）背吃刀量 a_p　背吃刀量是工件已加工表面和待加工表面之间的垂直距离（或者说在垂直于主运动的平面上度量的垂直于进给运动方向的切削层最大尺寸）。外圆车削时

$$a_p = \frac{d_w - d_m}{2} \tag{1-6}$$

式中　a_p——背吃刀量，单位为mm；

d_w——工件加工前（待加工表面）直径，单位为mm；

d_m——工件加工后（已加工表面）直径，单位为mm。

由上述要素 v_c、f、a_p 构成了普通外圆车削的切削用量三要素。在金属切削过程中，切削用量三要素选配的大小，将直接影响切削效率的高低，通常用三要素的乘积作为衡量指标，称为材料切除率，用 Q_z 表示，单位为 mm^3/min，即

$$Q_z = 1000 v_c f a_p \tag{1-7}$$

2. 切削层横截面要素

切削层是指在切削加工过程中，由刀具在切削部分的一个单一动作所切除的工件材料层。切削层横截面是指切削层的轴向剖面。切削层横截面要素是指切削层的横截面尺寸，即在基面中测量的切削层公称宽度 b_D、切削层公称厚度 h_D 和切削层公称横截面积 A_D 三个要素。它们的大小与切削用量 f、a_p 有关（见图1-4）。

（1）切削层公称宽度 b_D　平行于正在加工的表面（过渡表面）度量的切削层参数，或者说是刀具主切削刃与工件的接触长度，单位为mm。

（2）切削层公称厚度 h_D　垂直于正在加工的表面（过渡表面）度量的切削层参数，或者说是刀具（工件）每移动一个进给量 f 时，刀具主切削刃相临两个位置之间的垂直距离，单位是mm。

（3）切削层公称横截面积 A_D　即切削层横截面的面积，单位为 mm^2。

切削用量要素与切削层横截面要素的关系如下

$$h_D = f\sin\kappa_r \tag{1-8}$$

$$b_D = a_p/\sin\kappa_r \tag{1-9}$$

$$A_D = h_D b_D = a_p f \tag{1-10}$$

从上述公式中可看出 h_D、b_D 均与主偏角 κ_r 有关，但切削层公称横截面积 A_D 只与 h_D、b_D 或 f、a_p 有关。

1.2　金属切削刀具

1.2.1　刀具的构成

金属切削刀具的种类很多，但任何刀具都是由工作部分和夹持部分构成。以普通外圆车刀为例（见图1-5），车刀的工作部分比较简单，刀头即是车刀的切削部分，车刀的柄部（或刀杆）就是非工作部分。

不论刀具结构如何复杂，它们切削部分的几何形状与参数却有着相同或相似之处。如图 1-6 所示，各种复杂刀具或多齿刀具，就其中一个刀齿的切削部分来看，都可以看作是由外圆车刀的切削部分演变而来，故本节以外圆车刀为例，对刀具切削部分的结构要素作出定义。

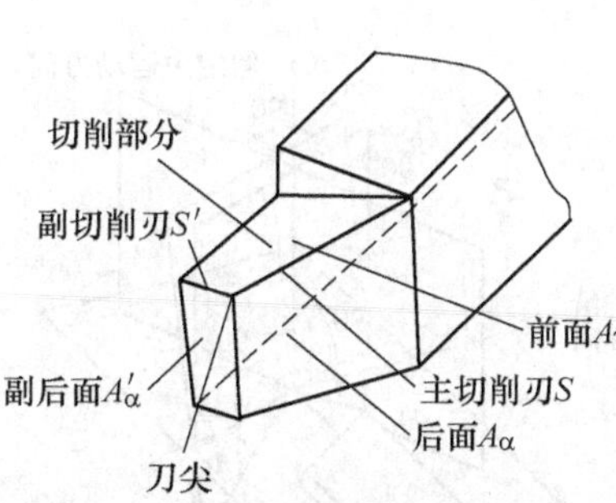

图 1-5　普通外圆车刀的构成

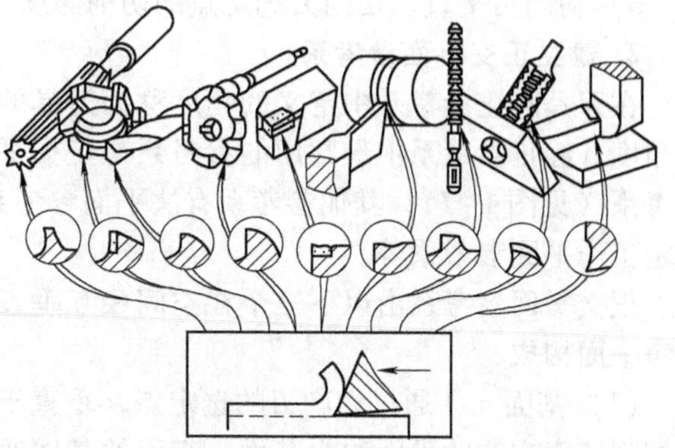

图 1-6　各种刀具切削部分的形状

1.2.2　刀具切削部分的基本定义

由图 1-5 可知，刀具切削部分由切削刃、刀尖和刀面构成。

1. 切削刃

（1）主切削刃 S　主切削刃是刀具前面与后面相交而得到的切削边锋。主切削刃在切削过程中承担主要的切削任务。

（2）副切削刃 S'　副切削刃是刀具前面与副后面相交而得到的切削边锋。它协同主切削刃完成金属切除工作，以最终形成工件的已加工表面。

2. 刀尖

刀尖是三个刀面在空间的交点，也可理解为主、副切削刃汇交的一小段切削刃。在实际应用中，为增加刀尖的强度与耐磨性，一般在刀尖处磨出直线或圆弧形的过渡刃。

3. 刀面

（1）前面 A_γ　切屑流出时所经过的刀面称为刀具的前面。

（2）后面 A_α　刀具的后面是与工件正在被切削加工的表面（过渡表面）相对的刀面。

（3）副后面 A'_α　刀具的副后面是与副切削刃毗邻、与工件已切削加工表面相对的刀面。

1.2.3　刀具的几何角度

刀具要从工件上切下金属，就必须使刀具切削部分具有合理的几何角度。刀具角度是刀具设计、制造、刃磨和测量时所使用的几何参数，是确定刀具切削部分几何形状的重要参数。用于定义和规定刀具角度的各基准坐标面称为参考系，参考系可分为两类：一类被称为刀具标注角度参考系，即刀具静止参考系，在刀具设计图上标注的角度，刀具在制造、测量和刃磨时，均以它为基准；另一类称为刀具工作角度参考系，它是确定刀具在切削运动中有效工作角度的参考系。它们的区别是：前者由主运动方向确定，而后者则由合成运动方向确定。

1. 建立车刀静止参考系的假设

为了方便理解，我们不妨对刀具和切削状态作出如下假设：

1）不考虑进给运动的影响。

2）车刀安装绝对准确，即刀尖与工件中心等高，刀杆轴线垂直于工件轴线。

3）切削刃平直，切削刃选定点的切削速度方向与切削刃各处的切削速度方向平行。

2. 建立正交平面参考系

在刀具静止参考系中定义的角度称为刀具的标注角度。静止参考系中最常用的参考系是正交平面参考系（见图1-7），其他参考系有法平面参考系、假定工作平面参考系等。

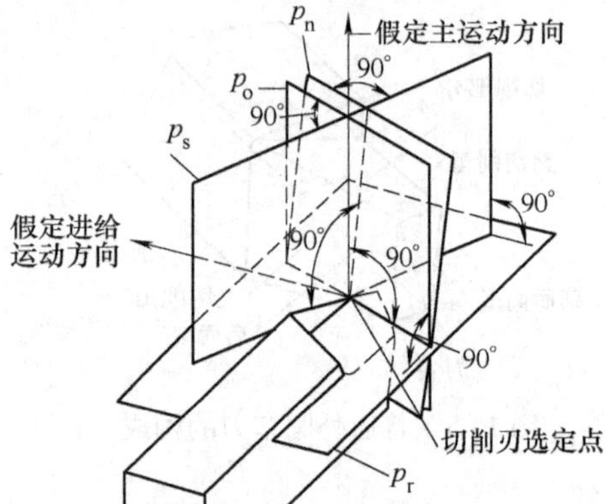

图1-7　正交平面参考系与法平面参考系

正交平面参考系由以下三个在空间相互垂直的参考平面构成：

（1）基面 p_r　通过切削刃的选定点，垂直于该点切削速度方向的平面称为基面。车刀的基面通常平行于车刀的安装面（底面）。

（2）切削平面 p_s　通过切削刃的选定点，垂直于基面并与主切削刃相切的平面称为切削平面，即切于该点过渡表面的平面。或者说由切削刃的切线与假定主运动方向所组成的平面。

（3）正交平面 p_o　通过切削刃的选定点，垂直于主切削刃在基面上投影的平面称为正交平面（正交平面同时与基面和切削平面垂直）。

根据上述定义可建立正交平面参考系：首先确认刀具切削部分的主切削刃和副切削刃，然后分别在两刃上确定考查点 x 或 x'，接着再确定考查点 x（或 x'）处主切削运动速度的方向，最后根据定义建立正交平面参考系中的基面、切削平面和正交平面。

3. 正交平面参考系中刀具的标注角度

刀具在设计、制造、刃磨和测量时，都是用刀具标注角度参考系中的角度来标明切削刃和刀面空间位置的，故这些角度称为刀具的标注角度。建立正交平面参考系是为了将刀具切削部分的切削刃和刀面在空间的位置确定下来。通常是用刀具的几何角度来描述其空间位置。

（1）在基面中测量的刀具角度

1）主偏角 κ_r。主偏角是主切削刃在基面上的投影与进给运动速度 v_f 方向之间的夹角。或者说是主切削平面与假定工作平面之间的夹角。

2）副偏角 κ_r'。副偏角是副切削刃在基面上的投影与进给运动速度 v_f 反方向之间的夹角。或者说是副切削平面与假定工作平面之间的夹角。

3）刀尖角 ε_r。刀尖角是主、副切削刃在基面上的投影之间的夹角，它是派生角度。从图1-8中可看出

$$\varepsilon_r = 180° - (\kappa_r + \kappa_r') \tag{1-11}$$

主切削刃和副切削刃之间的过渡刃参数将改变刀尖的几何形状，用刀尖圆弧半径 r_ε 描述，当 $r_\varepsilon = 0$ 时为尖角过渡，当 $r_\varepsilon > 0$ 时为圆角过渡。

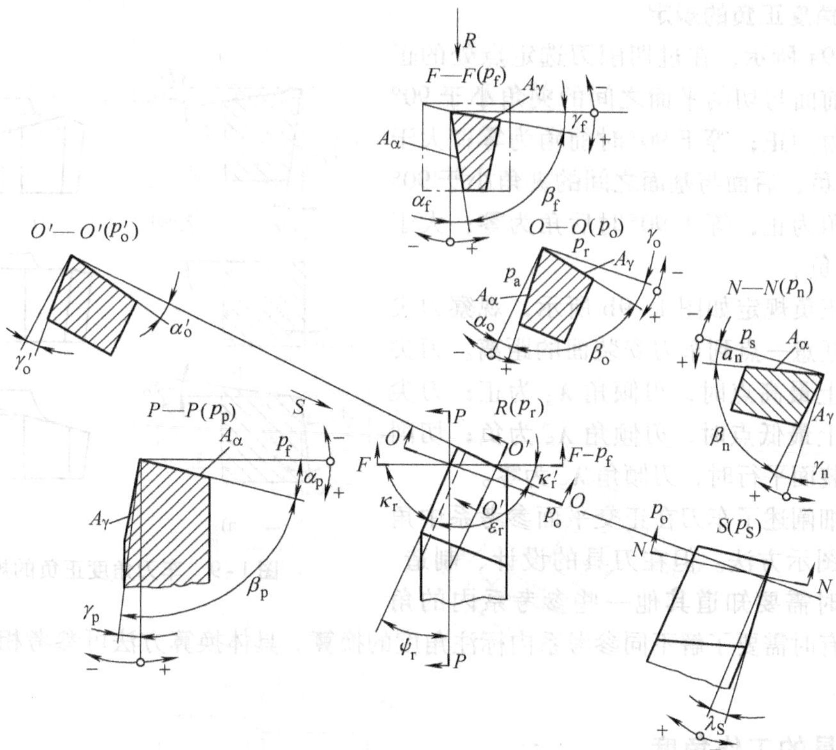

图 1-8　标注角度参考系内的刀具角度标注

（2）在切削平面中测量的刀具角度　在切削平面上可描述刀具刃口的倾斜程度，即主切削刃与基面之间的夹角，定义为刃倾角 λ_s。

（3）在正交平面（p_o—p_o）中测量的刀具角度

1）前角 γ_o。前角是前面与基面之间的夹角。

2）后角 α_o。后角是后面与切削平面之间的夹角。

3）楔角 β_o。楔角是前面与后面之间的夹角，它是派生角度。它与前角、后角有如下的关系

$$\beta_o = 90° - (\gamma_o + \alpha_o) \tag{1-12}$$

（4）在副截面 p_o—p_o 中测量的刀具角度

1）副前角 γ_o'。副前角是副前面与基面之间的夹角。

2）副后角 α_o'。副后角是副后面与副切削平面之间的夹角。

4. 其他刀具标注参考系

（1）法平面 p_n 与法平面参考系　通过切削刃上选定点并与切削刃垂直的平面（见图 1-7），称为法平面。p_r、p_S、p_n 组成的参考系称为法平面参考系。刀具角度标注如图 1-8 所示。

（2）假定工作平面 p_f、背平面 p_p 及其参考系　通过切削刃上选定点并垂直于该点基面且平行于假定进给运动方向的平面，称为假定工作平面。通过切削刃上选定点并垂直于该点基面和假定工作平面的平面，称为背平面。p_r、p_f、p_p 组成的参考系称为假定工作平面—背平面参考系。刀具角度标注见图 1-8 所示。

$$\tan\mu = \frac{v_f}{v_c} = \frac{f}{\pi d} \tag{1-15}$$

式中　d——随着车刀进给而不断变化着的切削刃选定点处工件的旋转直径，单位为 mm。

由式（1-15）可以看出，工件直径减小或进给量增大都将使 μ 值增大，使工作后角减小。在一般情况下（如普通车削、镗削、端铣），μ 增值很小，故可忽略不计。但在车螺纹或丝杠（见图 1-11）、铲背时，μ 值就增大很多，它是不可忽略的。

（3）刀具安装高低对工作角度的影响　如图 1-13 所示，用刃倾角 $\lambda_s = 0°$ 的车刀切削外圆时，由于车刀的刀尖高于工件中心，使其基面和切削平面的位置发生变化，工作前角 γ_{oe} 增大，而工作后角 α_{oe} 减小。在背平面内这两个角度的变化值 θ_p 为

$$\sin\theta_p = \frac{2h}{d_w} \tag{1-16}$$

式中　h——刀尖高于工件中心线的数值，单位为 mm；

d_w——工件直径，单位为 mm。

则工作角度为

$$\gamma_{pe} = \gamma_p + \theta_p \tag{1-17}$$

$$\alpha_{pe} = \alpha_p - \theta_p \tag{1-18}$$

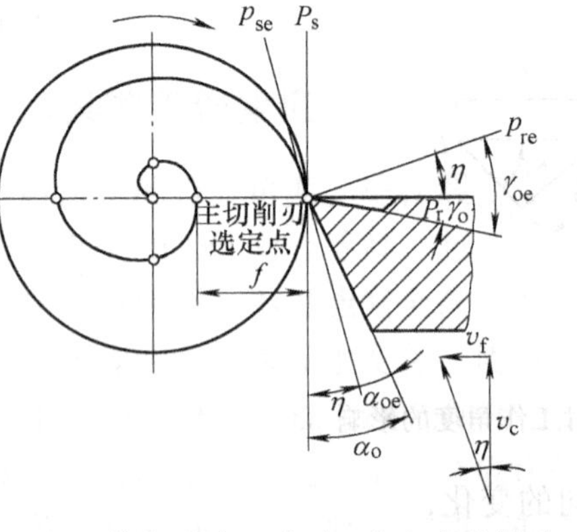

图 1-12　横向进给运动对工作角度的影响

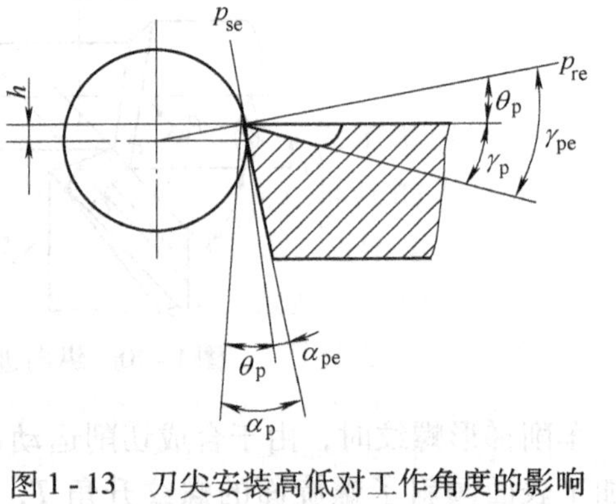

图 1-13　刀尖安装高低对工作角度的影响

在正交平面内，前、后角的变化情况与背平面内相类似，即

$$\gamma_{oe} = \gamma_o + \theta_o \tag{1-19}$$

$$\alpha_{oe} = \alpha_o - \theta_o \tag{1-20}$$

式中　θ_o——正交平面内前角增大或后角减小时的角度变化值。

由式（1-21）计算

$$\tan\theta_o = \tan\theta_p \cos\kappa_r \tag{1-21}$$

若切削刃低于工件中心，则工作角度的变化正好与上述情况相反，加工内表面时，其工作角度变化情况与加工外表面时相反，即上述计算公式中的符号变成相反的符号。

（4）刀杆安装偏斜对工作主、副偏角的影响　当车刀刀杆中心线与工作旋转轴线不垂直时，如图 1-14 所示，刀杆逆时针偏转了 G 角，则会使得刀具工作主偏角增大 G 值，工作副偏角将减小 G 值。

（5）刀具进给运动方向与工件旋转轴线不平行时对工作主、副偏角的影响　图 1-15 所示是

车削锥面时的情况，由于刀具进给运动方向与工件旋转轴线不平行，即相对于工件旋转轴线逆时针偏转了 M 角（圆锥半角），从而使得刀具的工作主偏角减小了 M 值，工作副偏角增大了 M 值。

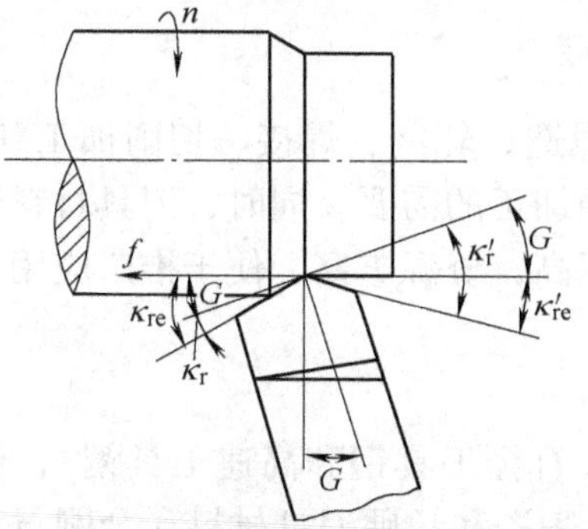

图 1-14　刀杆安装偏斜对工作主、副偏角的影响

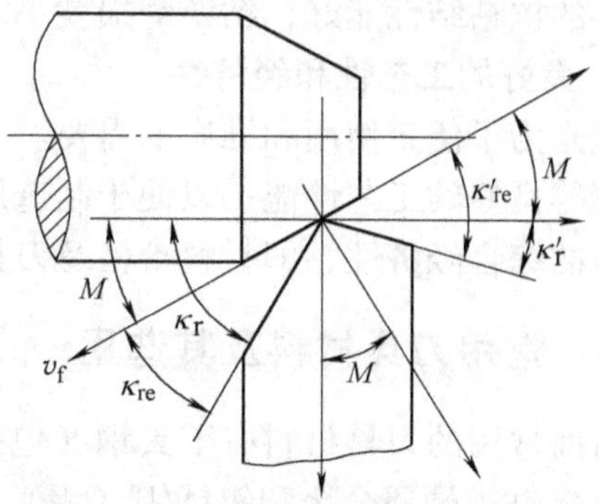

图 1-15　进给运动方向对工作主、副偏角的影响

1.3　刀具材料

刀具切削性能的优劣，不仅取决于刀具切削部分的几何参数，还取决于刀具切削部分所选配的材料。金属切削加工过程中的加工质量、加工效率、加工成本，在很大程度上取决于刀具材料的合理选择。因此，材料、结构和几何形状是构成刀具切削性能评估的三大要素。

1.3.1　刀具材料的基本要求

在金属切削加工时，刀具切削部分与切屑、工件相互接触，承受着很大的压力和强烈的摩擦，刀具在高温下进行切削的同时，还承受着切削力、冲击和振动等多个因素的作用，工作条件十分恶劣，因此刀具材料的性能必须符合如下要求。

1. 高的硬度和耐磨性

刀具要从工件上切去多余的金属，其硬度必须大于工件材料的硬度，并要求有较好的耐磨性。硬度要求在常温下达到 60HRC 以上。耐磨性则是刀具材料硬度、强度、化学成分、显微组织等的综合效果，组织中碳化物、氧化物等硬质点的硬度越高、数量多且呈均匀弥散状态分布，则耐磨性就越高。

2. 足够的强度和韧性

在切削过程中，刀具要承受切削力、冲击和振动等多个因素的作用，刀具材料必须有足够的抗弯强度和冲击韧度，以避免崩刃和折断。

3. 高的耐热性

耐热性是指刀具材料在高温下保持硬度、耐磨性、强度和韧性的能力。刀具材料耐热性好，则允许的切削速度就高，抵抗塑性变形能力就强，刀具切削性能就越好。

4. 良好的导热性和较小的膨胀系数

在其他条件相同的情况下，刀具材料的导热系数越大，则由刀具传出的热量越多，有利于降低切削温度、提高刀具寿命。线膨胀系数小，则刀具的热变形小，加工误差也小。

5. 稳定的化学性能和良好的抗粘结性能

这是提高刀具抗化学磨损的需要。化学稳定性是指刀具材料在高温下不易和工件材料及周围介质发生化学反应的能力。刀具材料具有较好的化学稳定性，在高温、高压下，才能保持良好的抗扩散、抗氧化的能力，刀具的磨损就慢。刀具材料与工件材料的亲和力小，则刀具材料的抗粘结性能好，粘结磨损就小。

6. 良好的工艺性和经济性

这是为了便于使用和推广的需要。刀具材料应有锻造、轧制、焊接、切削加工和磨削、热处理等良好的工艺性能，以便于制造加工，满足各种加工的需要。同时，刀具材料还应具有良好的综合经济性，即材料价格及刀具的制造成本不高，资源丰富，便于推广应用。

1.3.2 常用刀具材料及其选用

目前常用的刀具材料有工具钢（包括碳素工具钢、合金工具钢和高速工具钢），硬质合金（有钨钴类硬质合金和钨钛钽（铌）类硬质合金），陶瓷和超硬刀具材料（金刚石和立方氮化硼）等四大类。碳素工具钢（如 T10A、T12A）及合金工具钢（如 9SiCr、CrWMn），因耐热性较差，通常只用于手工工具及切削速度较低的刀具；一般金属切削加工使用最多的是高速工具钢和硬质合金；新型刀具材料如涂层刀具、陶瓷、金刚石、立方氮化硼等目前应用场合还很有限，但随着难加工材料的增多，这些新型刀具材料也逐渐在推广使用，在现代制造业中占的比例也越来越大。

1. 高速工具钢

高速工具钢是一种加入较多钨、钼、铬、钒等合金元素的高合金钢。高速工具钢按用途可分为通用高速工具钢和高性能高速工具钢；按制造工艺可分为熔炼高速工具钢、粉末冶金高速工具钢和表面涂层高速工具钢；按基本化学成分可分为：钨系高速工具钢和钨钼系高速工具钢。

2. 硬质合金

硬质合金是由高硬度和高熔点的金属碳化物（WC、TiC、TaC、NbC 等）和金属粘结剂（Co、Mo、Ni）等用粉末冶金工艺制成。硬质合金按其化学成分与使用性能分为四类：钨钴类（WC + Co）、钨钴钛类（WC + TiC + Co）、钨钴钛钽（铌）类（WC + TiC + TaC（NbC）+ Co）及碳化钛基类（TiC + WC + Ni + Mo）。为改善硬质合金的性能，满足生产发展的需要，近年来研制出了一些新型硬质合金，如细晶粒硬质合金、超细晶粒硬质合金、涂层硬质合金和钢结硬质合金等。

3. 其他刀具材料

（1）陶瓷刀具材料　陶瓷刀具材料是以氧化铝（Al_2O_3）或以氮化硅（Si_3N_4）为基体再添加少量金属，在高温下烧结而成的一种刀具材料。其优点是硬度高，耐磨性、耐高温性能好，有良好的化学稳定性和抗氧化性，与金属的亲和力小、抗粘结和抗扩散能力强，切削速度比硬质合金刀具高 2 ~ 5 倍。其缺点是脆性大、抗弯强度低，冲击韧度差，易崩刃，导热性能差，热膨胀系数大，所以使用范围受到限制。

（2）金刚石刀具材料　金刚石是碳的同素异形体，是目前已知的最坚硬的材料。金刚石分分天然和人造两种。人造金刚石是在高温、高压下由石墨转化而成。由于硬度极高，耐磨性好，切削刃口锋利，刃部表面摩擦因数小，不易产生粘结或积屑瘤，导热性好、热膨胀系数低。

（3）立方氮化硼　立方氮化硼（CBN）是一种人工合成的新型刀具材料，它由立方氮化硼在高温、高压下加入催化剂转化而成。它有很高的硬度及耐磨性，热稳定性好，耐热温度非常高，化学惰性大，导热性好，摩擦因数低，抗弯强度和断裂韧性介于陶瓷与硬质合金之间。

各类刀具材料的主要性能及应用范围见表 1-1。

表 1-1 各类刀具材料的主要性能及应用范围

类型		硬度	密度 /g·cm^{-3}	抗弯强度 /GPa	抗压强度 /GPa	冲击韧度 /kJ·m^{-1}	热导率 /W(m·K)	耐热性 /℃	切削速度之比值	刃口钝圆半径/μm	工艺性能	应用范围
碳素工具钢		63~65HRC (751~798HV)	7.6~7.8	2.2	4	—	41.8	200~250	0.2~0.4	10~12	可在冷、热态下经塑性加工成形，切削加工和磨削工艺性好，需经热处理	仅用于少数手动刀具，如锉刀、丝锥、板牙、手用铰刀等
合金工具钢		63~66HRC (571~820HV)	7.7~7.9	2.4	4	—	41.8	300~400	0.5~0.6	12~15		用于手动低速刀具，如手用铰刀、丝锥、板牙、拉刀等
高速工具钢 (W18Cr4V)		63~66HRC (751~820HV)	8.7	3.0~3.4	4	180~320	20.9	620	1	15~18	可经锻压成形，切削加工性好，磨削工艺性好（高矾类较差），需经热处理	广泛用于制造各种刀具，特别是要求较高的复杂、精密、成形刀具，如钻头、铣刀、拉刀、螺纹刀具、齿轮刀具等
硬质合金	YG类	89.5HRA (1062HV)	14.6~15.0	1.45	4.6	30	79.4	800~1000	6	18~20	按粉末冶金工艺经成形烧结后使用，大多为定型刀片，不能用刀具切削加工，不需热处理	广泛用作大多数车刀、刨刀及镶齿铣刀、滚刀、钻头、丝锥、铰刀等的刀片、小直径钻头等
	YT类	91~94HRA (1106HV)	11.2~12.0	1.2	4.2	7	33.5			20~24		
陶瓷		90.5HRA (1128~1460HV)	3.3~4.5	0.65~0.75	3.6~5.0	4~5	19.2~38.2	>1200	12~14	28~32		用于车刀片，适用于无冲击振动的连续高速车削
立方氮化硼		3400~7000HV	3.45	0.57~1.00	1.5	—	41.8	>1200	24~30	—	在高温高压下经催化烧结成整体或复合刀片，不能用刀具切削加工，可用金刚石砂轮磨削	用于高硬度、高强度难切材料（特别是钢铁材料）的精加工，如切削淬硬钢、冷作硬化铸铁、高温合金等
金刚石	人造	6500~8000HV	—	2.8	4.2	—	100.0~108.7	700~800	—	—	可用天然金刚石砂轮磨削，刃磨很困难	多用于非铁金属及其合金的高速精细加工、如镜面车削
	天然	10000HV	3.47~3.56	0.21~0.49	2	—	146.5			可达0.01	只能经过研磨使用	

1.4 金属切削机床基本知识

1.4.1 机床的分类和型号编制

金属切削机床是用切削、特种加工等方法，将金属毛坯加工成机器零件的设备。它是制造机器的机器，故称为“工具机”或“工作母机”，通常简称为“机床”。

目前无屑和切削加工仍是生产中所占比例最大的两种加工方式。其中，切削加工是获得具有一定尺寸、形状、精度和表面质量的零件的主要加工方法。因此，金属切削机床是加工机器零件的主要设备，在制造部门的装备中占50%以上，担负着大部分机械制造工作。

金属切削机床的品种和规格繁多，为了便于区别和管理，须对机床加以分类和编制型号。

1. 机床的分类

(1) 按其加工方式分类　根据国家制定的机床型号编制方法 GB/T 15375—2008，目前将机床分为12类：车床、钻床、镗床、磨床、齿轮加工机床、螺纹加工机床、铣床、刨插床、拉床、电加工机床、切割机床和其他机床。在每一类机床中，又按工艺特点、布局形式和结构特性等不同，分为若干组。每一组又细分为若干系（系列）。

(2) 按其他特征分类　按通用性程度不同，机床可分为通用机床、专门化机床和专用机床。通用机床可用于多种零件的不同工序的加工，应用范围广，通用性好，但结构较复杂。如卧式车床、万能升降台铣床等，这类机床主要用在单件小批量生产。专门化机床则用于某一类或几类零件的某一道或几道特定工序的加工，其工艺范围较窄，如曲轴车床、凸轮轴车床等。专用机床的工艺范围最窄，通常只能完成某一特定零件的特定工序，如生产线上的专用机床、各种组合机床等，这类机床适用于大批大量生产。

按加工精度不同，同类机床可分为普通精度级机床、精密级机床和高精度级机床。按自动化程度不同，机床可分为手动、机动、半自动和自动机床。按质量和尺寸不同，机床可分为仪表机床、中型机床、大型机床（质量达到10t）、重型机床（质量达到30t以上）和超重型机床（质量达到100t以上）。

此外，机床还可按照其主要工作部件的多少，分为单轴、多轴或单刀、多刀机床等。通常，机床根据加工性质分类，再根据其某些特点进一步描述，如多刀半自动车床、精密磨床等。

随着机床的发展，其分类方法也将不断发展。机床的数控化引起了机床传统分类方法的变化，趋向综合。

2. 机床型号的编制

机床型号是机床产品的代号，用以简明地表示机床的类型、通用特性、结构特性和主要技术参数等。我国现行的机床型号是按2008年颁布的国家标准《GB/T 15375—2008 金属切削机床型号编制办法》编制的。此标准规定，机床型号由汉语拼音字母和数字按一定规律组合而成，它适用于新设计的各类通用及专用金属切削机床和自动线机床，不包括组合机床、特种加工机床。

（1）通用机床型号　通用机床的型号由基本部分和辅助部分组成，中间用“／”隔开。型号构成如下：

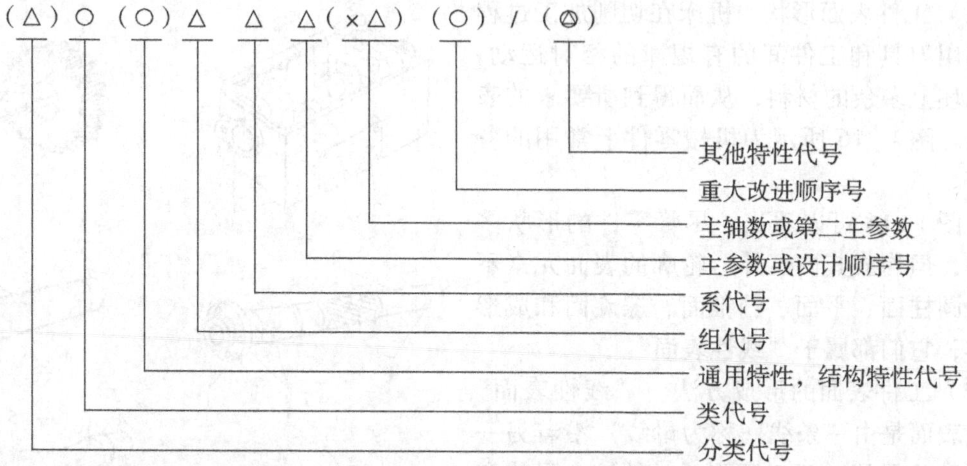

注：1）有“（）”的代号或数字，当无内容时，则不表示。若有内容则不带括号。

2）有“○”符号者，为大写的汉语拼音字母。

3）有“△”符号者，为阿拉伯数字。

4）有“◎”符号者，为大写的汉语拼音字母或阿拉伯数字，或两者兼有。

（2）专用机床的型号　专用机床的型号一般由设计单位代号和设计顺序号组成。型号构成如下：

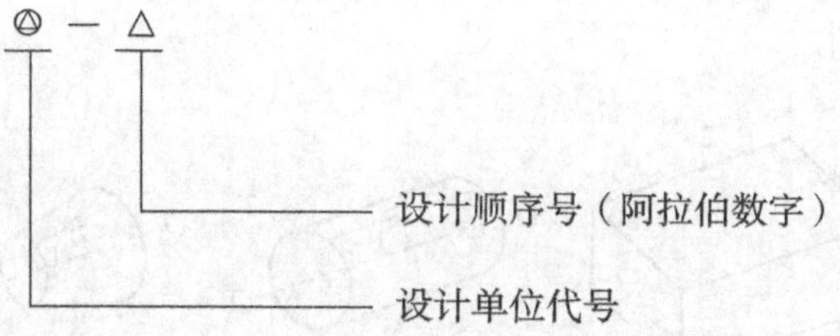

（3）机床自动线的型号　机床自动线的型号表示方法如下：

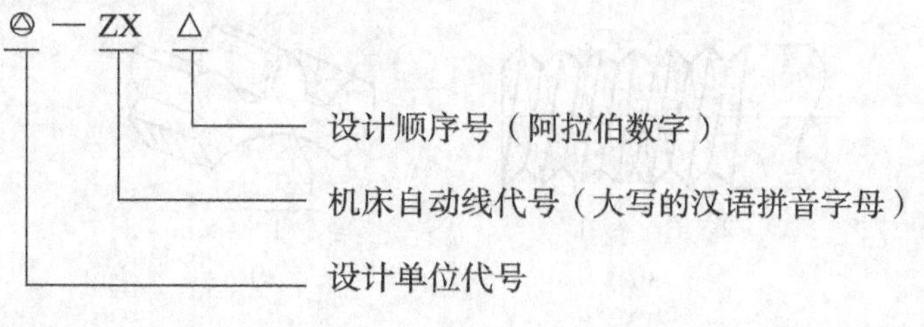

1.4.2　机床的运动

1. 表面成形运动

机床的运动分析就是研究在金属切削机床上的各种运动及其相互联系。根据在机床上加工的各种表面和使用的刀具类型进行分析，分析得到这些表面的方法和所需运动。在此基础上，进一步分析为了实现这些运动，机床必须具备的传动联系，实现这些传动的机构，以及机床运动的调整方法。这个机床运动分析过程是认识和分析机床的基本方法，称之为：“表面—运动—传动—结构—调整”的认识机床方法。

（1）工件表面形状　机床在切削加工过程中，利用刀具和工件间的有规律的相对运动，切除毛坯上多余的材料，从而得到所要求的表面形状。图1-16所示为机械零件上常用的各种表面。

由图1-16可以看出，尽管零件的形状多种多样，但构成其内、外形轮廓的表面元素不外乎是圆柱面、平面、圆锥面、螺旋面和成形表面等，它们都属于“线性表面”。

（2）工件表面的形成方法　“线性表面”是指该表面是由一条线（称为母线）沿着另一条线（称为导线）运动而形成的轨迹。母线和导线统称为发生线。如图1-17所示，平面是由直线1（母线）沿着直线2（导线）运动而成的；圆柱面和圆锥面都是由直线1（母线）沿着圆2（导线）运动而形成的；圆柱螺纹的螺旋面是由“∧”形线1（母线）沿着螺旋线2（导线）运动而形成的；直齿圆柱齿轮的渐开线齿廓表面是由渐开线1（母线）沿着直线2（导线）运动而形成的。

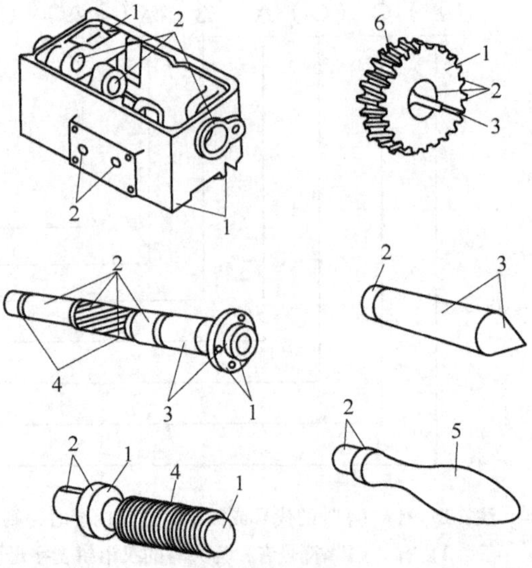

图1-16　构成机械零件外形轮廓的常用表面

1—平面　2—圆柱面　3—圆锥面　4—螺旋面

5—回转体成形面　6—渐开线表面

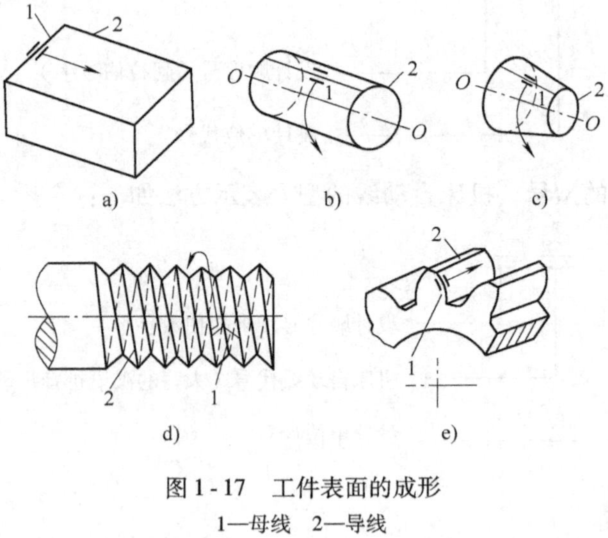

图1-17　工件表面的成形

1—母线　2—导线

（3）发生线的形成方法

1）切削刃的形状与发生线的关系。发生线是由刀具的切削刃与工件间的相对运动得到的，切削刃与工件成形表面相接触部分的形状直接影响工件表面的成形，它和需要成形的发生线的关系可分为以下三种，如图1-18所示。

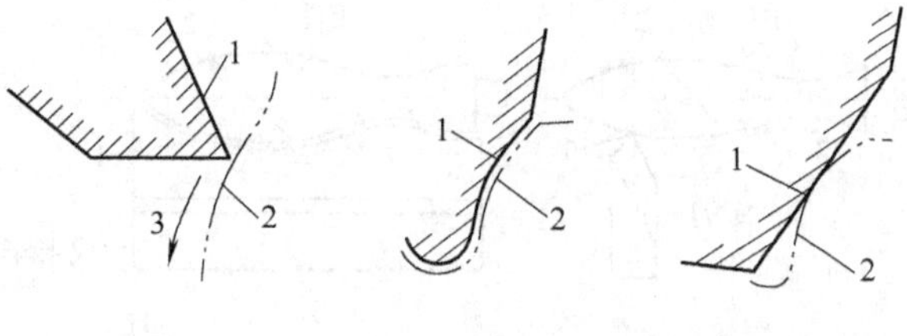

图 1-18 切削刃形状与发生线的关系

① 切削刃的形状为一个削点。在切削过程中，切削刃与被形成表面接触的长度实际上很短，可以看作点接触（见图 1-18a）。刀具 1 作轨迹运动得到发生线 2，如外圆车刀等。

② 切削刃的形状是一条切削线 1，它与要成形的发生线 2 的形状完全吻合（见图 1-18b）。在切削加工时，切削刃与被成形的表面作线接触，刀具无需任何运动就可以得到所需的发生线形状，如成形车刀、盘形齿轮铣刀等。

③ 切削刃的形状仍然是一条切削线 1，但它与需要成形的发生线 2 的形状不吻合。在切削加工时，切削刃与被成形的表面相切，视为点接触，切削刃相对工件作展成运动（见图 1-18c）。所需成形的发生线 2 是刀具切削线 1 的包络线（见图 1-19）。这类刀具有插齿刀、滚齿刀等。

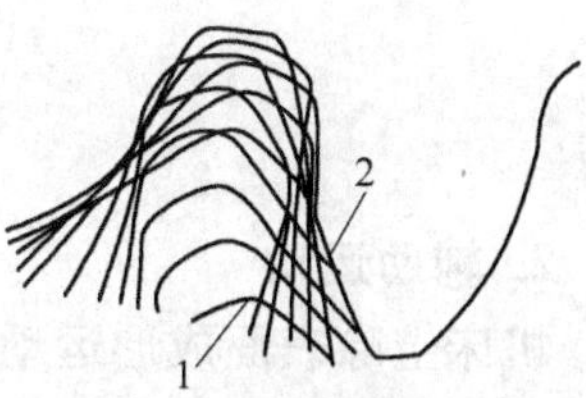

图 1-19 由切削刃包络成形的渐开线齿形

1—切削线 2—发生线

2）形成发生线的方法和所需运动。由于使用的刀具切削刃形状和采用的加工方法不同，形成发生线的方法归纳为以下四种：

① 轨迹法。如图 1-20a 所示，切削刃为一切削点 1，切削点按一定的规律作轨迹运动 3，而形成所需的发生线 2。所以，采用轨迹法形成发生线需要一个独立的成形运动。

② 成形法。如图 1-20b 所示，切削刃为一条切削线 1，切削线的形状与要形成的发生线 2 完全一致，即发生线 2 由切削线 1 直接得到。所以，采用成形法形成发生线不需要专门的成形运动。

③ 相切法。如图 1-20c 所示，切削刃为一切削点 1，切削点随刀具作高速旋转运动，使刀具和工件形成动态点接触；同时，刀具中心按一定规律作轨迹运动 3，切削点运动轨迹的相切线就形成了发生线 2。所以，采用相切法形成发生线需要刀具的旋转和轨迹运动这两个独立的成形运动。

④ 展成法。如图 1-20d 所示，切削刃的形状为一条切削线 1，它的形状与要形成的发生线 2 不相吻合。切削线 1 与发生线 2 作无滑动的相对纯滚动，切削线 1 在切削过程中连续位置的包络线就是发生线 2。发生线 2 的性质决定了相对运动的形式，如图 1-20d 所示，用齿条刀具加工齿轮，发生线 2 为一渐开线，所需运动为刀具直线运动 A_{11} 和齿坯旋转运动 B_{12}。所以，采用展成法形成发生线时需要一个复合成形运动，这个运动称为展成运动。

（4）表面成形运动　表面成形运动简称成形运动，目的是为得到工件要求的表面形状，是刀具和工件为形成发生线而作的相对运动。在机床上，就其运动性质而言，有旋转运动和直线运动两种。

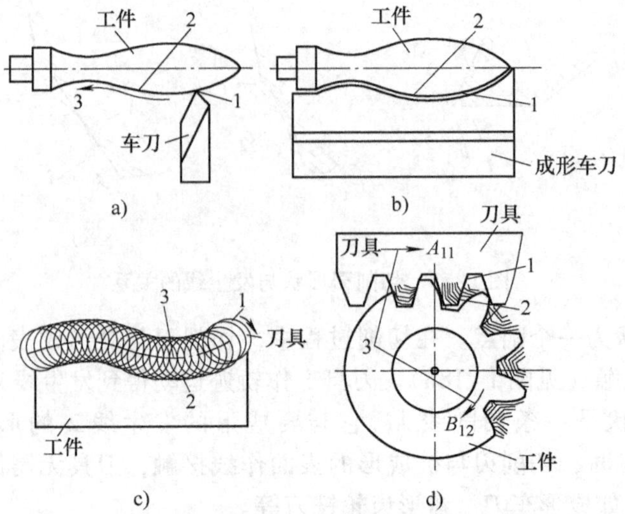

图 1-20　形成发生线的四种方法

1—切削线　2—发生线

2. 辅助运动

机床上除表面成形运动外，还需要辅助运动，以实现机床的各种辅助动作，完成加工。辅助运动主要有以下几种。

（1）空行程运动　空行程运动是指切削进给前后的快速调位运动。

（2）切入运动　切入运动是用于保证被加工表面获得所需要的尺寸而做的刀具相对工件的调整。

（3）分度运动　分度运动是指当加工若干个完全相同且均匀分布的表面时，为使表面成形运动得以周期地连续进行的那部分运动。

（4）操纵及控制运动　操纵及控制运动包括起动、停止、变速、换向、工件的夹紧和松开、转位以及自动换刀、自动测量、自动补偿等运动。

（5）校正运动　在精密机床上，消除传动误差的运动称为校正运动。

1.4.3　机床的传动联系和传动原理图

1. 机床传动的组成

为实现加工过程中所需的各种运动，机床必须有执行件、运动源和传动装置三个基本部分。

执行件是执行机床运动的部件，如主轴、刀架、工作台等，其任务是装夹刀具或工件，带动他们完成一定形式的运动（旋转和直线运动），并保证其运动轨迹的准确性。

运动源是为执行件提供运动和动力的装置，如交流异步电动机、直流或交流调速电动机或伺服电动机等。可以几个运动共用一个运动源，也可以每个运动有单独的运动源。

传动装置是传递运动和动力的装置，通过它把执行件和运动源或有关的执行件之间联系起来，使执行件获得一定速度和方向的运动，并使有关执行件之间保持某种确定的相对运动关系。机床的传动装置有机械、液压、电气、气压等多种形式。传动装置还有完成变换运动的性质、方向、速度的作用。

2. 机床的传动联系和传动链

机床运行时为了得到所需要的运动，需要通过一系列的传动件把执行件与运动源，或者把执行件和执行件之间联系起来，称为传动联系。构成一个传动联系的一系列顺序排列的传动件，称为传动链。

根据传动联系的性质，传动链可以分为两类。

（1）外联系传动链　它是联系运动源（如电动机）和机床执行件（如主轴、刀架、工作台等）之间的传动链，使执行件得到运动，而且能改变运动的速度大小和方向，但不要求运动源和执行件之间有严格的传动比关系。例如车床电动机到主轴的传动联系就是外联系传动链，它只影响主轴转速的快慢，而不影响加工表面的成形。

（2）内联系传动链　当表面成形运动为复合成形运动时，它是由保持严格的相对运动关系的几个单元运动所组成，为完成复合成形运动，必须由传动链把实现这些单元运动的执行件与执行件之间联系起来，并使其保持确定的运动关系，这种传动链叫做内传动链。例如车削螺纹时，螺旋面的导线螺旋线的形成需要一个复合成形运动，工件旋转和车刀直线移动，这两个单元运动应保持严格的运动关系，即工件每转一转，车刀准确地移动工件螺纹一个导程的距离。为保证这一运动关系，需用传动链将两个单元运动的执行件（主轴和刀架）联系起来，并由这条传动链准确地满足上述运动关系的要求。

3. 传动原理图

为了便于研究机床的传动联系，常用一些简单符号表示运动源与执行件及执行件与执行件之间的传动联系，这就是传动原理图。传动原理图仅表示形成某一表面所需的成形、分度和与表面成形有直接关系的运动及其传动联系。

图 1 - 21 所示为卧式车床的传动原理图。卧式车床在车削螺纹时，为形成螺旋表面，需要一个复合成形运动：工件旋转 B_{11} 和车刀直线移动 A_{12}，两个分运动分别由两条传动链提供。一条为联系运动源和主轴的外联系传动链：电动机—1—2—u_v—3—4—主轴，实现运动 B_{11}；另一条为联系主轴和刀架的内联系传动链：4—5—u_x—6—7—丝杠（刀架），实现运动 A_{12}。

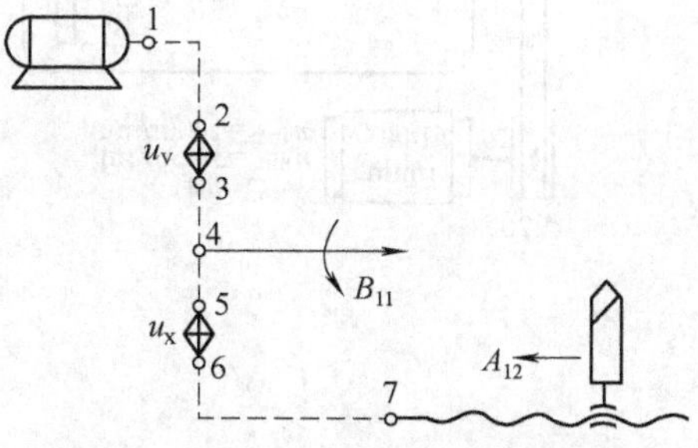

图 1 - 21　卧式车床的传动原理图

车床在车削圆柱面或端面时，主轴的旋转 B_{11} 和刀具的移动 A_{12}（车端面时为横向移动）是两个互相独立的简单运动。不需保持严格的比例关系，运动比例的变化不影响表面的性质，只影响生产率和表面粗糙度。两个简单运动各有自己的外联系传动链与运动源相联系。一条是：电动机—1—2—u_v—3—4—主轴；另一条是：电动机—1—2—u_v—3—5—u_x—6—7—丝杠。其中电动机—1—2—u_v—3 是公共段，这样的传动原理的优点是既可用于车螺纹，也可用于车削圆柱面等。

1.4.4　机床的传动系统与转速分布图

1. 机床的传动系统

由传动原理图所表示的机床各执行件的运动情况和它们之间的相互关系以及其他各种为

切削加工所必需的辅助运动，最后均由机床的传动系统图表达出来。机床的传动系统图是表示机床全部运动关系的示意图，在图中用简单的规定符号代表各种传动元件。机床的传动系统图是画在一个能反映机床外形和主要部件相互位置的投影面上，将传动元件按照运动传递的先后顺序，以展开图的形式画出。

图 1-22 为某机床主运动传动系统图及转速图。传动系统图只表示传动关系，不能代表各传动元件实际的尺寸和空间位置。在图中通常还标出齿轮和蜗轮的齿数、丝杠的导程和线数、带轮直径、电动机的功率和转速、传动轴的编号等有关数据。

2. 机床的转速分布图

转速分布图（简称转速图）可以用来直观的表达出传动系统中各主轴转速的变化规律和传动副的速比关系。转速图不仅可以用来拟定新的传动系统，也可以用来对现有的机床传动系统进行分析和比较。

图1-22 所示为某机床主运动传动系统图，主轴转速共12 级：31.5r/min，45r/min，63r/min，90r/min，125r/min，180r/min，250r/min，355r/min，500r/min，710r/min，1000r/min，1400r/min。公比 $\varphi=1.41$，转速级数 $z=12$。

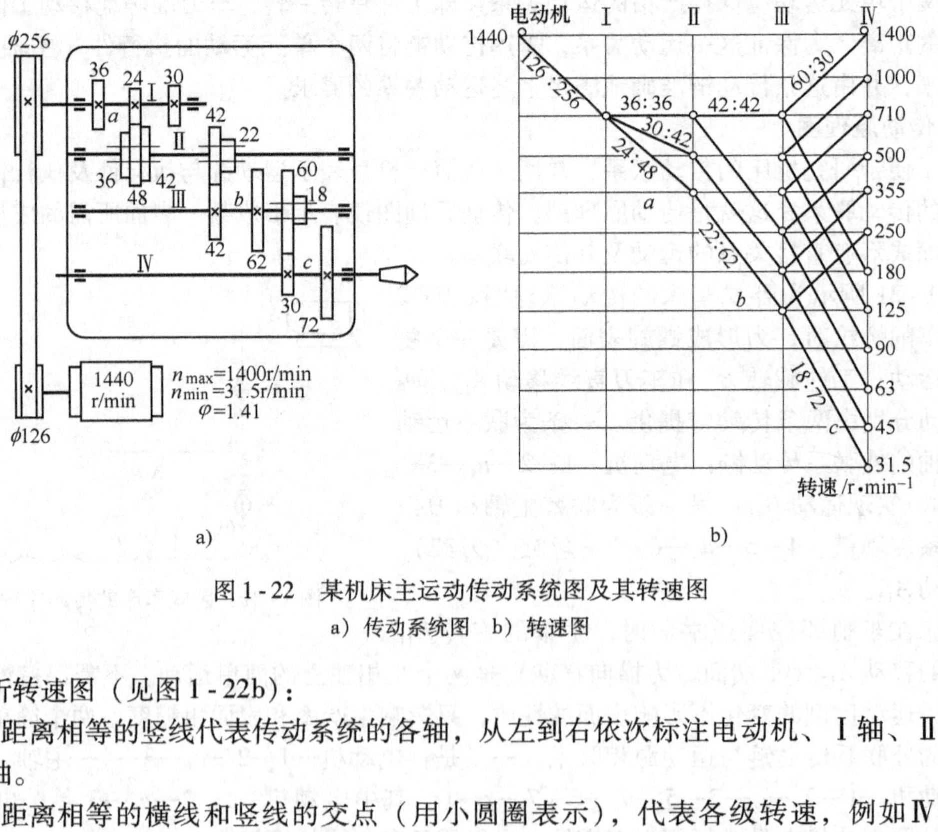

图 1-22　某机床主运动传动系统图及其转速图

a）传动系统图　b）转速图

分析转速图（见图 1-22b）：

1）距离相等的竖线代表传动系统的各轴，从左到右依次标注电动机、Ⅰ轴、Ⅱ轴、Ⅲ轴、Ⅳ轴。

2）距离相等的横线和竖线的交点（用小圆圈表示），代表各级转速，例如Ⅳ轴上有 31.5r/min，45r/min，…，1400r/min 等共 12 级转速，它们之间的关系是每一条横线都等于它下面一条横线所代表转速的 φ 倍。因此有

$$\frac{n_2}{n_1}=\varphi,\ \frac{n_3}{n_2}=\varphi,\ \cdots,\ \frac{n_z}{n_{z-1}}=\varphi$$

两边取对数，则

$$\lg n_z - \lg n_{z-1} = \lg\varphi = 常数 \tag{1-22}$$

将转速图上的纵坐标取对数坐标，则各级转速横线的间距相等，等于一个 $\lg\varphi$。通常习惯在转速图上直接标出转速的数值。

3）相邻两轴之间的相应转速的连线，代表相应传动副的传动比。传动比的大小以连线的方向和倾斜度表示，从左向右向下斜表示降速传动，向上斜表示升速传动，而水平线则表示等速传动。

图 1-22a 所示传动，由三个变速组串联，使变速组系统获得 12 级转速。分析转速图，变速组传动关系如下。

第一变速组 a（Ⅰ—Ⅱ轴），由三对齿轮组成，其传动比为

$$u_{a_1} = \frac{24}{48} = \frac{1}{2} = \frac{1}{\varphi^2}$$

$$u_{a_2} = \frac{30}{42} = \frac{1}{1.41} = \frac{1}{\varphi}$$

$$u_{a_3} = \frac{36}{36} = \frac{1}{1}$$

表现在转速图上为Ⅰ—Ⅱ轴之间有三条连线，分别为降两格、降一格和水平。

第二变速组 b（Ⅱ—Ⅲ轴），由两对齿轮组成，其传动比为

$$u_{b_1} = \frac{22}{62} = \frac{1}{2.82} = \frac{1}{\varphi^3}$$

$$u_{b_2} = \frac{42}{42} = \frac{1}{1}$$

表现在转速图上为Ⅱ—Ⅲ轴之间，Ⅱ轴的每一转速都有两条连线与Ⅲ轴相连，分别为降三格和水平。由于Ⅱ轴有三种转速，每种转速都通过上述两条线与Ⅲ轴相连，故Ⅲ轴得到 $3\times2=6$ 种转速。连线中的平行线代表传动比相同。

第三变速组 c（Ⅲ—Ⅳ轴），由两对齿轮组成，其传动比为

$$u_{c_1} = \frac{18}{72} = \frac{1}{4} = \frac{1}{\varphi^4}$$

$$u_{c_2} = \frac{60}{30} = \frac{2}{1} = \frac{\varphi^2}{1}$$

表现在转速图上为降四格和升两格。Ⅳ轴的转速共为 $3\times2\times2=12$ 级。

本章小结

本章系统讲解了切削加工中的运动和切削要素、刀具切削部分的几何参数及刀具的工作角度、刀具材料性能及常用刀具材料的适用范围和选择原则等金属切削加工的基本知识。讲述了机床的分类、型号编制方法，表面成形运动的分析，机床传动联系及传动原理图和传动系统图的分析方法。为学习各类机床传动和结构打下了一定基础。

思考题

1. 在切削运动中，什么是主运动？什么是进给运动？请分别说明在车削、钻削、刨削、铣削时的主运动和进给运动。

2. 切削用量三要素指的是什么？如何定义？

3. 在刀具正交平面参考系中，各参考平面 p_r、p_s、p_o 及刀具角度 γ_o、α_o、κ_r、κ_r'、α_o'、λ_s 是如何定义的？试绘图表示。

4. 切断车削时，进给运动对工作角度有何影响？

5. 纵向车螺纹时，进给运动对工作角度有何影响？

6. 内孔镗削时，如果刀具安装（刀尖）高于（或低于）机床主轴中心线，在不考虑合成运动的前提下，试分析刀具工作前、后角的变化情况。

7. 刀具材料应具备的基本要求是什么？

8. 简述高速工具钢和硬质合金刀具材料的种类和适用范围。

9. 简要说明新型刀具材料（陶瓷、金刚石、立方氮化硼）的优、缺点及适用场合。

10. 外圆车削直径为 100mm，长度为 200mm 的 45 钢棒料，在机床 CA6140 上选用的切削用量 a_p = 4mm，f = 0.5mm/r，n = 240r/min。试问

（1）选配刀具材料。

（2）计算切削速度。

（3）如果 $\kappa_\gamma = 75°$，计算切削层公称厚度 b_D、切削层公称厚度 h_D、切削层横截面积 A_D。

11. 分析下列加工采用了何种成形方法，作简图表示所需的成形运动。

（1）用成形车刀车外圆。

（2）用普通外圆车刀车外圆锥面。

（3）用立铣刀铣侧平面。

（4）用齿轮插刀插削直齿圆柱齿轮。

12. 分析图 4-15 所示 X6132 型万能升降台铣床传动系统图中的主运动传动链（从主电动机到铣刀轴），回答下列问题（图中 M 为电磁制动器）。

（1）写出主传动路线表达式。

（2）分析主轴（铣刀轴）的转速级数。

（3）计算主轴的最低、最高转速。

（4）绘出主轴的转速图。

第 2 章　金属切削加工理论及其应用

【学习目标】本章主要介绍金属切削加工过程中的切削变形、积屑瘤、加工硬化、切削力、切削热和切削温度、刀具磨损和刀具寿命等物理现象以及磨削当中的特点，同时介绍这些现象的影响因素和控制方法。通过对本章的学习，让学生了解产生这些现象的基本规律，能够通过调整某些影响因素来控制切削过程，从而达到实现工件切削加工要求之目的。

金属切削加工过程是指通过切削运动，刀具从工件的表面上切下多余的金属层，形成切屑和合格的已加工表面的过程。在这个过程中将产生许多物理现象，如切削变形、积屑瘤、鳞刺、振动、表面硬化、切削力、切削热和切削温度、刀具磨损等。本章主要研究产生上述诸多现象的成因、本质及变化规律。掌握这些基本规律，对合理使用与设计刀具、夹具、机床，保证加工质量、降低加工成本、提高生产效率以及促进切削加工技术的进步都将具有非常重要的意义。

2.1　切削变形

研究切削变形与切屑的形成是一个非常复杂的课题，为了便于建立初步概念，下面通过正交（直角）自由切削进行简要说明。

2.1.1　金属切削层的切削变形

1. 切削变形的力学本质

大量的实验研究发现，金属切削过程类似于金属材料受挤压的过程，当塑性金属材料受挤压时，金属先产生弹性变形而后是塑性变形，最大切应力方向与最大主应力方向之间大致成45°夹角，即沿着 *OM* 或 *AB* 产生剪切滑移（见图 2 - 1a)。切削加工时，工件上的切削层受到刀具的挤压，其变形过程与金属的挤压类似，只是切削时由于下方金属材料的阻碍，切削层只能沿 *OM* 方向产生剪切滑移（见图 2 - 1b)。

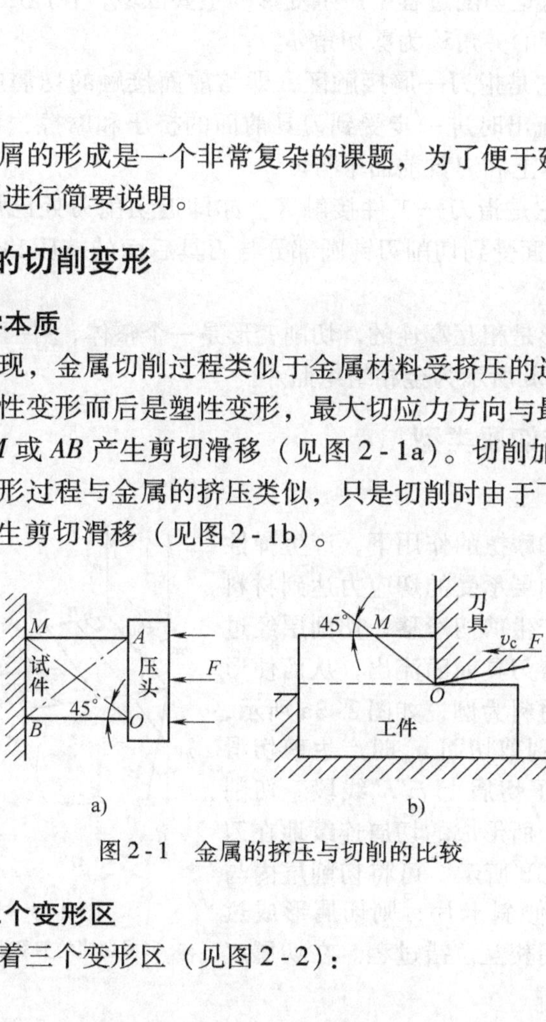

图 2 - 1　金属的挤压与切削的比较

2. 切削过程中的三个变形区

在切削过程中存在着三个变形区（见图 2 - 2)：

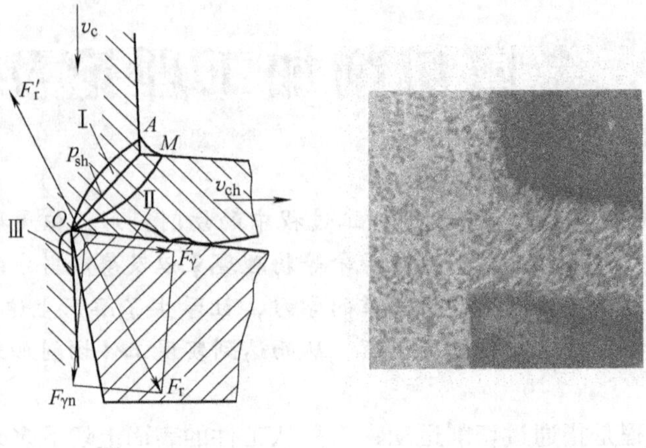

a)　　　　　　　　b)

图 2-2　切削变形状态

a）正交平面中的受力情况　b）金相照片

（1）第一变形区　由始滑移面 OA 与终滑移面 OM 所围成的区域（Ⅰ）称为第一变形区，也称剪切滑移区。这是切削过程中产生变形的主要区域，在此区域内产生塑性变形形成切屑。滑移面与切削速度的夹角称为剪切角 ϕ。

（2）第二变形区　它是指刀—屑接触区，即与前面接触的切屑底层内产生的变形区域（Ⅱ），切屑沿刀具前面流出时进一步受到刀具前面的挤压和摩擦，切屑卷曲，靠近前面处晶粒纤维化，其方向基本上和刀具前面平行。

（3）第三变形区　它是指刀—工件接触区，亦即近切削刃处已加工表面层内产生的变形区域（Ⅲ）。已加工表面受到切削刃钝圆部分与刀具后面的挤压和摩擦产生变形，造成晶粒纤维化与表面加工硬化。

这三个变形区的变形是相互牵连的，切削变形是一个整体，并且整个变形过程是在极短的时间内完成的。图 2-2b 所示为金相组织照片。

2.1.2　切屑的形成与切屑类型

1. 切屑的形成过程

切削层在刀具挤压和摩擦的作用下，产生弹性变形和塑性变形，当切削层承受的切应力达到材料的屈服强度极限时，便产生剪切滑移，切削层经过第一变形区变形后即沿着刀具前面流出，从而便形成了切屑。以切削塑性材料为例，如图 2-3a 所示，在切削层内线段 mn 移动到剪切面 p_{sh} 时产生剪切滑移，经刀具切离，形成了切屑上 $m''n''$ 线段。切削层连续地经过剪切滑移，所形成的切屑连续地在刀具前面上流出。如图 2-3b 所示，可将切削层内与 mn 平行的各线当作一叠倾斜卡片，则切屑形成过程可形象地当作各卡片间相互位错过程。在切屑底

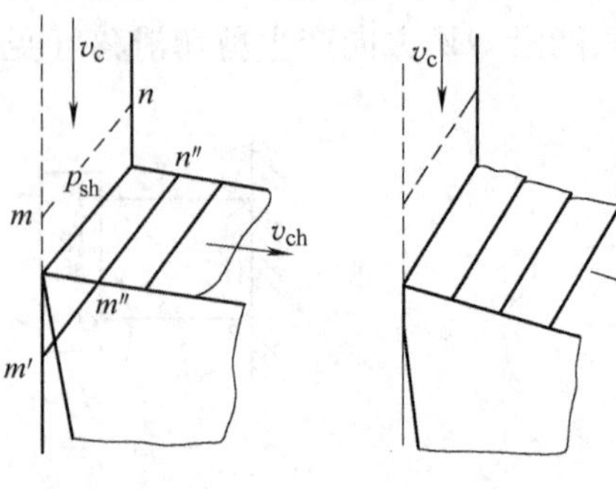

a)　　　　　　　　b)

图 2-3　切屑的形成过程

a）形成切屑的剪切滑移过程　b）切屑形成模型

面经前面摩擦作用而较平整，顶面则呈现粗糙不平。

2. 切屑的类型

由于工件材料和切削条件的不同，金属在切削过程中的变形程度也不相同，因此会形成多种类型的切屑。通常可将切屑分为四大类型，如图2-4所示。

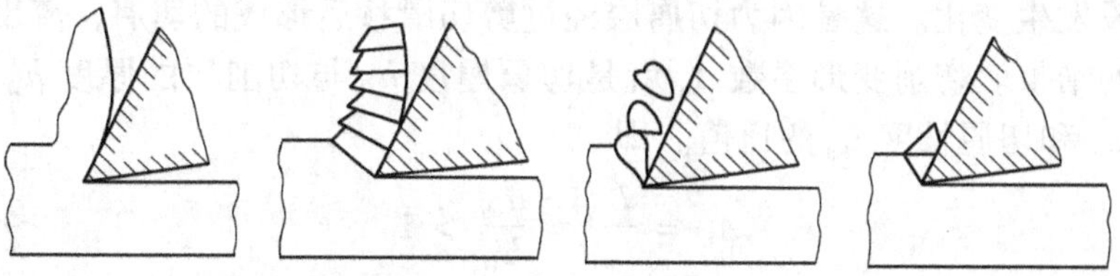

a)　　b)　　c)　　d)

图2-4　切屑的类型

a）带状切屑　b）节状切屑　c）粒状切屑　d）崩碎切屑

（1）带状切屑　它是最常见的屑形之一（见图2-4a）。切削层经塑性变形后被刀具切离，外形呈延绵不断的带状，沿刀具前面流出。当切削塑性材料（如软钢、铝等）时，如果切削速度较高、切削厚度较薄、刀具前角较大，容易形成内表面光滑、外表面呈毛茸状的带状切屑。它最大的优点是切削过程较平稳，切削力波动较小，已加工表面粗糙度值较小。缺点是连续不断的切屑有时会缠绕在刀具或工件上影响加工过程。

（2）节状（挤裂）切屑　切削层在塑性变形过程中，剪切面上局部位置处剪应力达到材料强度极限而产生局部断裂，使切屑顶面开裂形成节状，外表面呈锯齿形，如图2-4b所示。这种切屑大多在切削塑性金属材料时，如果切削速度较低、进给量较大（亦即切削厚度较大）、刀具前角较小，容易产生这种屑形。切削过程中切应变较大，切削力波动大，易发生振动，已加工表面粗糙度值较大。对硬质合金刀具易产生崩刃。

（3）粒状（单元）切屑　对于切削塑性金属材料，如果整个剪切平面上产生的剪应力超过材料强度极限，节状（挤裂）切屑便被剪切断裂成颗粒状，即形成粒状（单元）切屑，如图2-4c所示。采用小前角或负前角，以极低的切削速度和大的切削厚度切削粗晶粒金属时，会产生这种屑形，此时，切削过程更不稳定，加工表面的质量也会更差。

（4）崩碎切屑　在切削铸铁等脆性金属时，由于脆性材料抗拉强度低，刀具切入后，切削层未经塑性变形，就会在材料组织的石墨与铁素体之间的疏松界面上产生不规则崩裂，形成崩碎切屑，如图2-4d所示。这种切屑的形状很不规则，加工出的工件表面也凹凸不平。工件材料越脆、切削厚度越大、刀具前角越小，就越容易产生这种切屑。

应该指出，上述前三种切屑都是在加工塑性材料时可能产生的屑形，有时还会出现介于这四种屑形之间的过渡形态的屑形。对于同一种塑性材料，当采用不同的切削条件时，三种切屑形态也可能会随切削条件的改变而相互转化。正因如此，生产中常通过改变加工条件（切削速度、进给量、刀具前角等），使之得到较为有利的屑形。

2.1.3　切削变形程度的表示方法

切削变形是材料微观组织的动态变化过程，因此，变形量的计算很复杂，但为了深入分析和定量研究切削变形的变化规律，通常可用切削变形系数 A_h 来衡量切削变形程度。切削

变形系数 A_h 是表示切屑外形尺寸的相对变化量。以下列举切削变形系数 A_h 与切削变形的关系作简要介绍。

如图 2-5 所示，如果把切削时形成的切屑与切削层尺寸比较，就会发现切屑的外形尺寸相对于切削层的尺寸产生了变化，即切屑厚度增加（$h_{ch} > h_D$）、切屑长度缩短（$l_{ch} < l_D$），切屑宽度基本没发生变化。这是因为切屑层经过剪切滑移后形成的切屑，流出时又受到刀具前面摩擦作用的结果。切削变形系数 A_h 就是切屑厚度 h_{ch} 与切削层的厚度 h_D 的比值，或者是切削层长度 L_c 和切屑长度 L_{ch} 的比值。即

$$A_h = \frac{L_c}{L_{ch}} = \frac{h_{ch}}{h_D} > 1 \tag{2-1}$$

切削变形系数 A_h 比较直观地反映了切削变形的程度，且较容易测得。A_h 值越大，切屑越厚越短，则切削变形就越大。

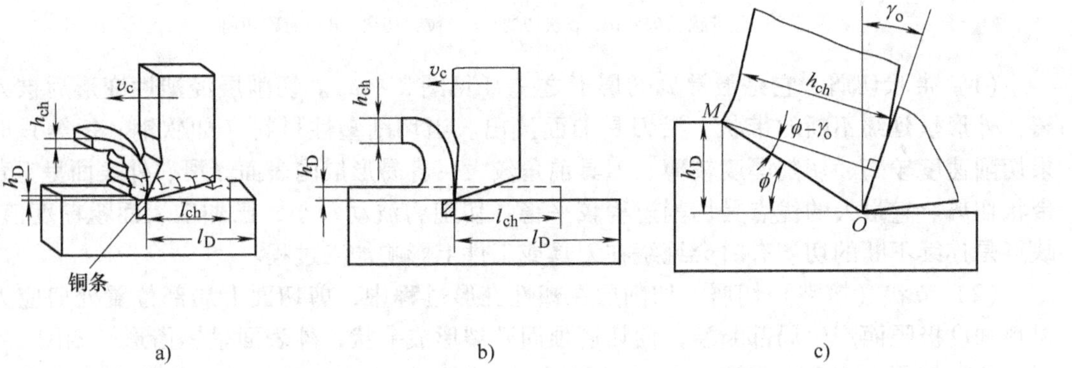

图 2-5　切削变形程度表示

a）切屑与切削层的外形尺寸　b）切屑的厚度增加、长度缩短　c）前角、剪切角与切削变形的关系

需要说明的是，利用 A_h 值来表示切削变形程度有一定局限性，因为它是根据纯剪切理论提出的，忽略了摩擦、挤压和温度等因素的影响。此外，在切削某些材料时，可能会出现 $A_h < 1$，这就不能正确反映切削变形的实际情况。但因表示 A_h 的切屑、切削层的尺寸容易测定和计算，故较常采用。

2.1.4　切屑与刀具前面之间的摩擦和积屑瘤

1. 切屑与刀具前面间的摩擦和积屑瘤的形成

在塑性金属切削过程中，由于切屑底层与刀具前面之间存在着强烈的挤压和剧烈的摩擦，使切屑底层金属的流动速度低于上层的流动速度而形成滞流层，如图 2-6a 所示。当滞流层金属与刀具前面之间的摩擦力超过切屑内部的结合力时，滞流层的一部分金属就会粘结在切削刃附近（亦称冷焊），经过不断的沉积便形成一小块硬度很高（约为工件材料硬度的 2～3 倍）的金属称为积屑瘤，如图 2-6b、c 所示。

当温度和压力适当时，滞流层金属就会粘附在刀具前面上，依次层层堆积，高度逐渐增大而形成了积屑瘤，它代替切削刃继续剪切较软的金属层，长高的积屑瘤在外力或振动作用下可能会发生局部断裂或脱落，条件合适时又会继续生成、长高。这样生成、长大、脱落，再生成、再长大、再脱落，经历数个非周期性变化的过程。

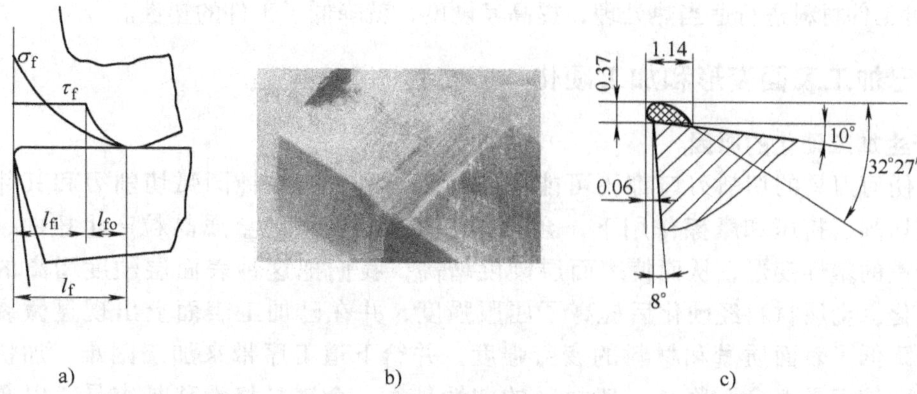

图2-6 积屑瘤

a）内摩擦应力分布 b）积屑瘤外形 c）积屑瘤外形尺寸

加工条件：工件材料45钢、刀具材料W18Cr4V、$\gamma_o=5°$、$v_c=20\text{m/min}$、$f=0.23\text{mm/r}$

2. 积屑瘤对切削过程的影响

（1）保护刀具 由于它的硬度高于工件材料硬度的2~3倍，故能代替切削刃切削，对刀具切削刃有保护作用。

（2）增大工作前角 积屑瘤形成后，增大了刀具的实际工作前角，使刀具变得锋利，从而减小了切削变形，降低了切削力。

（3）增大切削厚度 由于积屑瘤前端伸出于切削刃之外，加工时会产生过切现象，使切削厚度增加了Δh_D。又由于积屑瘤的产生、长大与脱落是一个非周期性变化的过程，所以Δh_D值也是变化的，因而会影响到被加工工件的尺寸精度。

（4）增加已加工表面粗糙度 首先，由于积屑瘤高度非周期性的变化，使得切削厚度也无规则变化，工件已加工表面会出现高低不平；其次，脱落掉的积屑瘤碎片粘附在已加工表面上恶化表面粗糙度；另外，积屑瘤高度的不断变化造成刀具切削刃高度的不断变化会引起振动，导致在工件已加工表面上刻划出沟纹，严重影响已加工表面粗糙度。

3. 抑制和消除积屑瘤的措施

根据积屑瘤的成因可知，只要尽量避免切屑底层材料与刀具前刀面发生粘接或变形强化，即可避免积屑瘤的产生。因此，在生产中通常采用以下措施。

1）增大刀具前角，使得切削轻快，可减少积屑瘤的产生。

2）减少进给量和切削厚度。

3）采用低速或高速切削，避开容易产生积屑瘤的中等切削速度，如图2-7所示，是切削45钢时积屑瘤与切削速度之间的关系。

4）提高刀具刃磨质量、合理选用切削液，可以减轻摩擦，降低切削温度和减少粘结，能够抑制积屑瘤的产生或降低积屑瘤的高度。

5）合理调节各切削参数间的关系，以防止形成中温区域。

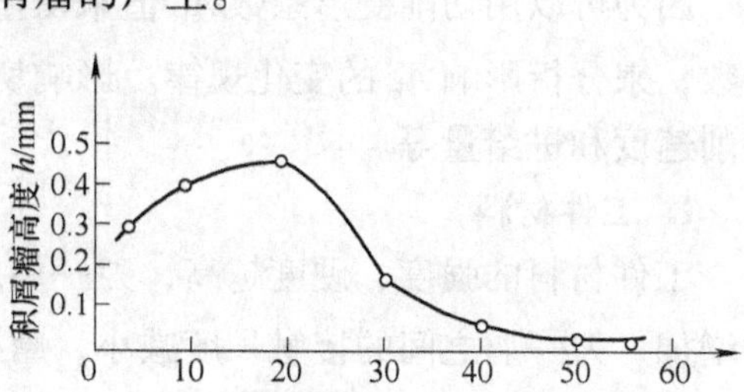

图2-7 切削速度对积屑瘤的影响

加工条件：加工材料45钢

$a_p=4.5\text{mm}$ $f=0.67\text{mm/r}$

6）对工件材料进行适当热处理，提高其硬度，就降低了工件的塑性。

2.1.5 已加工表面变形和加工硬化

1. 产生加工硬化的原因

因为任何刀具的切削刃口都不可能磨得绝对锋利，当在钝圆弧切削刃和其邻近的狭小后面的切削、挤压和摩擦作用下，会使得已加工表面层的金属晶粒产生扭曲、挤紧和破碎等严重的塑性变形，从而使表面层硬度增高，我们把这种表面层硬度增高的现象称为加工硬化。金属材料经硬化后提高了屈服强度，并在已加工表面上出现显微裂纹和残留应力，降低了表面质量和材料的疲劳强度，并给下道工序带来加工困难，加快刀具的磨损，从而使刀具寿命下降。一般材料的塑性越大，金属晶格滑移越容易，以及滑移面越多，硬化程度越严重。

2. 控制和减轻加工硬化的措施

为减小已加工表面加工硬化，应该从减小加工中的变形与摩擦方面入手。生产中常采取以下措施来减轻硬化程度：

（1）磨出锋利的切削刃　在刀具刃磨时，明显减小切削刃的钝圆弧半径 r_n，能够减小切削过程中的摩擦，从而使硬化程度有效降低。

（2）增大前角 γ_o 或增大后角 α_o　增大前角 γ_o 或后角 α_o，都能使切削刃钝圆弧半径 r_n 减小，切削刃变得锋利，切削变形随之减小，加工硬化程度也随之降低。

（3）减小背吃刀量 a_p　适当减小背吃刀量 a_p，会减少切入深度，使得切削力减少，切削变形减小，故硬化程度就随之而减轻。

（4）适当减小进给量　进给量减小时，切削力在塑性变形区域范围内减小，加工硬化程度及硬化层深度均有所减小。

（5）适当降低工件材料的塑性　工件材料塑性越小，则强化指数越小，加工硬化越不明显。

（6）合理选用切削液　浇注合适的切削液能减小刀具后面与加工表面之间的摩擦，可使硬化深度明显减小。

2.1.6 影响切削变形的主要因素

因为可以用切削变形系数 A_h 值来衡量切削变形程度，所以，在生产中常通过改变切削参数，来分析影响 A_h 的变化规律。影响切削变形的因素很多，主要有工件材料、刀具前角、切削速度和进给量等。

1. 工件材料

工件材料的强度、硬度越高，刀—屑之间的正压力越大，平均正应力 σ_{av} 增大，切削温度增加，刀—屑之间的接触长度减小，摩擦因数 $\mu = \tan\beta$ 减小，切削变形减小。

2. 刀具前角 γ_o

因为刀具前角 γ_o 增大，楔角 β_o 减小，切削刃钝圆弧半径 r_n 减小，切削刃锋利，切屑流出时阻力减小，使摩擦因数 μ 减小，故 A_h 减小，切削变形减小。但前角增大，则作用在前刀面的平均法向应力会随之减小，因此，摩擦因数会增大。

3. 切削速度 v_c

切削速度是通过切削温度和积屑瘤影响切削变形的，当不存在积屑瘤时，由于低速时切削温度较低，切屑底面与刀具前面不易粘结，摩擦因数 μ 小，切削变形小；随着切削速度提高，切削温度增加，粘结现象渐渐严重，摩擦因数 μ 增大；切削速度进一步提高，切削温度使被加工材料的剪切屈服强度降低，剪切应力减小，摩擦因数 μ 减少，切削变形变小。

随着切削速度提高所形成的积屑瘤高度也逐渐增加，刀具实际工作前角随之增大，因此，A_h 减少。当切削速度达到中速时，积屑瘤高度达到最大值，A_h 变为最小。切削速度再继续增高时，由于切削温度升高，摩擦因数 μ 减小而使 A_h 减小。在高速切削时，切削层来不及充分变形已被切离，所以 A_h 很小。

4. 进给量 f

进给量增大，切削厚度 h_D 与切屑厚度 h_{ch} 增加，使前面上的正压力 F_m 增大，平均法向应力 σ_{av} 增大，故摩擦因数 μ 减小，剪切角增大，因此切削变形系数 A_h 减小，切削变形减小。

2.2　切削力

切削力是工件材料抵抗刀具切削所产生的阻力。它是影响工艺系统强度、刚度和加工工件质量的重要因素。切削力是设计机床、刀具、夹具以及计算切削动力消耗的主要依据。在目前自动化生产、精密加工中，常利用切削力来检测和监控加工表面质量、加工精度和刀具磨损的程度。

2.2.1　切削力的来源、合力及其分力

1. 切削力的来源

在刀具作用下，被切削层金属、切屑和工件已加工表面金属都在发生弹性变形和塑性变形，因而产生变形抗力。法向切削力作用在刀具前面和后面上，由于切屑沿前面流出，故有对刀具前面产生摩擦力；刀具和工件间有相对运动，又有摩擦力作用于刀具后面。几个方面的作用力便形成了作用在刀具上的合力 F。由此来看，切削力来源于两个方面：一是切削层金属、切屑和工件表面层金属的弹性变形和塑性变形所产生的抗力；二是刀具与切屑及工件表面间的摩擦阻力。

2. 切削力的分解

如图2-8 所示，在切削时，各种切削力的总和形成作用在刀具上的合力 F。合力 F 作用在近切削刃空间某个方向，因大小与方向都不易确定，所以，为便于测量、计算和应用的需要，常将作用力 F 分解为三个分力。

切向力 F_c（主切削力 F_z）——在主运动方向上的分力。

背向力 F_p（径向力或切深抗力 F_y）——在垂直于工作表面上的分力。

进给力 F_f（轴向力 F_x）——在进给运动方向上的分力。

背向力 F_p 与进给力 F_f 也是推力 F_D 的分力，推力 F_D 是作用在切削层平面上且垂直于主切削刃的作用力。

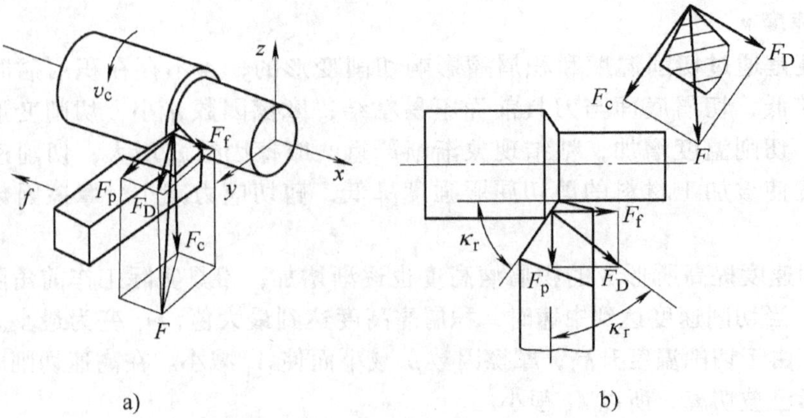

图 2-8 切削时的合力及其分力

合力 F、推力 F_D 与各分力之间关系

$$F = \sqrt{F_D^2 + F_c^2} = \sqrt{F_c^2 + F_p^2 + F_f^2}$$
$$F_p = F_D\cos\kappa_r$$
$$F_f = F_D\sin\kappa_r \tag{2-2}$$

式（2-2）表明，当 $\kappa_r = 0°$时，$F_P \approx F_D$、$F_f \approx 0$；当 $\kappa_r = 90°$时，$F_p \approx 0$、$F_f \approx F_D$，各分力的大小对切削过程产生明显不同的作用。

实验可得，当 $\kappa_r = 45°$、$\gamma_o = 15°$、$\lambda_s = 0°$时，各分力间近似关系为

$$F_c : F_p : F_f = 1 : (0.4 \sim 0.5) : (0.3 \sim 0.4)$$

随着切削条件的不同，三个分力之间的比例可在较大范围内变化，但主切削力 F_c 的值总是最大。

2.2.2 分力的作用

1. 切向力（主切削力）$\boldsymbol{F_c}$

切向力 F_c 是主运动方向上的切削分力，切于过渡表面并与基面垂直，消耗功率最多。切向力 F_c 作用在工件上，并通过卡盘传递到机床主轴箱，它是设计机床主轴、齿轮和计算主运动功率的主要依据；由于 F_c 作用使刀杆弯曲、刀片受压，故用它决定刀杆、刀片尺寸；F_c 是设计夹具和选择切削用量的重要依据。

2. 背向力（径向力或切深抗力）$\boldsymbol{F_p}$

背向力 F_p 是作用在进给方向上的切削分力，它处于基面内并与工件轴线垂直。在纵车外圆时，如果加工工艺系统刚性不足，背向力 F_p 是影响加工工件精度、引起切削振动的主要原因。F_p 不消耗切削功率。

3. 轴向力（进给抗力）$\boldsymbol{F_f}$

轴向力 F_f 是作用在进给方向上的切削分力，它处于基面内并与工件轴线平行。轴向力 F_f 作用在机床进给机构上，它是计算进给机构薄弱环节零件的强度和检验进给机构强度的主要依据。F_f 消耗总功率的1% ~5%。

2.2.3 切削功率

切削过程中消耗的功率称为切削功率，用 P_c 表示。计算切削功率 P_c 是用于核算加工成

本和计算能量消耗，并在设计机床时根据它来选择机床主电动机功率。

主运动消耗的切削功率 P_c（单位为 kW）应为

$$P_c = \frac{F_c v_c \times 10^{-3}}{60} \tag{2-3}$$

式中 F_c——切削力，单位为 N；

v_c——主运动的切削速度，单位为 m/min。

根据式（2-3）求出切削功率值 P_c，再按下式计算主电动机的功率 P_E，单位为 kW：

$$P_E = P_c/\eta_m \tag{2-4}$$

式中 η_m——机床传动效率，一般取 $\eta_m = 0.80 \sim 0.85$。

式（2-4）是校验和选用机床主电动机功率的计算公式。

2.2.4 切削力和切削功率的估算

1. 利用指数公式计算切削力

在生产实际中，常采用指数公式计算切削力，该指数公式是通过做大量的切削实验，将实验数据通过数学分析或计算机处理后建立的，因此，也称为切削力实验公式。切削力的指数公式为

$$\begin{aligned} F_c &= C_{F_C} a_p^{x_{F_c}} f^{y_{F_c}} v_c^{n_{F_c}} K_{F_c} \\ F_p &= C_{F_p} a_p^{x_{F_p}} f^{y_{F_p}} v_c^{n_{F_c}} K_{F_p} \\ F_f &= C_{F_f} a_p^{x_{F_f}} f^{y_{F_f}} v_c^{n_{F_f}} K_{F_f} \end{aligned} \tag{2-5}$$

式中 F_c、F_p、F_f——分别为切向力、背向力和轴向力，单位为 N；

a_p——背吃刀量，单位为 mm；

f——进给量，单位为 mm/r；

v_c——切削速度，单位为 m/min。

各系数 C_F 值是由实验时的加工条件确定的。各指数 x_F、y_F、n_F 值表明各参数对切削力的影响程度。修正值 K_F 是在不同加工条件时对各切削分力的修正系数值。式（2-5）中的系数、指数和修正系数值可查相关的金属切削手册。

2. 利用单位切削力和单位切削功率计算切削力

（1）单位切削力　单位切削力可用单位切削层面积切削力 k_c 或单位切削层宽度切削力 F'_c 表示。单位切削力 k_c，单位为 N/mm²。由式（2-6）求得

$$k_c = \frac{F_c}{A_D} = \frac{C_{F_c} a_p^{x_{F_c}} f^{y_{F_c}}}{a_p f} = \frac{C_{F_c}}{f^{1-y_{F_c}}} \tag{2-6}$$

式中系数 C_{F_c} 和指数 x_{F_c}、y_{F_c} 由实验确定，通常实验得 $x_{F_c} \approx 1$。

若已知单位切削力 k_c，如果给定背吃刀量 a_p 和进给量 f 值，切削力 F_c（单位为 N）用下式计算

$$F_c = k_c A_D = k_c a_p f$$

由此可见，利用单位切削力 k_c 计算切削力 F_c 是一种简便的方法。单位切削力可从有关手册中查到（表 2-1 供参考）。

表 2-1　常用材料的单位切削力

材　料	牌　号	制造、热处理状态	硬度 HBW	单位切削力 k_c/N·mm^{-2}
结构钢	45（40Cr）	热轧或正火	187（212）	1962
		调质	229（285）	2305
灰铸铁	HT200	退火	170	1118
铅黄铜	HPb59－1	热轧	78	736
硬铝合金	2A12	淬火及时效	107	834

（2）单位切削功率 p_c　p_c 是在单位时间内切除单位体积材料所需的切削功率。p_c［单位为 kW/（mm³·s）］计算式为

$$p_c = \frac{p_c}{Q} = \frac{k_c a_p f v_c}{1000 a_p f v_c} \times 10^{-3} = 10^{-6} k_c \tag{2-7}$$

2.2.5　影响切削力的因素

切削过程中，影响切削力的因素很多，凡是影响切削变形和摩擦的因素，均会影响切削力。从切削条件方面分析，主要有切削用量、工件材料和刀具几何参数等三个方面。

1. 切削用量的影响

当背吃刀量 a_p 和进给量 f 增大时，都会使切削力 F_C 增加，但两者的影响程度是不同的。其原因是：若 f 不变，a_p 增加一倍，切削厚度 h_D 不变，切削宽度 b_D 和切削层横截面积 A_D 随之增大一倍，使切削变形和摩擦成倍增加，故切削力 F_c 也约增加一倍；若 a_p 保持不变，f 增加一倍时，使切削厚度 h_D 和切削层横截面积 A_D 也都增加一倍，但因进给量 f 增加使切削变形减小，摩擦面积不成倍增加，切削力 F_c 只增加约 70%～80%。在相同的切削层横截面积下，若切削效率相同时，增大进给量 f 比增大背吃刀量 a_p 既省力又节能；若消耗功率相同，则允许选用更大的进给量，可提高生产效率。切削速度 v_c 的变化对切削力的影响不大，加工塑性金属时，切削速度主要是由于积屑瘤影响实际工作前角和摩擦因数的变化而影响切削力。加工脆性金属时变形和摩擦均较小，故切削速度 v_c 对切削力影响不大。如果刀具材料和机床性能允许，采用高速切削，既能提高生产效率，又使得切削力减小。

2. 工件材料的影响

工件材料是通过材料的剪切屈服强度 τ_s、塑性变形程度与刀具间的摩擦等条件影响切削力的。一般来说，工件材料的强度和硬度越高，所产生的切削力也越大。在强度和硬度相近时，其塑性和韧性越高，切削力越大；加工硬化严重的材料，切削力也越大。切削脆性材料（如灰铸铁）时，其切削力较小。

3. 刀具几何参数的影响

刀具前角 γ_o 增大，切削变形系数 A_h 减小，故切削力明显减小。尤其是加工材料的韧性、延伸率越高，增大前角 γ_o 使切削力下降更为显著。主偏角 κ_r 对三个切削分力都有影响，其中对 F_p、F_f 的影响较大。刀尖圆弧半径 r_ε 增大，切削变形增大，使切削力增大。

4. 其他因素的影响

后面磨损，使刀具与加工表面间摩擦加剧，故切削力 F_c、F_p 增大。切削时浇注合适的

切削液，能使刀具、工件与切屑接触面间摩擦减小，因而能显著地减小切削力。不同的刀具材料与工件材料之间的亲和力和摩擦因数不同，因而切削力也不同。在相同的切削条件下，选用陶瓷刀具的切削力最小，硬质合金刀具的切削力次之，高速工具钢刀具切削力最大。

2.3　切削热与切削温度

在金属切削过程中，金属材料发生极大的变形与摩擦，而这些变形、摩擦所消耗的能量绝大部分都转化成热量，称为切削热。切削热不仅会使得工件和机床产生热变形，降低零件的加工精度和表面质量，而且还对刀具磨损产生决定性的影响。

2.3.1　切削热的产生与传散

在刀具的切削作用下，切削层金属发生弹性和塑性变形，切屑与刀具前面，工件与刀具后面之间产生摩擦，由于变形和摩擦而产生热量，这就是产生切削热的原因。

切削热 Q 向切屑、刀具、工件和周围介质（空气或切削液）中传散。例如，在干车削钢时，其传热比例为：$Q_{屑}=50\%\sim86\%$，$Q_{刀}=40\%\sim10\%$，$Q_{工}=9\%\sim3\%$，$Q_{介}=1\%$。热量传散的比例与切削速度有关，切削速度增加时，由摩擦而生成的热量增多，但切屑带走热量的比例也增加，传给刀具热量的比例相对减少，传给工件热量的比例更少。所以高速切削时，切屑的温度很高，而工件和刀具的温度则相对较低，这将有利于切削加工的顺利进行。热传导效果还与刀具和工件材料的导热系数有关，导热系数高的，热传导效果就好，切削区温度降低就快。采用冷却性能好的水溶性切削液能有效地降低切削温度。

2.3.2　切削温度的分布

切削温度的分布规律如下（见图2-9）：

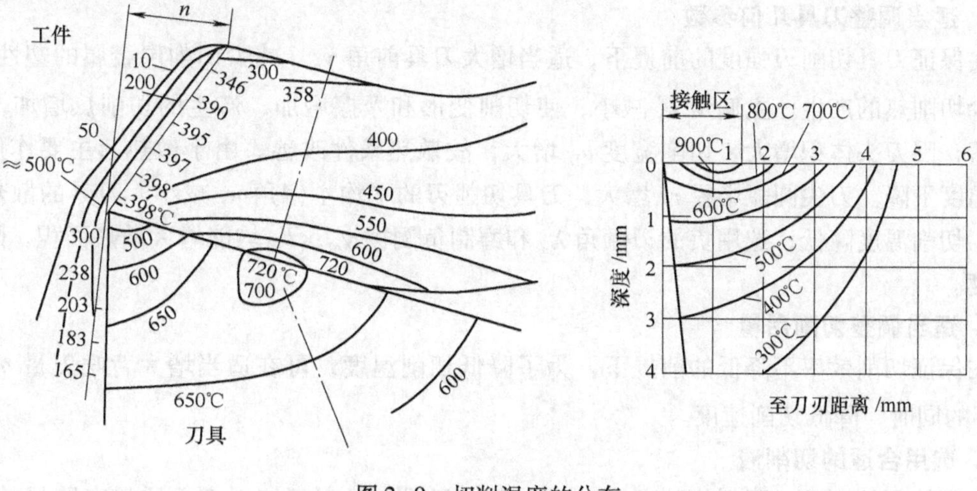

图2-9　切削温度的分布

a）刀具、工件和切屑中温度分布　b）刀具中温度分布

加工条件：刀具材料 YT14　加工条件：工件材料 30Mn4

$v_c=60m/min$　$a_p=3mm$　$f=0.25mm/r$

1）刀—屑接触面摩擦大，热量不易传散，故产生的温度值最高。

2）切削区域的最高温度点不在切削刃上，而是在前刀面上离切削刃有一定距离的地方，这是摩擦热沿刀面不断增加的缘故。由图2-9b表明，离切削刃1mm处的最高温度约为900℃。该处压力高，热量集中。在后面上离切削刃约0.3mm处的最高温度约为700℃。

3）剪切区中，在剪切面上各点的变形功大致相同，故各点处温度值较接近，但垂直剪切面方向的温度梯度很大。

4）切屑底层上的温度梯度很大。

5）工件材料塑性越大，切削温度分布越均匀；材料脆性越大，最高温度点离切削刃越近。

6）材料导热系数越低，刀具前、后面上的温度越高。

7）切屑带走热量最多，它的平均温度高于刀具、工件上的平均温度。工件上最高温度在近切削刃处，它的平均温度较刀具上最高温度点低20~30倍。

切削温度可以用专门的仪器测定，也可以通过观察切屑的颜色大致估计出来。切削碳钢或低合金时，当切屑颜色为银白色时，切削温度低于200℃；当切屑颜色为暗黄色时，切削温度约为250℃；当切屑颜色为深蓝色时，切削温度约为400℃；当切屑颜色为紫黑色时，此时切削温度已达到500℃以上。

在加工过程中，切削温度的升高将对切削加工产生不利影响。切削温度升高会加速刀具的磨损。同时，刀具和工件在受热后产生膨胀变形，将影响加工精度，过高的切削温度还会使工件表层金相组织发生变化，造成烧伤退火现象。因此，应当对切削温度加以有效的控制。

2.3.3 控制切削温度的措施

为了减小切削温度给加工带来的不利影响，通常采取以下几方面的控制措施。

1. 适当调整刀具几何参数

在保证刀具切削刃强度的前提下，适当增大刀具前角 γ_o，减少切削层金属的塑性变形，以减少切削热的产生。主偏角 κ_r 减小，使切削变形和摩擦增加，产生的切削热增加，但 κ_r 减小后，因刀头体积增大，切削宽度 b_D 增大，故散热条件改善。由于散热起主要作用，故切削温度下降。刀尖圆弧半径 r_ε 增大，刀具切削刃的平均主偏角 κ_r 减小，刀具的散热条件变好，切削温度降低；选用负的刃倾角 λ_s 和磨制负倒棱 $\gamma_{o1} \times b_{\gamma 1}$ 均能增大散热面积，降低切削温度。

2. 适当调整切削用量

在保证切削效率不降低的前提下，为了降低切削温度，可在适当增大背吃刀量 a_p 和进给量 f 的同时，降低切削速度。

3. 选用合适的切削液

合理使用切削液对降低切削温度、减小刀具磨损、提高已加工表面质量有明显的效果。切削液的导热率、比热容和流量越大，浇注方式越合理，则切削温度越低，冷却效果越好。

除了采取上述措施外，还可通过改善材料的切削加工性、控制刀具的磨损、采用斜刃切削等措施来降低切削温度。

2.4　刀具磨损与刀具寿命

2.4.1　刀具磨损

在切削过程中，刀具在高温、高压条件下，前、后面分别受到工件、切屑的强烈摩擦作用，使得刀具材料逐渐被磨耗或出现其他形式的损坏。刀具过早的磨损将对切削过程和生产效率带来很大的影响，所以，研究刀具磨损的原因以及防止刀具过早、过多地磨损是切削加工中一个重要的课题。

1. 刀具磨损的形式

刀具磨损可分为正常磨损和非正常磨损两种形式。

(1) 正常磨损　正常磨损是指刀具材料的微粒被工件或切屑带走而产生的磨损，随着切削时间的增加，这种现象逐渐扩大的磨损称为正常磨损。图2-10所示为正常磨损的形态，其中包括以下几种形式：

1) 后面磨损（见图2-10a）。由于加工表面与刀具后面之间存在着强烈的摩擦，在后面上切削刃附近很快被磨出一段后角为零的小棱面，这种磨损形式称为后面磨损。

2) 前面磨损（见图2-10b）。在切削塑性材料时，若切削速度和切削厚度都较大，摩擦较大且温度和压力都高，切屑在流出过程中就会在刀具前面上切削刃附近摩擦出一段月牙洼形的凹坑，这种磨损即是前面磨损。

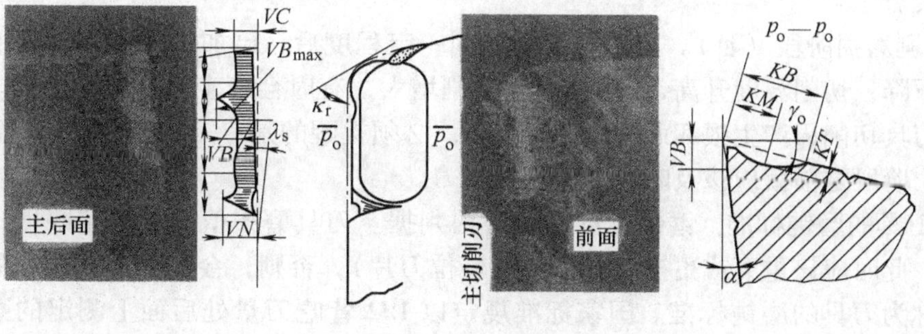

a)　　　　b)

图2-10　正常磨损

a) 后面磨损　b) 前面磨损

3) 前、后面同时磨损。在切削塑性材料、切削厚度与前两者比较属居中时，经常会出现前面与后面同时发生磨损的形式，常在主切削刃上靠近工件外皮处及副切削刃上靠近刀尖处磨出较深的沟纹。

4) 副后面磨损。副切削刃在形成已加工表面过程中，副后面受到摩擦而形成磨损。

(2) 非正常磨损　刀具的非正常磨损主要是指刀具的脆性破损和塑性破损，一般有如下几种破损形式。

1) 塑性变形。因严重塑性变形造成切削刃和倒角刀尖区的塌陷。

2) 崩刃。在断续、冲击切削条件下，或用脆性刀具材料切削易引起切削刃微粒脱落。

3）剥落。常因刃磨造成内应力、积屑瘤脱落和在重载切削时，切削刃与刀面出现大面积脱落。

4）热裂。由热循环而致使的材料疲劳，或因间断切削，切削液浇注不均匀使切削温度急剧变，在垂直切削刃方向上出现的裂纹。

以上破损都是因为刀具材料选择不合理，刀具结构、制造工艺不合理，刀具几何参数不合理、切削用量选择不当，刀具刃磨或使用时操作不当等原因所致。

2. 磨损过程和磨钝标准

由于多数切削情况下均可能出现后面的均匀磨损量 *VB*，此外，*VB* 值较易测量和控制，因此，常用 *VB* 值来研究磨损过程和作为判别磨损的依据。

（1）刀具的磨损过程　图 2-11 所示是典型的硬质合金车刀磨损过程的磨损曲线，由图可知，磨损分三个阶段：

1）初期磨损阶段（Ⅰ）。因刀具新刃磨的表面粗糙不平，残留砂轮痕迹，开始切削时很快将刀面上的刃磨痕迹磨去。初期磨损量的大小与刀具的刃磨质量直接相关。

2）正常磨损阶段（Ⅱ）。经初期磨损后，刀面上的粗糙表面已被磨平，压强减小，磨损比较缓慢。随着切削时间的延长，磨损量 *VB* 将逐渐加大。

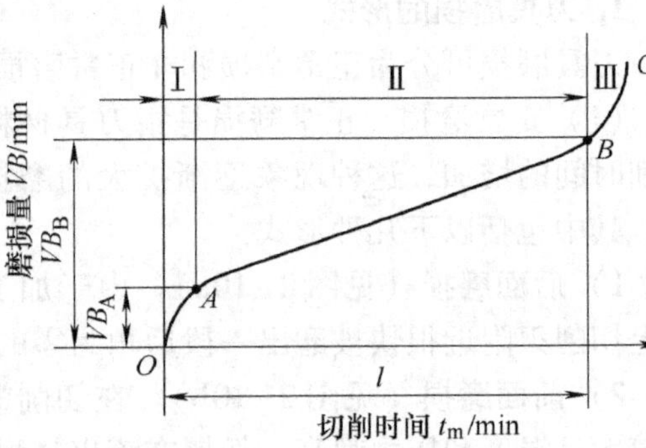

图 2-11　刀具磨损曲线

3）急剧磨损阶段（Ⅲ）。当刀具磨损达到一定程度后，已加工表面粗糙度变差，刀具切削性能下降，切削温度升高，磨损量 *VB* 急剧增大，有时会产生振动、噪声等。如果继续使用，则刀具切削刃产生损坏而失去切削能力。必须提醒的是：刀具应避免达到急剧磨损阶段，在这个阶段之前就应该及时磨刀或更换新刀。

（2）刀具的磨钝标准　磨钝标准亦称磨损判据。刀具磨损值达到一定限度，就不能继续再使用，此时应该重磨或更换切削刃（可转位刀片），否则，会明显影响加工质量，这个磨损限度称为刀具的磨钝标准。国家标准规定以 1/2 背吃刀量处后面上测定的磨损带宽度 *VB* 值作为刀具磨钝标准。

根据加工条件的不同，应制定不同的磨钝标准。粗加工时应取大值，工件刚性较好或加工大件时应取大值，反之则取小值。自动化生产中的精加工刀具，常以沿工件径向的刀具磨损量作为刀具的磨钝标准，称为刀具径向磨损量 *NB* 值。

目前，在实际生产中，常根据切削时突然发生的现象，如振动产生、已加工表面质量变差、切屑颜色改变、切削噪声明显增大等来决定是否磨刀或更换切削刃，精加工时常根据刀具磨损是否影响表面粗糙度和尺寸精度作为磨钝标准。

3. 刀具磨损的原因及改善途径

刀具在高温、高压下进行切削，发生正常磨损是不可避免的。造成刀具磨损的原因一般有以下几种。

（1）磨料磨损（又称机械磨损）　在工件材料中含有氧化物、碳化物和氮化物等硬质点，在铸、锻工件表面上存在着硬夹杂物和在切屑、加工表面上粘附着硬的积屑瘤残片，这些硬质点在切削时似同“磨粒”对刀具表面产生摩擦和刻划作用致使刀面磨损。磨料磨损在各种切削速度下都会存在，但对低速切削刀具磨料磨损是最主要的磨损原因。

（2）粘结磨损 粘结磨损亦称冷焊磨损，切削区存在着很大的压力和强烈的摩擦，切削温度也较高，在切屑、工件与刀具前、后面之间的吸附膜被挤破，形成新的表面紧密接触，因而发生粘结（冷焊）现象。使刀具表面局部强度较低的微粒材料被切屑带走或使得切削刃和前面产生小块剥落。在低温时，接触面间具有很大压力，使接触点产生塑性变形造成“冷焊”；在一定温度范围内刀具材料与工件材料的亲和作用也会产生磨损，它是一种物理—化学性质的磨损。

（3）扩散磨损 扩散磨损是由于在高温作用下，使工件与刀具材料中合金元素相互扩散置换造成的。扩散置换的结果是改变了原来刀具材料中的化学成分的比值，降低了刀具的切削性能，加快了刀具的磨损。

（4）相变磨损 相变磨损是工具钢刀具在较高速度切削时产生塑性变形的主要原因。在高速工具钢刀具切削时，当温度超过其相变温度（550～600℃）时，刀具材料的金相组织就会发生转变，由回火马氏体转变为奥氏体，使硬度降低，出现刀具前面塌陷或卷刃等塑性破坏而加快刀具磨损。硬质合金刀具在高温、高压状态下切削也会因产生塑性变形而失去切削性能。

（5）化学磨损（又称氧化磨损） 在一定温度下，刀具材料与周围介质发生化学反应，在刀具表面形成一层硬度较低的化合物而被切屑带走。硬质合金刀具的切削温度达到700～800℃时，硬质合金材料中C、WC、TiC和Co与空气中的氧起化合作用形成了硬度和强度较低的氧化膜。在切削时工件表层中的氧化皮、冷作硬化层及其硬杂质对氧化膜产生连续摩擦的作用，使刀面上产生氧化磨损。有时刀具材料被周围某种介质腐蚀，也会造成化学磨损。

实际上，刀具磨损的原因是错综复杂的，且各类磨损因素也是相互影响的，通过上述分析可知，对于一定的刀具和工件材料，切削温度和机械磨损具有决定性影响。了解了上述刀具磨损的原因，就能找到控制刀具磨损的方法和有效途径。

2.4.2 刀具寿命

1. 刀具寿命的概念

刀具寿命是指一把刃磨好的新刀从开始切削一直到磨损量达到磨钝标准前所经历的总的切削时间（单位为min，用T来表示）。对于可重磨刀具而言，刀具寿命是指刀具两次刃磨之间的实际切削时间。从刀具第一次投入使用直至完全报废所经历的总的切削时间，称为刀具的总寿命。

2. 影响刀具寿命的因素

（1）切削用量对刀具寿命T的影响 对于同一种材料的切削加工，当刀具的材料和几何参数确定之后，对刀具寿命影响最大的是切削用量。切削用量对刀具寿命的影响可用下列的一般经验公式表述。

$$T = \frac{C_T}{v_c^{x_V} f^{y_V} a_p^{z_V}} K_T \tag{2-8}$$

式中 C_T——刀具寿命系数，与刀具、工件材料和切削条件有关；

K_T——其他因素对刀具寿命的影响系数。

x_V、y_V、z_V——刀具寿命指数，分别表示切削用量要素中v_c、f、a_p对刀具寿命的影响程度，一般$x_V > y_V > z_V$。

上述指数、系数值可查阅有关手册。

当用YT5硬质合金车刀切削碳素钢（$\sigma_b = 0.637\text{GPa}$）时，车削用量三要素（$v_c$、$f$、$a_p$）与刀具寿命$T$之间存在着如下关系

$$T = \frac{C_T}{v_c^5 f^{0.75} a_p^{2.25}} \tag{2-9}$$

从式（2-9）中切削用量各要素的指数值可以看出，在切削用量三要素中，对刀具寿命影响最大的是切削速度，其次是进给量，影响最小的是背吃刀量。

（2）刀具几何参数　合理选择刀具几何参数（如前角γ_o、主偏角κ_r、副偏角κ_r'和增大刀尖圆弧半径r_ε）能提高刀具寿命。

（3）工件材料　加工材料的强度、硬度越高、韧性越高、延伸率越小或导热性越差，则切削力越大，切削温度越高，刀具磨损越快，刀具寿命就越低。

（4）刀具材料　刀具材料的抗弯强度和硬度越高，耐磨性和耐热性越好，则刀具抗磨损的能力就越强，刀具寿命也越高。采用涂层刀具材料和使用新型刀具材料，是提高刀具寿命的有效途径。

3. 合理刀具寿命的确定原则

刀具寿命对切削加工过程会产生较大的影响。如果刀具寿命定得过高，虽然可以减少换刀次数，但必须减小切削用量，从而使切削效率降低、成本提高。反之，若刀具寿命定得过低，虽能提高切削用量，缩短切削时间t_m，但势必会使刀具磨损加快，增加换刀和磨刀次数与时间，同样也会降低切削效率，增加成本。在生产中是根据切削条件和技术要求首先确定一个合理的刀具寿命T值，然后以它为依据选择切削速度，并计算切削效率和核算生产成本。通常选择刀具合理寿命有两种方法：最高生产率寿命T_P和最低生产成本寿命T_C。

（1）最高生产率寿命T_P　T_P是根据切削一个零件所花费的时间最少或在单位时间内加工出的零件最多来确定的。切削用量v_c、f和a_p是影响刀具寿命的主要因素，又是影响生产率高低的决定因素。如图2-12所示，在生产率变化曲线中，最高生产率P点处的刀具寿命T_P即为最高生产率寿命。

（2）最低生产成本寿命T_C　T_C是根据加工零件的一道工序成本最低来确定的。如图2-12所示，在工序费用变化曲线中，工序成本最少C点处的刀具寿命T_C即为最低生产成本寿命。在图2-12中的T_P与T_C之间刀具寿命是较为合理的刀具寿命。

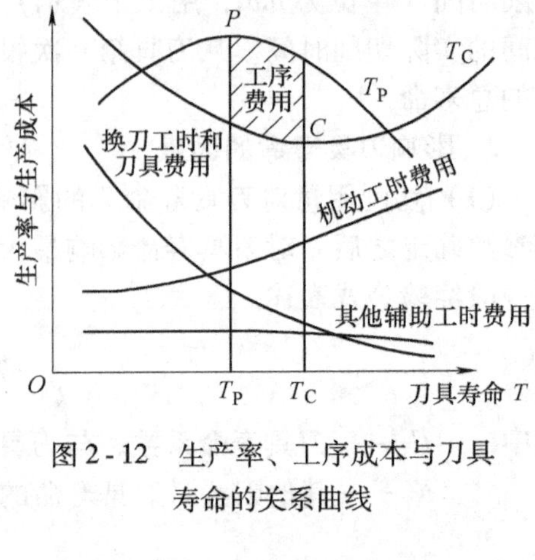

图2-12　生产率、工序成本与刀具寿命的关系曲线

由于T_C要高于T_P，故生产中常采用最低生产成本寿命T_C，只有当生产紧急需要时才采用最高生产率寿命T_P。

各种刀具的寿命值，一般是遵循上述原则来制订的，例如：

1）简单刀具的制造成本低，故它的寿命较复杂刀具的寿命可规定低些。

2）可转位刀具的切削刃转位迅速，更换刀片简便，故刀具寿命可规定低些。

3）精加工刀具磨刀和调刀技术难度大，且费时，故刀具寿命应制订得较高些。

4）自动生产线刀具、数控刀具调刀技术难度大，且费时，故刀具寿命应制订得较高些。

4. 刀具寿命允许的切削速度 v_T 的计算

由式（2-8）和式（2-9）可知，切削用量三要素对刀具寿命的影响是不一样的，v_c 的影响最大，其次是 f，a_p 的影响最小。因此，实际生产中，为了提高劳动生产率，一般应首先考虑选取一个较大的背吃刀量 a_p，然后再选取一个尽可能大的进给量 f，最后再根据已确定的刀具寿命的合理数值 T 来计算切削速度，这就是切削速度刀具寿命所允许的切削速度 v_T（单位为 m/min）。根据式（2-9）改写 v_T 的计算式为

$$v_T = \frac{C_v}{T^m f^{y_v} a_p^{x_v}} k_v \tag{2-10}$$

式中的系数 C_v、指数 m、x_v、y_v 可查相关手册。

2.5 切削液及其选用

在切削加工过程中，合理使用切削液可以有效地减小切削力和降低切削温度，改善刀具与工件、刀具与切屑之间的摩擦状态，从而防止工件热变形和改善工件已加工表面质量，延长刀具寿命，降低动力消耗。此外，选用高性能切削液也是改善某些难加工材料切削加工性的有效途径之一。

2.5.1 切削液的作用

1. 冷却作用

切削液浇注在切削区域内，利用切削液的热传导、对流和汽化等方式，把切屑、工件和刀具上的热量带走，降低切削温度和减小工艺系统热变形，减少刀具磨损。

2. 润滑作用

切削液渗透到刀具、切屑与加工表面之间，其中带油脂的极性分子吸附在刀具新鲜的前、后面上，形成了物理性吸附膜。若与添加在切削液中的化学物质产生化学反应，形成化学性吸附膜，从而在高温时减小切屑、工件与刀面间的摩擦，减少粘结和减少刀具磨损，提高已加工表面质量。

3. 排屑和洗涤作用

在金属切削中，为了防止碎屑、铁锈及磨料细粉粘附在工件、刀具和机床上，影响工件已加工表面质量和机床的加工精度，要求切削液具有良好的冲刷和清洗作用。例如在磨削、钻削、深孔加工和自动化生产中，可利用浇注或高压喷射切削液来排除切屑或引导切屑流向，并冲洗散落在机床及工具上的细屑与磨粒。

4. 防锈作用

为了防止工件、机床受周围介质腐蚀，要求切削液具有一定的防锈作用。在切削液中加入防锈添加剂，使其与金属表面起化学反应生成保护膜，防止与腐蚀介质接触而起到防锈和防蚀作用。

切削液对于改善切削条件、减少刀具磨损、提高切削速度、提高已加工表面质量、改善

材料的切削加工性等，均具有一定的积极意义。切削液除具有上述作用之外，还应具有抗泡性、抗霉菌变质能力，应达到排放时不污染环境、对人体无害和使用经济性等要求。

2.5.2 切削液的种类及其选用

生产中常用的切削液有：以冷却为主的水溶性切削液和以润滑为主的油溶性切削液。

1. 水溶性切削液

水溶性切削液主要分为：水溶液，乳化液和合成切削液。

（1）水溶液　水溶液是以水为主要成分的切削液，它是在软水中加入防锈剂、防霉剂，有的还加入油性添加剂、表面活性剂和添加极压抗磨剂等，以改善其润滑和防锈性能以及增加润滑膜的强度。这样就使得水溶液在保持良好冷却性能的同时，又具有一定的润滑和防锈性能。水溶液常用于粗加工和普通磨削加工中。

（2）乳化液　乳化液是水和乳化油经搅拌后形成的乳白色液体。乳化油是一种由矿物油、表面活性乳化剂（石油磺酸钠、磷化蓖麻油等）配制而成的油膏。表面活性乳化剂的分子是由极性集团和非极性集团两部分组成，分子上带极性的一头与水亲和，不带极性的一头与油亲和，它能使水和油均匀混合，有时再添加一定量的乳化稳定剂（乙醇、乙二醇等），就能更好地使乳化液中的油、水不分离。

乳化液的冷却、润滑性能较好，成本也较低，废液处理较容易，故用途很广。低浓度的乳化液以冷却作用为主，用于粗加工和普通磨削加工中；高浓度乳化液以润滑作用为主，用于精加工和复杂刀具加工中。乳化液的缺点是稳定性差，夏天易腐败变质。表 2-2 中列出了加工碳钢时，不同浓度乳化液的用途。

表 2-2　乳化液的选用

加工要求	粗车、普通磨削	切割	粗铣	铰孔	拉削	齿轮加工
浓度（%）	3~5	10~20	5	10~15	10~20	15~20

（3）合成切削液　合成切削液是国内外推广使用的一种高性能切削液。它是由水、各种表面活性剂和化学添加剂组成。这种切削液具有良好的冷却、润滑、清洗和防锈性能，还有热稳定性好和使用周期长等特点。合成切削液中不含油，可节省能源，且有利于环保，国外的使用率已达到60%，我国机械加工类的工厂中使用合成切削液也日益增多。

2. 油溶性切削液

油溶性切削液主要有：切削油和极压切削油。

（1）切削油　切削油中有矿物油、动植物油和复合油（矿物油与动植物油的混合油），其中常用的是矿物油。矿物油包括机油、轻柴油和煤油等。轻柴油的特点是，热稳定性好，资源丰富，价格便宜，但润滑性较差，它主要用于切削速度较低的精加工、有色金属加工和易切钢的加工；机油的润滑作用较好，故在普通精车、螺纹精加工中使用甚广；煤油的渗透作用和冲洗作用均较突出，故在精加工铝合金、精刨铸铁和用高速工具钢铰刀铰孔中，均能减小加工表面粗糙度和提高刀具寿命。

（2）极压切削油　极压切削油是在矿物油中添加一定量的油性添加剂、极压添加剂（氯、硫、磷等）和防锈添加剂等配制而成。它在高温下不破坏润滑膜，高浓度乳化液起润滑作用为主，具有良好的润滑效果，故被广泛适用于精加工和加工形状复杂的工件（如成形面、齿轮、螺纹等），其润滑和防锈效果较好。其中氯化切削油熔点高，摩擦因数小，润滑性能好，适用于切削合金钢、高锰钢及其他难加工材料；硫化切削油是熔点更高，适用于对低、中碳钢、40Cr 钢和 20CrMnTi 等材料的钻、铰、铣以及齿轮加工，均可获得很小的加工表面粗糙度，并提高刀具寿命。

3. 固体润滑剂

固体润滑剂中使用最多的是二硫化钼（MoS_2）。由 MoS_2 形成的润滑膜具有极低的摩擦因数（0.05～0.09），高的熔点（1185℃），因此，高温不易改变它的润滑性能，具有很高的抗压性能（3.1GPa）和牢固的附着能力。切削时可将 MoS_2 涂刷在刀面和工作表面上，也可添加在切削油中。采用 MoS_2 能防止粘结和抑制积屑瘤的形成，减小切削力，能显著地延长刀具寿命和减小加工表面粗糙度。在生产使用中表明，将它用于车、钻、铰孔、深孔加工、攻螺纹、拉、铣等加工中，均能获得良好的效果。

2.5.3　切削液的使用方法

1. 浇注法

使用时将充足大流量的低压切削液浇注在切削区，这种方法在生产中较常用，但难使切削液直接渗入最高温度区，影响切削液的冷却与润滑效果。

2. 喷雾法

用压缩空气以 0.3～0.6MPa 的压力通过喷雾装置使切削液雾化，高速喷至切削区。高速气流带着雾化成微小液滴的切削液渗透到切削区，在高温下迅速汽化，吸收大量切削热，取得良好的冷却与润滑效果。

3. 内冷却法

切削液通过刀体内部以较高的压力和较大的流量喷向切削区，将切屑冲刷出来，同时带走大量的热量，可大大提高刀具寿命、生产效率和加工质量。深孔钻、套料钻等加工就是采用这种冷却方法。

2.6　刀具几何参数的合理选择

刀具的几何参数主要包括：刀具角度、前面与后面形式、切削刃与刃口形状等。刀具合理几何参数是指在保证加工质量的前提下，能够获得最高的刀具寿命，从而达到提高生产效率、降低生产成本的刀具几何参数。

2.6.1　前角和前面形式的选择

1. 前角 γ_o 的选择

增大前角 γ_o，切削刃锋利，切削变形减小、切削力减小、切削轻快、切削温度降低、刀具磨损减小、加工表面质量提高。但若前角过大，刀具切削部分和切削刃的刚度和强度降低，散热条件变差，切削温度高，刀具易磨损或破损，使刀具寿命降低。因此在正、反两方面的影响下，前角应有一个最佳数值。选择前角的原则是，在达到刀具寿命要求的前提下，应选取较大的前角。

2. 前面形式的选择

生产中常用的前面形式有以下四种，如图2-13所示。

（1）正前角平面型（见图2-13a）　这种形式的切削刃锋利，但刀尖强度较低、散热能力较差。多用于加工易切削材料的单刃、多刃精加工刀具和复杂刀具，例如车刀、铣刀、螺纹车刀和切齿刀具等。

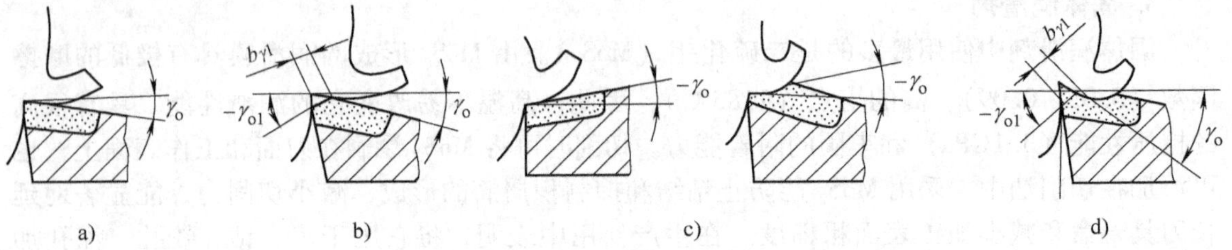

图2-13　前面形式

a）正前角平面型　b）正前角带倒棱型　c）负前角型　d）曲面型

（2）正前角带倒棱型（见图2-13b）　这种形式的切削刃可提高刀具刃口强度、改善散热条件、增强刀具寿命。此形式多用于粗加工或断续切削。

（3）负前角型（见图2-13c）　负前角型切削刃增加刀片重磨次数，切削刃强度高，散热体积大，作用在刀片上的切削力由受弯改变为受压，改善了受力条件。但负前角刀具所产生的切削力大，易引起振动。对于硬质合金刀具，可采用负前角型。

（4）曲面型（见图2-13d）　磨出曲面型前面或前面上磨出断屑槽，有利于排屑、卷屑和断屑。由于曲面形成可增大前角，故切削变形小，切削力较小。这种形式多用于粗加工和半精加工。

2.6.2　后角的选择

增大后角 α_o，可减小加工表面上的弹性恢复层与刀具后面的接触长度，从而减少后面与切削表面间的摩擦，提高刀具寿命，减小切削刃钝圆弧半径 r_n，切削刃变得锋利，可提高加工表面质量。但是后角过大，会使得刀具强度降低，散热条件变差，刀具磨损加剧。另外，在相同磨损标准 *VB* 条件下，大的后角经重磨后，使加工直径变化量大，从而影响加工精度。

2.6.3　副后角的选择

副后角 α_o' 的作用是减少副后面与已加工表面之间的摩擦，其选择原则与主后角基本相同。为便于制造，一般对车刀、面铣刀等选取 $\alpha_o' = \alpha_o$。有些刀具，例如切断刀、切槽刀、三面刃铣刀等，为增加刀齿强度并且使得刀具重磨后刀齿厚度变化较小，常选用很小的负后角 $\alpha_o' = 1° \sim 3°$。

2.6.4　主偏角的选择

减小主偏角 κ_r，刀具切削部分的体积增大，刀具强度提高、散热条件变好，刀具寿命增加，特别是能够减小残留面积高度 R_{max}，降低了已加工表面粗糙度。主偏角 κ_r 增大，使

得背向力 F_y 减小，此外，κ_r 增大，切削宽度减小，有利于断屑。主偏角还影响背向力 F_y 和进给分力的分配，从而对工艺系统的刚性和振动产生影响。

2.6.5　副偏角的选择

刀具副偏角 κ_r' 是影响表面粗糙度的主要角度，它的大小也影响刀具强度。过小的副偏角，会增加副后面与已加工表面间的摩擦，引起振动。副偏角的选择原则是，在不产生摩擦和振动的条件下，应尽可能选取较小的副偏角。

2.6.6　倒角刀尖和修圆刀尖

如图 2-14 所示为在主切削刃和副切削刃之间的几种连接形式：倒角刀尖（见图 2-14a）、修圆刀尖（见图 2-14b）和倒角刀尖主偏角为0°时的修光切削刃（见图 2-14c）。图 2-14 中的刀尖形式，均能提高刀尖处强度，增大散热面积，减小表面粗糙度，但会不同程度地增大背向力 F_y，选择时，要考虑加工工艺系统刚性是否足够。

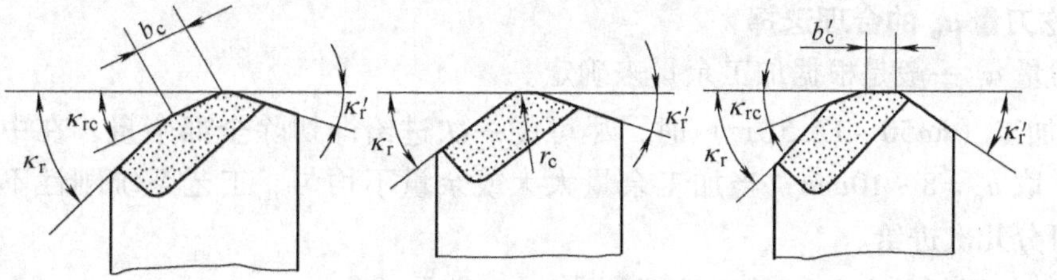

图 2-14　刀尖形式

a）倒角刀尖　b）修圆刀尖　c）修光切削刃

2.6.7　刃倾角的选择

合理选择刃倾角 λ_s 有多个方面的作用：合理的刃倾角能够控制切屑流向和影响切削分力的分配；刃倾角 λ_s 的绝对值变大，可增加实际工作前角和减小法平面中钝圆半径 r_n，刀具具有斜角切削的特点，从而使切削刃变得锋利，同时增加了切削刃的工作长度，单位长度切削刃上的负荷减小，减小切削力 F_c，提高加工表面质量和刀具寿命。选用负刃倾角，可提高刀具强度，改变切削刃受力的位置和受力方向，使切削过程比较平稳，提高切削刃抗冲击能力。但过大的负刃倾角，使背向力 F_y 增大。

生产中常在选用较大前角时，同时选取负刃倾角，以解决刀具“锋利与强固”难以并存的矛盾。

2.7　切削用量的合理选择

当确定了刀具几何参数后，还需选定切削用量参数 a_p、f 和 v_c，才能进行切削加工。切削用量参数的合理确定，对切削加工质量、生产效率、刀具寿命和加工成本都有重要影响，特别是在批量生产、自动机、自动线和数控机床加工中，必须在先选定合理的切削用量条件下才能进行生产。“合理”的切削用量，指的是能够充分发挥刀具和机床的性能、保证加工质量、高生产率及低加工成本情况下的切削用量。

2.7.1 切削用量的选择原则

1）根据零件加工余量 A 和粗、精加工要求，选定背吃刀量 a_p。

2）根据加工工艺系统允许的切削力，其中包括机床进给系统、工件刚度以及精加工时表面粗糙度要求，确定进给量 f。

3）根据刀具寿命，确定切削速度 v_c。

4）所选定的切削用量应该是机床功率所允许的。

由此可见，一组合理的切削用量必须同时考虑到加工余量、刀具寿命、机床功率、表面粗糙度和工艺系统刚度等多方面的因素。

2.7.2 切削用量的合理选择方法

1. 背吃刀量 a_p 的合理选择

背吃刀量 a_p 一般是根据加工余量来确定。

1）粗加工（Ra50～12.5μm）时，尽可能一次进给即切除全部余量，在中等功率的机床上加工，取 a_p = 8～10mm；当加工余量太大或余量不均匀、工艺系统刚性不足或者断续切削时，可分几次进给。

2）半精加工（Ra6.3～3.2μm）时，取 a_p = 0.5～2mm。

3）精加工（Ra1.6～0.8μm）时，取 a_p = 0.1～0.4mm。

2. 进给量 f 的合理选择

粗加工时，对表面质量要求不高，但切削力往往较大，进给量 f 应该根据工艺系统刚性的最大承受能力来选择。生产中常根据工件材质和形状尺寸以及刀杆截面尺寸，先确定背吃刀量 a_p，然后在切削用量手册中查得进给量 f。其原则是当刀杆尺寸大、工件直径大时，f 可大些；如 a_p 选得较大，切削力会增大，f 就应小些；加工铸铁时，切削力较小，f 可大些。

精加工时，进给量 f 主要受加工表面质量限制，一般取较小值。但若 f 过小，切削层太薄，刀尖处有应力集中，对散热不利，刀具磨损加快，反而降低表面质量。因而 f 应有一个合理值。

3. 切削速度 v_c 的合理选择

在背吃刀量 a_p、进给量 f 和刀具寿命 T 已定的情况下，根据式（2-10），再查阅有关的切削用量手册，获得相关的切削用量指数和系数，即可计算出切削速度 v_c。

（1）选择切削速度 v_c 的一般原则

1）粗加工时，a_p、f 均较大，故宜取较小的 v_c 值；精加工时，a_p、f 均较小，所以 v_c 宜取较大的值。

2）工件材料强度、硬度较高时，应选较小的 v_c 值；反之，v_c 可大些。材料切削加工性较差时，应选较小的 v_c 值；在同等条件下，加工易切钢的 v_c 要高于普通钢的 v_c；加工灰铸铁的 v_c 要低于碳钢的 v_c；加工铝合金、铜合金的 v_c 要高于加工钢的 v_c。

3）刀具材料性能越好，v_c 值选得越高。

（2）选择切削速度 v_c 时应注意的事项

1）精加工时，应尽量避开产生积屑瘤和鳞刺的速度值域。

2）断续切削时，为减小冲击和热应力，应适当降低 v_c 值。

3）在易发生振动的状况下，v_c 应避开自激振动的临界速度。

4）加工大件、细长件、薄壁件及带硬皮的工件时，应选用降低的 v_c 值。

5）在 v_c 值被初步确定之后，还应检验切削功率大小和机床功率是否允许。

总之，切削用量的合理选择，既可参照有关手册的推荐数据，也可凭经验根据选择原则确定。

本章小结

本章主要介绍了金属切削加工过程中的切削变形、积屑瘤、加工硬化、切削力、切削热和切削温度、刀具磨损和刀具寿命等物理现象以及影响这些现象的因素，同时讲解了如何通过合理选择刀具材料和几何参数、工件材料及组织状态、切削用量和切削液等来控制切削加工过程的基本思路和方法。

思 考 题

1. 在切削变形中存在着哪几个变形区？各变形区的变形机理是什么？
2. 用什么方法衡量切削变形？切削变形的大小由什么因素决定？
3. 在切削过程中通常会有哪几种切屑类型？不同类型的切屑会对切削过程产生什么样的影响？
4. 试述在切削过程中产生积屑瘤的利弊？如何抑制和消除积屑瘤？
5. 什么是加工硬化？它对切削过程会产生什么影响？
6. 简述前角 γ_o、切削速度 v_c 和进给量 f 对切削变形的影响规律。
7. 背吃刀量 a_p 与进给量 f 对切削力 F_c 的影响规律是什么？
8. 将切削力分解为轴向、径向、切向三个方向垂直分力的意义是什么？
9. 试述背吃刀量 a_p 与进给量 f 对切削温度 θ 的影响规律。
10. 试述前角 γ_o 与主偏角 κ_r 对切削温度 θ 的影响规律。
11. 什么叫刀具磨损标准，什么叫刀具寿命？
12. 切削变形、切削力、切削温度、刀具磨损和刀具寿命之间存在着什么关系？
13. 切削速度 v_c、进给量 f、背吃刀量 a_p 三者对刀具寿命的影响，为什么说 v_c 影响最大，f 影响次之，a_p 影响最小？
14. 确定合理的刀具寿命有哪两种方法？
15. 为什么在轴向、径向、切向三个分力中，磨削外圆时以背向切削力 F_p 最大，而车削外圆时以切向切削力 F_c 最大？

第3章　车床及车刀

【学习目标】本章主要介绍常用车床的种类和选用，CA6140型卧式车床的工艺范围，CA6140型卧式车床传动系统的分析、主运动传动系统的转速图，CA6140型卧式车床的主要组成零部件及其结构，常用车刀的种类和选用，车刀的结构和使用特点，成形车刀的种类和廓形设计。通过本章的学习，学生应对车床和车刀有基本了解，并能够在加工中正确选用车床和车刀。

3.1　车削加工概述

3.1.1　车削加工的范围

在车床上所进行的切削加工叫做车削加工。用车削的方法可以加工出很多种表面，尤其是卧式车床，其工艺范围非常广泛，能够车削内、外圆柱面、圆锥面、回转体成形表面和环形槽，车削端面和各种螺纹，还可以进行钻孔、扩孔、铰孔、攻螺纹、套螺纹和滚花等，如图3-1所示。

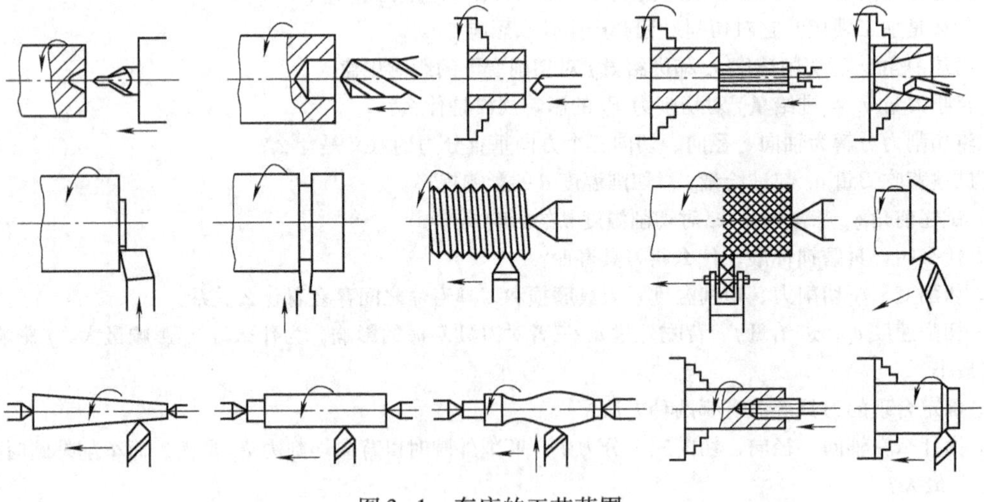

图3-1　车床的工艺范围

在车床上使用的刀具主要是各种车刀，很多车床还可以使用钻头、扩孔钻、铰刀、丝锥、板牙等孔加工刀具和螺纹刀具。

3.1.2　车削运动

1. 表面成形运动

为加工出所要求的零件表面，必须使刀具和工件实现一系列准确的运动。

（1）工件的旋转运动　由主轴提供，用转速 n（r/min）表示。在车削时，工件的旋转运动是主运动，速度较高。

（2）刀具的移动　由刀架提供，一般有平行于工件回转轴线的纵向直线移动和垂直于工件回转轴线的径向直线移动两种方式，也可通过扳动小溜板，手动斜向直线运动。在加工成形回转表面时，可通过纵、横向运动的配合，得到特殊曲线。在车削时，刀具的移动是进给运动，以 f（mm/r）表示。

2. 辅助运动

在加工过程中，除成形运动外还有切入、调整、快进、快退等辅助运动。

3.2　车床

3.2.1　车床的类型

车床的种类很多，按其结构和用途的不同，主要可分为：卧式车床及落地车床，立式车床，转塔车床，回轮车床，单轴自动车床，多轴自动和半自动车床，仿形车床及多刀车床，专门化车床（如凸轮轴车床、曲轴车床、铲齿车床）等。此外，在大批大量生产中还有各种各样的专用车床。近些年，数控车床和数控车削中心得到了迅速普及，已经逐步在车削加工设备中处于主导地位。

3.2.2　卧式车床的运动

为了完成各种表面的加工，车床需具备下列成形运动，工件的旋转运动——主运动；刀具的直线运动——进给运动。在加工内外圆柱面和端面时，工件的旋转运动和刀具的直线运动为两个独立的简单成形运动；而在加工螺纹时，工件的旋转运动和刀具的直线运动组成一个复合成形运动，形成螺旋轨迹运动，由一条内联系传动链联系刀具和工件，它们之间有着严格的运动关系。

3.2.3　车床的组成部分

车床的种类虽然多种多样，按其基本的组成可归纳为以下几个部分。

（1）主传动部件　用来实现车床的主运动，如车床主轴箱。

（2）进给运动部件　用来实现车床进给运动、退刀及快速运动等，如车床的进给箱、溜板箱等。

（3）动力源　为车床提供动力，如电动机等。

（4）刀具的安装装置　用来安装刀具，如车床刀架。

（5）工件的安装装置　用来安装工件，如车床的卡盘和尾座等。

（6）支承件　用来支承和连接车床各零部件，如车床的床身、床腿等，是车床的骨架。

3.2.4　CA6140 型卧式车床

1. CA6140 型卧式车床的主要组成部件

由于 CA6140 型卧式车床是应用最广泛的车床之一，所以本章以 CA6140 型卧式车床为例进行介绍。CA6140 型卧式车床主要加工轴类件和直径不太大的盘类件，其主轴采用卧式布局。图 3-2 是 CA6140 型卧式车床的外形图，其主要组成部件及其功用如下。

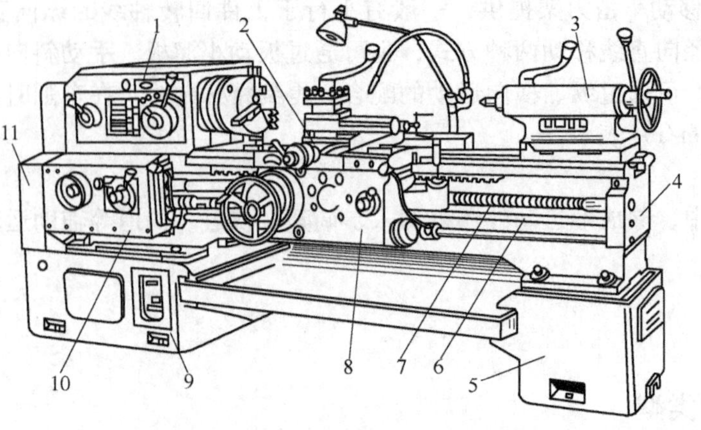

图 3-2　CA6140 型卧式车床外形图

1—主轴箱　2—刀架　3—尾座　4—床身　5、9—底座
6—光杆　7—丝杠　8—溜板箱　10—进给箱　11—交换齿轮变速机构

（1）主轴箱　主轴箱 1 固定在床身 4 的左边，内部装有主轴和变速传动机构。工件通过卡盘等夹具装夹在主轴前端。主轴箱的功用是支承主轴并把动力经变速传动机构传给主轴，使主轴带动工件按规定的转速旋转，以实现主运动。

（2）刀架　刀架 2 安装在床身 4 的中部，并可沿床身 4 上的刀架导轨作纵向移动。刀架的功用是装夹车刀，实现纵向、横向或斜向进给运动。

（3）尾座　尾座 3 安装在床身 4 右边的尾座导轨上，可沿导轨纵向调整其位置。它的功用是用顶尖支承长工件，也可以安装钻头、铰刀等孔加工刀具。

（4）进给箱　进给箱 10 固定在床身 4 左边的前侧面。进给箱内装有进给运动的变速机构。即将进给运动由光杆 6 或丝杠 7 传出。进给箱的功用是改变机床的进给量或加工螺纹的导程。

（5）溜板箱　溜板箱 8 与刀架 2 的最下层纵向溜板相连，带动刀架一起作纵向运动。溜板箱的功用是把进给箱传来的运动传递给刀架，使刀架获得所需的进给运动。在溜板箱上装有各种操纵手柄及按钮，工作时工人可以方便地操纵机床。

（6）床身　床身 4 固定在左底座 9 和右底座 5 上。在床身上安装着车床的各个主要部件。床身的功用是支承各主要部件，使它们在工作时保持准确的相对位置。

2. CA6140 型卧式车床的主要参数

卧式车床的主参数是床身上最大工件回转直径，第二主参数是最大工件长度。为了满足加工不同长度工件的需要，主参数值相同的卧式车床，有不同的第二主参数。CA6140 型卧式车床的主参数为 400mm，第二主参数有 750mm，1000mm，1500mm，2000mm 四种。

3. CA6140 型卧式车床的传动系统

CA6140 型　卧式车床为了加工出所需的表面，机床的传动系统需具备以下传动链：实现主运动的主运动传动链，实现螺纹进给运动的螺纹进给传动链，实现纵向或横向进给运动的纵、横向进给传动链。此外，为了节省辅助时间和减轻工人劳动强度，还有快速空行程传动链，在加工中可实现刀架快速退离或趋近工件。

图 3-3 所示为 CA6140 型卧式车床的传动系统图。

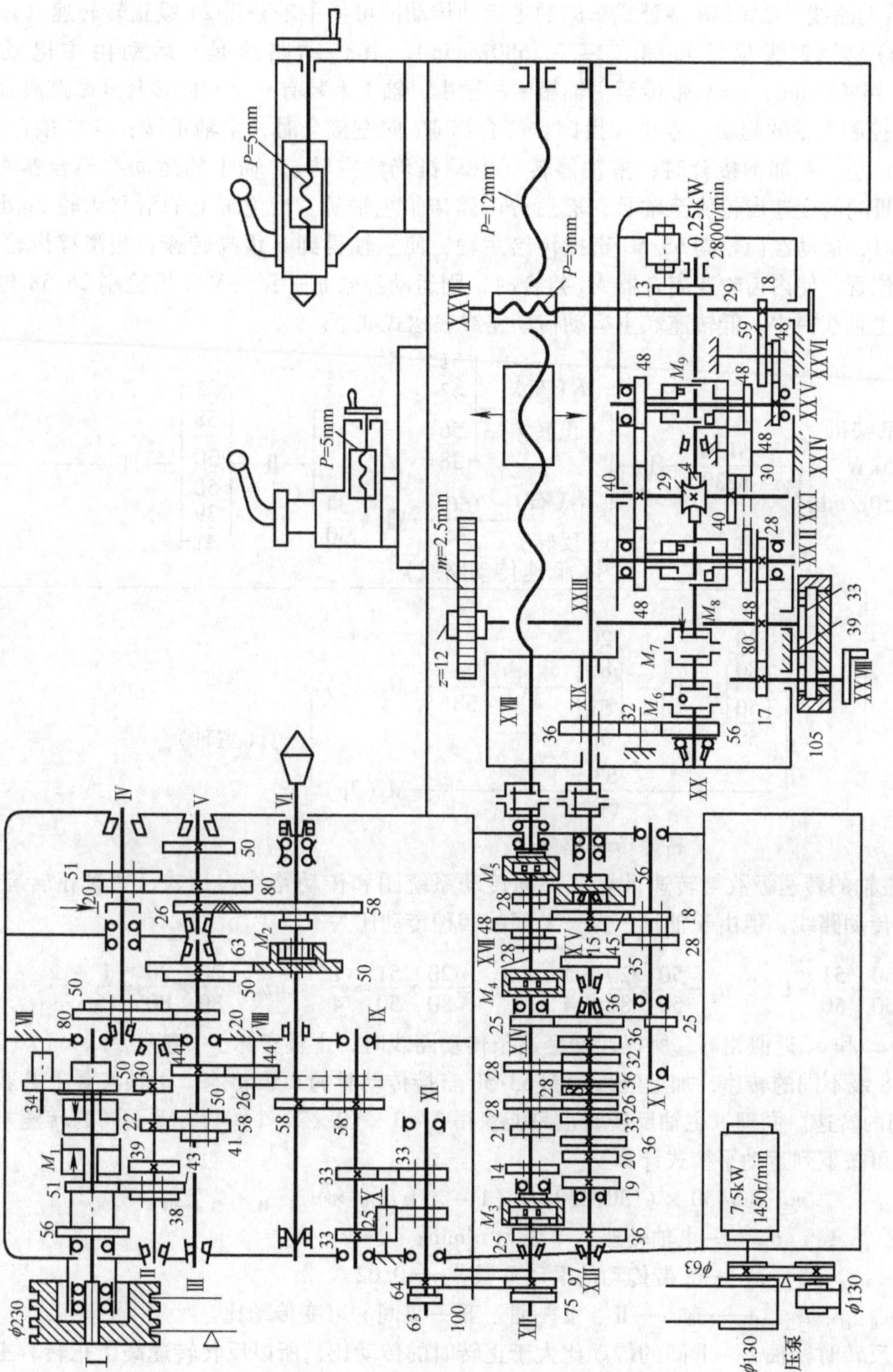

图3-3 CA6140型卧式车床传动系统图

（1）主运动传动链

1）传动路线。CA6140 型卧式车床的主运动传动链可使主轴获得 24 级正转转速（10 ~ 1400r/min）及 12 级反转转速（14 ~ 1580r/min）。其传动路线是，运动由主电动机（7.5kW，1440r/min）经 V 带传至主轴箱中的轴 Ⅰ，轴 Ⅰ 上装有一个双向多片式摩擦离合器 M_1，用以控制主轴的起动、停止和换向。离合器 M_1 向左接合时，主轴正转；向右接合时，主轴反转；左、右都不接合时，主轴停转（电动机仍然空转）。轴 Ⅰ 的运动经离合器 M_1，轴 Ⅱ 和轴 Ⅲ 间的变速齿轮传至轴 Ⅲ，然后分两路传给主轴 Ⅵ。当主轴上的滑移齿轮 z_{50} 处于左边位置时，运动经齿轮副 63/50 直接传给主轴，使主轴得到 6 级高转速；当滑移齿轮 z_{50} 处于右边位置，使内齿轮式离合器 M_2 接合时，则运动经轴 Ⅲ—Ⅳ—Ⅴ 和齿轮副 26/58 传给主轴，使主轴获得中、低转速。主运动传动路线表达式如下。

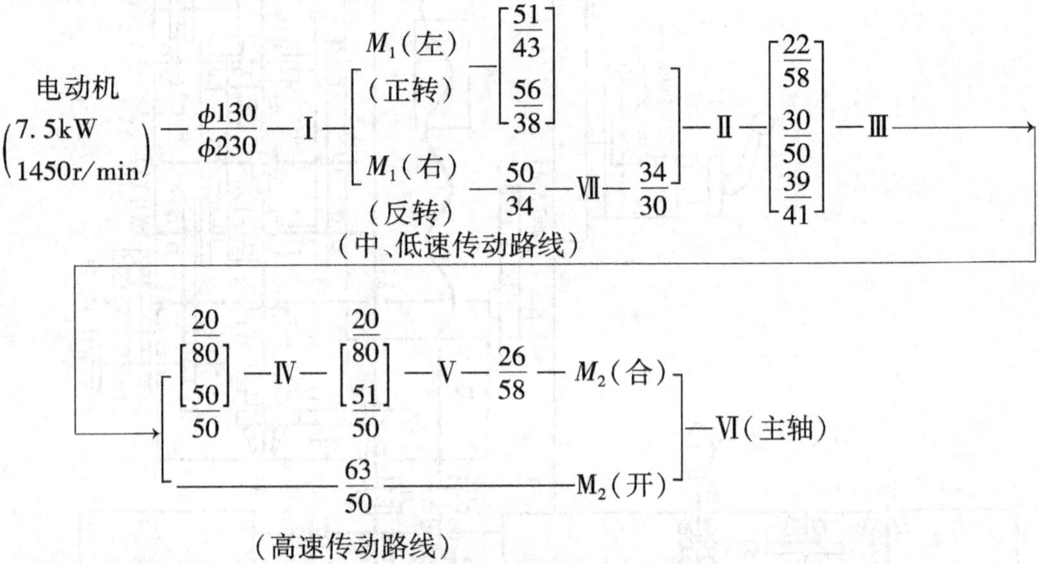

2）主轴的转速级数与转速计算。根据传动系统图和传动路线表达式，主轴正转有 30 种不同的传动路线，但由于轴 Ⅲ—Ⅳ—Ⅴ 间的四种传动比为

$$u_1=\frac{50}{50}\times\frac{51}{50}\approx 1 \qquad u_2=\frac{50}{50}\times\frac{20}{80}=\frac{1}{4} \qquad u_3=\frac{20}{80}\times\frac{51}{50}\approx\frac{1}{4} \qquad u_4=\frac{20}{80}\times\frac{20}{80}\approx\frac{1}{16}$$

其中 u_2 和 u_3 近似相等，所以运动经这条传动路线时，主轴实际上只能得到 $2\times3\times(2\times2-1)=18$ 级不同的转速，加上经齿轮副 63/50 直接传动时的 6 级转速。主轴实际上共获得 24 级不同的转速。同理，主轴反转时也只能获得 $3+3\times(2\times2-1)=12$ 级不同的转速。主轴的转速可按下列运动平衡式计算

$$n_{主}=1450\times(130/230)\times(1-\varepsilon)u_{Ⅰ—Ⅱ}\times u_{Ⅱ—Ⅲ}\times u_{Ⅲ—Ⅵ}$$

式中 $n_{主}$——主轴转速，单位为 r/min；

ε——V 带传动的滑动系数，$\varepsilon=0.02$；

$u_{Ⅰ—Ⅱ}$、$u_{Ⅱ—Ⅲ}$、$u_{Ⅲ—Ⅵ}$——轴 Ⅰ—Ⅱ、Ⅱ—Ⅲ、Ⅲ—Ⅵ 间的可变传动比。

主轴反转时，轴 Ⅰ—Ⅱ 间的传动比大于正转时的传动比，所以反转转速高于正转。主轴反转主要用于车螺纹时，在不断开主轴和刀架间内联系传动的情况下，使刀架以较高的转速退至起始位置，节约辅助时间。

（2）螺纹进给传动链 CA6140型卧式车床的螺纹进给传动链可车削米制、英制、模数制和径节制四种标准螺纹；此外，还可车削大导程、非标准和较精密螺纹；这些螺纹可以是右旋的，也可以是左旋的。

表3-1列出了四种标准螺纹的螺距参数及其与螺距、导程的换算关系。

表3-1 螺距参数及其与螺距、导程的换算关系

螺纹种类	螺距参数	螺距/mm	导程/mm
米制	螺距 P/mm	P	$P_h = kP$
英制	每英寸牙数 a/(牙 · in^{-1})	$P_a = 25.4/a$	$P_{h_a} = kP_a = 25.4k/a$
模数制	模数 m/mm	$P_m = \pi m$	$P_{h_m} = kP_m = k\pi m$
径节制	径节 DP/(牙 · in^{-1})	$P_{DP} = 25.4\pi/DP$	$P_{h_{DP}} = kP_{DP} = 25.4k\pi/DP$

在车螺纹时必须保证主轴每转1r、刀具准确地移动被加工螺纹一个导程 $P_{h_工}$ 的距离，可列出运动平衡式如下

$$1_{(主轴)} \times u_0 \times u_x \times P_{h_丝} = P_{h_工}$$

式中 u_0——主轴至丝杠之间全部定比传动机构的固定传动比，是一个常数；

u_x——主轴至丝杠之间换置机构的可变传动比；

$P_{h_丝}$——机床丝杠的导程，CA6140型卧式车床的 $P_h = P = 12$mm；

$P_{h_工}$——被加工螺纹的导程，单位为mm。导程 $P_{h_工} = kP$，k 为螺纹线数。

1）车米制螺纹。米制螺纹是我国常用的螺纹，其标准螺距值在国家标准中有规定。车米制螺纹时，进给箱中的离合器 M_3、M_4 脱开，M_5 接合。此时，运动由主轴Ⅵ经齿轮副58/58、轴Ⅸ至轴Ⅺ的左右螺纹换向机构、挂轮（63/100）×（100/75），传至进给箱的轴Ⅻ；然后再经齿轮副25/36、轴ⅩⅢ—ⅩⅣ的滑移齿轮变速机构（基本螺距机构）、齿轮副（25/36）×（36/25），传至轴ⅩⅤ，接下去再经轴ⅩⅤ—ⅩⅦ间的两组滑移齿轮变速机构（增倍机构）和离合器 M_5 使传动丝杠ⅩⅧ旋转。合上溜板箱中的开合螺母，使其与丝杠啮合，便带动刀架纵向移动。

车米制螺纹时的传动路线表达式如下

$$主轴Ⅵ—\frac{58}{58}—Ⅸ—\begin{bmatrix} \frac{33}{33} \\ （右旋螺纹） \\ \frac{33}{25}\times\frac{25}{33} \\ （左旋螺纹） \end{bmatrix}—Ⅺ—\frac{63}{100}\times\frac{100}{75}—Ⅻ—\frac{25}{36}—ⅩⅢ—u_{基}—ⅩⅣ—$$

$$—\frac{25}{36}\times\frac{36}{25}—ⅩⅤ—u_{倍}—ⅩⅦ—M_5—ⅩⅧ（丝杠）—刀架$$

$u_{基}$ 为轴ⅩⅢ-ⅩⅣ间变速机构的可变传动比，共8种

$u_{基1} = 26/28 = 6.5/7$；$u_{基2} = 28/28 = 7/7$；$u_{基3} = 32/28 = 8/7$；$u_{基4} = 36/28 = 9/7$；

$u_{基5} = 19/14 = 9.5/7$；$u_{基6} = 20/14 = 10/7$；$u_{基7} = 33/21 = 11/7$；$u_{基8} = 36/21 = 12/7$

它们近似按等差数列的规律排列。上述变速机构是获得各种螺纹导程的基本机构，故通

常称其为基本螺距机构或基本组。

$u_{倍}$ 为轴XV—XVII间变速机构的可变传动比，共4种

$u_{倍1}$ = (28/35) × (35/28) =1；$u_{倍2}$ = (18/45) × (35/28) =1/2；

$u_{倍3}$ = (28/35) × (15/48) =1/4；$u_{倍4}$ = (18/45) × (15/48) =1/8

它们按倍数关系排列。这个变速机构用于扩大机床车削螺纹导程的种数，称其为增倍机构或增倍组。

根据传动系统图或传动链的传动路线表达式，可列出车削米制螺纹时的运动平衡式如下

$$P_h = kP = 1_{主轴} \times \left(\frac{58}{58}\right) \times \left(\frac{33}{33}\right) \times \left(\frac{63}{100}\right) \times \left(\frac{100}{75}\right) \times \left(\frac{25}{36}\right) \times u_{基} \times \left(\frac{25}{36}\right) \times \left(\frac{36}{25}\right) \times u_{倍} \times 12$$

式中　P_h——螺纹导程（对于单头螺纹为螺距 P），单位为mm；

$u_{基}$——轴XIII—XIV间基本螺距机构的传动比；

$u_{倍}$——轴XV—XVII间增倍机构的传动比。

将上式化简后得

$$P_h = 7 \times u_{基} \times u_{倍}$$

把 $u_{基}$ 和 $u_{倍}$ 的数值代入上式，可得 8×4=32 种导程值，其中符合标准的只有20种，见表3-2。

表3-2　CA6140型卧式车床米制螺纹表

$u_{倍}$ \ P_h/mm \ $u_{基}$	$\frac{26}{28}$	$\frac{28}{28}$	$\frac{32}{28}$	$\frac{36}{28}$	$\frac{19}{14}$	$\frac{20}{14}$	$\frac{33}{21}$	$\frac{36}{21}$
$\frac{18}{45} \times \frac{15}{48} = \frac{1}{8}$	—	—	1	—	—	1.25	—	1.5
$\frac{28}{35} \times \frac{15}{48} = \frac{1}{4}$	—	1.75	2	2.25	—	2.5	—	3
$\frac{18}{45} \times \frac{35}{28} = \frac{1}{2}$	—	3.5	4	4.5	—	5	5.5	6
$\frac{28}{35} \times \frac{35}{28} = 1$	—	7	8	9	—	10	11	12

由表3-2可以看出，通过变换基本螺距机构的传动比，可以得到大体上按等差数列规律排列的导程值（或螺距值），通过变换增倍机构的传动比，可把由基本螺距机构得到的导程值，按1:2:4:8的关系增大或缩小，两种变速机构传动比不同组合的结果，便得到所需的导程（或螺距）数列。

2）车英制螺纹。英制螺纹的螺距参数为每英寸长度上的螺纹牙（扣）数 a。标准的 a 值也是按分段等差数列的规律排列的，所以英制螺纹的螺距和导程值是分段调和数列（分母是分段等差数列）。另外，将以英寸为单位的螺距或导程值换算成以毫米（mm）为单位的螺距或导程值时，即螺距 $P_a = 25.4/a$，数值中含有特殊因子25.4。由此可知，为了车削出各种螺距（或导程）的英制螺纹，螺纹进给传动链必须作如下变动。

① 将车米制螺纹时的基本组的主动、从动传动关系对调，即轴XIV为主动，轴XIII为从动，这样基本组的传动比数列变成了调和数列，与英制螺纹导程数列的排列规律相一致。

② 改变传动链中部分传动副的传动比，使螺纹进给传动链总传动比满足英制螺纹螺距

（或导程）数值上的要求。

车削英制螺纹时的传动路线表达式如下

$$\text{主轴 VI}-\frac{58}{58}-\text{IX}-\left[\begin{array}{c}\frac{33}{33}\\ (\text{右旋螺纹})\\ \frac{33}{25}\times\frac{25}{33}\\ (\text{左旋螺纹})\end{array}\right]-\text{XI}-\frac{63}{100}\times\frac{100}{75}-\text{XII}-M_3-\text{XIV}-u'_{基}-\text{XIII}\rightarrow$$

$$\rightarrow-\frac{36}{25}-\text{XV}-u_{倍}-\text{XVII}-M_5-\text{XVIII}(\text{丝杠})-\text{刀架}$$

传动链的运动平衡式为

$$P_{h_a}=25.4k/a$$

$$=1\ (\text{主轴})\times\left(\frac{58}{58}\right)\times\left(\frac{33}{33}\right)\times\left(\frac{63}{100}\right)\times\left(\frac{100}{75}\right)\times u'_{基}\times\left(\frac{36}{2}\right)\times u_{倍}\times 12$$

式中$\left(\frac{63}{100}\right)\times\left(\frac{100}{75}\right)\times\left(\frac{36}{25}\right)\approx\frac{25.4}{21}$；$u'_{基}=1/u_{基}$

代入化简后得

$$P_{h_a}=25.4k/a=4/7\times 25.4\ u_{倍}/u_{基}$$

$$a=7k\times u_{基}/4u_{倍}$$

CA6140 型卧式车床，通过改换挂轮，利用米制螺纹的传动路线可车模数螺纹；利用英制螺纹传动路线可车径节螺纹。此外还可以通过扩大螺距的传动路线车大导程螺纹，以及通过更换挂轮的方法，车较精密螺纹。

各种螺纹传动路线表达式如下

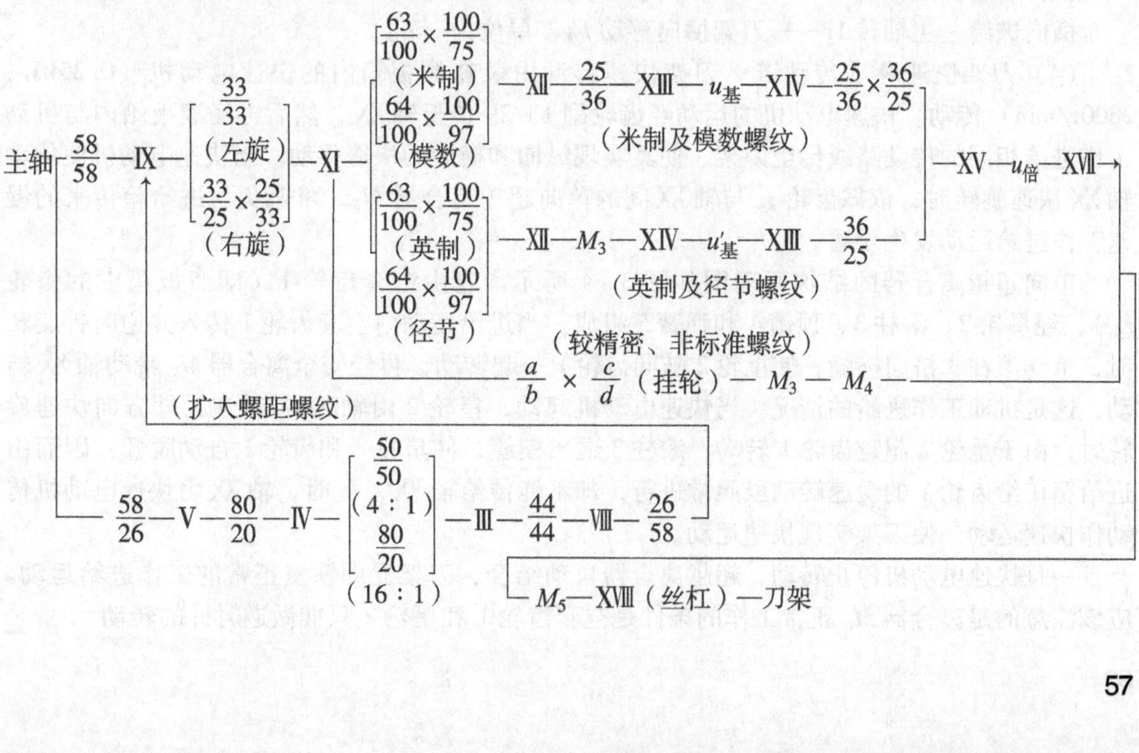

(3) 纵向和横向进给传动链　实现一般车削时刀架机动进给的纵向和横向进给传动链，由主轴至进给箱轴XⅦ的传动路线与车米制和英制常用螺纹时的传动路线相同，其后运动经齿轮副28/56传至光杆XIX（此时离合器M_5脱开，齿轮z_{28}与轴XIX上的齿轮z_{56}啮合），再由光杆经溜板箱中的传动机构，分别传至齿轮齿条机构和横向进给丝杠，使刀架作纵向或横向机动进给，其传动路线表达式如下

$$\text{主轴(VI)}-\begin{bmatrix}\text{英制螺纹}\\\text{传动路线}\\\text{米制螺纹}\\\text{传动路线}\end{bmatrix}-\text{XVII}-\frac{28}{56}-\text{XIX(光杠)}-\frac{36}{32}\times\frac{32}{56}-M_6\text{(超越离合器)}-M_7\text{(安全离合器)}-\text{XX}-\frac{4}{29}-\text{XXI}-$$

$$\begin{cases}\begin{bmatrix}-\frac{40}{48}-M_8\\\frac{40}{30}\times\frac{30}{48}-M_8\end{bmatrix}-\text{XXV}-\frac{48}{48}\times\frac{59}{18}-\text{XXVII(丝杠)}-\text{刀架(横向进给)}\\\begin{bmatrix}-\frac{40}{48}-M_9\\\frac{40}{30}\times\frac{30}{48}-M_9\end{bmatrix}-\text{XXII}-\frac{28}{80}-\text{XXIII}-z_{12}-\text{齿条}-\text{刀架(纵向进给)}\end{cases}$$

溜板箱中由双向牙嵌式离合器M_8、M_9和齿轮副40/48、40/30×30/48组成的两个换向机构，分别用于变换纵向和横向进给运动的方向。利用进给箱中的基本螺距机构和增倍机构，以及进给传动链的不同传动路线，可获得纵向和横向进给量64种。

纵向和横向进给传动链两端间的计算位移为

纵向进给，主轴转1r——刀架纵向移动$f_{纵}$，单位为mm。

横向进给，主轴转1r——刀架横向移动$f_{横}$，单位为mm。

(4) 刀架快速移动传动链　刀架快速移动由装在溜板箱内的快速电动机（0.25kW，2800r/min）传动。快速电动机的运动经齿轮副13/29传至轴XX，然后再经溜板箱内与机动工作进给相同的传动路线传至刀架，使其实现纵向和横向的快速移动。当快速电动机使传动轴XX快速旋转时，依靠齿轮z_{56}与轴XX间的单向超越离合器M_6，可避免与进给箱传来的慢速工作进给运动发生矛盾。

单向超越离合器的结构原理图如图3-4所示。它由空套齿轮1（即溜板箱中的齿轮z_{56}）、经星轮2、滚柱3、顶销4和弹簧5组成。当进给运动由空套齿轮1传入并逆时针旋转时，带动滚柱3挤向楔缝，使星轮2随同齿轮1一起转动，再经安全离合器M_7带动轴XX转动，这是机动工作进给的情况。当快速电动机起动，星轮2由轴XX带动逆时针方向快速旋转时，由于星轮2超越齿轮1转动，滚柱3退出楔缝，使星轮2和齿轮1自动脱开，因而由进给箱传给齿轮1的慢速转动虽照常进行，却不能传给轴XX。此时，轴XX由快速电动机传动作快速运动，使刀架实现快速运动。

一旦快速电动机停止转动，超越离合器自动结合，刀架立即恢复正常的工作进给运动。应该注意的是离合器M_6正常工作的条件是空套齿轮1和星轮2只准做逆时针的转动。

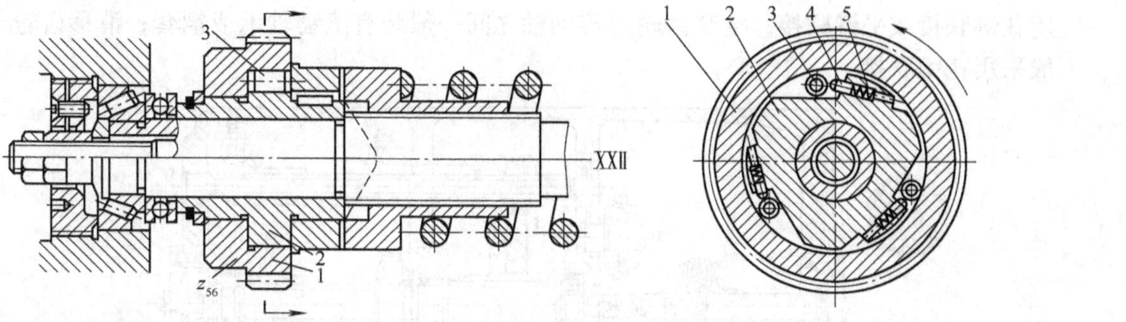

图 3-4　单向超越离合器

1—空套齿轮　2—星轮　3—滚柱　4—顶销　5—弹簧

4. CA6140 型卧式车床主传动系统转速图

CA6140 型卧式车床主轴传动采用的是分级变速传动系统，由电动机经带轮和滑移齿轮传动，得到 24 级正转转速（10～1400r/min）及 12 级反转转速（14～1580r/min）。图 3-5 为 CA6140 型卧式车床主运动转速图。

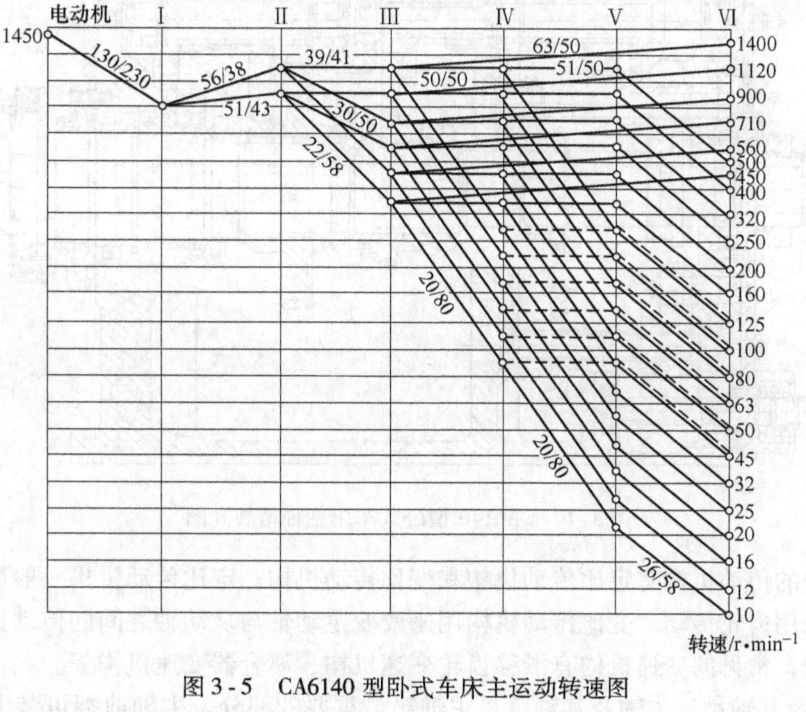

图 3-5　CA6140 型卧式车床主运动转速图

5. CA6140 型卧式车床主要部件的结构

（1）CA6140 型卧式车床的主轴箱　主轴箱的功用是支承主轴并传动主轴，并使其实现起动、停止、变速和换向等。因此，主轴箱中通常包含有传动机构，主轴部件，起动、停止以及换向装置，制动装置，操纵机构和润滑装置等。

1）传动机构。图 3-6 是 CA6140 型卧式车床的主轴箱展开图。在轴 I 上采用卸荷式带轮，以消除带传动的径向力对轴 I 的影响，减少弯曲变形，提高传动的平稳性，减小对主传动系统的影响。传动齿轮和传动轴的连接有三种形式：固定、空套、滑移。固定齿轮与轴采用花键联接或平键联接；空套齿轮与传动轴之间一般装有滚动轴承或铜套；滑移齿轮与轴一般采用花键联接。

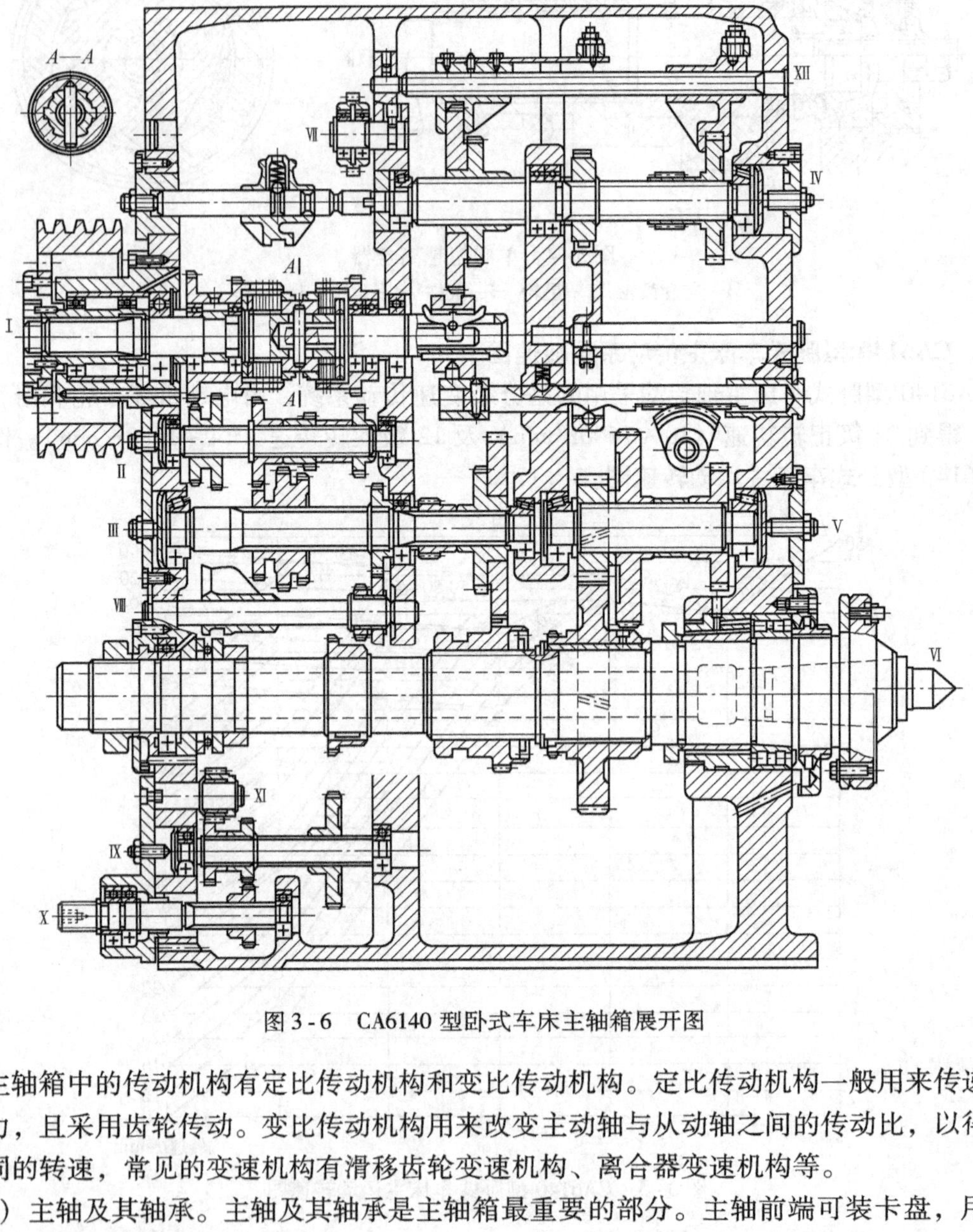

图 3-6　CA6140 型卧式车床主轴箱展开图

主轴箱中的传动机构有定比传动机构和变比传动机构。定比传动机构一般用来传递运动和动力，且采用齿轮传动。变比传动机构用来改变主动轴与从动轴之间的传动比，以得到各种不同的转速，常见的变速机构有滑移齿轮变速机构、离合器变速机构等。

2）主轴及其轴承。主轴及其轴承是主轴箱最重要的部分。主轴前端可装卡盘，用于夹持工件，并由其带动旋转。主轴的旋转精度、刚度、抗振性和热变形等对工件的加工精度和表面粗糙度有直接影响，因此，对主轴及其轴承要求较高。

卧式车床的主轴支承大多采用滚动轴承，一般为前后二点支承。CA6140 型车床的主轴部件采用三支承结构（如图 3-7 所示），以提高其静刚度和抗振性，前支承装有一个双列短圆柱滚子轴承 3，后支承装有角接触球轴承 8 和一个推力球轴承 7。主轴径向力由双列短圆柱轴承和角接触轴承承受。向左的轴向力由推力球轴承承受；向右的轴向力由角接触轴承承受。前轴承 3 的间隙，可由锁紧盘 5 通过套筒 4 进行调整，调好后，由锁紧螺母 2 固定其轴向位置。后轴承8及推力球轴承7的间隙由锁紧螺母9来调整。主轴的轴承由液压泵供给润滑油进行充分地润滑。为防止润滑油外漏，前后支承处都有油沟式密封装置。在锁紧螺母2和套筒6的外圆上有锯齿形环槽，主轴旋转时，依靠离心力的作用，把经过轴承向外流出的润滑油甩到前、后轴承端盖的接油槽里，然后经回油孔 a_2、b_2 流回主轴箱。

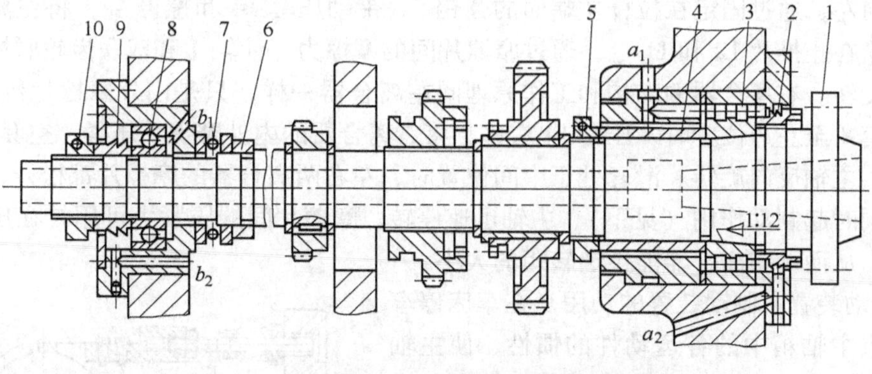

图3-7 CA6140型卧式车床主轴及其轴承

1—主轴 2、9—锁紧螺母 3—双列短圆柱滚子轴承 4、6—套筒 5、10—锁紧盘 7—推力球轴承 8—角接触球轴承

卧式车床的主轴是空心阶梯轴。其内孔用于通过长棒料以及气动、液压等驱动装置（装在主轴后端）的传动杆，也用于穿入钢棒卸下顶尖。主轴前端有精密的莫氏锥孔，供安装顶尖或心轴之用。主轴前端安装卡盘；拨盘或其他夹具。CA6140型卧式车床主轴前端为短锥法兰式结构，它以短锥和轴肩端面作定位面。卡盘、拨盘等夹具通过卡盘座固定在主轴Ⅵ上，由装在主轴轴肩端面上的键传递转矩。

3）起停和换向装置。起停装置用于控制主轴的起动和停止。CA6140型卧式车床的起停采用摩擦离合器，换向装置由同一离合器（双向的）和圆柱齿轮组成。

图3-8所示为CA6140型卧式车床采用的控制主轴开停和换向的双向多片式摩擦离合器结构。它由结构相同的左、右两部分组成，左离合器接合时主轴正转，右离合器接合时主轴反转。

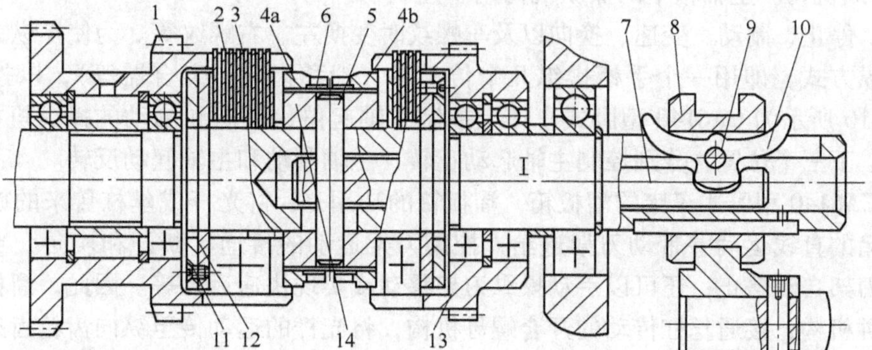

图3-8 双向多片式摩擦离合器机构

1—双联齿轮 2—外摩擦片 3—内摩擦片 4a、4b—螺母 5—圆销 6—弹簧销 7—拉杆 8—滑套 9—销轴 10—羊角形摆块 11、12—止推片 13—齿轮 14—压套

下面以左离合器为例说明其结构原理。多个内摩擦片3和外摩擦片2相间安装，内摩擦片3以花键与轴Ⅰ相联接，外摩擦片2以其4个凸齿与空套双联齿轮1相联接。内外摩擦片未被压紧时，彼此互不联系，轴Ⅰ不能带动双联齿轮转动。当用操纵机构拨动滑套8至右边位置时，滑套将羊角形摆块10的右角压下，使它绕销轴9顺时针摆动，其下端凸起部分推动拉杆7向左，通过固定在拉杆左端面的圆销5，带动压套14和螺母4a，将左离合器内外摩擦片压紧在止推片12和11上，通过摩擦片间的摩擦力，使轴Ⅰ和双联齿轮联接，于是主轴沿正向旋转。右离合器的结构和工作原理同左离合器一样，只是内外摩擦片数量少一些；当拨动滑套8至左边位置时，压套14右移，将右离合器的内外摩擦片压紧，空套齿轮13与轴Ⅰ联接，主轴反向旋转。滑套处于中间位置时，左右两离合器的摩擦片都松开，断开主轴的传动，同时起制动作用（见下），主轴迅速停转。摩擦片间的压紧力可用拧在压套上的螺母来调整。从而调整离合器能传递转矩的大小。

4）制动装置。制动装置的功用是在车床停车过程中克服主轴箱中的各运动件的惯性，使主轴迅速停止转动，以缩短辅助时间。图3-9所示为CA6140型卧式车床上采用的闸带式制动器。制动轮7是一个钢制圆盘，与传动轴8（Ⅳ轴）用花键联接。制动带为一钢带，其内侧固定着一层铜丝石棉，以增加摩擦面的摩擦因数。杠杆4可绕轴3摆动，当它的下端与齿条轴2上的圆弧形凹部a或c接触时，制动带处于放松状态，制动器不起作用；移动齿条轴2，其上凸起部分b与杠杆4下端接触时，杠杆绕轴3逆时针摆动，使制动带抱紧制动轮，产生摩擦制动力矩，轴8（Ⅳ轴）通过传动齿轮使主轴迅速停止转动。制动带的松紧可用调节螺钉5进行调整，应达到停车时主轴能迅速停转，而开车时制动带能完全松开。

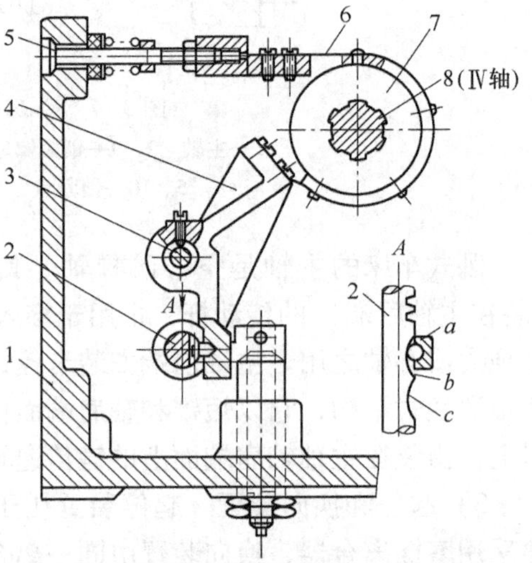

图3-9 闸带式制动器

1—箱体 2—齿条轴 3—杠杆支承轴 4—杠杆 5—调节螺钉 6—制动带 7—制动轮 8—传动轴

5）操纵机构。主轴箱中的操纵机构用于控制主轴起动、停止、制动、变速、换向以及车螺纹时变换左、右螺纹等。为使操纵方便，常采用集中操纵方式，即用一个手柄操纵几个传动件（滑移齿轮、离合器等），以控制几个动作。图3-10所示为CA6140型卧式车床上控制主轴起停、换向和制动的操纵机构。手柄7有上、中、下三个位置，分别控制主轴起动正转，主轴制动和主轴起动反转。

（2）CA6140型卧式车床的溜板箱　溜板箱的功用是：将光杆或丝杠传来的旋转运动转变为溜板箱的直线运动并带动刀架进给，控制刀架运动的接通、断开和换向。当机床过载时，能使刀架自动停止；还可以手动操纵刀架移动或实现快速运动等。因此，溜板箱通常设有以下几种机构：接通丝杠传动的开合螺母机构，将光杆的运动传至纵向齿轮齿条和横向进给丝杠的传动机构，接通、断开和转换纵向、横向进给的转换机构，保证机床工作安全的过载保险装置，丝杠、光杆互锁机构以及控制刀架纵向、横向机动进给的操作机构，以及快速空行程传动机构等。

1）纵、横向机动进给操纵机构。图3-11所示为CA6140型卧式车床的纵、横向机动进给

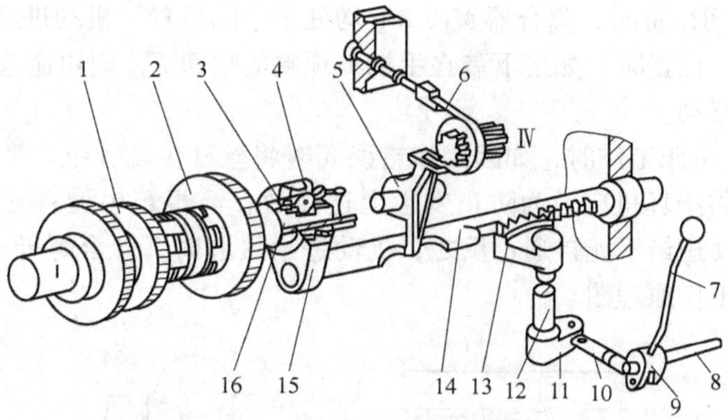

图 3-10　主轴开停及制动操纵机构

1—双联齿轮　2—齿轮　3—羊角形摆块　4—滑套　5—杠杆　6—制动带　7—手柄　8—操纵杆　9、11—曲柄　10、16—拉杆　12—轴　13—扇形齿板　14—齿条轴　15—拨叉

操纵机构。它利用一个手柄集中操纵纵向、横向机动进给运动的接通、断开和换向，且手柄扳动方向与刀架运动方向一致，使用非常直观方便。向左或向右扳动手柄 1，通过轴 5、杠杆 11、连杆 12 使凸轮 13 转动，凸轮上的曲线槽又通过圆销 14 带动拨叉轴 15 以及固定在它上面的拨叉 16 向前或向后移动，拨叉拨动离合器 M_8，使之与轴ⅩⅫ上两个空套齿轮之一啮合，于是纵向机动进给运动接通，刀架相应向左或向右移动。向前或向后扳动手柄 1，使轴 23 及其上的凸轮 22 转动，凸轮上曲线槽通过圆销 19 使杠杆 20 绕销轴 21 摆动，再经杠杆 20 上的另一圆销 18，带动拨叉轴 10 以及固定在它上面的拨叉 17 向前或向后移动，拨叉拨动离合器 M_9，使之与轴ⅩⅩⅤ上两空套齿轮之一啮合，于是横向机动进给接通，刀架相应地向前或向后移动。

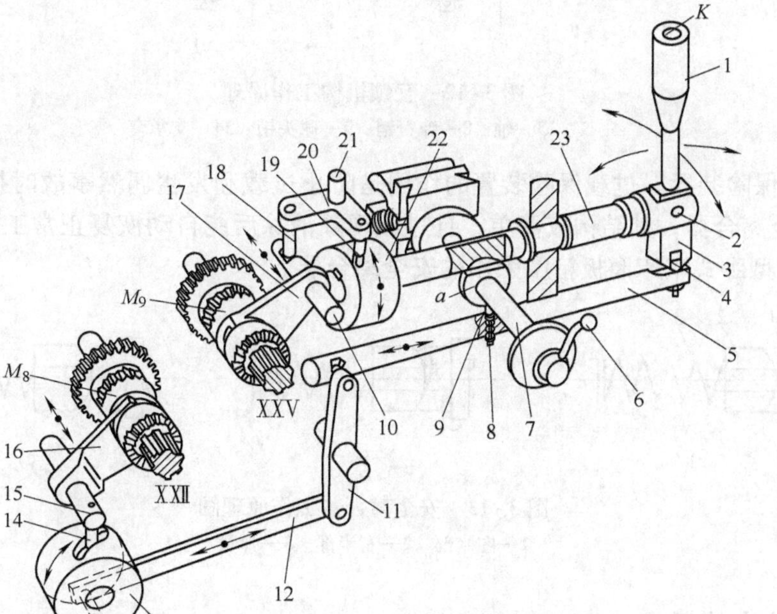

图 3-11　纵、横向机动进给操纵机构

1、6—手柄　2、21—销轴　3—手柄座　4—球头销　5、7、23—轴　8—弹簧销　9—球头销　10、15—拨叉轴　11、20—杠杆　12—连杆　13、22—凸轮　14、18、19—圆销　16、17—拨叉

手柄1扳至中间位置时，离合器M_8、M_9均处于中间位置，机动进给链断开。当手柄在左、右、前、后任一位置时，如按下装在手柄1顶端的按钮K，则快速电动机起动，刀架便在相应方向上快速移动。

2）互锁机构。机床工作时，如因操作错误同时将丝杠传动和纵、横向机动进给（或快速运动）接通，则将损坏机床。为防止发生上述事故，溜板箱中设有互锁机构，以保证开合螺母合上时，机动进给不能接通；反之，机动进给接通时，开合螺母不能合上。图3-12所示为互锁机构的工作原理图。

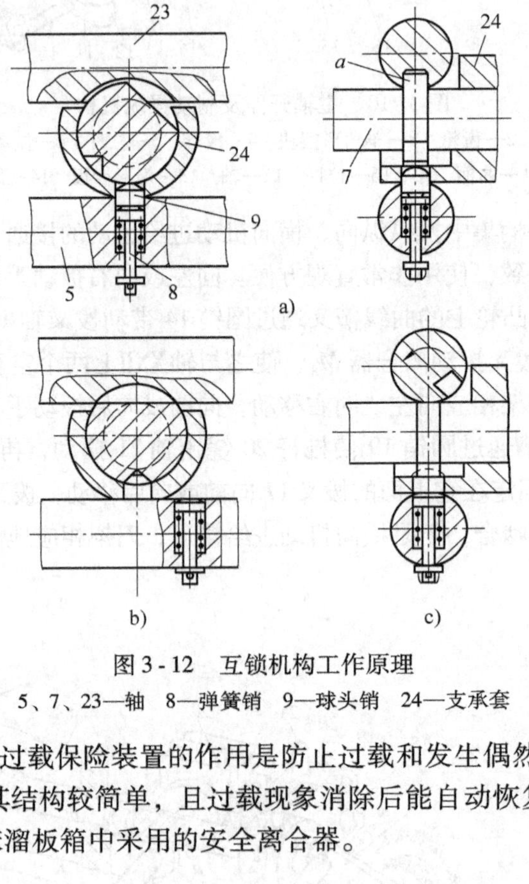

图3-12　互锁机构工作原理

5、7、23—轴　8—弹簧销　9—球头销　24—支承套

3）过载保险装置。过载保险装置的作用是防止过载和发生偶然事故时损坏机床。卧式机床常用安全离合器，其结构较简单，且过载现象消除后能自动恢复正常工作。图3-13所示为CA6140型卧式车床溜板箱中采用的安全离合器。

图3-13　安全离合器工作原理图

1—左半部　2—右半部　3—弹簧

3.2.5　其他车床简介

1. 立式车床

立式车床用于加工径向尺寸大，轴向尺寸相对较小的大型和重型零件，如各种机架、体

壳、盘、轮类零件，可进行车外圆、车孔、车锥面等加工。在立刀架上装上磨头还可以磨削大型淬硬工件。

立式车床的主轴为垂直布置，主轴上端有一个直径很大的圆形工作台。工作台安装在底座的环形导轨上，台面处于水平位置，便于装夹和找正大重量的工件。工件在立式车床上还可采用卡爪装夹、压板装夹和卡爪和压板联合装夹。机床的加工精度一般可达公差等级IT7，表面粗糙度可达 *Ra*2.5μm。

立式车床分单柱式和双柱式两种，如图3-14所示。单柱式立式车床（见图3-14a）加工直径较小，最大加工直径一般小于1600mm；双柱立式车床（见图3-14b）加工直径较大，最大的立式车床其加工直径超过2500mm。

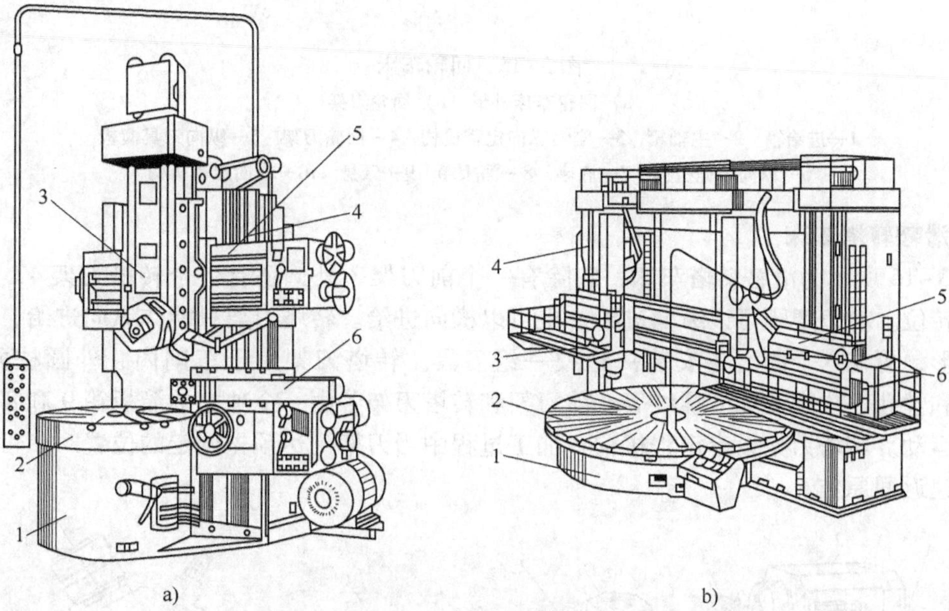

图3-14　立式车床
a）单柱式立式车床　b）双柱式立式车床
1—底座　2—工作台　3、6—刀架　4—立柱　5—横梁

2. 回轮车床

回轮车床主要用于加工直径较小、形状比较复杂的工件，特别是带有内孔及内、外螺纹的工件，如各种台阶小轴、套筒、管接头、法兰盘等。它所用的毛坯多是棒料。

回轮车床的外形如图3-15所示。回轮车床没有前刀架、尾座和丝杠，而在尾座的位置上有一个可绕水平轴线转位的圆形回轮刀架4，其回转轴线与主轴轴线平行。回轮刀架上沿圆周均布多个轴向孔（通常为12~16个），用来装夹刀具。当装刀孔转到最高位置时，其轴线与主轴轴线在同一轴线上。

回轮刀架随纵向刀具溜板5和溜板箱8一起，沿床身导轨做纵向进给运动，以进行车外圆、钻孔、扩孔、铰孔和加工螺纹等。回轮刀架可以绕其轴线缓慢转动，实现横向进给运动，以进行车削成形面、车槽和切断等工序。在回轮刀架的后端装有刚性纵向定程机构3，在定程装置的T形槽内，相对每一个刀具孔装有一个可调节的挡块，用来控制刀具纵向行程的长度。

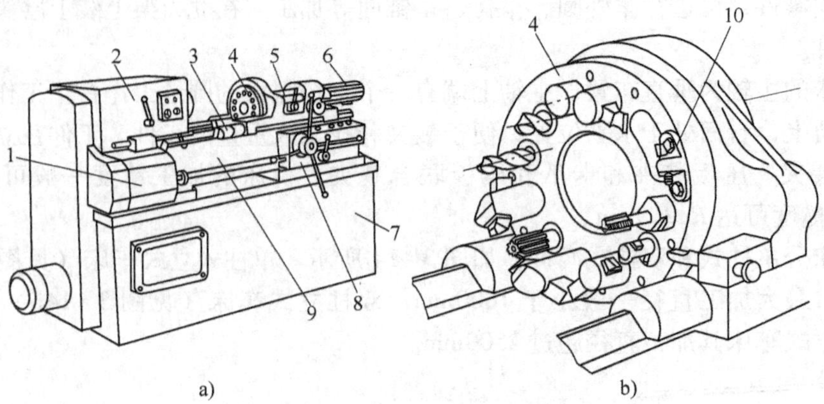

图 3-15　回轮车床

a）回轮车床外形　b）回轮刀架

1—进给箱　2—主轴箱　3—刚性纵向定程机构　4—回轮刀架　5—纵向刀具溜板　6—纵向定程机构　7—底座　8—溜板箱　9—床身　10—横向定程机构

3. 滑鞍转塔车床

图 3-16 所示为滑鞍转塔车床，它除有一个前刀架 3 外，还有一个转塔刀架 4，可绕垂直轴线转位。前刀架既可以纵向进给，也可以横向进给。转塔刀架只能作纵向进给，它一般为六角形，可在六个面上各安装一把或一组刀具。转塔刀架用于车削内、外圆柱面，钻、扩、铰和镗孔，攻螺纹和套螺纹等。前刀架和转塔刀架各由一个独立的溜板箱 9 和 8 来控制它们的运动。转塔刀架设有定程机构，加工过程中当刀架到达预先调定的位置时，可自动停止或快速返回原位。

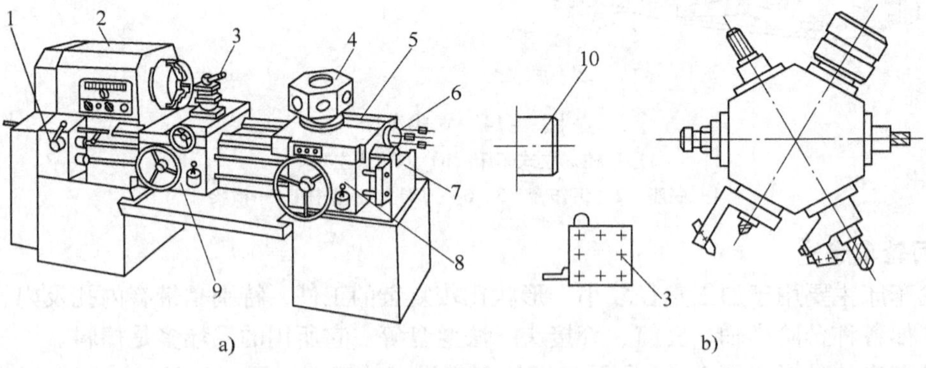

图 3-16　滑鞍转塔车床

a）转塔车床外形　b）转塔刀架

1—进给箱　2—主轴箱　3—前刀架　4—转塔刀架　5—纵向溜板　6—定程装置　7—床身　8—转塔刀架溜板箱　9—前刀架溜板箱　10—主轴

加工时，根据加工工艺过程，预先将所用的全部刀具装在刀架上，每把（组）刀具只用于完成某一特定工步，并根据加工要求调整好位置。同时相应地调整定程装置，来控制每一刀具的行程终点位置。机床调整好后，只需接通刀架的进给运动，以及工作行程终了时将其退回，每完成一个工步，刀架转位一次（手动），将下一组所需使用的刀具转到加工位置，以进行下一工步。这样就可半自动地完成全部加工，得到所需尺寸的工件。

4. 单轴纵切自动车床

机床调整好以后，无需工人操作便能自动地、连续地完成预定的工作循环，这种车床被称为自动车床。自动车床可以显著减少辅助时间，并为多刀多工位同时加工创造有利条件，因而可有效地提高劳动生产率，降低工人的劳动强度，改善劳动条件。

图 3-17 是 CM1107 型单轴纵切自动车床，机床的自动工作循环是由凸轮、挡块等控制的。为了使机床各工作部件和工作机构的运动相互联系而又协调地实现自动工作循环，采用分配轴作为协调这些运动的控制中心，将所有的控制凸轮和安装挡块的鼓轮集中装在分配轴上。

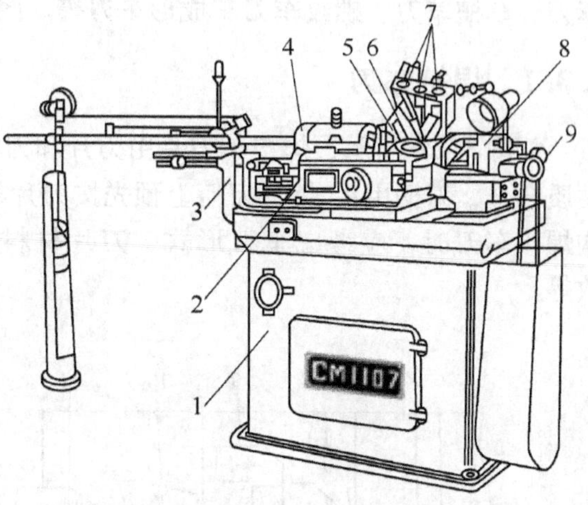

图 3-17 CM1107 型单轴纵切自动机床
1—底座 2—床身 3—送料装置 4—主轴箱 5—天平刀架 6—中心架 7—上刀架 8—钻铰附件 9—分配轴

机床在加工过程中，分配轴等速旋转，凸轮或挡块依次动作，发布指令。这些指令再经过丝杠、连杆或电气设备，传递给工作部件或工作机构（如刀架、主轴等），从而实现自动控制。分配轴每转一转，完成一个工件的加工。分配轴每转一转所需的时间，就是工作循环时间。

图 3-18 所示为单轴纵切自动机床加工原理，机床工作循环如下：前一个零件的最后工序是切断，后一个零件加工开始前切断刀并不退离，留在原位兼作挡料之用。机床工作循环从切断刀退回开始，主轴箱及各刀架根据加工要求协同动作，顺序地完成每个工步的加工。加工结束后，切断刀停于原位，主轴内的弹簧夹头 3 松开，主轴箱 1 后退，后退的距离等于送料长度。重锤 11 通过送料管 10 内的推杆将棒料推至切断刀挡料用的侧端面上，然后弹簧夹头夹紧棒料，切断刀快速退回，这一工作循环结束，下一工作循环开始。上述工作循环直至棒料用完后，机床自动停机为止。

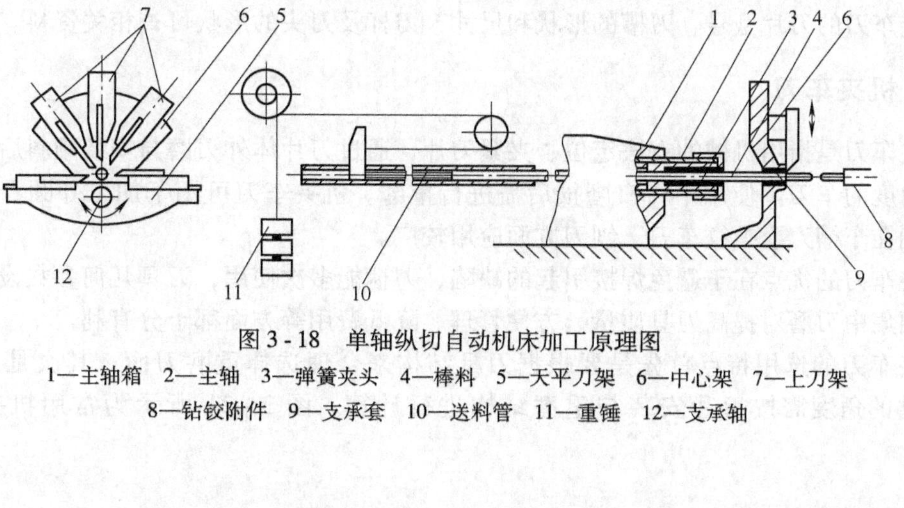
图 3-18 单轴纵切自动机床加工原理图
1—主轴箱 2—主轴 3—弹簧夹头 4—棒料 5—天平刀架 6—中心架 7—上刀架 8—钻铰附件 9—支承套 10—送料管 11—重锤 12—支承轴

3.3 常用车刀简介

车刀是指在车床上使用的刀具，应用广泛。按结构来分类，有整体式、焊接式、机夹式和可转位式等四种形式；按加工表面特征来分类，有外圆车刀、内孔车刀、端面车刀、切断车刀、车槽车刀、螺纹车刀、成形车刀等。图 3 - 19 为常用车刀的形式。

3.3.1 焊接车刀

如图 3 - 20 所示，焊接车刀是由刀片和刀柄通过镶焊连接成一体的车刀。一般刀片选用硬质合金，刀柄用 45 钢，刀柄上预先按刀片规格形状铣出刀槽，结构简单，使用灵活。选购焊接车刀时，应考虑车刀形式、刀片材料与型号、刀柄材料、外形尺寸及刀具几何参数等。

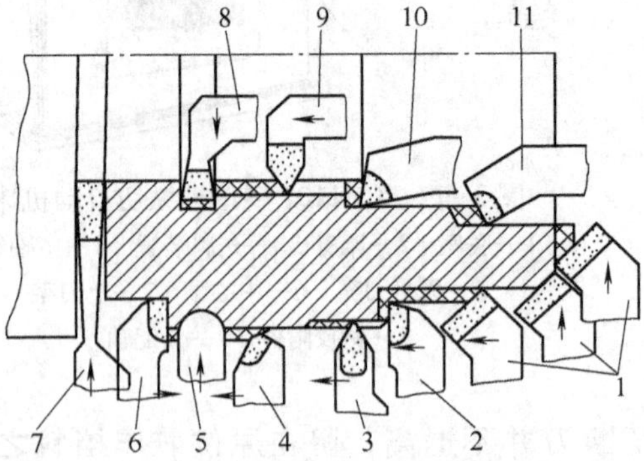

图 3 - 19 车刀的形式与用途

1—45°端面车刀 2—90°外圆车刀 3—外螺纹车刀
4—75°外圆车刀 5—成形车刀 6—90°左切外圆车刀
7—切断车刀 8—内孔车槽车刀 9—内螺纹车刀
10—92°内孔车刀 11—75°内孔车刀

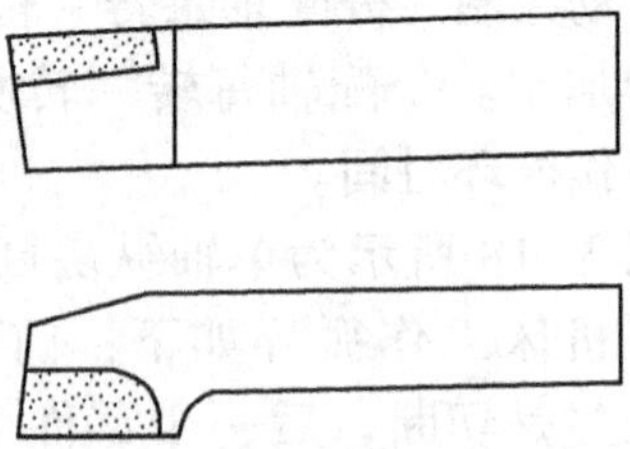

图 3 - 20 焊接车刀

焊接车刀的刀片型号、刀槽的形状和尺寸、刀杆及刀头的形状可查相关资料。

3.3.2 机夹车刀

机夹车刀是指用机械的方法定位、夹紧刀片，通过刀片体外刃磨与安装倾斜后，综合形成刀具角度的车刀。使用中刃口磨损后需进行重磨。机夹车刀可用于加工外圆、端面、内孔，特别在车槽刀、螺纹车刀、刨刀方面应用较广。

机夹车刀的优点在于避免焊接引起的缺陷，刀柄能多次使用，刀具几何参数设计选用灵活。采用集中刃磨对提高刀具质量、方便管理、降低费用等方面都十分有利。

机夹车刀的选用特点首先是要根据刀具结构来合理选择重磨刀面；其次是刀片进行体外刃磨的角度需按刀片安装与重磨结构进行计算。图 3 - 21 所示为常用机夹车刀的结构。

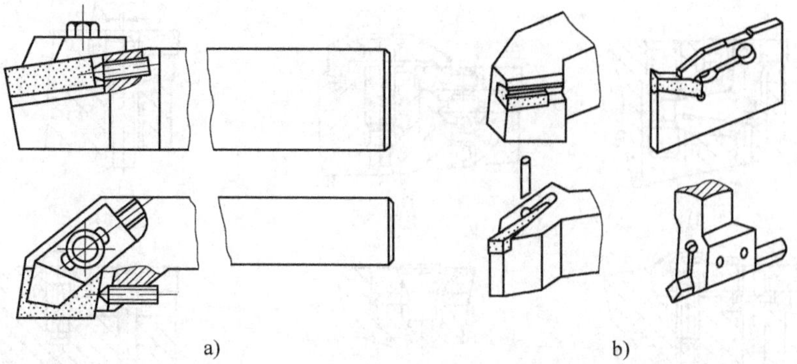

图 3-21 机夹车刀

a）硬质合金机夹重磨车刀外形 b）机夹车刀的结构形式

3.3.3 可转位车刀

如图 3-22 所示，可转位车刀由刀片、刀垫、刀柄及杠杆、螺钉等元件组成。可转位刀片上压制出断屑槽，周边经过精磨，刃口磨钝后可方便地转位换刃，不需重磨。

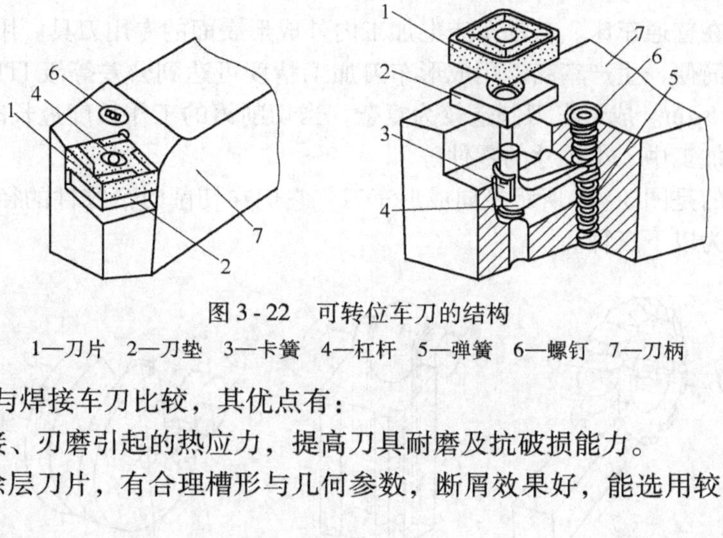

图 3-22 可转位车刀的结构

1—刀片 2—刀垫 3—卡簧 4—杠杆 5—弹簧 6—螺钉 7—刀柄

可转位车刀与焊接车刀比较，其优点有：

1）避免焊接、刃磨引起的热应力，提高刀具耐磨及抗破损能力。

2）可使用涂层刀片，有合理槽形与几何参数，断屑效果好，能选用较高切削用量，提高生产率。

3）刀片转位、更换方便，缩短了辅助时间。

4）刀具已标准化，能实现一刀多用，减少储备量，简化刀具管理等工作。

图 3-23 所示为可转位刀片加紧结构。图 3-23a 为杠杆式，定位精度高，调节余量大，夹紧可靠，拆卸方便。图 3-23b 为螺销上压式，利用压板螺钉和偏心螺销夹紧，夹紧可靠，重复定位精度高。图 3-23c 为偏心式，加紧元件小，结构紧凑，夹紧可靠性较差。图 3-23d 为楔钩式，是楔压式和上压式的组合，夹紧可靠，拆卸方便，但重复定位精度低。图 3-23e 为压孔式，结构简单，定位精度高，容屑空间大，对螺钉质量要求高。图 3-23f 为楔销式，刀片尺寸变化较大时也可夹紧，装卸方便。

虽然可转位刀具优点很多，但它还不能完全取代焊接与机夹刀具，因为在刃形、几何参数方面还受刀具结构与工艺的限制。例如尺寸小的刀具常采用整体或焊接式；大刃倾角刨刀，选用机夹式效果较好。

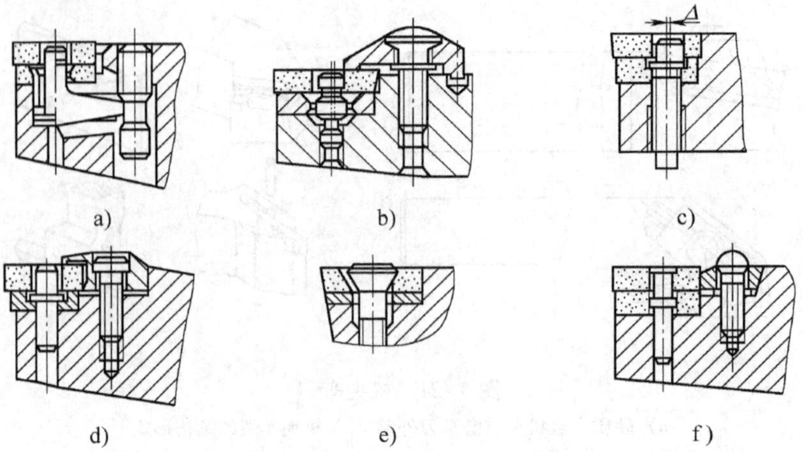

图 3-23　可转位刀片夹紧结构

a）杠杆式　b）螺销上压式　c）偏心式　d）楔钩式　e）压孔式　f）楔销式

3.3.4　成形车刀

成形车刀是在普通车床、自动车床上加工内外成形表面的专用刀具。用它能一次切出成形表面，故操作简便、生产率高。用成形车刀加工精度可达到公差等级 IT10 ~ IT8，表面粗糙度可达 $Ra10 \sim 5\mu m$。成形车刀制造较为复杂，当切削刃的工作长度过长时，易产生振动，故主要用于批量加工中、小尺寸的零件。

生产中常用的是图 3-24 所示径向成形车刀，它们在切削时沿零件的径向进给。按其刀体形状不同又分为以下三种。

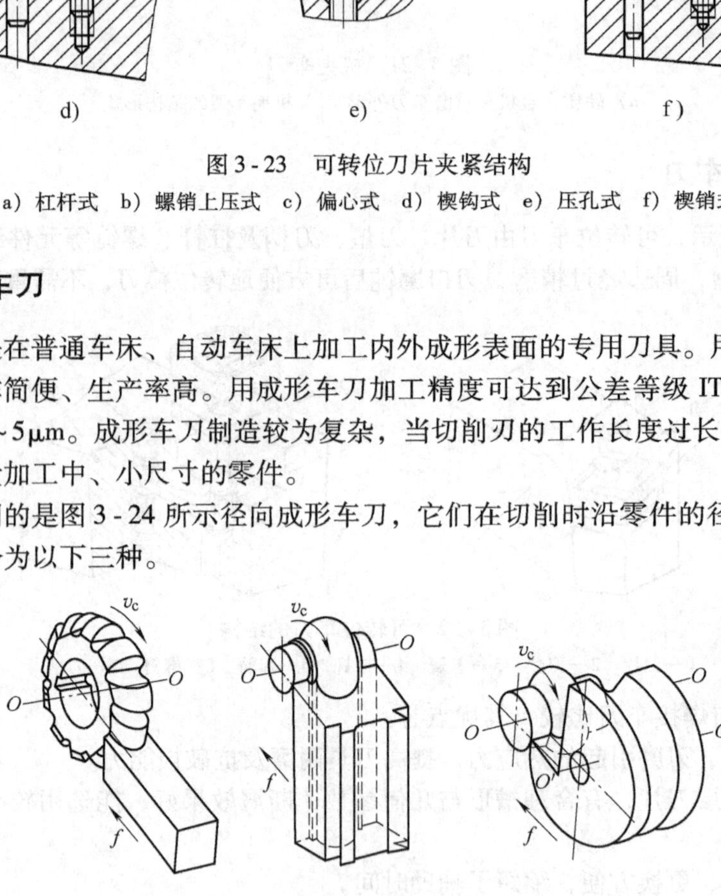

图 3-24　径向进给成形车刀

a）平体成形车刀　b）棱体成形车刀　c）圆体成形车刀

1. 平体成形车刀

平体成形车刀的刀体形状与普通车刀相似，如图 3-24a 所示。它常用于加工简单的成形表面，例如铲齿、车螺纹和车圆弧等。

2. 棱体成形车刀

棱体成形车刀的刀体呈棱柱形，利用燕尾榫装夹在刀杆燕尾槽中，用于加工外成形表面，如图 3-24b 所示。

3. 圆体成形车刀

圆体成形车刀刀体是一个带孔回转体，并磨出容屑缺口和前面，利用刀体内孔与刀杆连接，如图3-24c所示。其特点是：制造方便，可用于加工内、外成形表面。

4. 切向进给和斜向进给成形车刀

上述均为径向进给成形车刀，图3-25所示为切向进给和斜向进给成形车刀。

（1）切向进给成形车刀　切向进给成形车刀（见图3-25a）的装夹和进给均切于加工表面。其特点是切削力小，且切削终了位置不影响加工精度。常用于自动车床上对精度较高的小尺寸零件加工。

（2）斜向进给成形车刀　斜向进给成形车刀（见图3-25b）的进给方向与工件轴线不垂直，用在车削直角台阶面，具有较合理的后角。

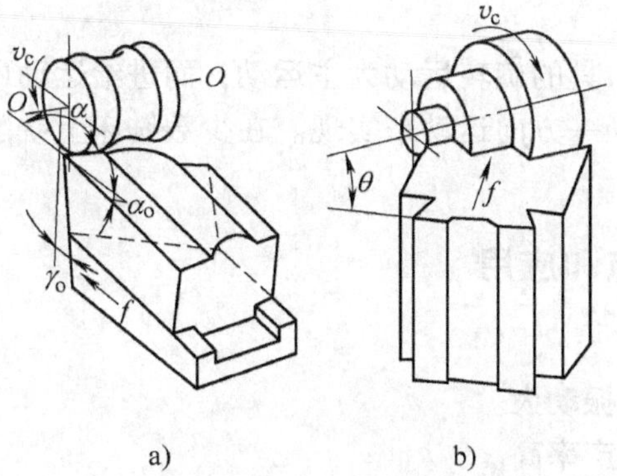

图3-25　切向进给和斜向进给成形车刀

a）切向进给成形车刀　b）斜向进给成形车刀

本章小结

本章主要讲述了卧式车床的加工工艺范围，传动系统分析，主要部件的结构及其他常用车床及车刀的结构和选用。联系车削加工所需的成形运动，通过对传动链的分析，深入理解车床传动系统。车削加工工艺范围广，学习各类车床及车刀的结构和使用特点，达到在加工中能正确选用的目的。

思　考　题

1. 用车削的方法可以加工出哪些类型的表面？

2. 卧式车床进给传动系统中，为何既有光杠又有丝杠来实现刀架的直线运动？可否单独设置丝杠或光杠？为什么？

3. 溜板箱中互锁机构的作用是什么？分析其作用机理。

4. 如果卧式车床刀架横向进给方向相对于主轴轴线存在垂直度误差，将会影响哪些加工工序的加工精度？产生什么样的加工误差？

5. 车刀按用途与结构来分有哪些类型？它们的使用场合如何？

6. 常用硬质合金焊接刀片型号及其使用范围有哪些？

7. 可转位刀具的优点和使用局限有哪些？

8. 成形车刀的种类和使用特点是什么？

第 4 章　铣床及铣刀

【学习目标】通过对本章的学习，使学生了解铣削加工的特点、工艺范围、铣削要素及铣削方式；重点学习 X6132 型万能升降台铣床的结构、传动原理及主要组成部件；熟悉常用铣刀的特点、分类及其选用；了解铣刀的磨损特点、使用寿命及重磨方法。

4.1　铣削加工概述

铣削的特点是以多齿刀具的旋转运动为主运动，而进给运动可根据加工要求，由工件在相互垂直的三个方向中作某一方向运动来实现。在少数铣床上铣削，进给运动也可以是工件的回转运动或曲线运动。

4.1.1　铣削加工的特点和应用

1. 铣削加工的特点

1）断续切削，冲击、振动大。

2）多刀多刃切削，生产率高。

3）半封闭式切削，要有容屑和排屑空间。

4）切削负荷呈周期性变化。

2. 铣削加工的应用范围

铣削加工用途很广泛，通过铣削可以加工平面（水平面、垂直面）、沟槽（键槽、T 形槽、燕尾槽等）、分齿零件（齿轮、链轮、棘轮、花键轴等）以及螺旋形表面（螺纹、螺旋槽）等各种曲面，典型加工表面如图 4 - 1 所示。此外，通过铣削还可以完成回转体表面、内孔表面及切断等工作。由于铣削是使用多刃刀具进行连续切削，因而生产率较高。经济加工精度一般为公差等级 IT9 ~ IT8、表面粗糙度为 *Ra*12.5 ~ 1.6μm，精加工时可达公差等级 IT5，表面粗糙度可达 *Ra*0.2μm。

4.1.2　铣削运动

1. 主运动

铣削时的主运动：即铣床主轴（或铣刀）的旋转运动。

2. 进给运动

铣削中，铣床工作台相对铣刀的移动即为进给运动。如 X6132 型万能升降台铣床工作台可在相互垂直的三个方向作进给运动，实现垂直、横向和纵向的进给运动。

3. 辅助运动

铣削时，铣床工作台带动工件快速接近铣刀的运动是铣削的辅助运动。如 X6132 型万能升降台铣床工作台、床鞍以及升降台均有快速移动，这些快速移动都是由进给电动机驱动，快速移动的方向变换由进给电动机的正、反转实现。

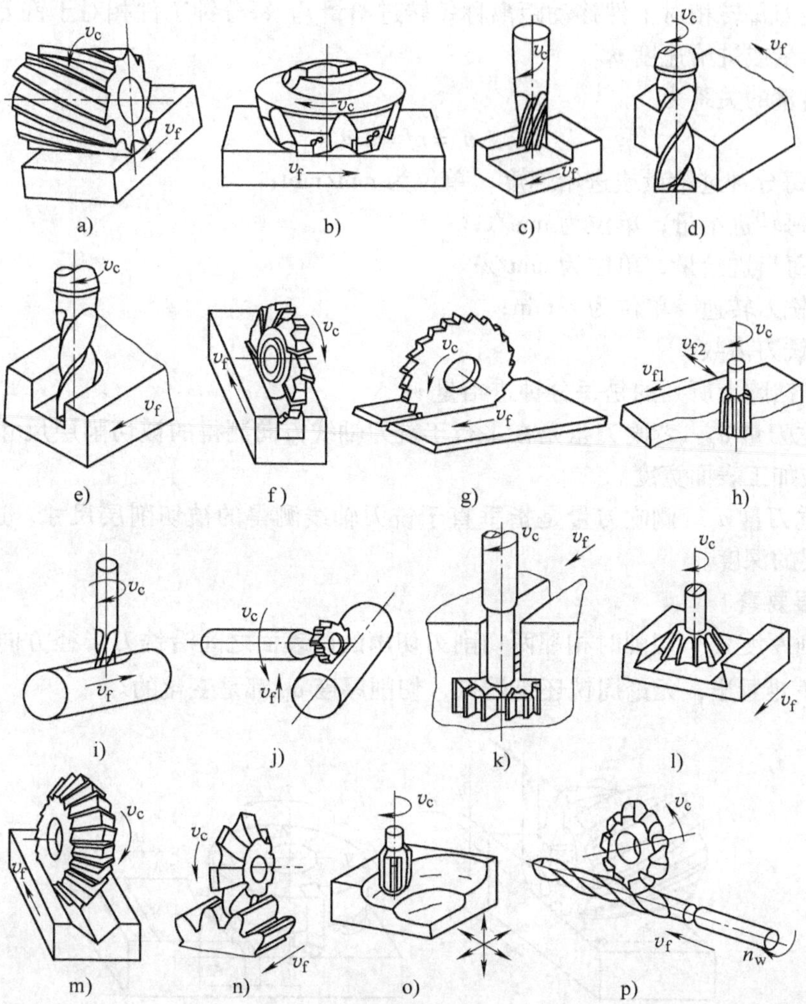

图 4-1　铣床的典型加工表面

4.1.3　铣削要素

1. 铣削用量

铣削速度、进给量、背吃刀量和侧吃刀量称为铣削用量四要素。

（1）铣削速度 v　铣削时，铣刀旋转运动是主运动。铣削速度是指铣刀刀齿切削处的线速度。即

$$v=\frac{\pi Dn}{1000} \tag{4-1}$$

式中　v——铣削速度，单位为 m/min；

D——铣刀直径，单位为 mm（周铣时为圆柱铣刀的外圆直径）；

n——铣刀转速，单位为 r/min。

（2）进给量 a_f、f、v_f　铣削进给量有三种表示形式，铣刀每转过一个刀齿相对工件移动的距离叫每齿进给量 a_f。其大小决定着一个刀齿的负荷。a_f 越大，切削力越大，刀齿的负

荷也越大。铣刀每转相对工件移动距离称每转进给量f。每分钟工件相对于铣刀移动的距离，为每分钟进给量或进给速度 v_f。

三种进给量的关系为

$$v_f = nf = nza_f \tag{4-2}$$

式中 v_f——每分钟进给量或进给速度，单位为 mm/min；

f——每转进给量，单位为 mm/r；

a_f——每齿进给量，单位为 mm/z；

n——铣刀转速，单位为 r/min；

z——铣刀齿数。

一般铣床铭牌上所列的是每分钟进给量 v_f。

（3）背吃刀量 a_p　背吃刀量是在平行于铣刀轴线方向测得的被切削层尺寸，对于周铣，背吃刀量是被加工表面宽度。

（4）侧吃刀量 a_e　侧吃刀量是指垂直于铣刀轴线测得的被切削层尺寸，这在周铣中就是被切金属层的深度。

2. 切削层要素

（1）切削厚度 a_c　切削时相邻两切削刃切出的两表面之间沿铣刀半径方向测得的距离。从图 4-2 中不难看出，无论周铣还是端铣，切削厚度 a_c 都是变化的。

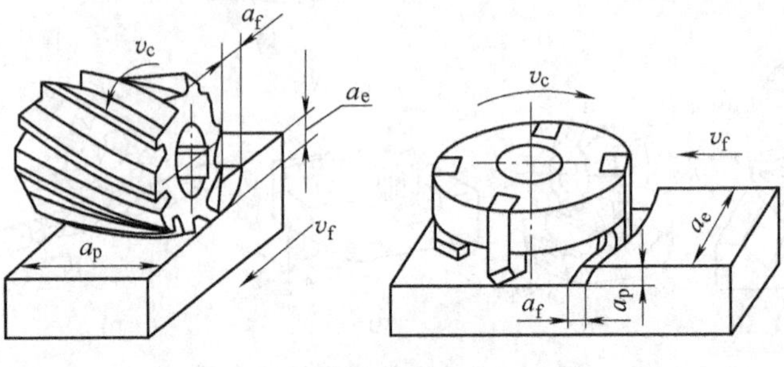

图 4-2　周铣和端铣

a）圆周铣削　b）端面铣削

（2）切削宽度 a_ω　a_ω 是沿铣刀主切削刃方向测得的切削层尺寸，也就是主切削刃参加工作的长度。直齿圆柱铣刀的切削宽度就等于铣削宽度，即 $a_\omega = a_p$。螺旋齿圆柱铣刀的切削宽度是随刀齿位置不同而变化的，当刀齿刚与工件接触时 a_ω 很小，以后逐渐增大，刀齿切离工件时又逐渐减小，因此用螺旋齿铣刀铣削的过程比较平稳。

（3）切削面积 A_c　铣刀每一个刀齿的切削面积 $A_c = a_c a_\omega$，铣刀的总切削面积 $A_{c\Sigma}$等于同时工作的各刀齿切削面积之和，由于同时工作齿数和 a_c、a_ω 都在随时变化，因此总切削面积 $A_{c\Sigma}$也是随时变化的。

4.1.4　铣削方式

铣削方式是指铣削时铣刀相对于工件的运动和位置关系。铣削方式对铣刀寿命、工件表面粗糙度、铣削过程平稳性及生产率都有较大的影响。铣削时根据所使用铣刀的类型不同，可分为端面铣削（简称端铣）和圆周铣削（简称周铣）两种铣削方式。

1. 端铣及其应用

利用铣刀端部齿切削的铣削方式叫端铣，如图4-2b所示。

端铣的表面粗糙度 Ra 值比周铣小，能获得较光洁的表面。因为端铣时可以利用副切削刃对已加工表面进行修光，只要选取合适的副偏角，则可减小已加工表面的残留面积，即减小 Ra 值。

端铣的生产率高于周铣。因为端铣刀大多可以采用硬质合金刀头，刀杆受力情况好，不易产生变形，因此，可以采用大的切削用量，其中切削速度 v_c 可达150m/min。但端铣的适应性较差，一般仅用来铣削平面，尤其适合铣削大平面。

2. 周铣及其应用

利用铣刀圆周齿切削的铣削方式叫周铣，如图4-2a所示。周铣的表面粗糙度 Ra 值比端铣大，因为周铣时只有圆周刃进行切削，已加工表面实际上是由许多圆弧所组成，Ra 值较大，如图4-3所示。

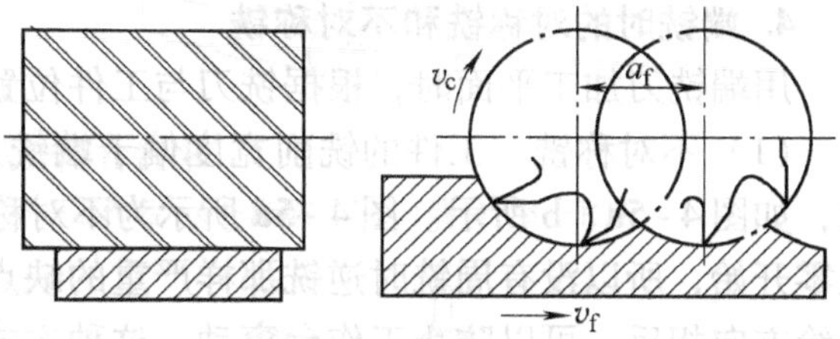

图4-3　周铣时的残留面积

周铣用的铣刀多用高速工具钢制成，切削时刀轴要承受较大的弯曲力，其刚性又差，切削用量受到一定的限制，切削速度 v_c <30m/min。

周铣的适应性强，能铣平面、沟槽、齿轮和成形面等。

3. 周铣时的顺铣和逆铣

（1）顺铣　周铣时，铣刀接触工件时的旋转方向和工件的进给方向相同的铣削方式叫顺铣，如图4-4a所示。顺铣时，每齿的切削厚度由最大到零，刀齿和工件之间没有相对滑动。因此，加工面上没有因摩擦而造成的硬化层，容易切削，加工表面的粗糙度值小，刀具的寿命也长。顺铣时，铣刀对工件的作用力在垂直方向的分力始终向下，有利于工件的夹紧和铣削的顺利进行。但刀齿作用在工件上的水平分力与进给方向相同，当其大于工作台和导轨之间的摩擦力时，就会把工作台连同丝杠向前拉动一段距离，这段距离等于丝杠和螺母间的间隙，因而将影响工件的表面质量，严重时还会损坏刀具，造成事故，所以很少采用。

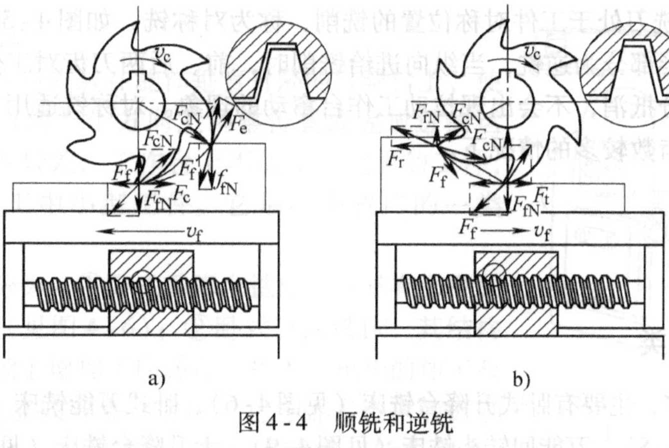

图4-4　顺铣和逆铣

a）顺铣　b）逆铣

它的铣刀轴可作任意方向的偏转（见图 4-9）。

2. 无升降台铣床

这种铣床的工作台只能在固定的台座上作纵、横向移动（矩形工作台）或绕垂直轴线转动（圆形工作台），垂直方向的调整和进给运动由机床主轴箱完成（见图 4-10）。它的刚性和抗振性比升降台式铣床好，适宜用较大切削用量的加工。

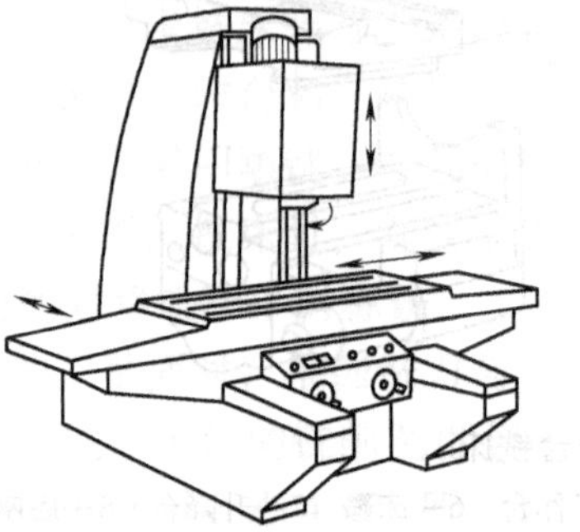

a)

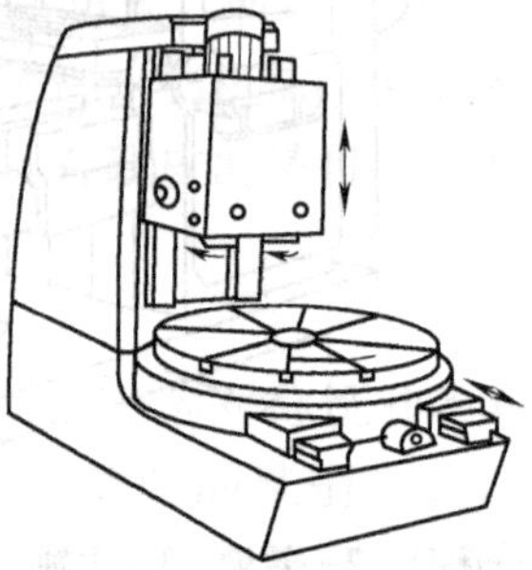

b)

图 4-10　无升降台式铣床

a）工作台移动　b）工作台转动

3. 龙门铣床

龙门铣床（见图 4-11）是由床身两侧的立柱和横梁组成门式框架而得名。工作台在床身水平导轨上作纵向进给运动，在立柱和横梁上都装有立铣头，每个立铣头都是独立的部件，由各自的电动机驱动主轴做主运动。

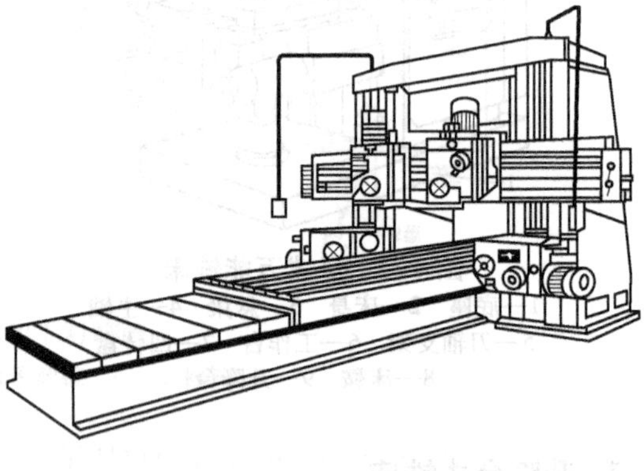

图 4-11　龙门铣床

横梁可沿立柱上的导轨作垂直位置调整，横梁上的立铣头可沿横梁上水平导轨作位置调整，有些龙门铣床上的主轴还可作倾斜调节，以便铣斜面。龙门铣床的刚度和精度都很好，可用几把铣刀同时铣削，所以生产效率和加工精度都较高，适宜加工大中型或重型工件。

4. 仿形铣床

仿形铣床是以一定方式控制铣刀按照模型或样板形状作进给运动，铣出工件的成形面。在工具、模具的制造中常用小型立体仿形铣床，如图 4-12a 所示；大型立体仿形铣床的仿形触头铣刀一般水平布置，如图 4-12b 所示。

另外，还有小型的平面和立体的刻模铣床，它是利用与缩放绘图仪原理相同的平行四边形铰链四杆机构，用手动方式操纵仿形头，使铣刀按样板形状加以缩小的仿形加工，图 4-13 所示为立体刻模铣床。

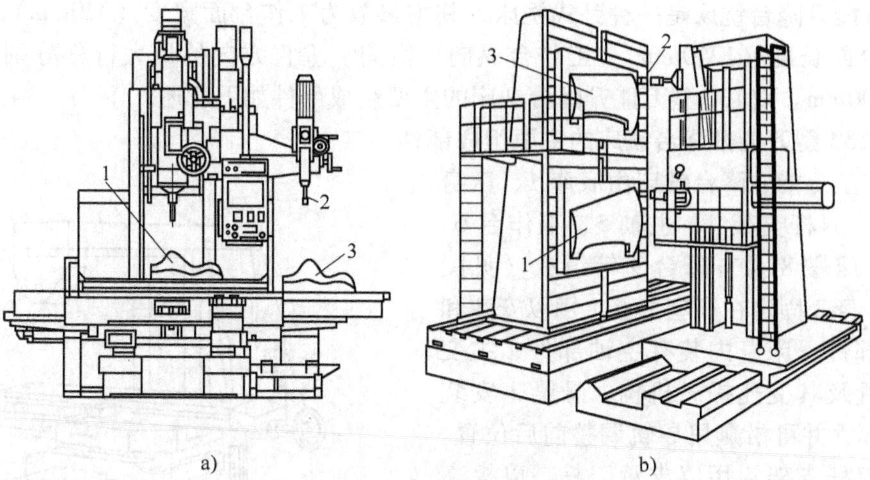

图 4-12　仿形铣床

a）中小型立体仿形铣床　b）大型立体仿形铣床

1—工件　2—仿形控制传感器（仿形轴销）　3—模型

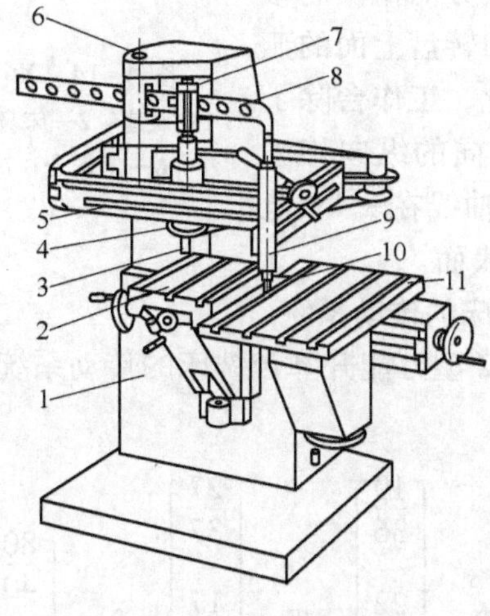

图 4-13　立体刻模铣床

1—床身　2—工作台　3—铣刀　4—铣头　5—铰链四杆机构

6—转轴　7—支点　8—立体仿形杠杆　9—仿形头　10—触销　11—靠模

随着科技的发展，现在还有数控铣床，多工序自动换刀铣镗床（又称加工中心）等，由数字程序或计算机控制加工各种型面的机床。它们不需要制造专门的仿形用模型，因此生产准备时间较短，而加工精度很高。

4.2.2　X6132 型万能升降台铣床

1. X6132 型万能升降台铣床的工艺范围

万能升降台铣床与一般升降台铣床的主要区别在于工作台除了能在相互垂直的三个方向上作调整或进给外，还能绕垂直轴线在 ±45°范围内回转，从而扩大了机床的工艺范围。

X6132 型万能升降台铣床是一种卧式铣床，其主参数为工作台面宽度（320mm），第二主参数为工作台面长度（1250mm）。工作台纵向、横向、垂直方向的最大行程分别为 800mm、300mm、400mm。X6132 型万能升降台铣床的主要组成部件如下所述。

2. X6132 型万能升降台铣床的主要组成部件

X6132 型万能升降台铣床由底座 1、床身 2、悬梁 3、刀杆支架 4、主轴 5、工作台 6、回转盘 7、床鞍 8 及升降台 9 等组成（见图 4-14）。床身 2 固定在底座 1 上，用以安装和支承其他部件。床身内装有主轴部件、主变速传动装置及其变速操纵机构。悬梁 3 安装在床身顶部，并可沿燕尾导轨调整前后位置。悬梁上的刀杆支架 4 用以支承刀杆，以提高其刚性。升降台 9 安装在床身前侧面垂直导轨上，可作上下移动。升降台内装有进给运动传动装置及其操纵机构。升降台的水平导轨上装有床鞍 8，可沿主轴轴线方向作横向移动。床鞍 8 上装有回转盘 7，回转盘上面的燕尾导轨上安装有工作台 6。因此，工作台除了可沿导轨作垂直于主轴轴线方向的纵向移动外，还可通过回转盘，绕垂直轴线在 ±45°范围内调整角度，以便铣削螺旋表面。

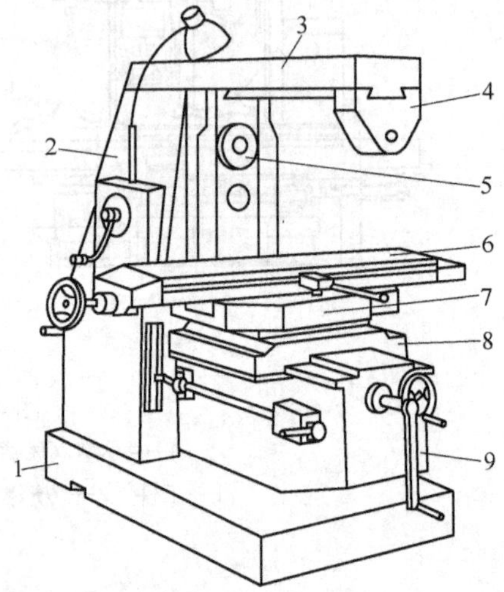

图 4-14　X6132 型万能升降台铣床外形图

1—底座　2—床身　3—悬梁　4—刀杆支架　5—主轴　6—工作台　7—回转盘　8—床鞍　9—升降台

3. X6132 型万能升降台铣床的传动系统

（1）主运动传动链　X6132 型万能升降台铣床的传动系统如图 4-15 所示，其主运动的传动路线表达式为

$$\text{主电动机}\ \begin{matrix}7.5\text{kW}\\1450\text{r/min}\end{matrix} — \text{I} — \frac{\phi150}{\phi290} — \text{II} — \begin{bmatrix}\frac{19}{36}\\ \frac{22}{33}\\ \frac{16}{38}\end{bmatrix} — \text{III} — \begin{bmatrix}\frac{27}{37}\\ \frac{17}{46}\\ \frac{38}{26}\end{bmatrix} — \text{IV} — \begin{bmatrix}\frac{80}{40}\\ \frac{18}{71}\end{bmatrix} — \text{主轴 V}$$

主运动由主电动机（7.5kW、1450r/min）驱动，经$\frac{\phi150}{\phi290}$（单位为 mm）带轮传动至轴Ⅱ，再由轴Ⅱ—Ⅲ间和轴Ⅲ—Ⅳ间两组三联滑移齿轮变速组，以及轴Ⅳ—Ⅴ间双联滑移齿轮变速组使主轴获得 18 级转速（30～1500r/min）。主轴的旋转方向由电动机改变正、反转向而得以变向。主轴的制动由安装在轴Ⅱ的电磁制动器 M 来控制。

（2）进给运动传动链及工作台快速移动　该机床的工作台可以作纵向、横向和垂向三个方向的进给运动，以及快速移动。进给运动由进给电动机（1.5kW，1410r/min）驱动。电动机的运动经一对锥齿轮$\frac{17}{32}$传至轴Ⅵ，然后根据轴Ⅹ上电磁摩擦离合器 M_1、M_2 的结合情

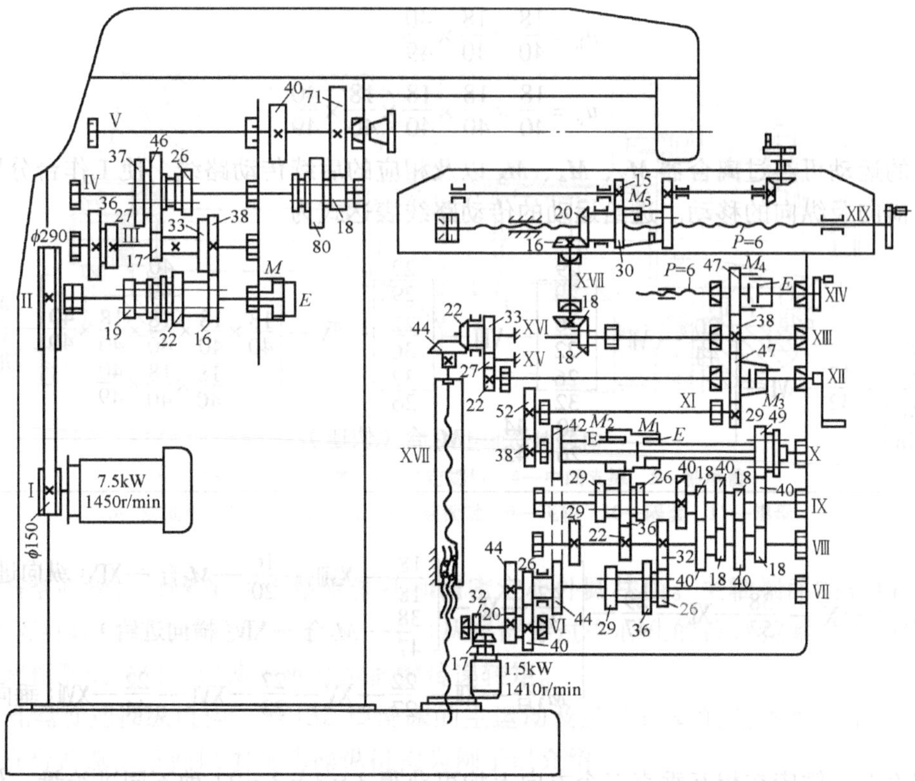
图 4-15　X6132 型万能升降台铣床传动系统图

况，分两条路线传动，如轴Ⅹ上离合器 M_1 脱开、M_2 啮合，轴Ⅵ的运动经齿轮副$\frac{40}{26}$、$\frac{44}{42}$及离合器 M_2 传至轴Ⅹ。这条路线可使工作台作快速移动。如轴Ⅹ上离合器 M_2 脱开，M_1结合，轴Ⅵ的运动经齿轮副$\frac{20}{44}$传至轴Ⅶ，再经轴Ⅶ—Ⅷ间和轴Ⅷ—Ⅸ间两组三联滑移齿轮变速组以及轴Ⅷ—Ⅸ间的曲回机构，经离合器 M_1 将运动传至轴Ⅹ。这是一条使工作台作正常进给的传动路线。

轴Ⅷ—Ⅸ间的曲回机构工作原理，可由图 4-16 予以说明。轴Ⅹ上的单联滑移齿轮 z_{49} 有三个啮合位置。当滑移齿轮 z_{49} 在 a 啮合位置时，轴Ⅸ的运动直接由齿轮副$\frac{40}{49}$传到轴Ⅹ；滑移齿轮在 b 啮合位置时，轴Ⅸ的运动经曲回机构齿轮副$\frac{18}{40}-\frac{18}{40}-\frac{49}{40}$传至轴Ⅹ；滑移齿轮在 c 啮合位置时，轴Ⅸ的运动经曲回机构齿轮副$\frac{18}{40}-\frac{18}{40}-\frac{18}{40}-\frac{18}{40}-\frac{40}{49}$传至轴Ⅹ。因而，通过轴Ⅹ上单联滑移齿轮 z_{49} 的三种啮合位置，可使曲回机构得到三种不同的传动比，即

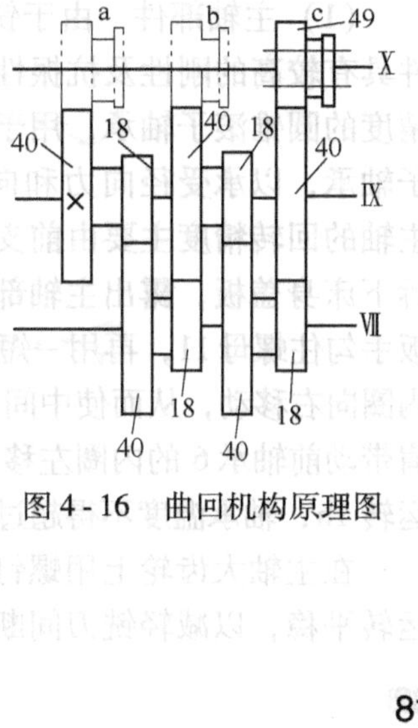
图 4-16　曲回机构原理图

$$u_a=\frac{40}{49}$$

孔盘4上划分了几组直径不同的圆周，每个圆周又划分成18等分，根据变速时滑移齿轮不同位置的要求，这18个位置分别钻有大孔、钻有小孔或未钻孔三种状态。齿条轴2、2′上加工出直径分别为D和d的两段台肩。直径为d的台肩能穿过孔盘上的小孔，而直径为D的台肩只能穿过孔盘上的大孔。变速时，先将孔盘右移，使其退离齿条轴，然后根据变速要求，转动孔盘一定角度，再使孔盘左移复位。孔盘在复位时，可通过孔盘上对应齿条轴之处为大孔、小孔或无孔的不同情况，而使滑移齿轮获得三种不同位置，从而达到变速目的。三种工作状态分别为：

① 孔盘上对应齿条轴2的位置无孔，而对应齿条轴2′的位置为大孔。孔盘复位时，向左顶齿条轴2，并通过拨叉将三联滑移齿轮推到左位。齿条轴2′则在齿条轴2及小齿轮3的共同作用下右移，台肩D穿过孔盘上的大孔，如图4-18b所示。

② 孔盘对应两齿条轴的位置均为小孔，齿条轴上的小台肩d穿过孔盘上小孔，两齿条轴均处于中间位置，从而通过拨叉使滑移齿轮处于中间位置，如图4-18c所示。

③ 孔盘上对应齿条轴2的位置为大孔，对应齿条轴2′的位置无孔，这时孔盘顶齿条轴2′，左移，从而通过齿轮3使齿条轴2的台肩穿过大孔右移，并使齿轮处于右位，如图4-18d所示。

2）主变速操纵机构的结构及操作。X6132型铣床的主变速操纵机构的结构如图4-19

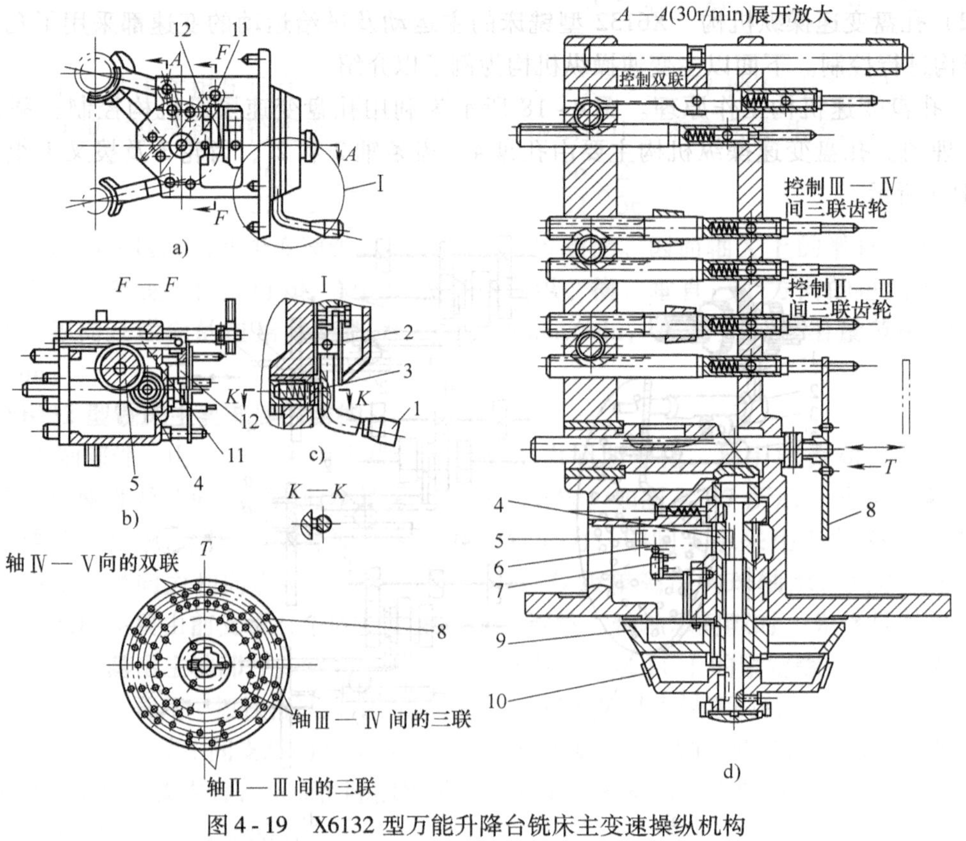

图4-19　X6132型万能升降台铣床主变速操纵机构

1—手柄　2—销轴　3—定位销　4—齿轮套筒　5—齿轮　6—压块
7—微动开关　8—孔盘　9—操纵盘　10—速度盘　11—齿条轴　12—拨叉

所示。变速时，将手柄1向外拉出，则手柄1绕销轴2转动，脱开定位销3在手柄槽中的定位，然后按逆时针方向转动手柄1约250°，经操纵盘9及平键使齿轮套筒4转动，再经齿轮5使齿条轴11向右移动，如图4-19b所示。齿条轴11再通过拨叉12，拨动孔盘向右退离齿条轴，为孔盘8转位作好准备。按所需主轴转速，转动速度盘10，并经与其用键相连的齿轮轴及一对锥齿轮而使孔盘8转动一定角度，如图4-19d所示。最后将手柄1扳回原位并定位，同时使孔盘复位，推动齿条轴作相应位移，并使滑移齿轮到达新的啮合位置，实现转速的变换。

变速时，为了使滑移齿轮在进入新的位置时，易于啮合，变速机构中布置了控制主电动机的微动开关7，如图4-19d所示。当孔盘转动时，可通过大齿轮5上的压块6点动开关7，使主电动机作瞬时转动，并带动传动齿轮缓慢转动，给滑移齿轮进入新的啮合位置创造条件。

（3）顺铣机构　铣床在进行切削加工时可采用顺铣和逆铣两种方式，如进给方向与切削力F的水平分力F_x相反，称为逆铣，如图4-20a所示；如进给方向与水平分力F_x相同，则称为顺铣，如图4-20b所示。如工作台向右移动，则丝杠螺纹的左侧为工作表面，与螺母螺纹的右侧相接触，如图4-20a、b中Ⅰ所示。当采用逆铣法切削时，切削力水平分力F_x的方向向左，正好使丝杠螺纹左侧面紧靠在螺母螺纹右侧面，因而工作台运动平稳。当采用顺铣法切削时，水平分力F_x方向向右，当切削力足够大时，就会使丝杠螺纹左侧面与螺母脱开，导致工作台向右窜动。由于铣床采用多刃工具，切削力不断变化，从而使工作台在丝杠与螺母间隙范围内来回窜动，影响加工质量。为了解决顺铣时工作台窜动的问题，X6132型铣床设有顺铣机构，其结构如图4-20c所示。齿条5在弹簧6的作用下右移，使冠状齿轮4按箭头方向旋转，并通过左、右螺母1、2外圆的齿轮，使两者作相反方向转动，方向如图4-20c中箭头所示，从而使螺母

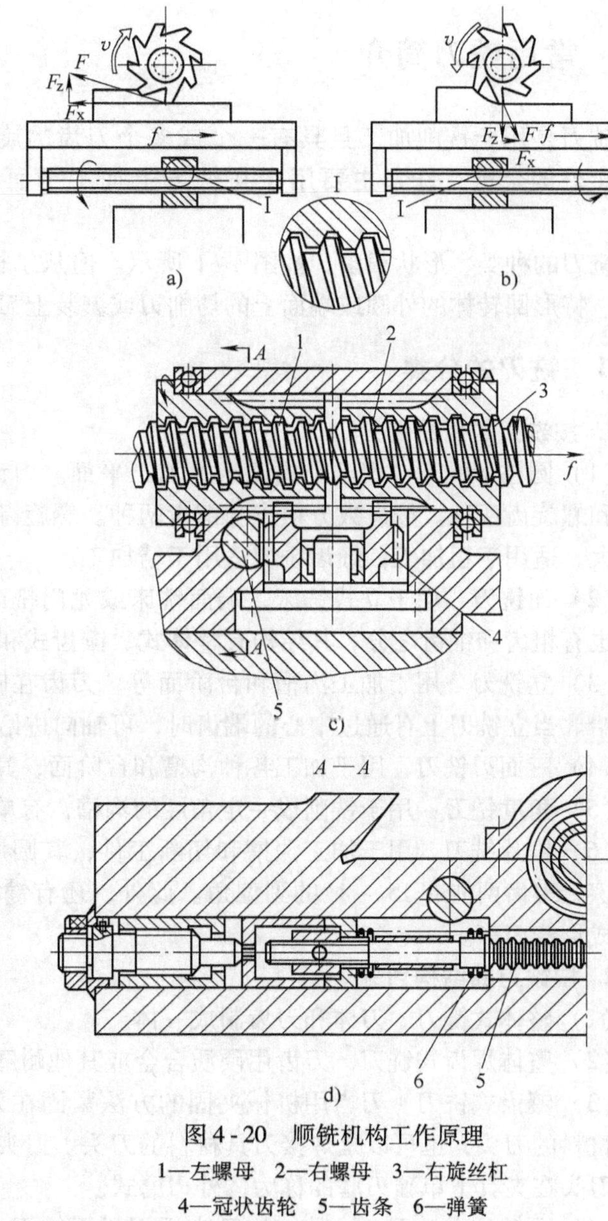

图4-20　顺铣机构工作原理

1—左螺母　2—右螺母　3—右旋丝杠

4—冠状齿轮　5—齿条　6—弹簧

1的螺纹左侧与丝杠螺纹右侧靠紧，螺母2的螺纹右侧与丝杠螺纹左侧靠紧。顺铣时，丝杠的轴向力由螺母1承受。由于丝杠与螺母1之间摩擦力的作用，使螺母1有随丝杠转动的趋势，并通过冠形齿轮使螺母2产生与丝杠反向旋转的趋势，从而消除了螺母2与丝杠间的间隙，不会产生轴向蹿动。逆铣时，丝杠的轴向力由螺母2承受，两者之间产生较大摩擦力，因而使螺母2有随丝杠一起转动，从而通过冠状齿轮使螺母1产生与丝杠反向旋转的趋势，使螺母1螺纹左侧与丝杠螺纹右侧间产生间隙，减少丝杠的磨损。

4.3 常用铣刀简介

铣刀是用于铣削加工且具有一个或多个刀齿的旋转刀具。工作时各刀齿依次间歇地切去工件的余量。铣刀主要用于在铣床上加工平面、台阶、沟槽、成形表面和切断工件等。

铣刀的种类、形状很多，如图4-1所示。但从结构实质上可看成是分布在圆柱体、圆锥体、特形回转体的外圆或端面上的切削刃或镶装上刀齿的多齿刀具。

4.3.1 铣刀的分类

1. 按铣刀的用途划分

（1）圆柱形铣刀　用于卧式铣床上加工平面。刀齿分布在铣刀的圆周上，按齿形分为直齿和螺旋齿两种。按齿数分粗齿和细齿两种。螺旋齿粗齿铣刀齿数少，刀齿强度高，容屑空间大，适用于粗加工；细齿铣刀适用于精加工。

（2）面铣刀　用于立式铣床、端面铣床或龙门铣床上加工平面，端面和圆周上均有刀齿，也有粗齿和细齿之分。其结构有整体式、镶齿式和可转位式三种。

（3）立铣刀　用于加工沟槽和台阶面等，刀齿在圆周和端面上，工作时一般不能沿轴向进给。当立铣刀上有通过中心的端齿时，可轴向进给。

（4）三面刃铣刀　用于加工各种沟槽和台阶面，其两侧面和圆周上均有刀齿。

（5）角度铣刀　用于铣削成一定角度的沟槽，有单角和双角铣刀两种。

（6）锯片铣刀　用于加工深槽和切断工件，其圆周上有较多的刀齿。为了减少铣切时的摩擦，刀齿两侧有15′~1°的副偏角。此外，还有键槽铣刀、燕尾槽铣刀、T形槽铣刀和各种成形铣刀等。

2. 按铣刀的结构划分

（1）整体式铣刀　刀体和刀齿制成一体。

（2）整体焊齿式铣刀　刀齿用硬质合金或其他耐磨刀具材料制成，并焊接在刀体上。

（3）镶齿式铣刀　刀齿用机械夹固的方法紧固在刀体上。这种可换的刀齿可以是整体刀具材料的刀头，也可以是焊接刀具材料的刀头。刀头装在刀体上刃磨的铣刀称为体内刃磨式；刀头在夹具上单独刃磨的称为体外刃磨式。

（4）可转位式铣刀　这种结构已广泛用于面铣刀、立铣刀和三面刃铣刀等。可转位面铣刀规格参数见表4-1。

表 4-1　可转位面铣刀规格参数

名称	代号	规格	主偏角	安装孔径	结构
重型面铣刀	22103	ϕ80～500	κ_r=75°/90°/45°	ϕ27/32/40/60	模块式（可换刀座）
面铣刀	22109	ϕ80～315	κ_r=75°	ϕ27/32/40/60	后楔块式
面铣刀	22212	ϕ63～125	κ_r=90°	ϕ22/27/32/40	螺钉压紧式
R 型面铣刀	22104	ϕ50～125R6 圆刀片	κ_r=0°	ϕ22/27/32/40	螺钉压紧式

3. 按铣刀齿背的加工方式划分

（1）尖齿铣刀　在后面上磨出一条窄的刃带以形成后角，由于切削角度合理，其寿命较高。尖齿铣刀的齿背有直线、曲线和折线 3 种形式。直线齿背常用于细齿的精加工铣刀。曲线和折线齿背的刀齿强度较好，能承受较重的切削负荷，常用于粗齿铣刀。

（2）铲齿铣刀　其后面用铲削（或铲磨）方法加工成阿基米德螺旋线的齿背，铣刀用钝后只需重磨前面，能保持原有齿形不变，用于制造齿轮铣刀等各种成形铣刀。

4. 按铣刀的结构和安装方法划分

（1）带柄铣刀　带柄铣刀有直柄和锥柄之分。一般直径小于 20mm 的较小的铣刀做成直柄，直径较大的铣刀多成锥柄。带柄铣刀多用于立铣加工。常用的带柄铣刀如图 4-21 所示。

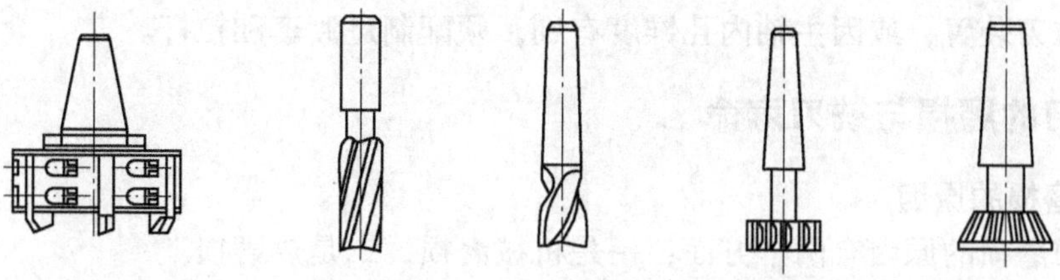

图 4-21　带柄铣刀

a）硬质合金镶齿端铣刀　b）立铣刀　c）键槽铣刀　d）T 形槽铣刀　e）燕尾槽铣刀

（2）带孔铣刀　带孔铣刀适用于卧式铣床加工，能加工各种表面，应用范围较广。常用的带孔铣刀如图 4-22 所示。

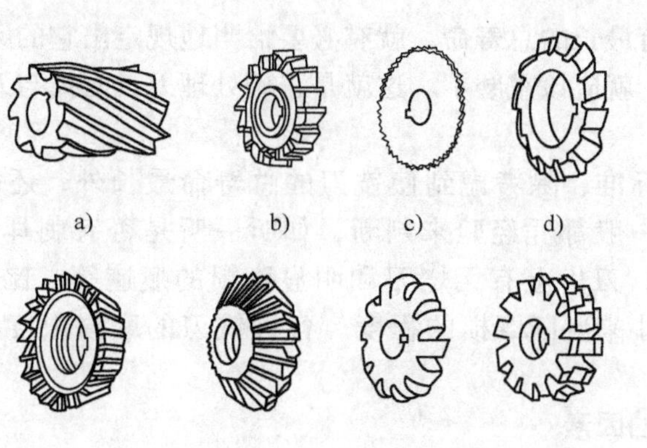

图 4-22　带孔铣刀

a）圆柱铣刀　b）三面刃铣刀　c）锯片铣刀　d）模数铣刀

e）单角铣刀　f）双角铣刀　g）凸圆弧铣刀　h）凹圆弧铣刀

5. 按加工表面的形状及用途划分

（1）平头铣刀　进行粗铣，去除大量毛坯，小面积水平面或者轮廓精铣。

（2）球头铣刀　适用于空间曲面的半精铣和精铣，小刀可以精铣陡峭面或直壁的小倒角。有时也用于平面类零件较大的转接凹圆弧的补加工。

（3）平头带倒角铣刀　可做粗铣去除大量毛坯，还可精铣细平整面（相对于陡峭面）小倒角。

（4）成形铣刀　成形铣刀一般都是为特定的工件或加工内容专门设计制造的，适用于加工平面类零件的特定形状（如角度面、凹槽面等），也适用于特形孔或台。

（5）倒角铣刀　倒角铣刀外形与倒角形状相同，分为铣圆倒角和斜倒角的铣刀。

（6）T形铣刀　可用于铣T形槽。

（7）齿型铣刀　用于铣削各种齿型，比如齿轮、链轮的轮齿。

（8）粗皮铣刀　针对铝铜合金切削设计之粗铣刀，可快速加工。

6. 按铣刀头的材料划分

铣刀常见的有两种材料：高速工具钢和硬质合金。后者相对前者硬度高，切削力强，可提高转速和进给量，提高生产效率，让刀不明显，并加工不锈钢、钛合金等难加工材料，但是成本较高，而且在切削力快速交变的情况下容易断刀。

除上述几种类型的铣刀外，数控铣床也可使用各种通用铣刀。但因不少数控铣床的主轴内有特殊的拉刀装置，或因主轴内孔锥度有别，须配制过渡套和拉杆。

4.3.2　铣刀的磨损与铣刀寿命

1. 铣刀磨损的原因

通常铣刀磨损的原因有两个方面：一是机械磨损，二是热磨损。

机械磨损是由于切屑与刀具前面、工件已加工表面和刀具后面之间的剧烈摩擦而引起的。热磨损是由于切削热的作用而使切削刃硬度降低，失去切削性能所致。这些都与铣刀材料有关。

铣刀用钝后就需要进行重磨，通常我们把刀具在两次重磨之间使用的时间，叫做刀具寿命。

为了保证铣刀具有最长的总寿命，就有必要恰当地规定出它的磨钝标准。也就是说，铣刀磨损到达个数值后，就应该重磨了。这就是正确处理刀具磨损与刀具使用寿命的辩证关系的具体途径。

确定合理的磨损标准，除考虑到使铣刀的总寿命最长外，还需考虑到工件的表面加工精度。在生产中，一般都凭经验来判断，如听一听是否有刺耳的声音；观看工件的表面颜色和表面粗糙度；刀齿上有无烧刀和明显磨损的痕迹等。比较可靠的办法，是根据铣刀后面磨损值的大小来判断磨损的程度。各种铣刀的磨损限度都有具体的规定，此处从略。

2. 影响铣刀寿命的因素

由上述可看出，影响刀具使用寿命的主要原因是切削热，而切削热又主要是由于切削力所引起的，切削力的大小则决定于工件材料和刀具材料的性能，刀具的几何形状，以及加工中所采用的切削用量和切削液等。因此，要提高刀具寿命，就必须从减小切削力入手。下面分析影响切削力、切削热和刀具使用寿命的因素。

（1）工件材料　工件材料的硬度、强度增大，铣削力和铣削热就会增加，刀具磨损会加快，刀具寿命要降低。一般来说，切削钢料时的切削力大于切铸铁的切削力。因为钢料的强度要大些，变形也大些，刀具上的摩擦也大些的缘故。但是在切削铸铁毛坯时，常常因为毛坯表面带有较硬的氧化皮，或带有杂质、砂粒等，这样反而会加快刀具的磨损。

（2）刀具材料　刀具材料对刀具磨损的影响，是由刀具材料的红硬性和耐磨性来决定的。

（3）刀具几何形状　当工件材料、刀具材料已定后，影响铣削力的主要因素就是铣刀的几何形状和切削用量了。

1）刀具的前角。前角增大，可以减小切屑变形和摩擦，使切削力降低，切削时此较轻快，切削热可以减少，刀具寿命可以提高。但若前角取得过大，会削弱切削刃的强度，特别是在粗加工时对刀具更为不利。因此，降低切削力的有效方法，是在保证刀齿强度的前提下，适当加大刀具的前角。

2）刀具的后角。后角越小，刀具后面的磨损就越严重，刀具寿命就会降低。同样，后角太大也会降低刀具的强度。

（4）切削用量　切削用量中的切削速度、进给量、吃刀量对刀具使用寿命都有很大影响。切削速度增加时，切屑变形就会加快，切削热就要增加。同时，切削速度增加，切削热来不及扩散，刀具前面的温度就显著增高，这就降低了刀具的力学性能和耐磨性能，使刀具的寿命降低。

每齿进给量增加时，就会使切削面积增加，切削力、切削热都会增加，因而加快了刀具的机械磨损和热磨损，使刀具寿命降低。

铣削深度增加时，也会使切削面积增加，切削力切削热增加，刀具磨损加快，寿命降低。

切削用量三要素中，以切削速度对刀具寿命影响最大，其次是进给量。铣削深度对刀具寿命的影响最小，这是因为铣削深度增加时，主切削刃参加工作的长度增加，散热情况得到改善的缘故。

4.3.3 铣刀的重磨

铣刀磨损后，为了恢复其切削性能，必须进行重磨。以下简单介绍尖齿与铲齿铣刀的重磨方法。

1. 尖齿铣刀的重磨

尖齿铣刀磨损后是重磨后面，在工具磨床上进行。通常都采用碗形砂轮来刃磨，刃磨时必须使砂轮轴线低于铣刀轴线一个距离 H，这样才可以保证刃磨出所需的后角数值，如图 4-23 所示。

可用下式计算，即

$$H=\frac{D}{2}\sin\alpha_o \quad (4-3)$$

式中　H——砂轮轴线低于铣刀轴线的距离，单位为 mm；

D——铣刀的直径（当用杯形砂轮端面重磨铣刀时）或砂轮的直径（当用平行砂轮圆周面重磨铣刀时），单位为mm；

α_o——铣刀的后角。

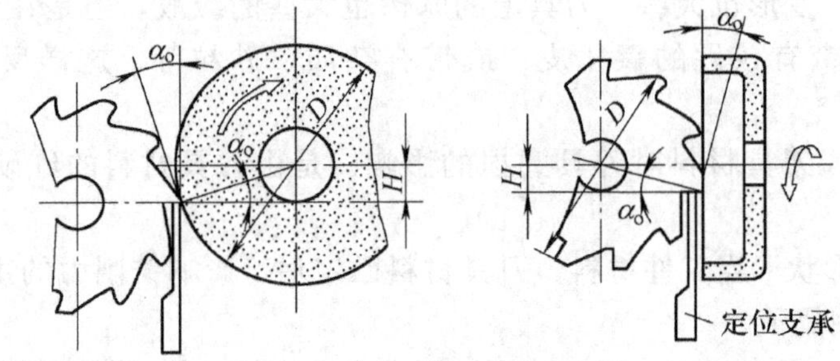

a)　　　　　　b)

图4-23　尖齿铣刀的重磨

a）用平行砂轮圆周磨削　b）用杯形砂轮端面磨削

2. 铲齿铣刀的重磨

铲齿铣刀磨损后是重磨前面，通常用碟形砂轮在工具磨床上进行。在重磨前角等于零的铣刀时，只需将砂轮端面安置于铣刀半径方向即可，如图4-24a所示。在刃磨前角大于零的铣刀时，在刃磨前，先将砂轮端面的最低点对准铣刀垂直位置的最高点（即刀尖），随后将铣刀转过一个前角γ_o，再把铣刀移动一个距离h，使刀具前面接触砂轮端面如图4-24b所示，然后开始重磨。

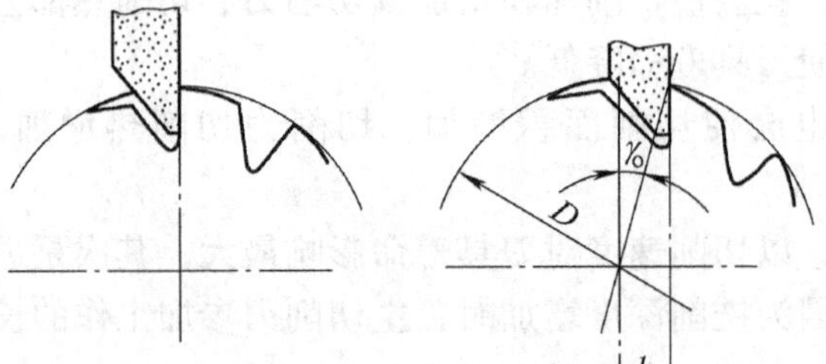

a)　　　　　　b)

图4-24　铲齿铣刀的重磨

a）前角为0°时的重磨　b）前角大于0°时的重磨

移动距离h由下式计算，即

$$h = \frac{D}{2}\sin\gamma_o \tag{4-4}$$

式中　D——铣刀直径，单位为mm；

γ_o——铣刀的前角。

重磨铲齿铣刀时，必须使每个齿都磨去同样大小的金属层，否则刀齿会长短不一，在加工零件时会因刀尖不在同一圆周上而造成剧烈振动。

铣刀重磨后，可用专用量角器检查其前角和后角。

4.3.4 铣刀切削用量的合理选用

所谓合理使用机床与刀具，就是要求我们正确地选择铣削过程的切削用量，按照加工的具体条件，合理地选择切削速度、进给量和吃刀量的问题。这个问题在机床开动前必须予以解决，以保证铣削的生产率和加工质量。

我们在选择切削用量时，首先应根据不同的加工条件，找出切削用量中矛盾的主要方面，即首先确定主要的切削要素，然后再选择辅之以其他切削要素。

总之，在选择切削用量时，必须充分做到具体的情况具体地分析，切忌不加分析地盲目选用。下面列举合理选择切削用量的一般原则，以供参考。

1. 粗铣和精铣时选择切削用量的比较

粗铣时，因加工余量较大，为减少进给次数，所以首先考虑把吃刀量取得大一些，其次是进给量大些，然后再选择适当的切削速度。如果粗铣时切削速度选得过高，这时刀具很容易磨损，刀具寿命就会降低，从而增加了磨刀次数，使辅助时间增多，降低了生产率。而且速度太高，吃刀量必须相应地减小，而进给次数又要相应增加，也使得生产效率降低。

精铣时，因为加工余量较小，为保证工件的加工表面粗糙度值和较高的生产率，必须首先适当的增加切削速度和减小进给量。

归纳起来，在选择粗铣的切削用量时，吃刀量应放在第一位，进给量放在第二位，最后适当考虑切削速度。在选择精铣的切削用量时，则应将切削速度放在第一位，进给量放在第二位，且按工件要求适当选择，以保证加工表面的粗糙度要求；而吃刀量则根据工件尺寸来选定。这些原则，也不是一成不变的，在不同的工件、刀具、夹具和机床条件下，选择切削用量时，也还有一定的差别。

2. 工件材料不同时选择切削用量的比较

铣削铸铁工件时，由于工件含有气孔和杂质等缺陷，以及表皮硬度较高，切屑又呈崩碎状，对切削很不利；而钢料工件虽然强度高，但材料组织均匀，切屑呈带状，对切削较为有利。因此在粗铣铸铁类工件时，为了保护刀尖，使其尽可能不直接接触到工件的表面硬皮，在选择切削用量时，应首先考虑吃刀量的选择，其数值比粗铣钢件时要大些。

在铣削有色金属（如铝合金、黄铜等）时，一般可以加大切削用量。这是因为铝合金、黄铜与铜合金的强度、硬度低，切削力小，产生的切削热也少，同时又由于有色金属的导热性好，切削热大部分由工件和切屑很快地传出，因而留在刀具上的热量少，刀具磨损小。但是，当加工纯铜等粘性很大的有色金属时，切屑容易塞满齿槽而不易脱落，故切削用量不能选得太大。

3. 连续铣削和断续铣削时选择切削用量的比较

在断续铣刨时（如铣带沟槽的平面），工件对切削刃有一个较大的冲击力，因此在选择切削用量时应比连续铣削选得小一些。

4. 使用高速工具钢铣刀和硬质合金铣刀时选择切削用量的比较

由于高速工具钢铣刀的热硬性比硬质合金铣刀的差，因此使用高速工具钢铣刀时，其切削用量应比硬质合金铣刀小。

5. 在刚性好和刚性差的机床上进行铣削时选择切削用量的比较

在刚性差的机床上进行铣削时，容易引起振动，所以选取的切削用量应比刚性好的机床小。

总之，在选择切削用量时，应根据工件、刀具、夹具和机床的具体情况而定。

本章小结

本章讲解了铣削加工的特点、工艺范围、铣削要素及铣削方式；重点讲解了X6132型万能升降台铣床的结构、传动原理及主要组成部件；介绍了常用铣刀的特点、分类及其选用原则；介绍了铣刀的磨损特点、使用寿命及重磨方法。

思考题

1. 铣削加工有哪些特点？
2. 简述铣削加工的应用范围。
3. 简述铣削用量四要素的内容和含义。
4. 简述端铣和周铣各应用于哪些场合？
5. 简述周铣时顺铣和逆铣的含义及特点。
6. 简述端铣时的对称铣和不对称铣各有何特点。
7. 根据X6132型铣床的传动系统图说明该机床进给运动是如何实现的？
8. 为什么卧式车床的进给运动由主电动机带动，而X6132型铣床的主运动和进给运动由两台电动机分别驱动？
9. 为什么X6132型铣床要设置顺铣机构？顺铣机构的主要作用是什么？
10. 通常铣刀的磨损原因有哪几个方面？影响铣刀寿命的因素有哪些？

第5章 齿轮加工机床及切齿刀具

【学习目标】通过对本章的学习，让学生了解齿轮加工的特点和常用的加工方法，掌握滚齿机、插齿机的工作原理，切齿刀具的分类、工作原理及其选用，学会齿轮加工机床主要部件及其传动系统的调整计算、滚刀刀架的结构和滚刀的安装调整，达到掌握齿轮的加工方法和正确使用各种齿轮加工机床之目的。

5.1 齿轮加工概述

齿轮是各种机械传动（如汽车、拖拉机、机床、工程机械、矿山机械、冶金机械、石油机械、仪表、飞机和航天器等）中应用最广的传动零件，可用来传递相对位置不远的两轴之间的运动和动力。齿轮传动具有传动平稳，传动比精确，工作可靠，效率高，寿命长，适用的功率、速度和尺寸范围大等特点。由于齿轮的应用如此重要和广泛，所以，齿轮加工必然是机械制造行业工程技术人员必须研究的重要课题。

5.1.1 齿轮加工的特点

齿轮的加工方法很多，可通过无切削加工或切削加工来制造。近年来无切削加工方法生产齿轮发展较快，如精密铸造、热轧、冷轧和粉末冶金等，但生产出的齿轮精度不高，应用仍有局限性。切削加工方法可达到的精度较高，能较好地满足机器对齿轮传动的多项要求，如传动平稳、传动比准确和低噪声等。齿轮的加工方法有滚齿、插齿、铣齿、刨齿、剃齿、磨齿、珩齿等，目前最常用的还是切削加工方法。

齿轮的结构形式较多，其中，应用最广泛的是渐开线齿轮，故本章主要介绍渐开线齿轮的齿形加工方法。

5.1.2 齿轮加工方法

齿轮加工机床的种类繁多，构造各异，加工方法也各不相同，但就其加工原理来说，不外乎是成形法和展成法两类。

1. 成形法

成形法加工齿轮所采用的刀具为成形刀具，其切削刃形状与被切齿轮齿槽的截面形状相同，例如在铣床上用盘形或指形齿轮铣刀铣削齿轮，如图5-1所示，在刨床、插床、拉床上用成形刀具加工齿轮和在磨床上用成形砂轮磨削齿轮等。

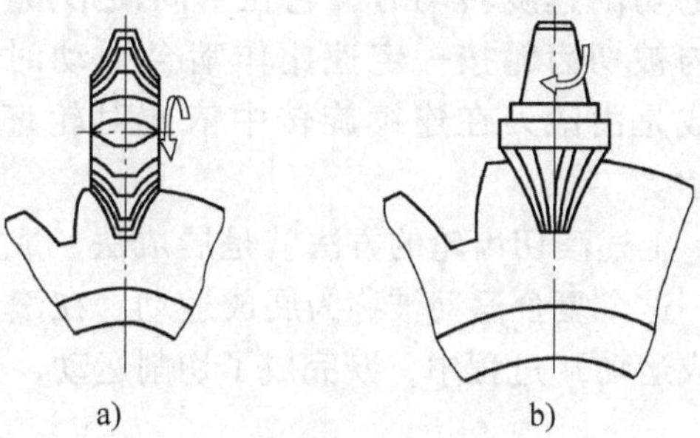

a)　　b)

图5-1 成形法加工齿轮

在使用一把成形刀具加工齿轮时，每次只能加工一个齿槽，然后再用分度装置进行分度，依次加工下一个齿槽，直至将全部轮齿加工完毕。这种加工方法的优点是机床结构和调整较简单，可以利用通用机床加工，缺点是加工齿轮的精度较低。因为加工某一模数的齿轮盘铣刀，模数为0.3～8mm时一般一套只有八把，模数为9～16mm时每套也只有15把。每把铣刀只能加工一定齿数范围同一模数的齿轮（具体见表5-2），铣刀的齿形曲线是按该范围内最小齿数的齿形设计制造的，对该范围内其他齿数的齿轮，均存在着不同程度的齿形误差，另外，还有分度装置的分度误差，所以其加工精度不高。此外，这种方法生产率较低，只适用于单件小批生产一些低速、低精度的齿轮。

在成批大量生产中，也可采用多齿廓成形刀具来加工齿轮，如用齿轮拉刀、齿轮推刀或多齿刀盘等刀具同时加工出齿轮的各个齿槽。

2. 展成法

展成法加工齿轮是利用一对齿轮的啮合原理进行加工的，即把齿轮啮合副（齿条—齿轮或齿轮—齿轮）中的一个转化为刀具，另一个则转化为工件齿坯，并强制刀具和工件作严格的啮合运动而展成切出齿廓。

用展成法加工齿轮的优点是由于采用刀具的切削刃形状是齿条或齿轮的齿廓，它与被切齿轮的齿数无关，因此，同一种模数在压力角相同的情况下，只需用一把刀具就可以加工出不同齿数的齿轮。加工时能够连续分度，其加工精度和生产率比较高。因此，各种齿轮加工机床广泛应用这种加工方法，如滚齿机、插齿机、剃齿机等。此外，多数磨齿机及锥齿轮加工机床也是按展成法原理进行加工的。展成法的缺点是需要使用专门机床，一般这种专门机床的结构都比较复杂，机床的调整也较为烦琐，设备的成本也较高。

5.1.3 滚齿加工

滚齿是齿轮加工中应用最为广泛的一种方法。它具有生产率高、加工质量好，并且通用性强等优点，即在滚齿机上除了能加工直齿、斜齿圆柱齿轮外，还可加工蜗轮，因此，在生产中滚齿是工艺人员首选的齿轮加工方法。

滚齿加工相当于一对螺旋齿轮互相啮合运动的过程，如图5-2a所示，只是将这对啮合传动中的其中一个螺旋齿轮的齿数减少到极少（几个或一个齿），且分度圆上的螺旋升角也很小（仅几度），所以它便演变成为蜗杆的形状，如图5-2b所示。再将蜗杆开出容屑槽并铲背、淬火、刃磨（磨出前、后角），便成为齿轮滚刀，如图5-2c所示。一般蜗杆螺纹的法向截面形状近似齿条形状，如图5-3a所示，因此，当齿轮滚刀按给定的切削速度转动时，它在空间便形成一个以等速 v 移动着的假想齿条，当这个假想齿条与被切齿轮按一定速比作啮合运动时，便在轮坯上逐渐切出渐开线的齿形。齿形的形成是由滚刀在连续旋转中依次对轮坯切削的若干条切削线包络而成的，如图5-3b所示。

上述滚切齿轮的方法就是展成法，成形运动是滚切旋转运动和工件旋转运动的复合运动，这个复合运动被称为展成运动。在滚刀与工件（齿坯）连续不断地旋转啮合运动（即展成运动）过程中，既完成了切削运动，又完成了分度运动。

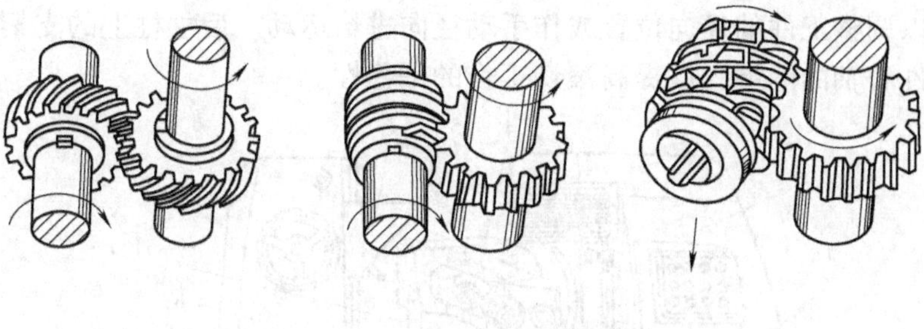

a) b) c)

图 5-2 展成法滚齿原理

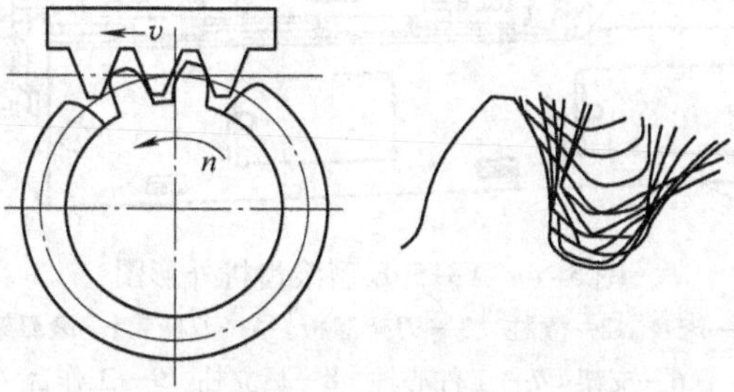

a) b)

图 5-3 渐开线齿形的形成

5.2 Y3150E 型滚齿机

Y3150E 型滚齿机主要用于加工直齿和斜齿圆柱齿轮。此外，使用蜗轮滚刀时，还可用手动径向进给滚切蜗轮，也可用于加工花键轴及链轮。

机床的主要技术参数为：加工齿轮最大直径 500mm，最大宽度 250mm，最大模数 8mm，最小齿数 $5k$（k 为滚刀头数），允许安装最大滚刀尺寸（直径×长度）为 ϕ160mm×160mm。

5.2.1 滚齿原理

滚齿机用展成法加工直齿和斜齿圆柱齿轮，如图 5-2 所示为工作原理图，它基于螺旋齿轮啮合原理，如图 5-2a 所示；将其中一个作为滚刀，它的特点是螺旋角 β 很大，齿数 z 很少，类似于蜗杆，如图 5-2b 所示；开出容屑槽和铲削齿背后就形成了滚刀，如图 5-2c 所示。机床传动链使被加工齿轮和滚刀保持一对螺旋齿轮的啮合关系，再加上滚刀的进给运动，就可完成对工件全部齿形的加工。

5.2.2 滚齿机的主要组成部件

如图 5-4 所示，机床由床身 1、立柱 2、刀架溜板 3、滚刀架 5、后立柱 8 和工作台 9 等主要部件组成。立柱 2 固定在床身上。刀架溜板 3 带动滚刀架可沿立柱导轨作垂向进给运动或快速移动。滚刀安装在刀杆 4 上，由滚刀架 5 的主轴带动作旋转主运动。滚刀架可绕自己的水平轴线转动，以调整滚刀的安装角度。工件安装在工作台 9 的工件心轴 7 上或直接安装在工作台上，随同工作台一起做旋转运动。工作台和后立柱装在同一溜板上，可沿床身的水平导轨移动，以调整工件的径向位置或作手动径向进给运动。后立柱上的支架6可通过轴套或顶尖支承工件心轴的上端，以提高滚切工作的平稳性。

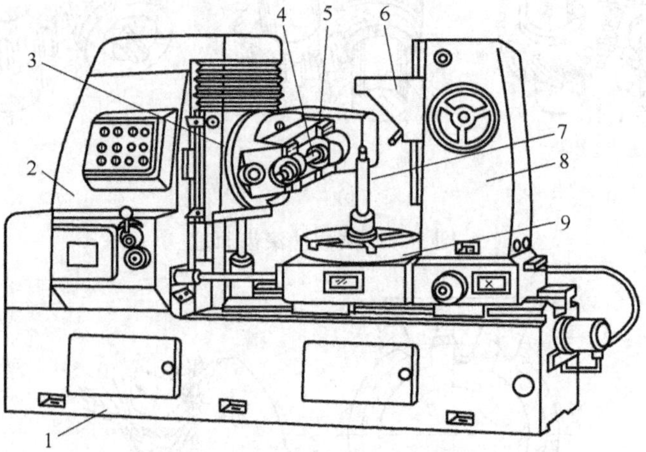

图5-4　Y3150E型滚齿机外形图

1—床身　2—立柱　3—刀架溜板　4—刀杆　5—滚刀架
6—支架　7—工件心轴　8—后立柱　9—工作台

5.2.3　滚齿机传动系统及其调整计算

1. 加工直齿圆柱齿轮的调整计算

（1）工作运动　由展成法滚齿原理可知，用滚刀加工齿轮时，除具有切削工作运动外，还必须严格保持滚刀与工件之间的运动关系，这是切制出正确齿廓形状的必要条件。因此，滚齿机在加工直齿圆柱齿轮时包括如下几种工作运动（见图5-2c）。

1）主运动。主运动即滚刀的旋转运动。根据切削速度和滚刀直径即可确定滚刀的转速。

2）展成运动。展成运动即滚刀与工件之间的啮合运动。两者应准确地保持一对啮合齿轮的传动比关系。设滚刀头数为k，工件齿数为z，则每当滚刀转1转时，工件应转k/z转。

3）垂向进给运动。垂向进给运动即滚刀沿工件轴线方向作连续的进给运动，以切出齿轮整个齿宽上的齿形。

为了实现上述三个运动，机床就必须具有三条相应的传动链，而在每一传动链中，又必须有可调节机构（即变速机构），以保证传动链两端件间的运动关系。如图5-5所示为加工直齿圆柱齿轮时滚齿机传动原理图。图中主运动链的两端件为电动机和滚刀轴，滚刀的转速可通过改变u_v的传动比进行调整；展成运动链的两端件为滚刀及工件，通过调整u_c的传动比，保证滚刀转1转，工件转k/z转，以实现展成运动；垂向进给运动链的两端件为工件和滚刀，通过调整u_f的传动比，使工件转1转时，滚刀在垂向进给丝杠带动下，沿工件轴向移动所要求的进给量。

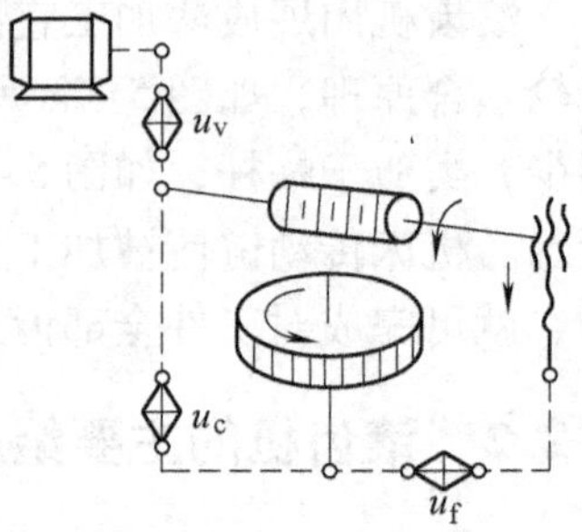

图5-5　加工直齿圆柱齿轮时滚齿机传动原理图

（2）传动链的调整计算　根据机床在加工直齿圆柱齿轮时的运动和传动原理图，即可从图5-6所示的传动系统图中找出各个运动的传动链并进行运动的调整计算。

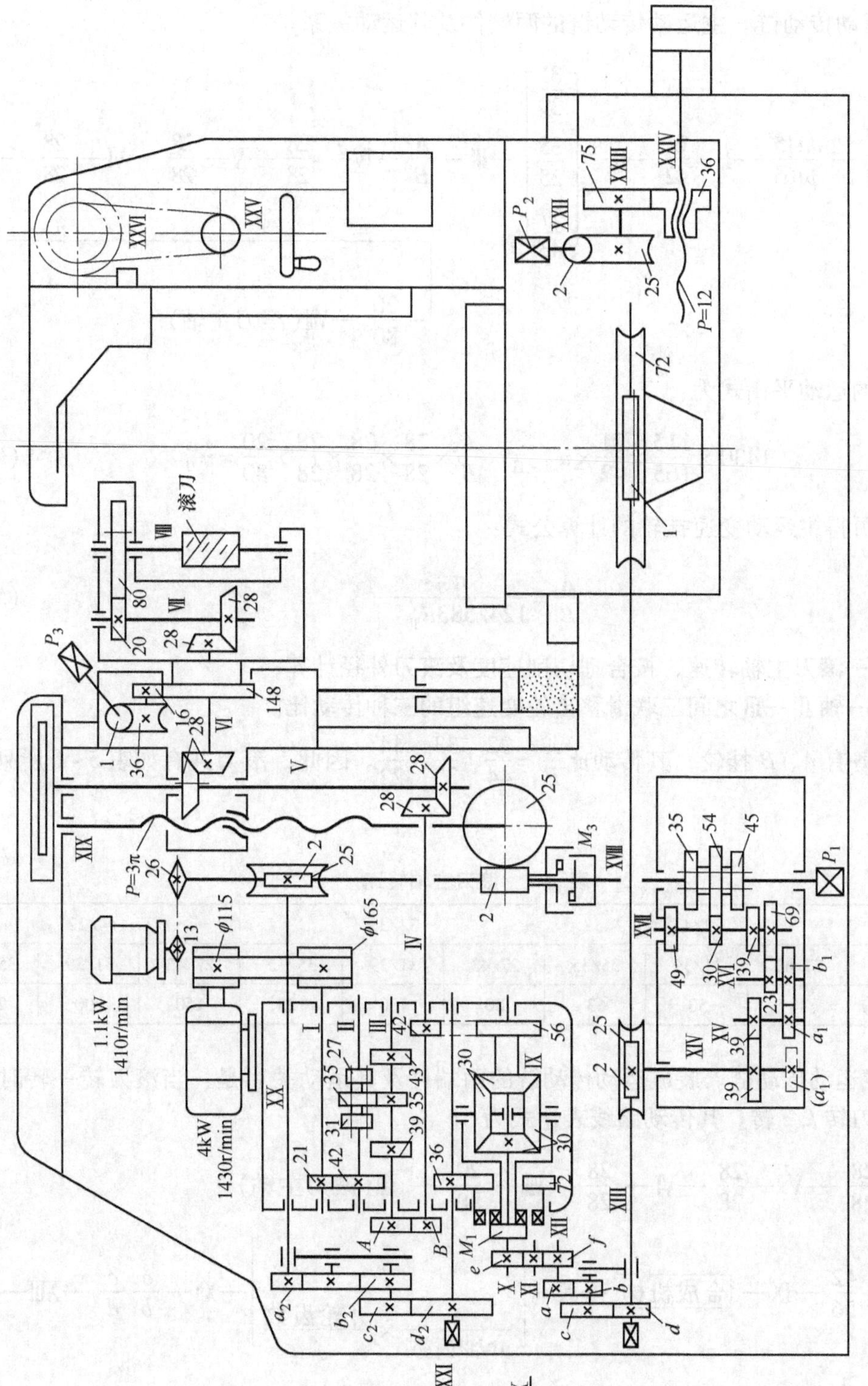

图5-6　Y3150E型滚齿机传动系统图

P_1—滚刀架垂向进给手摇方头　P_2—径向进给手摇方头　P_3—刀架板角度手摇方头

1）主运动传动链。主运动传动链的两端件及其运动关系是：

$$\text{主电动机}\begin{pmatrix}4\text{kW}\\1430\text{r/min}\end{pmatrix}-\frac{\phi115}{\phi165}-\text{I}-\frac{21}{42}-\text{II}-\begin{bmatrix}\frac{31}{39}\\\frac{35}{35}\\\frac{27}{43}\end{bmatrix}-\text{III}-\frac{A}{B}-\text{IV}-\frac{28}{28}-\text{V}-\frac{28}{28}-\text{VI}-\frac{28}{28}-\text{VII}-\frac{20}{80}-\text{VIII}(\text{滚刀主轴})$$

传动链的运动平衡式为：

$$1430\times\frac{115}{165}\times\frac{21}{42}\times u_{\text{II-III}}\times\frac{A}{B}\times\frac{28}{28}\times\frac{28}{28}\times\frac{28}{28}\times\frac{20}{80}=n_{刀}\tag{5-1}$$

由上式可得主运动变速挂轮的计算公式：

$$\frac{A}{B}=\frac{n_{刀}}{124.583u_{\text{II-III}}}\tag{5-2}$$

式中　$n_{刀}$——滚刀主轴转速，按合理切削速度及滚刀外径计算；

$u_{\text{II-III}}$——轴Ⅱ—Ⅲ之间三联滑移齿轮变速组的三种传动比。

机床上备有 A、B 挂轮，其传动比 $\frac{A}{B}=\frac{22}{44}$、$\frac{33}{33}$、$\frac{44}{22}$。因此，滚刀共有如表 5-1 所列的 9 级转速。

表 5-1　滚刀主轴转速

A/B	22/44			33/33			44/22		
$u_{\text{II-III}}$	27/43	31/39	35/35	27/43	31/39	35/35	27/43	31/39	35/35
$n_{刀}/(\text{r}\cdot\text{min}^{-1})$	40	50	63	80	100	125	160	200	250

2）展成运动传动链。展成运动传动链的两端件及其运动关系是：当滚刀转一转时，工件相对于滚刀转 k/z 转。其传动路线表达式为

$$\text{IV}-\frac{28}{28}-\text{V}-\frac{28}{28}-\text{VI}-\frac{28}{28}-\text{VII}-\frac{20}{80}-\text{VIII}(\text{滚刀主轴})$$

$$\text{IV}-\frac{42}{56}-\text{IX}-\boxed{\text{合成机构}}-\text{X}-\begin{bmatrix}\frac{e}{f}\\\frac{e}{\text{介轴齿数}}\times\frac{\text{介轮齿数}}{f}\end{bmatrix}-\text{XII}-\frac{a}{b}\frac{c}{d}-\text{XIII}-\frac{1}{72}-\text{工作台(工件)}$$

传动链的运动平衡式为

$$1\times\frac{80}{20}\times\frac{28}{28}\times\frac{28}{28}\times\frac{28}{28}\times\frac{42}{56}\times u'_{合}\times\frac{e}{f}\frac{a}{b}\frac{c}{d}\times\frac{1}{72}=\frac{k}{z}$$

滚切直齿圆柱齿轮时，运动合成机构用离合器 M_1 连接，此时运动合成机构的传动比 $u'_{合}=1$（见后说明）。化简上式可得展成运动挂轮的计算公式

$$\frac{a}{b}\frac{c}{d}=\frac{f}{e}\frac{24k}{z} \tag{5-3}$$

上式中的 $\frac{f}{e}$ 挂轮，应根据 $\frac{z}{k}$ 值而定，可有如下三种选择：

① $5\leqslant\frac{z}{k}\leqslant20$ 时，取 $e=48$，$f=24$。

② $21\leqslant\frac{z}{k}\leqslant142$ 时，取 $e=36$，$f=36$。

③ $143\leqslant\frac{z}{k}$ 时，取 $e=24$，$f=48$。

这样选择 $\frac{f}{e}$ 后，可使 $\frac{a}{b}\frac{c}{d}$ 的数值适中，以便于挂轮的选取和安装。

3）垂向进给运动传动链。垂直进给运动传动链的两端件及其运动关系是：当工件转 1 转时，由滚刀架带动滚刀沿工件轴线进给 f（单位：mm）。其传动路线表达式为

$$\text{XIII}-\frac{1}{72}-\text{工作台(工件)}$$

$$\text{XIII}-\frac{2}{25}-\text{XIV}-\frac{39}{39}-\text{XV}-\frac{a_1}{b_1}-\text{XVI}-\frac{23}{69}-\text{XVII}-\begin{bmatrix}\frac{49}{35}\\ \frac{30}{54}\\ \frac{39}{45}\end{bmatrix}-\text{XVIII}-M_3-\frac{2}{25}-\text{XIX}\ \text{(刀架垂向进给丝杠)}$$

传动链的运动平衡式为

$$1\times\frac{72}{1}\times\frac{2}{25}\times\frac{39}{39}\times\frac{a_1}{b_1}\times\frac{23}{69}\times u_{\text{XVII}-\text{XVIII}}\times\frac{2}{25}\times3\pi=f \tag{5-4}$$

式中　3π——刀架垂直进给丝杠的导程。

化简上式可得垂直进给运动挂轮的计算公式

$$\frac{a_1}{b_1}=\frac{f}{0.46\pi u_{\text{XVII}-\text{XVIII}}} \tag{5-5}$$

式中　f——垂直进给量，单位为 mm/r，根据工件材料、加工精度及表面粗糙度等条件选定；

$u_{\text{XVII}-\text{XVIII}}$——进给箱中轴 XVII—XVIII 之间的滑移齿轮变速组的三种传动比。

2. 加工斜齿圆柱齿轮的调整计算

（1）工作运动　同加工直齿圆柱齿轮时一样，加工斜齿圆柱齿轮时同样需要主运动、展成运动和垂向进给运动。此外，为了形成螺旋形的轮齿，还必须给工件一个附加运动，即刀具沿工件轴线方向进给一个螺旋线导程时，工件应均匀地附加转动 ±1 转。所以，在加工斜齿圆柱齿轮时，机床必须具有四条相应的传动链来实现上述四个工作运动。这四条传动链我们不难从图 5-7 所示的传动原理图中看出，图中 u_t 为附加运动链的变速机构。

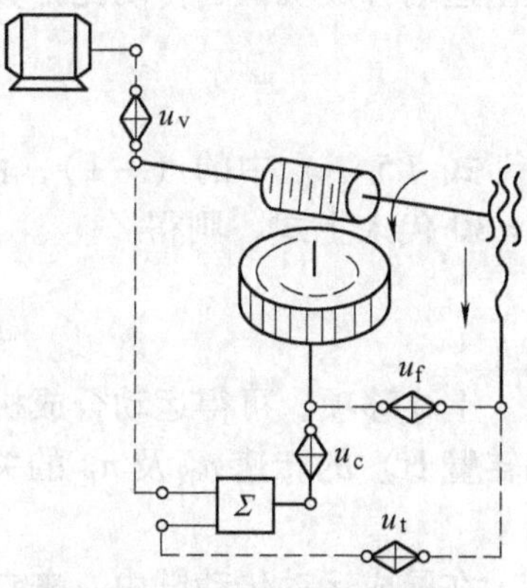

图 5-7　加工斜齿圆柱齿轮时滚齿机传动原理图

需要特别指出的是，在加工斜齿圆柱齿轮时，展成运动和附加运动这两条传动链需要将两种同要求的旋转运动同时传给工件。在一般情况下，两个运动同时传到同一根轴上时，运动将会发生干涉而将轴损坏。为了解决这一问题，在滚齿机上设有把两个任意方向和大小的转动进行合成的机构，即运动合成机构（图5-7中标注符号的$\boxed{\Sigma}$）。

（2）运动合成机构　滚齿机所用的运动合成机构通常是圆柱齿轮或锥齿轮行星机构。图5-8为Y3150E型滚齿机所用的运动合成机构，主要由四个模数$m=3\text{mm}$、齿数$z=30$、螺旋角$\beta=0°$的弧齿锥齿轮组成。

加工斜齿圆柱齿轮时（见图5-8a），在轴X上先装上套筒G（用键与轴联接），再将离合器M_2空套在套筒G上。离合器M_2的端面齿与空套齿轮z_f的端面齿以及行星架H后部套筒上的端面齿同时啮合，将它们连接在一起，因而来自刀架的附加运动可通过z_f传递给行星架H。

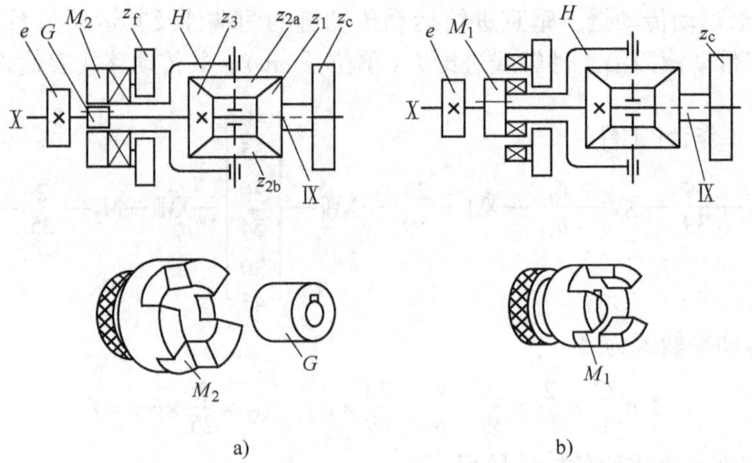

图5-8　Y3150E型滚齿机运动合成机构工作原理
a）加工斜齿圆柱齿轮　b）加工直齿圆柱齿轮
H—行星架（转臂）　G—套筒　M_1、M_2—离合器

设n_{X}、n_{IX}、n_{H}分别为轴X、Ⅸ及行星架H的转速，根据行星齿轮机构传动原理，可以列出运动合成机构的传动比计算式为

$$\frac{n_{\text{X}}-n_{\text{H}}}{n_{\text{IX}}-n_{\text{H}}}=(-1)\frac{z_1}{z_{2a}}\frac{z_{2a}}{z_3} \tag{5-6}$$

式（5-6）中的（－1），由锥齿轮传动的旋转方向确定。将锥齿轮齿数$z_1=z_{2a}=z_{2b}=z_3=30$代入上式，则得

$$\frac{n_{\text{X}}-n_{\text{H}}}{n_{\text{IX}}-n_{\text{H}}}=-1 \tag{5-7}$$

上式移项，可得运动合成机构中从动件（输出轴）的转速n_{X}与两个主动件（输入轴Ⅸ和转臂H）的转速n_{IX}及n_{H}的关系式为

$$n_{\text{X}}=2n_{\text{H}}-n_{\text{IX}} \tag{5-8}$$

在展成运动传动链中，来自滚刀的运动由齿轮z_c经合成机构传至轴X。可设$n_{\text{H}}=0$，则轴Ⅸ与X之间的传动比为

$$u_{合1}=\frac{n_{\mathrm{X}}}{n_{\mathrm{IX}}}=-1 \tag{5-9}$$

在附加运动传动链中，来自刀架的运动由齿轮 z_f 传给行星架，再经合成机构传至轴X。可设 $n_{\mathrm{IX}}=0$，则行星架H与轴X之间的传动比为

$$u_{合2}=\frac{n_{\mathrm{X}}}{n_{\mathrm{IX}}}=2 \tag{5-10}$$

综上所述，加工斜齿圆柱齿轮时，展成运动和附加运动同时通过合成机构传动，并分别按传动比 $u_{合1}=-1$ 及 $u_{合2}=2$ 经轴X和齿轮 e 传给工作台。

加工直齿圆柱齿轮时，工件不需要附加运动。这时需卸下离合器 M_2 及套筒 G，而将离合器 M_1 装在轴X上（见图5-8b）。M_1 通过键与轴X连接，其端面齿爪只和行星架 H 的端面齿爪连接，所以此时：

$$n_{\mathrm{H}}=n_{\mathrm{X}} \tag{5-11}$$

$$n_{\mathrm{X}}=2n_{\mathrm{X}}-n_{\mathrm{IX}}$$

$$n_{\mathrm{X}}=n_{\mathrm{IX}}$$

展成运动传动链中轴X与轴IX之间的传动比为

$$u'_{合}=\frac{n_{\mathrm{X}}}{n_{\mathrm{IX}}}=1 \tag{5-12}$$

实际上，在上述调整状态下，行星架 H、轴X与轴IX之间都不能做相对运动，此时合成机构相当于“联轴器”，因此，在加工直齿圆柱齿轮时，展成运动传动链通过合成机构的传动比应为 $u'_{合}=1$。

（3）传动链的调整计算

1）主运动传动链。加工斜齿圆柱齿轮时，机床主运动传动链的调整计算与加工直齿圆柱齿轮时相同。

2）展成运动传动链。加工斜齿圆柱齿轮时，虽然展成运动的传动路线以及运动平衡式都和加工直齿圆柱齿轮时相同，但因运动合成机构用 M_2 离合器连接，其传动比应为 $u_{合1}=-1$，代入运动平衡式后得挂轮计算公式为

$$\frac{a}{b}\times\frac{c}{d}=-\frac{f}{e}\times\frac{24k}{z} \tag{5-13}$$

式中负号说明展成运动链中轴X与IX的转向相反。而在加工直齿圆柱齿轮时两轴的转向相同（挂轮计算公式中符号为正）。因此，在调整展成运动挂轮时，必须按机床说明书规定配加介轮。

3）垂向进给运动传动链。加工斜齿圆柱齿轮时，垂向进给传动链及其调整计算和加工直齿圆柱齿轮相同。

4）附加运动传动链。加工斜齿圆柱齿轮时，附加运动传动链的两端件及其运动关系是：当滚刀架带动滚刀垂向移动工件的一个螺旋线导程 P_h 时，工件应附加转动 ±1 转。其传动路线表达式为

$$\mathrm{XVIII}-M_3-\frac{2}{25}-\mathrm{XIX}(\text{刀架垂向进给丝杠})$$

$$\llcorner-\frac{2}{25}-\mathrm{XX}-\frac{a_2}{b_2}\frac{c_2}{d_2}-\mathrm{XXI}-\frac{36}{72}-M_2-\boxed{\text{合成机构}}-\mathrm{X}-\frac{e}{f}-\frac{a}{b}\frac{c}{d}-\mathrm{XIII}-\frac{1}{72}-\begin{matrix}\text{工作台}\\(\text{工件})\end{matrix}$$

传动链的运动平衡式为

$$\frac{L}{3\pi}\times\frac{25}{2}\times\frac{2}{25}\times\frac{a_2}{b_2}\frac{c_2}{d_2}\times\frac{36}{72}\times u_{合2}\times\frac{e}{f}\frac{a}{b}\frac{c}{d}\times\frac{1}{72}=\pm1 \tag{5-14}$$

式中 P_h——被加工齿轮螺旋线的导程，$P_h=\frac{\pi m_n z}{\sin\beta}$，单位为 mm；

$\frac{a}{b}\frac{c}{d}$——展成运动挂轮传动比，$\frac{a}{b}\frac{c}{d}=\frac{f}{e}\frac{24k}{z}$；

$u_{合2}$——运动合成机构在附加运动传动链中的传动比，$u_{合2}=2$。

代入上式，可得附运动挂轮的计算公式

$$\frac{a_2}{b_2}\frac{c_2}{d_2}=\pm9\frac{\sin\beta}{m_n k} \tag{5-15}$$

式中 β——被加工齿轮的螺旋角；

m_n——被加工齿轮的法向模数；

k——滚刀头数。

式中的"±"值表明工件附加运动的旋转方向，它决定于工件的螺旋方向和刀架进给运动的方向。在计算挂轮齿数时，"±"值可不予考虑，但在安装附加运动挂轮时，应按机床说明书规定配加介轮。

附加运动传动链是形成螺旋线齿线的内联系传动链，其传动比数值的精确度，影响着工件齿轮的齿向精度，所以挂轮传动比应配算准确。但是，附加运动挂轮计算公式中含有无理数 $\sin\beta$，所以往往无法配算得非常准确。实际选配的附加运动挂轮传动比与理论计算的传动比之间的误差，对于 8 级精度的斜齿轮，要精确到小数点后第四位数字，对于 7 级精度的斜齿轮，要精确到小数点后第五位数字，才能保证不超过精度标准中规定的齿向允差。

在 Y3150E 型滚齿机上，展成运动、垂向进给运动和附加运动三条传动链的调整，共用一套模数为 2mm 的配换挂轮，其齿数为：20（两个）、23、24、25、26、30、32、33、34、35、37、40、41、43、45、46、47、48、50、52、53、55、57、58、59、60（两个）、61、62、65、67、70、71、73、75、79、80、83、85、89、90、92、95、97、98、100，共 47 个。

3. 加工蜗轮时的调整计算

Y3150E 型滚齿机，通常用径向进给法加工蜗轮（见图 5-9）。加工时共需三个运动：主运动、展成运动和径向进给运动。主运动及展成运动传动链的调整计算与加工直齿圆柱齿轮相同，径向进给运动只能手动。此时，应将离合器 M_3 脱开，使垂向进给传动链断开。手摇方头 P_2 经蜗杆蜗轮副 $\frac{2}{25}$、齿轮副 $\frac{75}{36}$ 带动螺母转动，使工作台溜板作径向进给。

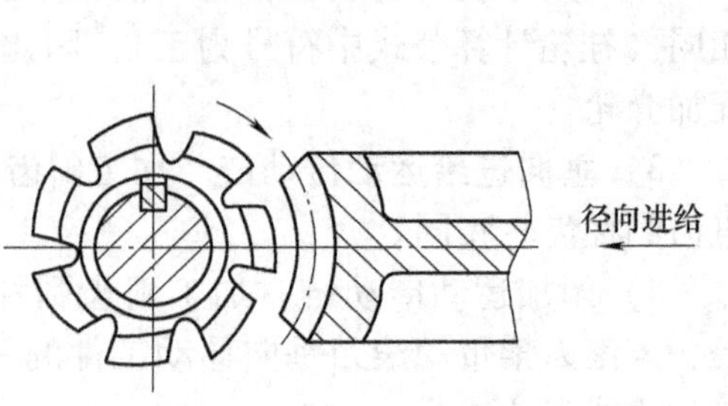

图 5-9 径向切入法加工蜗轮

工作台溜板可由液压驱动作快速趋近和退离刀具的调整移动。

4. 滚刀架的快速垂直移动

利用快速电动机可使刀架作快速升降运动，以便调整刀架位置及在进给前、后实现快进和快退。此外，在加工斜齿圆柱齿轮时，起动快速电动机，可经附加运动传动链传动工作台旋转，以便检查工作台附加运动的方向是否正确。

刀架快速垂直移动的传动路线表达式为

$$\underset{\left(\begin{array}{l}1.1\text{kW}\\1410\text{r/min}\end{array}\right)}{\text{快速电动机}}-\frac{13}{25}-\text{XVIII}-M_3-\frac{2}{25}-\text{XIX}-\text{（刀加垂向进给丝杠）}$$

刀架快速移动的方向可通过快速电动机的正反转来变换。在Y3150E型滚齿机上，起动快速电动机前，必须先用操纵手柄将轴XVIII上的三联滑移齿轮移到空档位置，以脱开XVII和XVIII之间的传动联系（见图5-6）。为了确保操作安全，机床设有电气互锁装置，保证只有当操纵手柄放在“快速移动”的位置上时，才能起动快速电动机。应当注意的是，在加工斜齿圆柱齿轮的整个过程中，展成运动链和附加运动链都不可脱开。例如，在第一刀粗切完毕后，需将刀架快速向上退回，以避免进行第二次切削时展成运动和附加运动传动链中的挂轮或离合器分开。若分开将导致工件产生乱刀及斜齿被破坏等现象，并可能造成刀具及机床的损坏。

5.2.4 滚刀刀架结构和滚刀的安装调整

1. 运动方向的确定

滚刀的旋转方向，一般情况下，应按图5-10及图5-11所示的方向转动，与滚刀螺旋线方向无关。当滚刀按图示方向转动时，滚刀的垂向进给运动方向一般是从上向下的，此时工件的展成运动方向只取决于滚刀的螺旋方向（如图5-10及图5-11的实线箭头所示）；工件的附加运动方向只取决于工件的螺旋方向（如图5-11的虚线箭头所示）。

滚切齿轮前，应按图5-10或图5-11检查机床各运动的方向是否正确，如发现运动方向相反，只需在相应的传动链挂轮中增加（或减去）一介轮即可。

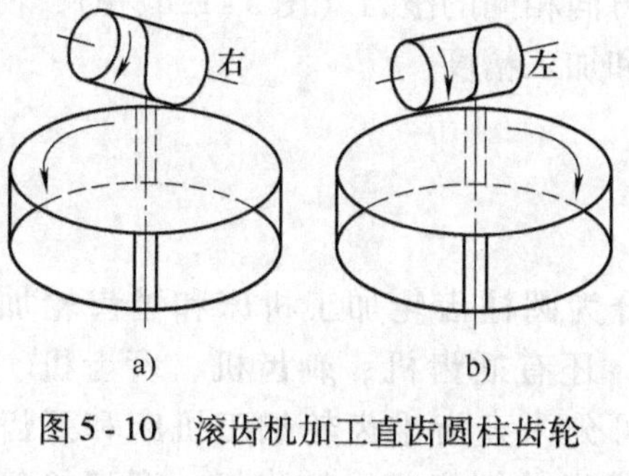

图5-10 滚齿机加工直齿圆柱齿轮

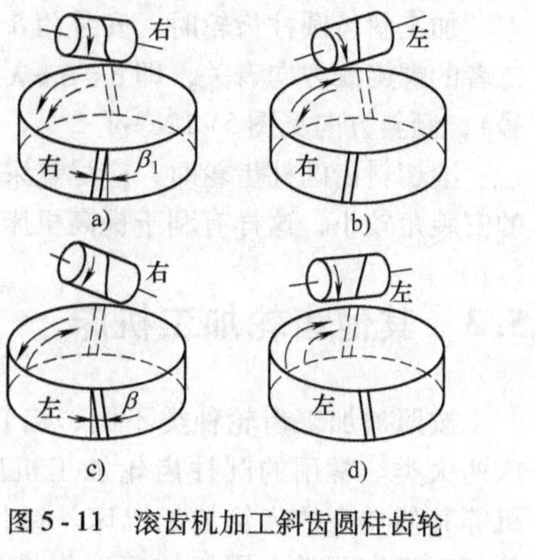

图5-11 滚齿机加工斜齿圆柱齿轮

滚齿时，为了切出准确的齿形，应使滚刀和工件处于正确的“啮合”位置，即滚刀在切削点处的螺旋线方向应与被加工齿轮齿槽的方向一致。为此，需将滚刀轴线与工件顶面安装成一定的角度，这个角度称为安装角。

根据上述要求，即可确定滚刀安装角的大小和倾斜方向。

加工直齿圆柱齿轮时，安装角 δ 等于滚刀的螺旋升角 λ，即 $\delta=\lambda$。倾斜方向与滚刀螺旋方向有关，如图 5-12a 和图 5-12b 所示。

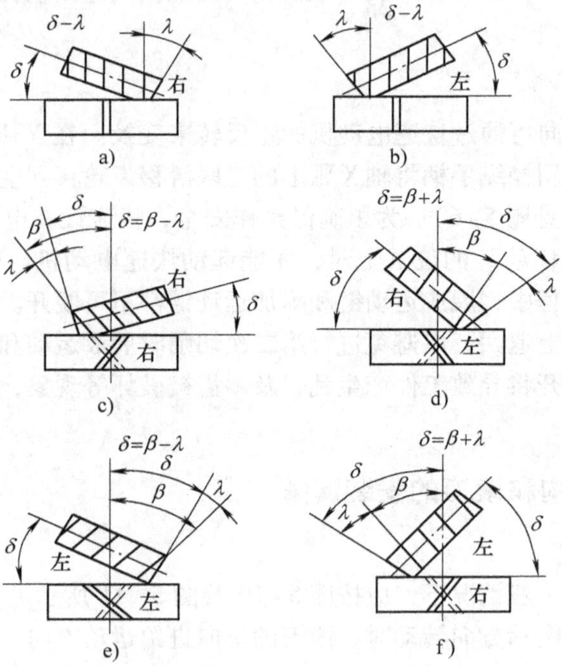

图 5-12　滚刀的安装角

a）用右旋滚刀加工直齿轮　b）用左旋滚刀加工直齿轮　c）用右旋滚刀加工右旋齿轮
d）用右旋滚刀加工左旋齿轮　e）用左旋滚刀加工左旋齿轮　f）用左旋滚刀加工右旋齿轮

2. 滚刀安装角的确定

加工斜齿圆柱齿轮时，安装角 δ 与滚刀的螺旋升角 λ 和工件的螺旋角 β 大小有关，且与二者的螺旋线方向有关，即 $\delta=\beta\pm\lambda$（二者螺旋线方向相反时取“+”号，相同时取“-”号），倾斜方向见图 5-12c ~ f。

滚切斜齿圆柱齿轮时，应尽量采用与工件螺旋方向相同的滚刀（图 5-12c、e），使滚刀的安装角较小，这样有利于提高机床运动的平稳性和加工精度。

5.3　其他齿轮加工机床

按照被加工齿轮种类不同，齿轮加工机床可分为圆柱齿轮加工机床和锥齿轮加工机床两大类。常用的圆柱齿轮加工机床除滚齿机外，还有插齿机、剃齿机、珩齿机、磨齿机等其他类型的齿轮加工机床。锥齿轮加工机床可分为直齿锥齿轮加工机床和弧齿锥齿轮加工机床两类。用于加工直齿锥齿轮的机床有锥齿轮刨齿机、铣齿机、磨齿机等；用于加工弧齿锥齿轮的机床有弧齿锥齿轮铣齿机、磨齿机等。这里仅对插齿机、剃齿机、磨齿机作简单介绍。

5.3.1 插齿机

插齿机主要用于加工直齿圆柱齿轮，尤其适用于加工在滚齿机上不能滚切的内齿轮和多联齿轮。图5-13所示为Y5132型插齿机的外形。

1. 插齿工作原理

插齿机是按展成法原理来加工齿轮的。插齿刀实质上是一个端面磨有前角，齿顶及齿侧均磨有后角的齿轮（见图5-14a）。插齿时，插齿刀沿工件轴向作直线往复运动以完成主切削运动，在刀具和工件轮坯作“无间隙啮合运动”过程中，在轮坯上渐渐切出齿廓。加工过程中，刀具每往复一次，仅切出工件齿槽的一小部分，齿廓曲线是在插齿刀切削刃多次相继的切削中，由切削刃各瞬时位置的包络线所形成的（见图5-14b）。

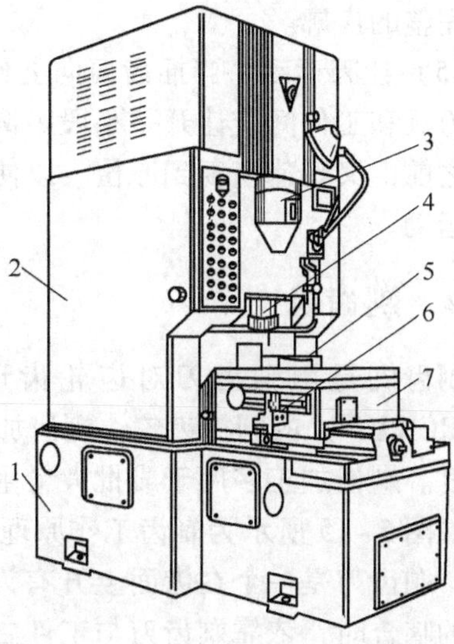

图5-13 Y5132型插齿机外形图

1—床身 2—立柱 3—刀架 4—插齿刀主轴 5—工作台 6—挡块支架 7—工作台溜板

2. 插齿机的运动

加工直齿圆柱齿轮时，插齿机应具有如下运动（见图5-14）。

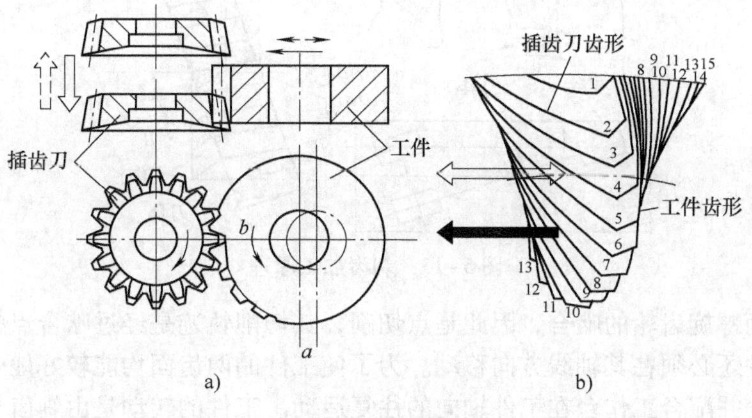

图5-14 插齿原理

（1）主运动 插齿机的主运动是插齿刀沿工件的轴向所作的直线往复运动。对一般立式插齿机，刀具垂直向下为工作行程，向上为空行程。

（2）展成运动 加工过程中，插齿刀和工件必须严格保持一对圆柱齿轮的啮合运动关系，即在插齿刀转过一个齿时，工件也转过一个齿。工件与插齿刀所作的啮合旋转运动即为展成运动。

（3）圆周进给运动 圆周进给运动是插齿刀绕自身轴线的旋转运动，其旋转速度的快慢决定了工件转动的快慢，也直接关系到插齿刀的切削负荷、被加工齿轮的表面质量、机床生产率和插齿刀的使用寿命。

(4) 径向切入运动　开始插齿时，如插齿刀立即径向切入工件至全齿深，将会因切削负荷过大而损坏刀具和工件。为了避免这种现象的发生，插齿刀应逐渐地向工件作径向切入。当刀具切入工件至全齿深后，径向切入运动停止，然后工件再旋转一整转，便能加工出全部完整的齿廓。

(5) 让刀运动　当插齿刀向上作空行程运动时，为了避免擦伤工件齿面和减少刀具磨损，刀具和工件间应让开一小段距离（一般为0.5mm的间隙），而在插齿刀向下开始工作行程之前，又迅速恢复到原位，以便刀具进行下一次切削，这种让开和恢复原位的运动称为让刀运动。

5.3.2　剃齿机

剃齿机是用剃齿刀对齿轮齿形进行精加工的专用设备。专门用来加工未经淬火(35HRC以下）的圆柱齿轮。剃齿加工主要用于提高齿形精度和齿面精度，降低齿面的表面粗糙度。剃齿加工多用于成批大量生产。

如图5-15所示为剃齿工作原理。剃齿时工件和剃齿刀之间的相对运动是作螺旋齿轮副运动，剃齿刀是一个在齿面上开有许多小沟槽（切削刃）的螺旋齿轮，在与工件作螺旋齿轮副的啮合时，依靠剃齿刀与工件二者齿面间的相对滑动而获得切削作用。

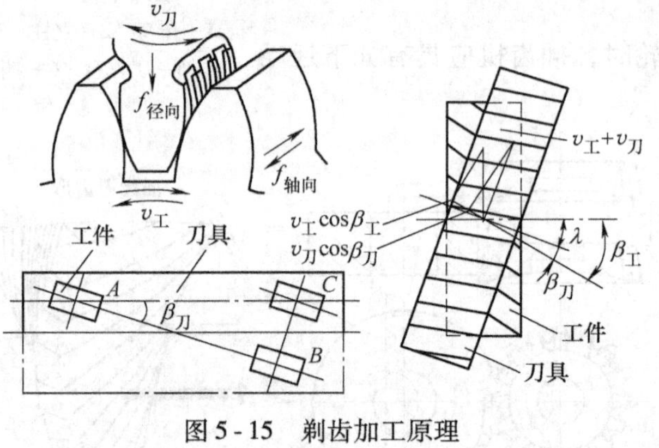

图5-15　剃齿加工原理

剃齿时是两螺旋齿轮的啮合，因此是点切削，其切削轨迹是经过啮合点的一条线，要切削全齿宽，工件还必须在其轴线方向移动。为了使工件的两齿面均能较好地剃削，剃齿刀应先正转后反转，并配合工作台在工件轴向的往复运动。工件的转动是由剃齿刀带动的，工件也将随剃齿刀作正、反向转动。工作台每往复移动一次，剃齿刀作一次径向进给，直至进给到需要的齿厚为止。

5.3.3　磨齿机

磨齿机主要用于对淬硬的齿轮进行齿廓的精加工，磨齿后，齿轮的精度可达6级以上。按齿廓的形成方法，磨齿也有成形法和展成法两种，但大多数类型的磨齿机均以展成法来加工齿轮。现简单介绍几种圆柱齿轮磨齿机的工作原理及特点。

1. 成形法磨齿机

成形法磨齿机又称为成形砂轮磨齿机，砂轮的截面形状修整成与工件齿间的齿廓形状相同。机床的加工精度主要取决于砂轮的形状和分度精度。

成形砂轮磨齿机的构造较简单，生产率较高，缺点是砂轮修整时容易产生误差，砂轮在磨削过程中各部分磨损不均匀，因而影响加工精度。所以这种磨齿机一般用于成批生产中磨削精度要求不太高的齿轮以及用展成法难以磨削的内齿轮。

2. 展成法磨齿机

用连续分度展成法工作的磨齿机利用蜗杆形砂轮来磨削齿轮轮齿，因此称为蜗杆砂轮磨齿机。其工作原理和滚齿机相同，但轴向进给运动一般由工件完成（见图 5 - 16）。由于加工时是连续磨削，所以其生产率在各类磨齿机中是最高的。它的缺点是砂轮修整困难，不易达到高的精度，磨削不同模数的齿轮时需要更换砂轮；联系砂轮与工件的传动链中的各个传动环节转速很高，用机械传动易产生噪声，磨损较快。这种磨齿机适用于中小模数齿轮的成批和大量生产。

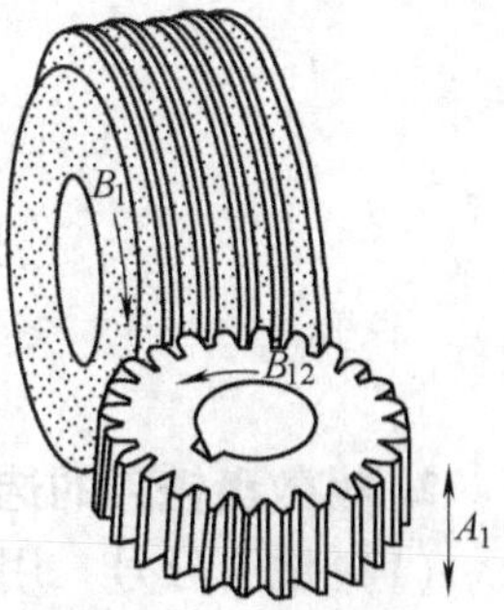

图 5 - 16　蜗杆砂轮磨齿机工作原理

5.4　常用切齿刀具简介

5.4.1　切齿刀具的分类

目前各种机器中使用的传动齿轮，以渐开线圆柱齿轮为最多。上述已经提到，加工渐开线圆柱齿轮的刀具，按形成齿轮齿形的原理可分为：成形法齿轮刀具和展成法齿轮刀具两大类。

成形法齿轮刀具的刃形是按照被切齿轮齿槽形状和尺寸设计而成的切齿刀具，如模数盘铣刀和指状铣刀，如图 5 - 1 所示，图 5 - 1a 所示为模数盘状铣刀，图 5 - 1b 所示为指状铣刀。

展成齿轮刀具是根据齿轮的啮合原理设计而成的切齿刀具，如齿轮滚刀、插齿刀、剃齿刀等，如图 5 - 17 所示。

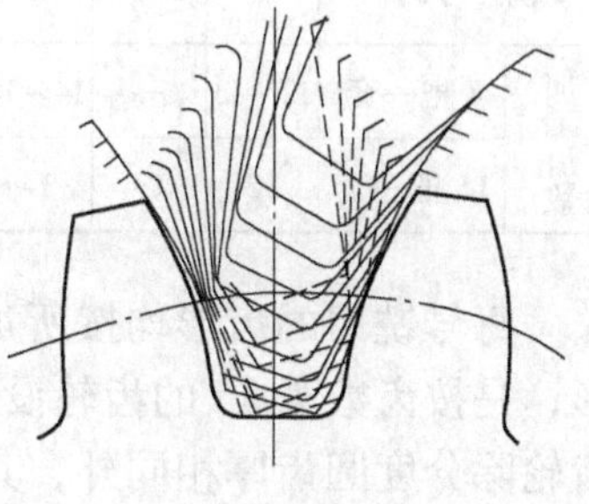
图 5 - 17　展成齿轮刀具加工齿轮

5.4.2　齿轮铣刀

1. 成形齿轮铣刀的种类

（1）模数盘状铣刀　如图 5 - 18a 所示是一把模数盘状铣刀，可以在铣床上利用分度头加工直齿或斜齿齿轮，其生产率和加工精度都比较低，适于单件生产或修配工作中加工要求不高的圆柱齿轮。

（2）指状齿轮铣刀　如图 5 - 18b 所示是一种指状齿轮铣刀。铣削时，刀具旋转，工件沿齿向作进给运动。每铣完一个齿，也要借助分度头分度。这种刀具适于加工大模数的直齿轮和人字齿轮。

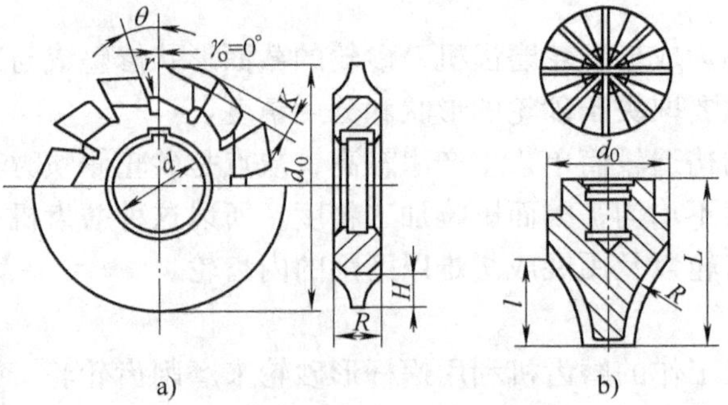

图 5-18　成形齿轮铣刀的种类

a）模数盘状铣刀　b）指状齿轮铣刀

2. 模数盘铣刀的选用

（1）铣刀分号　用模数盘铣刀加工直齿圆柱齿轮时，其截形应与工件端剖面内的齿槽廓形相同。当加工齿轮的模数、压力角相同，而齿数不同时，齿槽形状各不相同。由渐开线形成原理可知，齿数越少，则基圆越小，渐开线就弯曲得越厉害。因此，在加工不同齿数的齿轮时，就应采用不同齿形的铣刀。这样就会使铣刀的数量非常多。生产中为了减少模数盘铣刀的数量，常用一把铣刀加工模数和压力角相同、而具有一定齿数范围的齿轮。

标准模数盘铣刀的模数在 0.3～8mm 时，每套由 8 把铣刀组成；模数在 9～16mm 时，每套由 15 把铣刀组成。每号铣刀所能加工的齿轮齿数范围见表 5-2。

表 5-2　每号铣刀加工齿数范围

铣刀号码		1	$1\frac{1}{2}$	2	$2\frac{1}{2}$	3	$3\frac{1}{2}$	4	$4\frac{1}{2}$	5	$5\frac{1}{2}$	6	$6\frac{1}{2}$	7	$7\frac{1}{2}$	8
加工齿数	8 把一套	12～13	—	14～16	—	17～20	—	21～25	—	26～34	—	35～54	—	55～134	—	≥135
	15 把一套	12	13	14	15～16	17～18	19～20	21～22	23～25	26～29	30～34	35～41	42～54	55～79	80～134	≥135

每号铣刀的齿形均按所加工齿轮齿数范围内最少齿数的齿形设计，例如 6 号铣刀的齿形，是按齿数为 35 的齿轮设计的。当用 6 号铣刀加工齿数为 36～54 的齿轮时，将使被加工齿轮除分度圆齿厚相同外，其齿顶与齿根处的齿厚均变薄。这种齿形误差，对低精度齿轮是允许的。

（2）加工斜齿轮时模数盘铣刀的选择　用模数盘铣刀加工斜齿轮时，刀具的铣削是在齿轮的法剖面内进行的。因此，选择铣刀号时，其模数及齿数应分别按斜齿轮的法向模数 m_n 和法剖面中的当量齿数 z_v 选择。

5.4.3　插齿刀

插齿刀是加工渐开线直齿轮及斜齿圆柱齿轮的常用刀具之一。由于插齿时空刀距离小，用插齿刀加工带台阶的（双联）齿轮尤为适合。插齿刀也是加工内齿轮的主要刀具。

1. 插齿刀工作原理

插齿刀也是一种按展成原理加工齿轮的刀具，它的外形像一个齿轮，只是具有一定的前、后角（见图 5-19a）。

插削直齿齿轮时，直齿插齿刀作上、下往复的切削运动（主运动），同时与被切齿轮作无间隙啮合运动。因此，工件的旋转运动一方面与插齿刀形成展成运动，同时也是圆周进给运动；此外插齿刀还要沿工件的径向作径向进给运动，当切削到预定深度后，径向进给自动停止，切削运动与展成运动继续进行，直至整个齿轮完成切齿，即自动停止。为避免插齿刀回程时与工件产生摩擦，尚有径向让刀运动，如图5-19a所示。

插削斜齿轮时，斜齿插齿刀和工件间的相互关系与轴线相平行的斜齿轮的啮合相同，在插齿刀直线往复运动的同时，尚需作附加的转动，其他运动则与插直齿齿轮相同，如图5-19b所示。

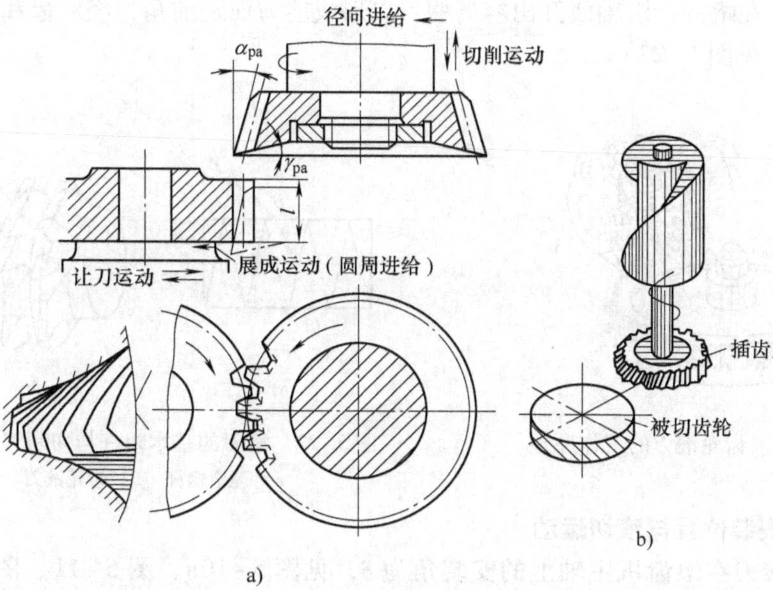

图5-19 插齿刀工作原理

2. 插齿刀的类型与应用

直齿插齿刀按结构不同一般分为三种类型，如图5-20所示。

（1）盘形直齿插齿刀（见图5-20a） 主要用于加工普通直齿外齿轮和大直径齿轮。

（2）碗形直齿插齿刀（见图5-20b） 主要用于加工塔形双联直齿轮。

（3）锥柄直齿插齿刀（见图5-20c） 主要用于加工直齿内齿轮。

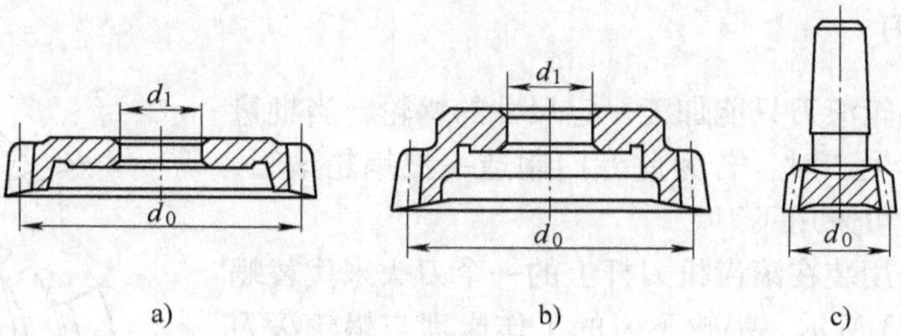

图5-20 插齿刀的类型

a）盘形直齿插齿刀 b）碗形直齿插齿刀 c）锥柄直齿插齿刀

5.4.4 齿轮滚刀

1. 齿轮滚刀的形成及结构

齿轮滚刀是按交错轴斜齿轮啮合原理，用展成法加工齿轮的刀具。齿轮滚刀相当于小齿轮，被切齿轮相当于大齿轮，如图 5-21 所示。它是加工外啮合直齿轮和斜齿圆柱齿轮最常用的一种刀具。

齿轮滚刀是一个螺旋角 β 很大，而齿数很少（1~3 齿）、齿很长（能绕滚刀分度圆柱很多圈）的交错轴斜齿轮，这样就很像一个螺旋升角 γ 很小的蜗杆（称为滚刀理论蜗杆）。为了形成切削刃，在蜗杆上沿轴线开出容屑槽，以形成前刀面及前角，经铲齿和铲磨，以形成后刀面与后角（见图 5-22）。

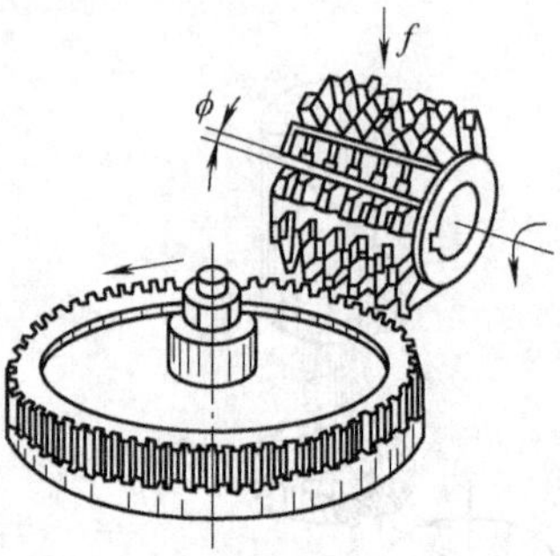

图 5-21 齿轮滚刀的工作原理

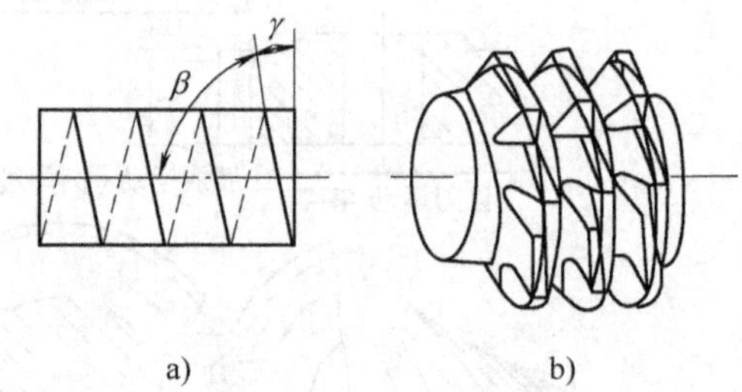

图 5-22 滚刀的基本蜗杆与切削刃的位置

a）理论蜗杆 b）齿轮滚刀

2. 滚刀的安装位置与滚切运动

滚齿时，滚刀在滚齿机主轴上的安装角为 δ，见图 5-10a、图 5-11、图 5-12。切削时，齿轮滚刀的旋转运动是主运动，同时被切齿轮旋转，以形成展成运动，工件的这一相应运动既是圆周进给又是分齿运动，为了沿齿向切出全部齿形，滚刀还需沿齿轮轴线作进给运动。

由交错轴斜齿轮啮合原理可知，滚齿时滚刀的法向模数、压力角分别与被切齿轮的法向模数、压力角相同，当齿轮滚刀端面是渐开线齿形时，则被切齿轮端面也可得到渐开线齿形。

3. 滚齿时的切削图形

切削齿轮时，被切齿轮的齿形是滚刀各刀齿在展成运动中连续位置的包络线。

5.4.5 蜗轮飞刀

由于每一把蜗轮滚刀只能加工一定尺寸的蜗轮，当批量很小，甚至为单件生产时，若为此专门制造一把蜗轮滚刀，就很不经济，这时可采用飞刀。

蜗轮飞刀就是用装在滚齿机刀杆上的一个刀头来代替蜗轮滚刀，如图 5-23 所示。蜗轮飞刀的工作原理与蜗轮滚刀相同，其差别仅是刀齿极少。

用蜗轮飞刀加工蜗轮时，最好采用切向进给，其所有运动与蜗轮滚刀切向进给加工蜗轮相同。

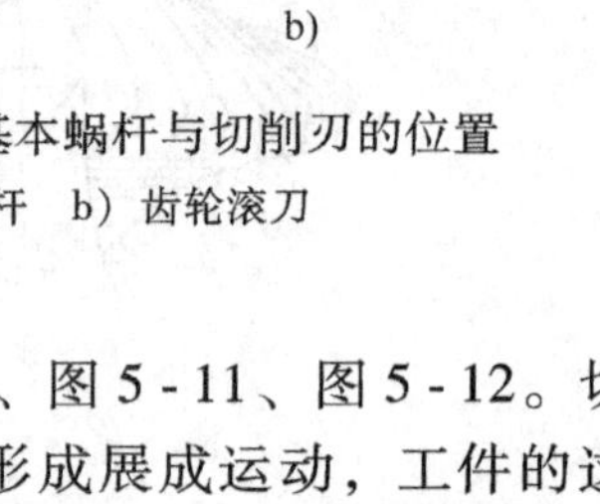

图 5-23 用飞刀加工蜗轮

1—刀杆 2—飞刀刀头 3—蜗轮

本章小结

本章讲解了齿轮加工机床的工作原理与分类，重点讲述了Y3150E型滚齿机的滚齿原理、主要组成部件、传动系统及其调整计算、滚刀架结构与滚刀的安装调整，还介绍了其他常用的齿轮加工机床、切齿刀具的分类、工作原理及其选用。学好本章知识能为今后从事齿轮加工生产工作奠定一定的理论基础。

思考题

1. 分析比较用成形法与展成法加工齿轮各有什么优缺点？

2. 滚齿机在滚切直齿圆柱齿轮和斜齿圆柱齿轮时，各需要调整哪几条传动链？其中哪些传动链是内联系传动链？哪些是外联系传动链？为什么？

3. 在Y3150E型滚齿机上加工：

（1）$z=52$、$m=2\text{mm}$的直齿圆柱齿轮。

（2）$z=46$、$m_n=2\text{mm}$、$\beta=18°24'$的右旋斜齿圆柱齿轮。

试分别配换各组挂轮，并说明加工前对机床应做好哪些调整准备工作。已知有关数据如下：

① 切削用量：$v_c=25\text{m/min}$，$f=0.87\text{mm/r}$。

② 滚刀参数：直径$\phi70\text{mm}$，$\lambda_s=3°6'$，$m_n=2\text{mm}$，$k=1$，右旋。

4. 在Y3150E型滚齿机上，采用单头右旋滚刀，滚刀升角$\lambda=2°45'$，滚刀直径为100mm，切削速度$v_c=20\text{m/min}$，轴向进给量取$f=1\text{mm/r}$，加工直齿圆柱齿轮，模数$m=4\text{mm}$，$z=47$，材料45钢。要求列出加工时各传动链的运动平衡式，确定其滑移齿轮及挂轮齿数，画出滚刀安装示意图（$A/B=22/44$，$33/33$，$44/22$；$a_1/b_1=26/52$，$32/46$，$46/32$，$52/26$，a/b取值范围20～100）。

5. 在滚齿机上滚切斜齿圆柱齿轮所产生的螺旋角误差与哪些因素有关？如何保证一对相互啮合的斜齿轮的螺旋角相等？

6. 插齿机为什么要有径向和圆周两个进给运动？圆周进给运动是如何产生的？其相应的传动链是内联系传动链，还是外联系传动链？

7. 简述Y5132型插齿机让刀机构的作用及工作原理。

8. 加工相同模数（$m=6\text{mm}$）、不同齿数（$z_1=36$、$z_2=34$）的两个齿轮，试为它们选择一把模数盘铣刀的刀号，在相同的切削条件下，哪个齿轮的加工精度高？为什么？

9. 滚刀的顶刃和侧刃后角是怎样形成的？

10. 安装和调整滚刀时，应注意哪几个问题？

第6章 其他加工机床及刀具

【学习目标】通过对本章的学习，了解钻床、镗床和直线运动机床的分类，了解钻床、镗床和直线运动机床的工艺范围和加工特点，熟悉各类机床的结构组成和工作原理，了解各类机床上常用刀具的结构特点及应用，能依据工件加工表面的形状及精度要求合理选择相应的机床和刀具。

6.1 钻床与钻头

6.1.1 钻床

钻床一般用于加工直径不大、精度要求较低的孔。其主要加工方法是用钻头在实心材料上钻孔，此外还可进行扩孔、铰孔、攻螺纹等加工。加工时，工件固定不动，刀具旋转做主运动，同时沿轴向移动作进给运动（见图6-1）。

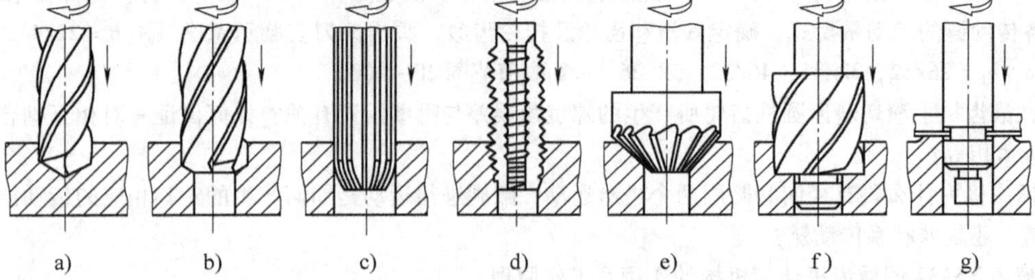

图6-1 钻床的加工方法

钻床的主要类型有台式钻床、立式钻床、摇臂钻床以及专门化钻床等。

1. 立式钻床

立式钻床是钻床中应用较广的一种，其特点为主轴轴线垂直布置，而且其位置是固定的。加工时，为使刀具旋转中心线与被加工孔的中心线重合，必须移动工件找正（相当于调整坐标位置），因此立式钻床只适于加工中小型工件上的孔。

图6-2是方柱立式钻床的外形。主轴箱3中装有主运动和进给运动变速传动机构、主轴部件以及操纵机构等。加工时，主轴箱固定不动，而由主轴随同主轴套筒在主轴箱中作直线移动来实现进给运动。利用装在主轴箱上的进给操纵机构5，可以使主轴实现手动快速升降、手动进给和接通、断开机动进给。被加工工件直接或通过夹具安装在工作台1上，工作台和主轴箱都装在方形立柱4的垂直导轨上，并可上下调整位置，以适应加工不同高度的工件。

立式钻床的传动原理如图6-3所示。主运动一般采用单速电动机经齿轮分级变速机构传动，也有采用机械无级变速器传动的，主轴旋转方向的变换，靠电动机正反转实现。钻床的进给量用主轴每转一转时，主轴的轴向移动量来表示，另外攻螺纹时进给运动和主运动之间也需要保持一定关系，因此，进给运动由主轴传出，与主运动共用一个动力源。进给运动传动链中的换置（变速）机构，通常为滑移齿轮变速机构。

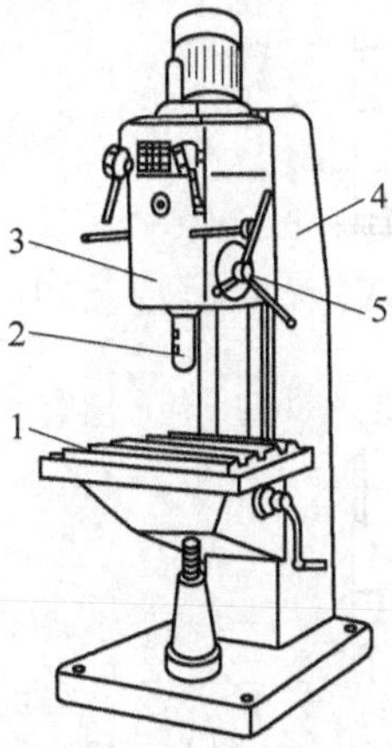

图6-2　方柱立式钻床
1—工作台　2—主轴　3—主轴箱
4—立柱　5—进给操纵机构

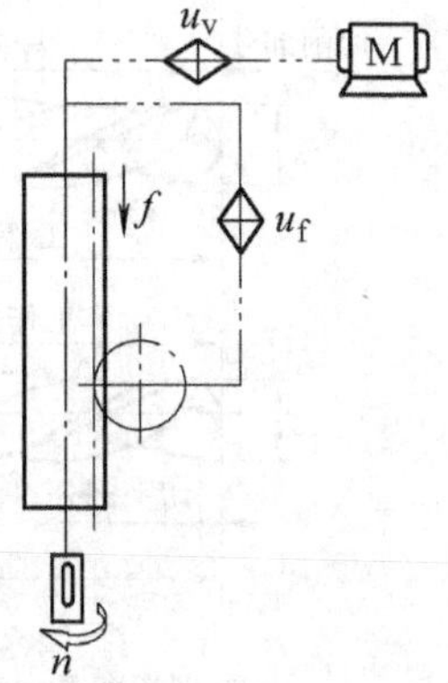

图6-3　立式钻床传动原理

2. Z3040型摇臂钻床

由于大而重的工件移动费力，找正困难，加工时希望工件固定，主轴可调整坐标位置，因而产生了摇臂钻床（见图6-4）。

摇臂钻床的主轴箱6装在摇臂5上，可沿摇臂上导轨作水平移动，而摇臂5又可绕内立柱3的轴线转动，因而可以方便地调整主轴的坐标位置，使主轴旋转轴线与被加工孔的中心线重合；摇臂还可以沿立柱升降，以适应对不同高度工件的加工需要。为使机床在加工时有足够刚度，并使主轴调整好的位置保持不变，机床设有立柱、摇臂及主轴箱的夹紧机构，当主轴的位置调整妥当后，可以快速地将它们夹紧。摇臂钻床的传动原理与立式钻床相同。

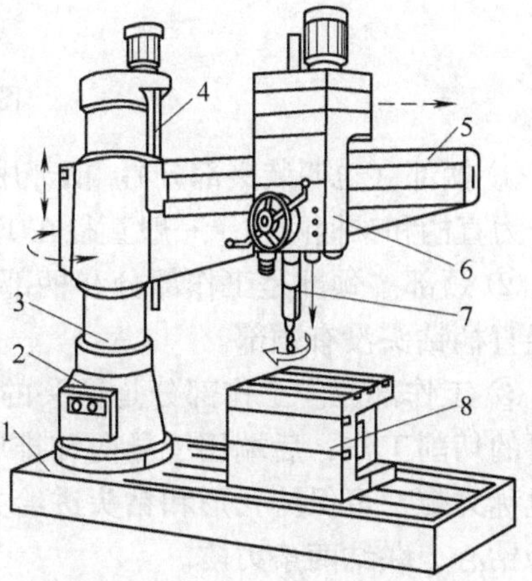

图6-4　Z3040型摇臂钻床
1—底座　2—外立柱　3—内立柱　4—升降丝杠
5—摇臂　6—主轴箱　7—主轴　8—工作台

6.1.2　钻削刀具

通常所说的钻头是指在机械零件上加工圆孔的刀具，如麻花钻、中心钻、深孔钻、扩孔钻、锪钻等。它们是机械加工中常用的刀具。

1. 钻削与麻花钻头

钻削在金属切削中应用很广，麻花钻是最常用的孔加工刀具之一，它是一种形状复杂的双刃钻孔或扩孔的标准刀具。麻花钻一般用于在实体材料上加工低精度的孔，也可用于攻螺纹、铰孔、拉孔、镗孔和磨孔前的预制孔的加工，有时也用于扩孔。

（1）麻花钻的结构

1）麻花钻的组成部分。如图 6-5 所示，麻花钻由柄部、颈部和工作部分三个部分组成，各部分功能如下：

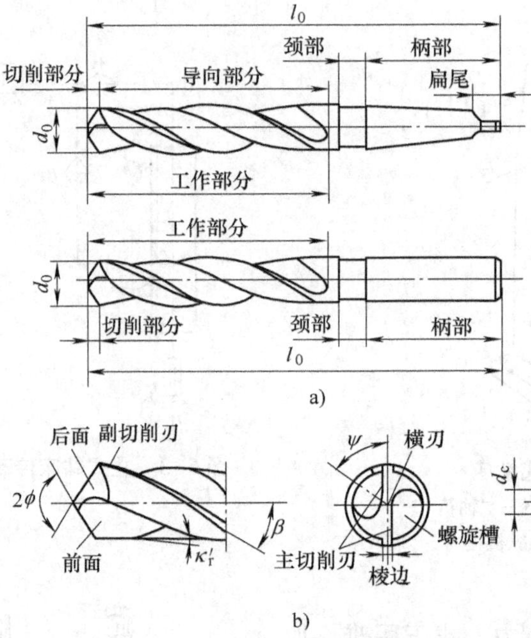

图 6-5　麻花钻的组成

① 柄部（也叫装夹部分）。柄部用于与机床的连接并传递动力，按麻花钻直径的大小不同可分为直柄和锥柄两种。一般直径在 13mm 以上的做成锤柄，直径在 12mm 以下的做成直柄。

② 颈部。颈部是工作部分和柄部间的过渡部分，供磨削时砂轮退刀和打印标记用，小直径直柄钻头没有颈部。

③ 工作部分。工作部分是钻头的主要部分，前端有切削刃的部分称为切削部分，承担主要的切削工作；后端用于导向和排屑，也是切削部分的后备部分。外圆柱上两条螺旋形棱边也称刃带，可保持孔形和钻头进给方向。两条螺旋刃沟是容屑和排屑的通道。钻体心部称之为钻心，联结两条刃瓣。

钻头的切削部分由两个前面、后面、副后面组成。前面是螺旋沟形成的螺旋面。后面的形状由刃磨机床或夹具的运动决定。一般用锥磨法刃磨夹具磨出的是圆锥面；有的钻头磨床磨出的是螺旋面；有些专用的或数控钻头磨床可产生复杂的运动磨出某些特殊曲面。小钻头可用简单的夹具磨出平面形后面。副后面就是刃带棱面。前后面相交为主切削刃，两主后面相交为横刃，两条刃沟与刃带棱面相交的两条螺旋线是副切削刃。

普通麻花钻共有三条主切削刃（即左、右切削刃和横刃）和两条副切削刃（棱边）。

2）麻花钻的结构参数。麻花钻的结构参数是指钻头在制造中控制的尺寸与角度，它们都是确定钻头几何形状的独立参数。包括以下几项：

① 直径 d。直径 d 指在切削部分测量的两刃带间的距离。直径应选用标准系列尺寸。

② 直径倒锥。远离切削部分的直径逐渐减小，形成倒锥，以减少刃带与孔壁的摩擦，相当于副偏角。中等直径钻头的倒锥量小于（0.03～0.12）mm/100mm。

③ 钻心直径 d_0。钻心直径 d_0 指与两刃沟底相切圆的直径。它影响钻头的刚性与容屑截面。

④ 螺旋角 ω。螺旋角 ω 指钻头刃带棱边螺旋线展开成的直线与钻头轴线的夹角。钻头愈近中心处，螺旋角愈小。刃带处的螺旋角 ω 一般为 25°~32°。增大螺旋角可使前角增大，有利于排屑，并使切削轻快，但钻头刚性将变差。为了提高小直径钻头的刚性，可将螺旋角做得略小一些。

（2）麻花钻的几何参数

1）钻头的参考系。确定钻头角度需要建立参考系。钻头上也有切削平面 p_s、正交平面 p_o、假定工作平面 p_f 和背平面 p_p。它们的定义与车削中的规定相同。由于钻头切削刃上各点都是绕中心旋转的，与切削刃上任一点切削速度垂直的平面均通过钻心。所以基面 p_r 可理解为过切削刃某点包含钻头轴线的平面。同时钻头切削刃上各点基面方位均不相同。

度量钻头几何角度还需以下几个测量平面：

① 端平面 p_t：与钻头轴线垂直的投影面。

② 中剖面 p_e：过钻头轴线与两主切削刃平行的平面。

③ 柱剖面 p_z：过切削刃选定点作与钻头轴线平行的直线，该直线绕钻头轴线旋转形成的圆柱面。

2）钻头的刃磨角度。普通麻花钻只需刃磨两个后面，控制三个角度：

① 顶角 2ϕ。顶角 2ϕ 是指两主切削刃在中剖面投影中的夹角。普通麻花钻顶角 2ϕ = 116°~118°。

② 外缘后角 α_f。外缘后角 α_f 是指主切削刃靠刃带转角处在柱剖面中表示的后角。可用工具显微镜投影的方法测量外缘后角。中等直径钻头的外缘后角 α_f = 8°~20°。直径愈小，钻头后角愈大，以利于改善横刃 ψ 的锋利程度。

③ 横刃斜角 ψ。横刃斜角 ψ 是指端平面测量的中剖面与横刃的钝夹角。普通麻花钻的横刃斜角 ψ = 133°~125°，其中直径小的钻头，ψ 角允许较大。横刃斜角 ψ 的数值与钻头近中心处切削刃后角的大小有关，由于近中心处后角不易测量，通常通过测量 ψ 角就可控制中心刃后角。

横刃斜角 ψ、顶角 2ϕ、钻心后角 $\alpha_{o\psi}$ 是相互制约的。钻头刃磨后可通过检验 ψ 角来控制钻心后角 $\alpha_{o\psi}$。ψ 越大，$\alpha_{o\psi}$ 越大，横刃越锋利。但 ψ 越大，横刃越长，钻头引钻时不易定心。

3）主切削刃角度。钻头的两条主切削刃是由前、后面相交构成的。前面就是螺旋形的刃沟面，后面是刃磨形成的，它们都是曲面。

用正交平面参考系标注的切削刃上的前角、后角、主偏角都是派生角。由于前面不通过钻心，刃沟前面螺旋角的大小与观察点的半径有关，所以钻头切削刃各点的螺旋角、刃倾角、前角、主偏角都是不同的。麻花钻的角度标注方法见相关资料。

对钻头材料及结构进行合理改进可得高生产率钻头。还有一些深孔钻，如枪钻等，本书不再赘述。

2. 扩孔钻和锪钻

（1）扩孔钻　扩孔钻是用于扩大孔径、提高孔质量的刀具。它可用于孔的最终加工或铰孔、磨孔前的预加工。其加工精度为公差等级 IT10~IT9，表面粗糙度 Ra6.3~3.2μm。图 6-6a 所示的扩孔钻与麻花钻相比，它的齿数较多，一般有 3~4 个齿，导向性好。扩孔钻无横刃，改善了切削条件。扩孔余量较小，扩孔钻的容屑槽较浅，钻心较厚，其强度和刚度较高。国家标准规定，高速工具钢扩孔钻直径 $\phi7.8 \sim 50$mm 做成锥柄，直径 $\phi25 \sim 100$mm 做成套式。在实际生产中，很多工厂也使用硬质合金扩孔钻和可转位扩孔钻。

（2）锪钻　锪钻用于加工埋头螺钉沉孔、锥孔和凸台面等。图 6-6b 所示为带导柱平底锪钻，适用于加工圆柱形沉孔。它在端面和圆柱上有 3～4 个刀齿，前端有导柱，使沉孔及其端面和圆柱孔保持同轴度与垂直度。图 6-6c 为锥面锪钻，它的钻尖角有 60°、90°、及 120°三种，用于加工中心孔和孔口倒角。图 6-6d 为端面锪钻，它仅在端面上有切削齿，用来加工孔的端面。前端有导柱以保证端面和孔垂直。锪钻可制成高速工具钢锪钻、硬质合金锪钻及可转位锪钻等。

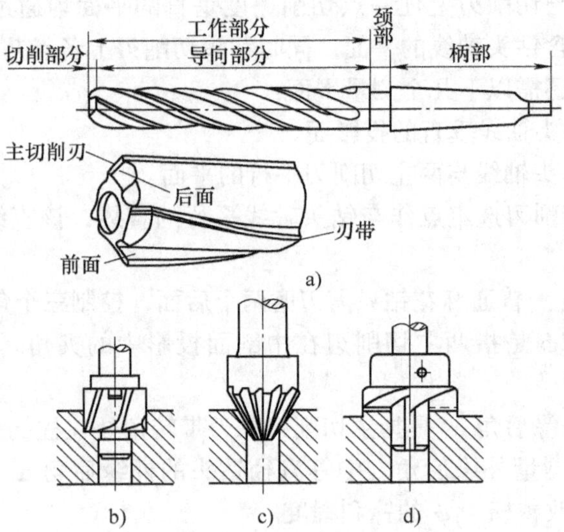

图 6-6　扩孔钻和锪钻

a）扩孔钻　b）带导柱平底锪钻　c）锥面锪钻　d）端面锪钻

6.1.3　铰削及铰刀

1. 铰削的基本概念

铰削是利用铰刀从已加工表面的孔壁切除薄层金属，以获得精确的孔径和几何形状以及较低的表面粗糙度的切削加工。铰削一般在钻孔、扩孔和镗孔以后进行，用以加工精密的圆柱孔和锥孔，加工孔径范围一般在 1～100mm。由于铰刀的切削刃长，铰削时各切削刃同时参加切削，生产效率高，在孔的精加工中应用广泛。

2. 铰削过程特点

铰削的工作方式一般是工件不动，由铰刀旋转并向孔中做轴向进给。在车床上做铰削时，工件旋转，铰刀做轴向进给。铰削过程中，铰刀前端的切削部分进行切削，后面的校准部分起引导、防振、修光和校准作用。铰孔的尺寸和几何形状精度直接由铰刀决定。铰削可分为粗铰和精铰。一般在车床、镗床和钻床上进行的铰削，称为机铰，也可进行手工铰削。粗铰的切削深度（单边加工余量）为 0.3～0.8mm，加工精度可达公差等级 IT10～IT9，表面粗糙度为 $Ra10 \sim 1.25\mu m$。精铰的切削深度为 0.06～0.3mm，加工精度可达公差等级IT8～IT6，表面粗糙度为 $Ra1.25 \sim 0.08\mu m$。铰孔的切削速度较低，例如用硬质合金圆柱形多刃铰刀对钢件铰孔，当孔径为 40～100mm 时，切削速度为 6～12m/min，进给量为 0.3～2mm/r。

在铰削过程中，由于铰削余量较小，故切削厚度 h_D 很薄，在切削刃与校准刃之间的倒角刀尖处，形成一段极薄切削厚度的区域。因为铰刀切削刃存在一定钝圆半径 r_n，往往在切削层厚度小于钝圆半径（即 $h_D < r_n$）情况下进行切削，此时起切削作用的前角为负值，因而产生挤刮作用。经受挤刮作用的已加工表面弹性恢复，又受到校准部分零后角刃带的挤压与摩擦，所以铰削过程是个非常复杂的切削、挤压和摩擦过程。正确选用煤油、机油和乳化液等切削液可以减少摩擦，从而提高铰孔质量和刀具寿命，并有利于减小振动。

3. 铰刀的结构和类型

如图6-7所示，铰刀由工作部分、颈部和柄部组成。工作部分有切削部分和校准部分，校准部分有圆柱部分和倒锥部分。铰刀的主要结构参数有直径 d、齿数 z、主偏角 κ_r、背前角 γ_p、后角 α_o 和槽形角 θ。铰刀的切削部分用于切除加工余量，呈锥形，其锥角的大小（$2\kappa_r$）主要影响被加工孔的质量和铰削时的轴向力的大小。由于铰削余量很小，切屑很薄，故铰刀的前角作用不大，为了制造和刃磨方便，一般取 $\gamma_o = 0°$。后角一般为 $\alpha_o = 6° \sim 10°$，而校准部分应留有宽 $b_{a1} = 0.2 \sim 0.4$mm 和后角 $\alpha_{a1} = 0°$的棱边，以保证铰刀有良好的导向与修光作用。铰刀圆孔校准部分的直径为铰刀的直径，它直接影响被加工孔的尺寸精度、铰刀的制造成本及使用寿命。铰刀的基本直径等于孔的基本直径，铰刀的直径公差应综合考虑被加工孔的公差、铰孔时的扩张量和收缩量（0.003～0.02mm）、铰刀的制造公差和备磨量等来确定。铰刀可分为手用铰刀和机用铰刀。手用铰刀的主偏角小，工作部分较长，适用于单件小批生产或装配中铰削圆柱孔。手用铰刀分为整体式和可调整式，机用铰刀分为带柄的和套式的。加工锥孔用的铰刀称为锥度铰刀。各类型铰刀如图6-8所示。

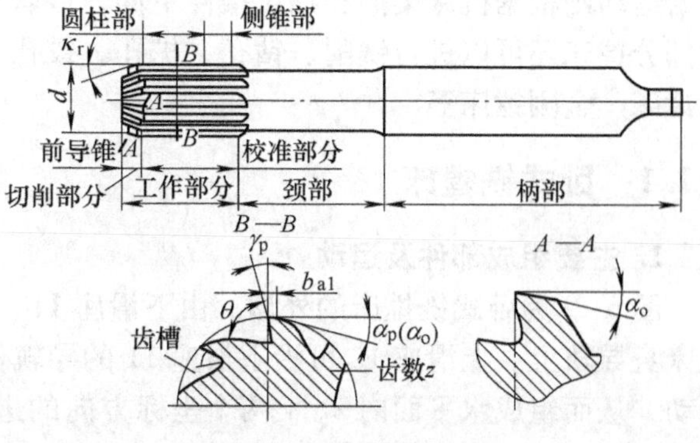

图6-7　铰刀的结构

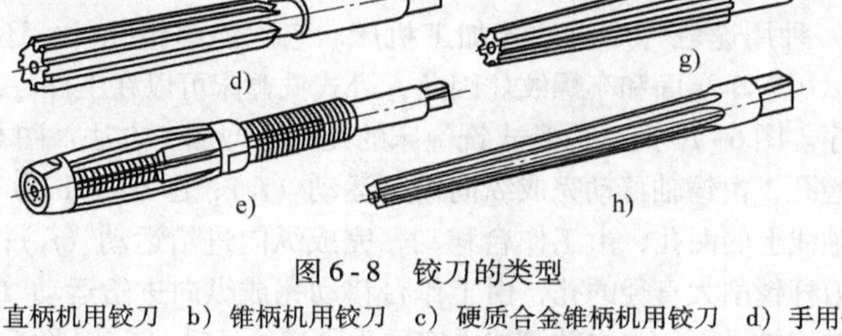

图6-8　铰刀的类型

a）直柄机用铰刀　b）锥柄机用铰刀　c）硬质合金锥柄机用铰刀　d）手用铰刀
e）可调节手用铰刀　f）套式机用铰刀　g）直柄莫氏圆锥铰刀　h）手用1:50锥度铰刀

6.2 镗床与镗刀

镗床通常用于加工尺寸较大且精度要求较高的孔，特别是分布在不同表面上，孔距和位置精度（平行度、垂直度和同轴度等）要求很严格的孔系，如各种箱体、汽车发动机缸体等零件上的孔系加工。

镗床主要是用镗刀镗削工件上铸出或已粗钻出的孔。机床加工时的运动与钻床类似，但进给运动则根据机床类型和加工条件不同，或者由刀具完成，或者由工件完成。除镗孔外，大部分镗床还可以进行铣削、钻孔、扩孔、铰孔等工作。镗床的主要类型有卧式铣镗床、坐标镗床、金刚镗床等。

6.2.1 卧式铣镗床

1. 主要组成部件及运动

图 6-9 为卧式铣镗床的外形。由下滑座 11、上滑座 12 和工作台 3 组成的工作台部件装在床身导轨上。上滑座 12 可沿下滑座 11 的导轨作横向移动，下滑座又可沿床身导轨作纵向移动，从而组成水平面内 x、y 两个坐标方向的进给和定位移动系统。工作台还可在上滑座 12 的环形导轨上绕垂直轴线转位，使工件能在水平面内调整至一定角度，以便在一次安装中对互相平行或成一定角度的孔或平面进行加工。主轴轴线为水平方向布置，主轴箱 8 可沿前立柱 7 上的导轨在垂直方向上、下移动，以实现垂直进给运动或使主轴轴线处在 z 坐标方向上的不同位置。为了保证孔与孔以及孔与基准面间的距离精度，机床上具有坐标测量装置，以实现主轴箱和工作台的准确定位。主轴箱内装有主运动和进给运动的变速传动机构及操纵机构等。根据加工情况不同，刀具可以装在镗轴 4 前端的锥孔中，或装在平旋盘 5 的径向刀具溜板 6 上。加工时，镗轴 4 旋转完成主运动，并可沿其轴线移动作轴向进给运动（由装在主轴箱 8 后部后尾筒 9 内的轴向进给机构完成）；平旋盘 5 只能作旋转主运动，装在平旋盘导轨上的径向刀具溜板 6，除了随平旋盘一起旋转外，还可沿导轨移动作径向进给运动。装在后立柱 2 垂直导轨上可上下移动的后支承架 1，用以支承长刀杆（镗杆）的悬伸端，以增加其刚性。后立柱可沿床身导轨调整纵向位置，以适应支承不同长度的刀杆。

综上所述，卧式铣镗床的主运动有：镗轴和平旋盘的旋转运动；进给运动有：镗轴的轴向进给运动，平旋盘刀具溜板的径向进给运动，主轴箱的垂直进给运动，工作台的纵向和横向进给运动；辅助运动有：工作台的转位，后立柱纵向调位，后支承架的垂直方向调位，主轴箱沿垂直方向和工作台沿纵、横方向的快速调位运动。

2. 卧式铣镗床的加工方法

卧式铣镗床是一种用途较为广泛的孔加工机床。它除能够镗孔外，还可以进行铣、钻、扩、铰孔等，也可以用它车端面和车螺纹。因此，卧式铣镗床可以在工件一次装夹中完成大部分或全部的加工工序。图 6-10 所示为卧式铣镗床的几种典型加工方法：图 6-10a 为利用装在镗轴上的悬伸刀杆镗孔，由镗轴移动完成纵向进给运动（f_1）；图 6-10b 为利用后支承架支承的长刀杆镗削同一轴线上的两孔，由工作台移动，完成纵向进给运动（f_3）；图 6-10c 为用装在平旋盘上的悬伸刀杆镗削大直径的孔，由工作台移动完成纵向进给运动（f_3）；图 6-10d 为用装在镗轴上的端铣刀铣平面，由主轴箱移动完成垂直进给运动（f_2）；图 6-10e 和 f 为用装在平旋盘刀具溜板上的车刀车内沟槽和端面，由刀具溜板移动完成径向进给运动（f_4）。

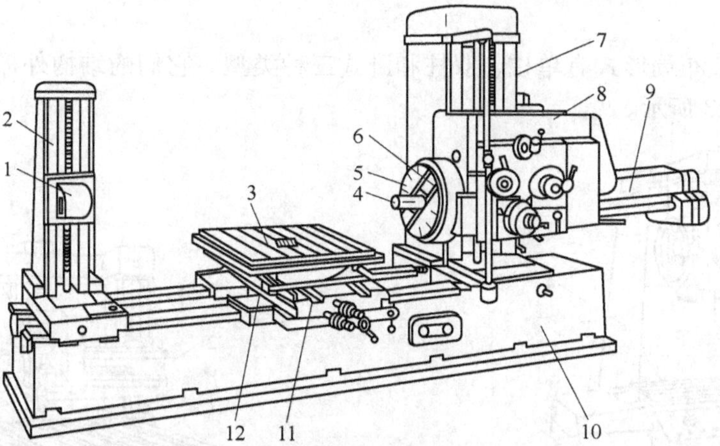

图6-9 卧式铣镗床

1—后支撑架 2—后立柱 3—工作台 4—镗轴 5—平旋盘 6—径向刀具溜板 7—前立柱 8—主轴箱 9—后尾筒 10—床身 11—下滑座 12—上滑座

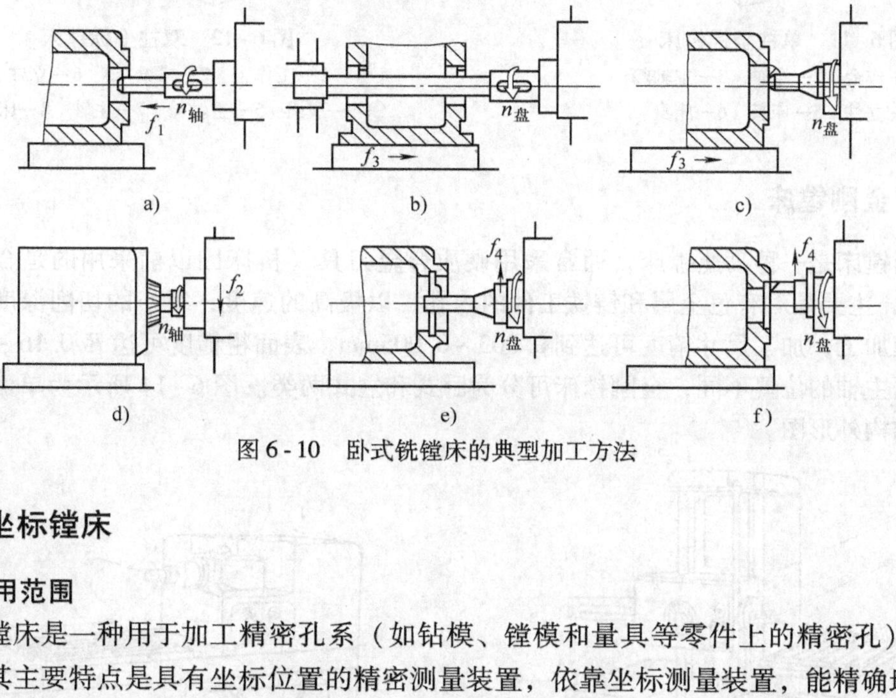

图6-10 卧式铣镗床的典型加工方法

6.2.2 坐标镗床

1. 应用范围

坐标镗床是一种用于加工精密孔系（如钻模、镗模和量具等零件上的精密孔）的高精度机床，其主要特点是具有坐标位置的精密测量装置，依靠坐标测量装置，能精确地确定工作台、主轴箱等移动部件的位移量，实现工件和刀具的精确定位。坐标镗床主要零部件的制造和装配精度很高，具有良好的刚度和抗振性。坐标镗床除镗孔外，还可进行钻孔、扩孔、铰孔、锪端面以及铣平面和沟槽等加工。镗削孔的尺寸精度可达公差等级IT5以上，坐标位置精度可达0.002~0.01mm，因其具有很高的定位精度，故还可用于精密刻线、精密划线、孔距及直线尺寸的精密测量等。所以，坐标镗床是一种用途比较广泛的精密机床。

过去，坐标镗床主要用在工具车间的单件生产。近年来也逐渐应用到生产车间中，成批地加工具有精密孔系的零件。例如，在飞机、汽车、内燃机和机床等行业中加工某些箱体零件（可以省掉钻模、镗模等夹具）。

2. 主要类型

坐标镗床按其布局形式有单柱、双柱和卧式三种类型。它们的结构外形分别如图 6-11、图 6-12 和图 6-13 所示。

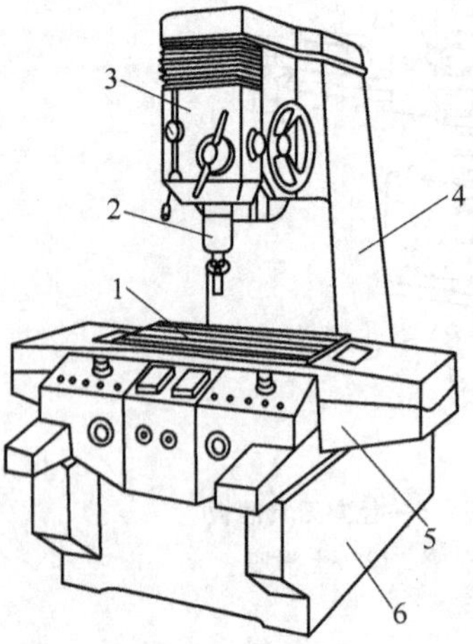

图 6-11　单柱坐标镗床

1—工作台　2—主轴　3—主轴箱　4—立柱　5—床鞍　6—床身

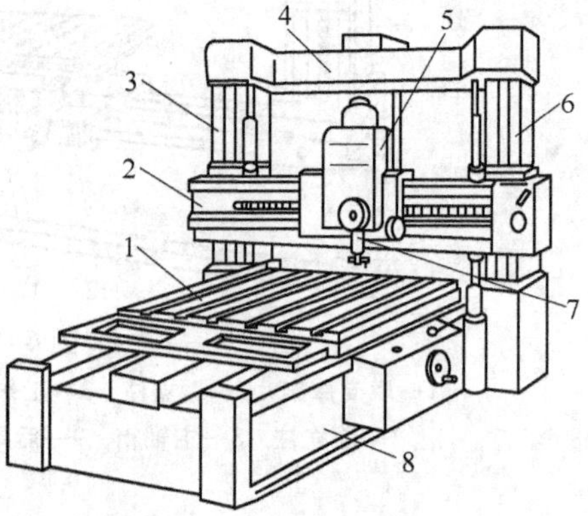

图 6-12　双柱坐标镗床

1—工作台　2—横梁　3、6—立柱　4—顶梁　5—主轴箱　7—主轴　8—床身

6.2.3　金刚镗床

金刚镗床是一种高速镗床，通常采用硬质合金刀具（机床因以前采用的是金刚石刀具而得名），主要是对有色金属和铸铁工件的内孔，以极高的速度，很小的切削深度和进给量进行精细加工，加工尺寸精度可达到 0.003～0.005mm，表面粗糙度可达 $Ra0.16 \sim 1.25\mu m$。

根据主轴的位置不同，金刚镗床可分为卧式和立式两类。图 6-14 所示为单面卧式金刚镗床的结构外形图。

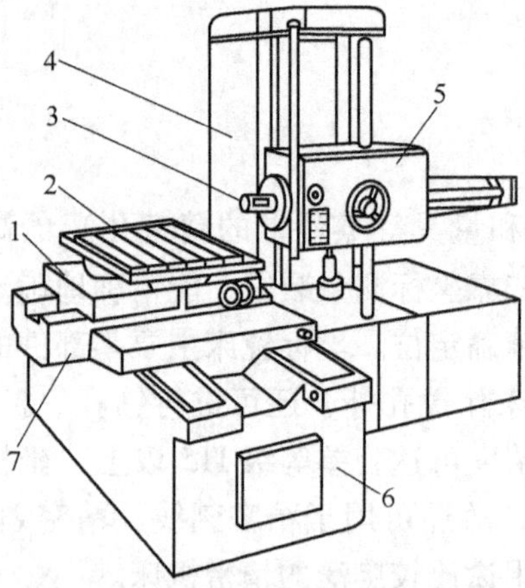

图 6-13　卧式坐标镗床

1—上滑座　2—回转工作台　3—主轴　4—立柱　5—主轴箱　6—床身　7—下滑座

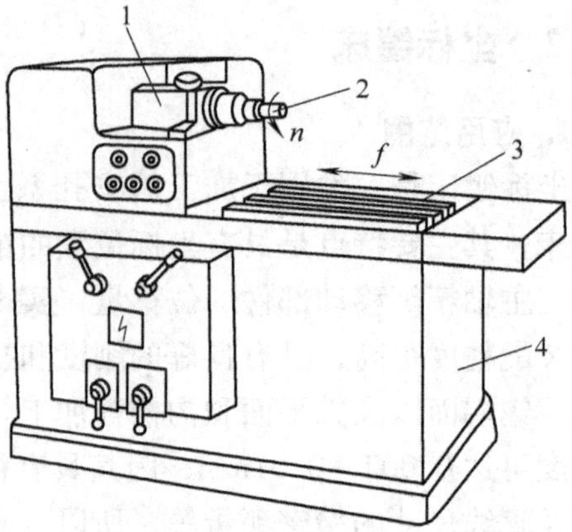

图 6-14　单面卧式金刚镗床

1—主轴箱　2—主轴　3—工作台　4—床身

6.2.4　镗刀

镗刀是由镗刀头和镗刀杆及相应的夹紧装置组成，镗刀头是镗刀的切削部分，其结构和几何参数与车刀相似。在镗床上镗孔时，工件固定在工作台上作进给运动，镗刀夹固在镗刀杆上与机床主轴一起作回转运动。在车床上镗孔时，镗刀固定在机床刀架上作进给运动，工件作回转运动。由于镗刀的尺寸以及镗刀杆的粗细和长短在很大程度上取决于被加工孔的直径、深度和该孔所处的位置，因此不论镗刀用于何种机床上，一般说来其刚度和工作条件都比外圆车刀差。

镗刀种类很多，一般可分为单刃镗刀、双刃镗刀和镗刀头。

（1）单刃镗刀　单刃镗刀如图 6 - 15 所示，这种镗刀只有 1 个切削刃，结构简单，制造方便，通用性好，一般都有调节装置。

在精密镗床上采用微调镗刀，以提高调整精度。微调镗刀的结构如图 6 - 16 所示。

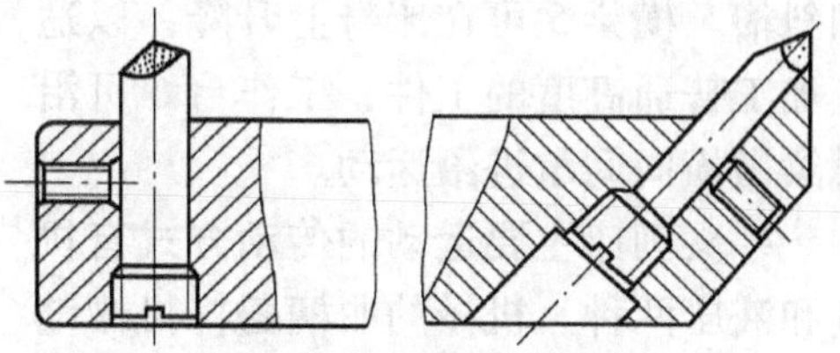

图 6 - 15　单刃镗刀

（2）双刃镗刀　双刃镗刀如图 6 - 17 所示，它的两端具有对称的切削刃，工作时可消除径向力对镗杆的影响，镗刀上的两块刀片可以径向调整，工件的孔径尺寸和精度由镗刀径向尺寸保证。

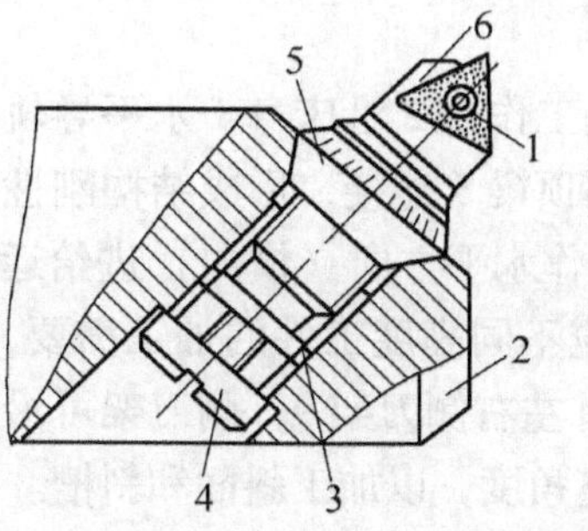

图 6 - 16　微调镗刀

1—刀片　2—镗刀杆　3—导向键
4—紧固螺钉　5—精调螺母　6—刀块

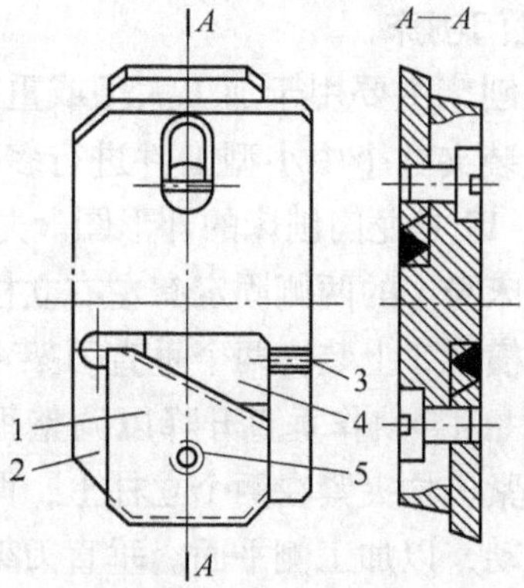

图 6 - 17　双刃镗刀

1—刀片　2—刀体　3—尺寸调节螺钉
4—斜面垫板　5—刀片夹紧螺钉

6.3　刨（插）床及其刀具

6.3.1　刨床

刨床主要用于加工各种平面（水平面、垂直面及斜面等）和沟槽（T 形槽、燕尾槽及 V 形槽等），也可加工一些直线成形面。刨床的主运动和进给运动均为直线运动，刨床的主要类型有牛头刨床和龙门刨床。

1. 牛头刨床

牛头刨床的主运动是刀具的往复直线运动，而进给运动则由刀具或工件的移动实现，主要用于加工中、小型工件。如图6-18所示，滑枕3上装有刀架1，滑枕带动刀架一起沿床身4的水平导轨作往复直线运动，可手动刀架沿刀架座上的导轨移动以调整刨削深度，也可调整转盘2的角度，便于加工斜面和斜槽。横梁5可在床身上升降，以适应加工普通高度的工件，工作台6可沿横梁做横向间歇进给运动。

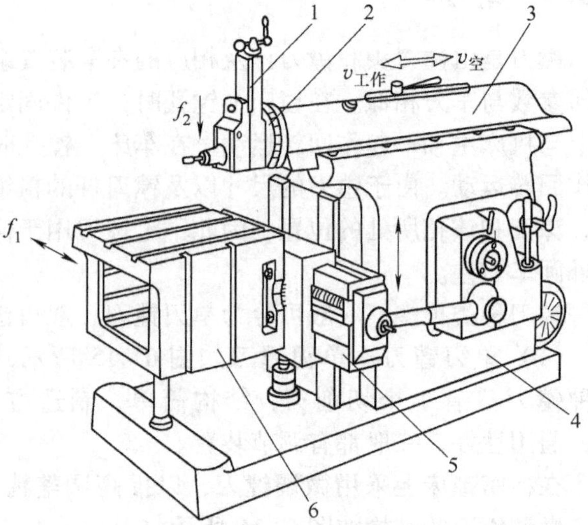

图6-18 牛头刨床

1—刀架 2—转盘 3—滑枕 4—床身 5—横梁 6—工作台

牛头刨床主要运动的传动方式有机械和液压两种。机械的曲柄摇杆机构结构简单、传动可靠、维修方便，因此，应用较广泛。而液压传动能传递较大的力，可实现无级调速，运动平稳，但结构复杂，成本较高，一般用于较大规格的牛头刨床。

牛头刨床的主参数是最大刨削长度。

2. 龙门刨床

龙门刨床主要用于加工大型或重型零件上的各种平面、沟槽和各种导轨面，也可在工作台上一次装夹数个中小型工件进行多件加工。

图6-19是龙门刨床的外形图。龙门刨床的主运动是工作台2沿床身1水平导轨所作的直线运动。床身1的两侧固定有左右立柱6，两立柱顶部用顶梁5连接，形成结构刚性较好的龙门框架。横梁3上装有两个垂直刀架4，可在横梁导轨上作水平方向（横向）进给运动。横梁3可沿立柱的导轨作垂直升降以调整垂直刀架位置，适应不同高度工件的加工需要，加工时，横梁由夹紧机构夹紧在两个立柱上，两个立柱上分别装有左右侧刀架9，侧刀架可沿垂直方向作进给运动，以加工侧平面。垂直刀架可绕水平轴线调整角度，以加工斜面和斜槽。

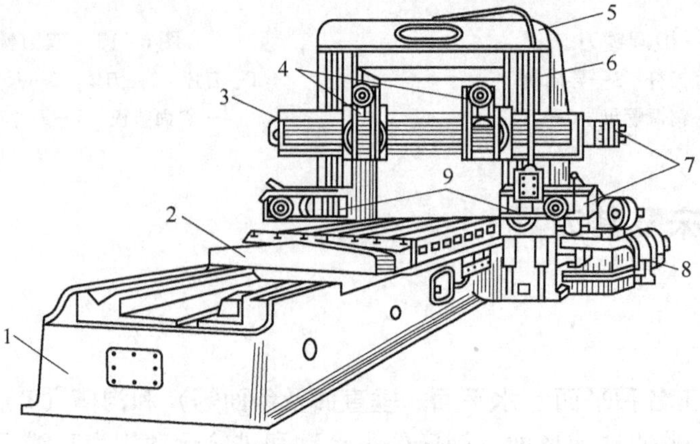

图6-19 龙门刨床

1—床身 2—工作台 3—横梁 4—垂直刀架 5—顶梁 6—立柱 7—进给箱 8—减速箱 9—侧刀架

6.3.2　插床

插床实质是立式牛头刨床（见图6-20），滑枕8带动插刀沿滑枕导轨座7上的导轨做上下往复运动，实现主运动，其中向下为工作行程，向上为空行程。滑枕导轨座可以绕销轴6在小的范围内调整角度，便于加工斜面和沟槽。圆工作台9可绕垂直工作轴线回转，以完成圆周进给或在分度装置4的带动下进行分度。圆工作台在上述各方向的进给运动都是在滑枕空行程结束后的短时间内进行的。床鞍3和溜板2可以分别作横向和纵向进给运动。

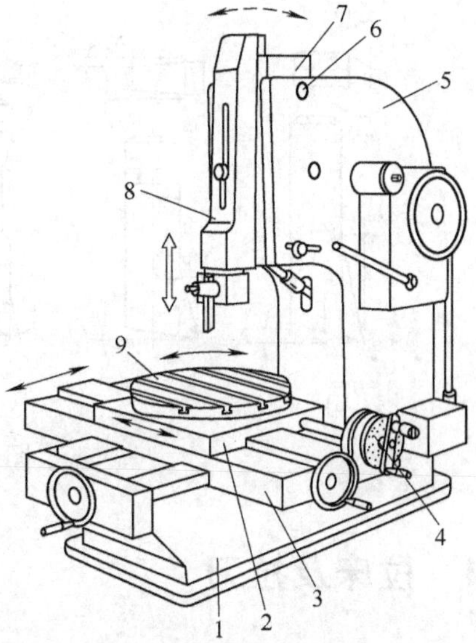

图6-20　插床

1—床身　2—溜板　3—床鞍　4—分度装置　5—立柱　6—轴销　7—滑枕导轨座　8—滑枕　9—圆工作台

插床主要用于加工工件的内表面，有时也可用于加工成形内表面。

6.3.3　刨（插）削及刀具

1. 刨削加工

刨削加工是指用刨刀对工件作水平相对直线往复运动的切削加工方法。普通刨削一般分为粗刨、半精刨和精刨。粗刨后两平面之间的尺寸公差等级为IT13～IT11，表面粗糙度为*Ra*25～12.5μm；半精刨的尺寸公差等级为IT10～IT9，表面粗糙度为*Ra*6.3～3.2μm；精刨的尺寸公差等级为IT8～IT7，表面粗糙度为*Ra*3.2～1.6μm；直线度可达0.04～0.08mm/m。

2. 刨刀

刨削所用刀具是刨刀，常用的刨刀如图6-21所示。有平面刨刀、偏刀、角度刀以及成形刀等。刨刀切入和切出工件时，冲击很大，容易发生“崩刃”和“扎刀”现象，因而刨刀刀杆截面比较粗大，以增加刀杆的刚性，而且往往做成弯头，使刨刀在碰到硬质点时可适当产生弯曲变形而缓和冲击，以保护切削刃。

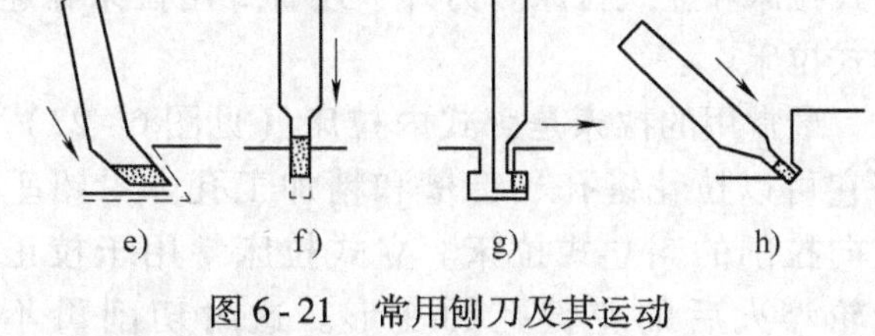

图6-21　常用刨刀及其运动

3. 插削加工和插刀

插削加工是指用插刀对工件做铅垂相对直线往复的切削加工方法。插削与刨削基本相同，只是插削是在插床上沿铅垂方向进行，可视为“立式刨床”加工。插削主要用于在单件小批生产中加工零件上的某些内表面，如孔内键槽、方孔、多边形孔和化键孔等，也可加工某些零件上的外表面。插削由于刀杆刚性弱，如果前角过大，则容易产生“扎刀”现象；如果前角过小，又容易产生“让刀”现象。因此，插削的加工精度比刨削要差，插削加工的表面粗糙度值一般为*Ra*6.3～1.6μm。

图6-22所示为常用插刀的形状，为了避免插刀的刀杆与工件相碰，插刀切削刃应该突出于刀杆。

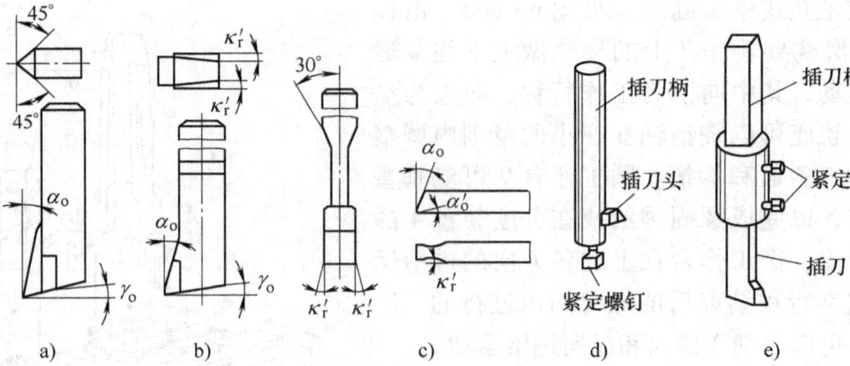

图6-22　常用插刀的形状

6.4　拉床及拉刀

6.4.1　拉床

拉床主要用于各种通孔表面的加工，也可用于加工平面、沟槽和成形表面。

拉床很简单，它只有主运动，没有进给运动。加工时拉刀作平稳的低速直线运动，而进给则由拉刀刀齿的齿升量来完成。拉削时，拉刀要承受很大的切削力，为了获得平稳的主运动，通常采用液压驱动。

拉削加工，切屑薄，运动平稳，因而可获得较高的加工精度（公差等级可达IT8～IT7）和较小的表面粗糙度（$Ra<0.63\mu m$）。拉床工作时，拉刀在通过加工表面的行程中可依次完成粗加工、半精加工和精加工，因此生产率很高。但拉削不同的表面需要不同的专用拉刀，且拉刀的结构复杂，成本较高，因此仅适用于成批、大量生产。

拉床的主要参数是额定拉力。

拉床的类型主要有：按加工表面可分为内表面拉床和外表面拉床；按机床的布局形式可分为卧式拉床和立式拉床。另外，还有专用拉床和连续式拉床。

最常用的拉床是卧式内拉床（见图6-23），用它可以拉花键孔、键槽和精加工孔。沿铅垂方向拉削的叫立式拉床。立式拉床常用于校正齿轮淬火后的花键孔的变形。这时切削量不大，拉刀较短，故为立式。拉削时常从拉刀的上部向下推，所以这种“拉刀”有时被叫作推刀。

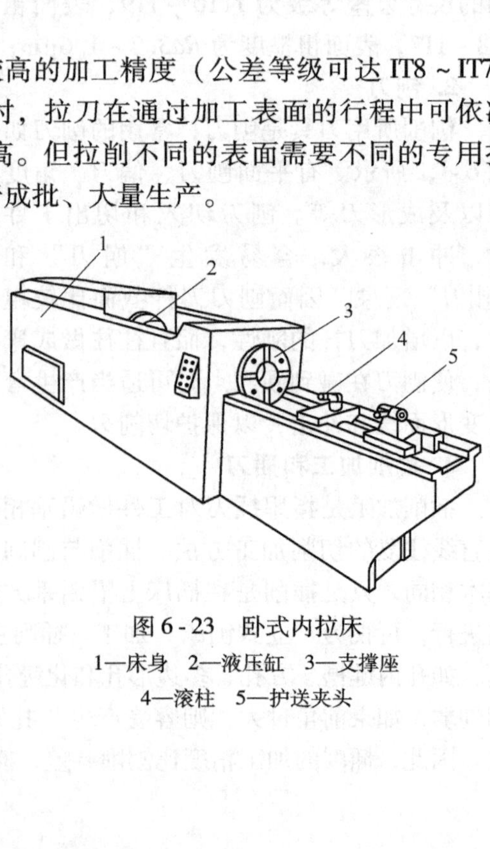

图6-23　卧式内拉床

1—床身　2—液压缸　3—支撑座
4—滚柱　5—护送夹头

6.4.2　拉削加工及拉刀

1. 拉削加工

拉削加工是指在拉床上用拉刀加工工件内、外表面的加工方法。拉刀的直线运动为主运动，拉削的进给是靠拉刀的每齿升高量来实现的，因此，拉削可以看作是高低顺序排列成队的多把刨刀进行的刨削，它是刨削的进一步发展。拉削一般在低速下工作，通常 $v=2\sim8\mathrm{m/min}$，用来避免产生积屑瘤。

拉削可以加工内表面（如各种型孔）和外表面（如平面、半圆弧面和组合表面等），图 6-24 所示为拉削加工的典型表面。

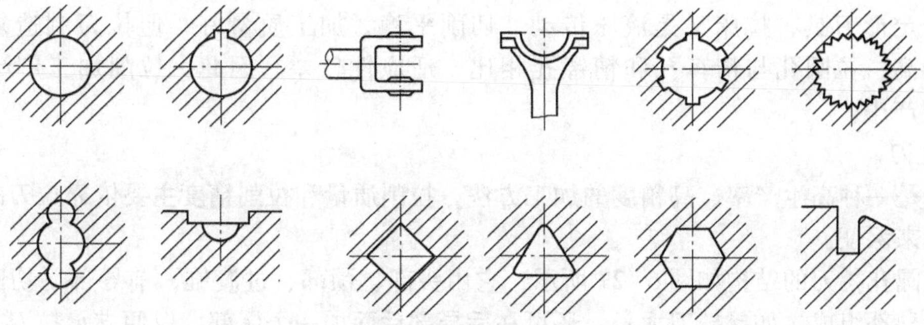

图 6-24　拉削加工的典型表面

拉削可以分为粗拉和精拉。粗拉的尺寸公差等级为 IT8～IT7，表面粗糙度值为 $Ra1.6\sim0.8\mu\mathrm{m}$；精拉的尺寸公差等级为 IT7～IT6，表面粗糙度值为 $Ra0.8\sim0.4\mu\mathrm{m}$。

1）拉削圆孔。拉削圆孔的孔径一般为 8～125mm，孔的深度比 $L/D\leqslant5$。拉削圆孔时工件不需要夹紧，只以已加工过的一个端面为支撑面，当工件端面与拉削孔的轴线不垂直时，可依靠球面浮动支撑装置自动调节，始终使受力方向与端面垂直，以防止拉刀崩刃和折断，装置中一般采用弹簧使球面保持贴合，避免从装置体内脱落下来，如图 6-25 所示。

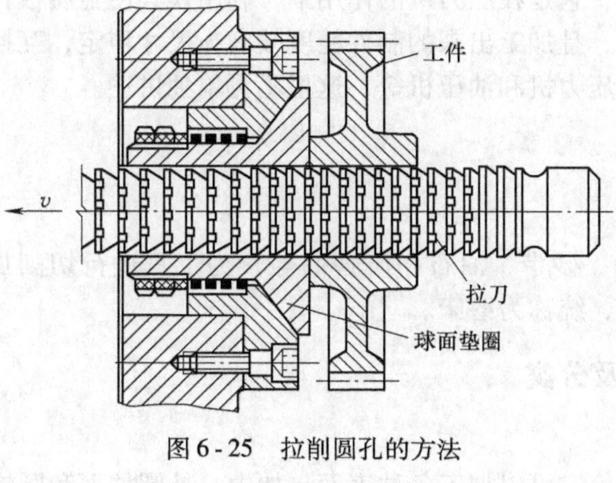

图 6-25　拉削圆孔的方法

2）拉削孔内单键槽。拉削键槽的方法如图6-26所示，拉削时导向心轴3的A端安装工件，B端插入拉床的“支撑”中，拉刀1穿过工件4的圆柱孔及心轴上的导向槽做直线移动，拉刀底部的垫片2用以调节工件键槽的深度以及补偿拉刀重磨后齿高的减少量。

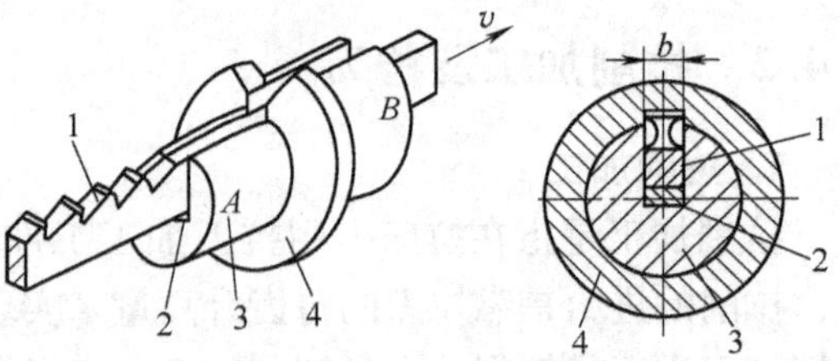

图6-26　拉削键槽的方法

1—拉刀　2—垫片　3—导向心轴　4—工件

3）拉削平面。拉削平面的方法是采用平面拉刀进行一次性加工。拉削可加工单一的敞开平面，也可加工组合平面。拉削不论是加工内表面，还是加工外表面，一般在一次行程中完成粗、精加工，生产率很高；由于拉刀属于定形刀具，拉床又是液压传动，切削平稳，加工质量好；但拉刀制造复杂，工时费用较高；拉圆孔与精车孔和精镗孔相比，适应性较差。因此，拉削加工广泛用于大批大量生产中。

2. 拉刀

拉削是一种高生产率、高精度的加工方法，拉削质量和拉削精度主要依靠拉刀的结构和制造精度来保证。

普通圆孔拉刀的结构如图6-27所示，它由头部、颈部、过渡锥、前导部、切削部、校准部和后导部组成，如果拉刀太长，还可在后导部后面加一个尾部，以便支承拉刀。

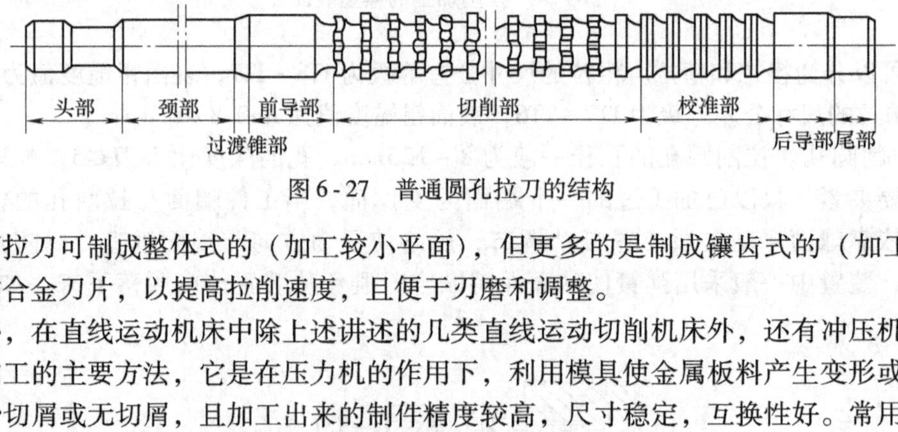

图6-27　普通圆孔拉刀的结构

平面拉刀可制成整体式的（加工较小平面），但更多的是制成镶齿式的（加工大平面）镶嵌硬质合金刀片，以提高拉削速度，且便于刃磨和调整。

另外，在直线运动机床中除上述讲述的几类直线运动切削机床外，还有冲压机床。冲压是塑性加工的主要方法，它是在压力机的作用下，利用模具使金属板料产生变形或分离。其特点是少切屑或无切屑，且加工出来的制件精度较高，尺寸稳定，互换性好。常用的冲床主要有曲柄压力机、摩擦压力机和油压机等，这里不再单独讲述。

6.5　磨床及砂轮

用磨料磨具（砂轮、砂带、油石和研磨剂等）为工具进行切削加工的方法叫做磨削。磨削加工时使用的机床，统称为磨床。

6.5.1　磨床的用途及分类

1. 磨床的用途

磨床用途十分广泛，它可以加工各种表面，如内、外圆柱面和圆锥面、平面、齿轮齿廓面、螺旋面以及各种成形面等，还可以刃磨刀具和进行切断等。

由于磨削加工较易获得高的加工精度和小的表面粗糙度值，所以磨床主要应用于零件表面的精加工，尤其是淬硬的钢件和高硬度特殊材料的精加工。在一般加工条件下，精度可达到公差等级 IT5 ~ IT6，表面粗糙度可达 *Ra*0. 32 ~1. 25μm；在高精度外圆磨床上进行精密磨削时，尺寸精度可达 0. 2μm，圆度可达 0. 1μm，表面粗糙度可控制到 *Ra*0. 1μm；精密平面磨削的平面度可达 1000∶0. 0015。目前也有少数用于粗加工的高效磨床。

随着现代机械对零件精度要求的不断提高，表面粗糙度越来越小，各种高硬度材料的应用日益增多，加上精密毛坯制造工艺的发展，很多零件可以不经其他切削加工工序而直接由磨削加工成成品，因此，磨床在金属切削机床中的比重不断上升。

2. 磨床的分类

为了适应磨削各种表面、工件形状和生产批量的要求，磨床的种类很多，主要类型有：

（1）外圆磨床　主要用于磨削外回转表面；它包括万能外圆磨床、普通外圆磨床、无心外圆磨床等。

（2）内圆磨床　主要用于磨削内回转表面；它包括普通内圆磨床、无心内圆磨床、行星式内圆磨床等。

（3）平面及端面磨床　用于磨削各种平面；它包括卧轴矩台平面磨床、立轴矩台平面磨床、卧轴圆台平面磨床、立轴圆台平面磨床等。

（4）工具磨床　主要用于磨削各种工具，如样板、卡板等；它包括工具曲线磨床、卡板磨床、钻头沟槽磨床、丝锥沟槽磨床等。

（5）刀具刃具磨床　主要用于刃磨各种刀具；它包括万能工具磨床、车刀刃磨床、拉刀刃磨床、滚刀刃磨床等。

（6）专门化磨床　用于磨削某一类零件上的一种表面，如曲轴磨床、凸轮轴磨床、花键轴磨床、球轴承磨床、活塞环磨床、螺纹磨床、导轨磨床、中心孔磨床等。

（7）其他磨床　其他磨床如珩磨机、研磨机、抛光机、超精加工机床、砂轮机等。

以上均为使用砂轮作切削工具的磨床。此外，还有以柔性砂带为切削工具的砂带磨床，以油石和研磨剂为切削工具的精磨磨床等。

6. 5. 2　M1432A 型万能外圆磨床

1. 工艺范围及结构组成

万能外圆磨床是应用最普遍的一种外圆磨床，其工艺范围较宽，除了能磨削外圆柱面和外圆锥面外，还可磨削磨削内圆柱面、内圆锥面、阶梯轴轴肩和端面以及简单的成形回转体表面等。M1432A 型万能外圆磨床是一种最具典型性的外圆磨床，主要用于磨削 IT7 ~ IT6 级精度的内外圆柱面和内外圆锥面，表面粗糙度 *Ra* 值在 1. 25 ~0. 08μm 之间。

M1432A 型万能外圆磨床的外形如图 6 - 28 所示。它由床身 1、工件头架 2、工作台 3、内磨装置 4、砂轮架 5、尾座 6、控制箱 7 和横向进给机构组成。此外，在床身内还有液压传动装置，在床身左后侧有切削液循环装置。

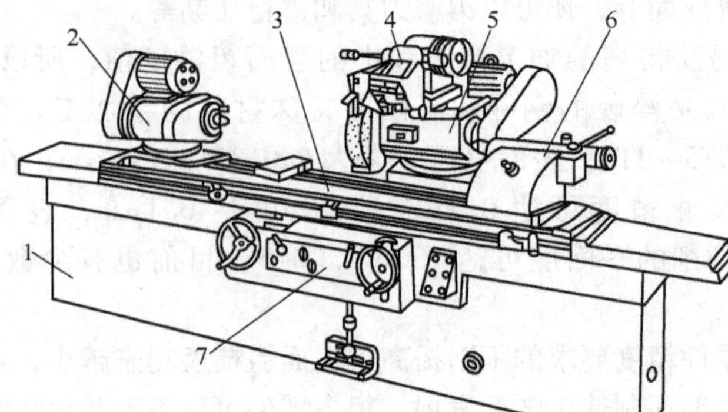

图 6-28　M1432A 型万能外圆磨床外形图

1—床身　2—工件头架　3—工作台　4—内磨装置

5—砂轮架　6—尾座　7—控制箱

2. 机床主要技术性能

M1432A 型万能外圆磨床的主要技术性能见表 6-1。

表 6-1　M1432A 型万能外圆磨床的主要技术性能

名　称		参　数	单　位
外圆磨削直径		ϕ8 ~ 320	mm
最大外圆磨削长度（共有三种规格）		1000、1500、2000	mm
内孔磨削直径		ϕ13 ~ 100	mm
内孔磨削最大磨削长度		125	mm
磨削工件磨削质量		150	kg
砂轮尺寸和转速		ϕ400mm × 50mm × ϕ203mm，1670r/min	
头架主轴转速（共 6 级）		25、50、80、112、160、224	r/min
内圆砂轮转速（共两种）		10000、15000	r/min
工作台纵向移动速度（液压无级调速）		0.05 ~ 4	m/min
机床外形尺寸	长度（三种规格）	3200、4200、5200	mm
	宽度	1800 ~ 1500	mm
	高度	1420	mm
机床质量（三种规格）		3200、4530、5800	kg

3. 机床的运动

为了实现磨削加工，M1432A 型万能外圆磨床具有以下运动：

（1）砂轮旋转运动　它是磨削的主运动，用转速 n_t 表示。

（2）工件的旋转运动　它是工件的圆周进给运动，用转速 n_w 表示。

（3）工件的纵向往复运动　它是磨削工件外圆全长所必需的纵向进给运动，用 f_a 表示。

（4）砂轮的横向进给运动　它是砂轮的间歇切入运动，用 f_r 表示。

6.5.3　其他磨床简介

1. 普通外圆磨床

普通外圆磨床的结构与万能外圆磨床基本相同，区别是：

1）磨床的头架主轴直接固定在体壳上不能回转，工件只能支承在顶尖上磨削。

2）磨床的头架和砂轮架不能绕垂直轴线调整角度位置。

3）磨床没有配置内磨装置，因此，普通外圆磨床的工艺范围较窄，只能磨削外圆柱面、锥度不大的外圆锥面和台肩端面。

4）由于主要部件的结构层次少，刚性好，可采用较大的磨削用量，故生产率较高。尤其是头架主轴是固定不动的，工件支承在“死”顶尖上。提高了头架主轴组件的刚度和工件的旋转精度，同时也易于保证磨削质量。

2. 无心外圆磨床

无心磨床通常是指无心外圆磨床，它适用于大批量磨削细长轴以及不带孔的轴、套、销等零件。无心外圆磨削时，工件不是支承在顶尖上或夹持在卡盘上，而是直接放在砂轮和导轮之间，由工件的被磨削外圆面本身作定位面。导轮是用树脂或橡胶为结合剂制成的刚玉砂轮，它与工件之间的摩擦因数较大，所以工件由导轮的摩擦力带动作圆周进给。导轮的线速度通常在10~50m/min左右，工件的线速度基本上等于导轮的线速度。磨削砂轮的线速度很高，所以在磨削砂轮与工件之间有很大的相对速度，这就是磨削工件的切削速度。无心外圆磨削的工作原理如图6-29所示。

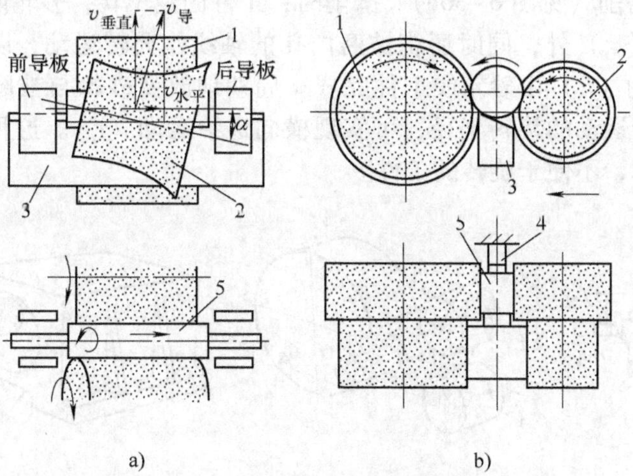

图6-29　无心外圆磨削原理

a）贯穿磨削法　b）切入磨削法

1—磨削砂轮　2—导轮　3—托板　4—挡块　5—工件

无心外圆磨削有贯穿磨削法（纵磨法）和切入磨削法（横磨法）两种。贯穿磨削时（见图6-29a），将工件从机床前面放到托板上，推入磨削区域后工件旋转，同时又轴向移动，从机床另一端移出磨削区，磨削完毕。工件的轴向进给是由导轮的中心线在竖直平面内向前倾斜α角（一般为1°~6°），粗磨时取大值，精磨时取小值。为了保证导轮与工件间的接触线为直线形状，这时，导轮的形状修正成回转双曲面。切入磨削法（见图6-29b），先将工件放在托板和导轮之间，然后横向切入进给，使磨削砂轮磨削工件。这时导轮的轴心线仅倾斜很小的角度（一般取 $\alpha = 0.5° \sim 1°$），对工件有微小的轴向推力，使它靠在挡块4上，得到可靠的轴向定位。切入磨削法适用于磨削具有阶梯或成形回转表面的工件。无心外圆磨削时，工件中心必须高于导轮和砂轮的中心连线，高出的距离一般等于0.15～0.25倍的工件直径，使工件与砂轮、导轮间的接触点不在工件的同一直径线上，从而工件在多次转动中逐渐被磨圆。

3. 内圆磨床

内圆磨床的主要类型有普通内圆磨床、无心内圆磨床、行星式内圆磨床和坐标磨床等。一般机械制造厂中以普通内圆磨床应用最普遍。内圆磨床用于磨削各种圆柱孔（通孔、不通孔、阶梯孔和断续表面的孔等）和圆锥孔，其磨削方法有下列几种：

（1）普通内圆磨削（见图6-30a） 磨削时，工件用卡盘或其他夹具装夹在机床主轴上，由主轴带动旋转作圆周进给运动（n_w），砂轮高速旋转实现主运动（n_t），同时砂轮或工件往复移动作纵向进给运动（f_a），在每次（或 n 次）往复行程后，砂轮或工件作一次横向进给（f_r）。这种磨削方法适用于形状规则、便于旋转的工件。

（2）无心内圆磨削（见图6-30b） 磨削时，工件支承在滚轮1和导轮3上，压紧轮2使工件紧靠导轮，工件即由导轮带动旋转，实现圆周进给运动（n_w）。砂轮除了完成主运动（n_t）外，还作纵向进给运动（f_a）和周期横向进给运动（f_r）。加工结束时，压紧轮沿箭头A方向摆开，以便装卸工件。这种磨削方式适用于大批大量生产中，加工外圆表面已经精加工过的薄壁工件，如轴承套圈等。

（3）行星内圆磨削（见图6-30c） 磨削时，工件固定不转，砂轮除了绕其自身轴线高速旋转实现主运动（n_t）外，同时还绕被磨内孔的轴线作公转运动，以完成圆周进给运动（n_w）。纵向往复运动（f_a）由砂轮或工件完成。周期地改变砂轮与被磨内孔轴线间的偏心距，即增大砂轮公转运动的旋转半径，可实现横向进给运动（f_r）。这种磨削方式适用于磨削大型或形状不对称，不便于旋转的工件。

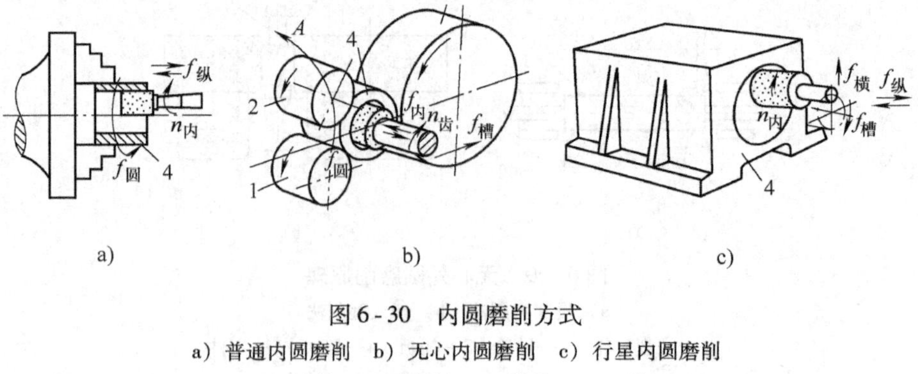

图6-30 内圆磨削方式

a）普通内圆磨削 b）无心内圆磨削 c）行星内圆磨削

1—滚轮 2—压紧轮 3—导轮 4—工件

4. 平面磨床

平面磨床主要用于磨削各种工件的平面，根据磨削方法和机床布局不同，平面磨床主要有以下四种类型：卧轴矩台平面磨床（磨削方法见图6-31a）、卧轴圆台平面磨床（磨削方法见图6-31b）、立轴矩台平面磨床（磨削方法见图6-31c）和立轴圆台平面磨床（磨削方法见图6-31d)。其中前两种磨床用砂轮的周边磨削（如图6-31a、b所示），后两种磨床用砂轮的端面磨削（如图6-31c、d所示）。在上述四类平面磨床中，用砂轮端面磨削的平面磨床与用周边磨削的平面磨床相比较，由于端面磨削的砂轮直径往往比较大，能一次磨出工件的全宽，磨削面积较大，所以生产率较高，但端面磨削时砂轮和工件表面是成弧形线或面接触，接触面积大，冷却困难，且切屑不易排除，所以加工精度较低，表面粗糙度值较大。而用砂轮周边磨削，由于砂轮和工件接触面较小，发热量少，冷却和排屑条件较好，可获得较高的加工精度和较小的表面粗糙度。另外，采用卧轴矩台的布局形式时，工艺范围较广，除了用砂轮周边磨削水平面外，还可用砂轮的端面磨削沟槽、台阶等的垂直侧平面。

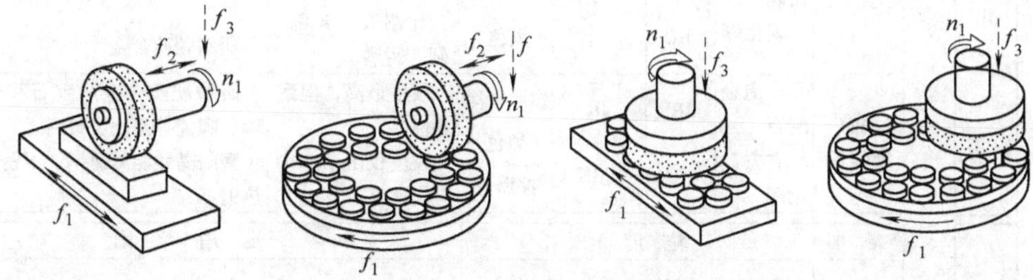

图6-31 平面磨床磨削方式示意图

a）卧轴矩台式　b）卧轴圆台式　c）立轴矩台式　d）立轴圆台式

圆台平面磨床与矩台平面磨床相比，圆台式平面磨床的生产率稍高些，这是由于圆台式平面磨床是连续进给，而矩台式平面磨床有换向时间损失。但是圆台式平面磨床只适于磨削小零件和大直径的环形零件端面，不能磨削窄长零件。而矩台式平面磨床可方便地磨削各种零件，包括直径小于矩台宽度的环形零件。

目前，最常见的平面磨床为卧轴矩台式平面磨床和立轴圆台式平面磨床。

6.5.4　磨削砂轮及其选用

1. 砂轮的组成要素

砂轮是用结合剂将磨粒固结成一定形状的多孔体（见图6-32）。砂轮包括如下各组成要素。

（1）磨料　磨料是构成砂轮的主要成分，它担负着磨削工作，必须具备很高的硬度、耐磨性、耐热性和韧性，才能承受磨削时的热和切削力。常用的磨料分为天然磨料和人造磨料两大类。一般天然磨料含杂质多，质地不匀。天然金刚石虽好，但价格昂贵，故目前主要使用人造磨料。常用人造磨料有棕刚玉（A）、白刚玉（WA）、铬刚玉（PA）、黑色碳化硅（C）、绿色碳化硅（GC）、人造金刚石（MBD等）和立方氮化硼（CBN）。其性能与适用范围见表6-2。

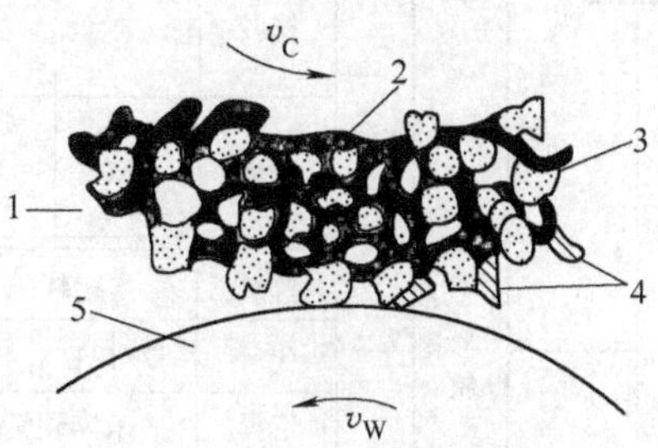

图6-32　砂轮的构造

1—砂轮　2—结合剂　3—颗粒磨料

4—磨屑　5—工件

表 6-2 砂轮的性能及适用范围

砂轮组成的基本参数

磨料

系列	名称	代号	旧代号	颜色	性能	适用范围
氧化物系	棕刚玉	A	CZ	棕褐	硬度较低、韧性较好	磨削碳素钢、合金钢、可锻铸铁与青铜
	白刚玉	WA	GB	白色	较A硬度高，磨粒锋利	磨削淬硬钢，薄壁零件、成形零件
	铬刚玉	PA	GG	玫瑰红	韧性比WA好	磨削高速、不锈钢，成形磨削，刀具刃磨
碳化物系	黑色碳化硅	C	TH	黑色	比刚玉类硬度高、但韧性差	磨削铸铁、黄铜、耐火材料及非金属材料
	绿色碳化硅	GC	TL	绿色	较C硬度高但韧性差	磨削硬质合金、宝石和光学玻璃
	碳化硼	BC		黑色	比刚玉、GC都硬、耐磨	研磨硬质合金
超硬磨料系	人造金刚石	MBD	JR	白、淡绿黑色	硬度最高，但耐热性差	研磨硬质合金、宝石和光学玻璃、陶瓷等高硬度材料
	立方氮化硼	CBN	CBN	棕黑色	硬度仅次于MBD但韧性好	磨削高性能高速钢、不锈钢、耐热钢等

粒度

类别	粒度号	适用范围
磨粒	8#、10#、12#、14#、16#、20#、22#、24#	荒磨
	30#、36#、40#、46#	一般磨削，*Ra*可达0.8μm
	54#、60#、70#、80#、90#、100#	半精磨、精磨、成形磨削，*Ra*可达0.8~0.16μm
	120#、150#、180#、220#、240#	精磨、精密磨、超精磨、成形磨、刀具刃磨
磨粉	W_{63}、W_{50}、W_{40}、W_{28}、W_{20}、W_{14}、W_{10}、W_{7}、W_{5}、W_{35}、W_{25}、W_{15}、W_{10}、W_{05}	精磨、精密磨、超精磨、珩磨、螺纹磨、超精密磨、镜面磨、精研、*Ra*可达0.05~0.012μm

结合剂

名称	代号	旧代号	特性	适用范围
陶瓷	V	A	耐热、耐油和酸及碱的侵蚀，强度高、较脆	除薄片砂轮外，能制成各种砂轮
树脂	B	S	强度高，富有弹性，具有一定的抛光作用，耐热性差，不耐酸碱	荒磨砂轮、磨窄槽，可作切断用砂轮、高速砂轮、镜面磨砂轮
橡胶	R	X	强度高，弹性更好，抛光作用好，耐热性差，不耐酸碱，易堵塞	用作磨削轴承滚道砂轮、无心磨导轮、切割薄片砂轮、抛光砂轮
金属	M	J	砂轮强度好，型面保持性好，有一定韧性，但自锐性差	制造金刚石砂轮，使用寿命长

硬度

等级	超软			软			中软		中		中硬			硬		超硬
代号	D	E	F	G	H	J	K	L	M	N	P	Q	R	S	T	Y
选择	未淬硬钢选L~N，淬火合金钢选H~K，高表面质量选K~L，硬质合金刀选H~J															

组织

组织号	0	1	2	3	4	5	6	7	8	9	10	11	12	13	14
磨粒率(%)	62	60	58	56	54	52	50	48	46	44	42	40	38	36	34
用途	成形、精密磨削				磨削淬火钢、刀具				磨削韧性大、硬度不高的钢					磨削热敏材料	

（2）粒度 粒度是指磨料颗粒的大小。粒度有两种表示方法：对于用筛选法来区分的较大的磨粒（制砂轮用），以每英寸筛网长度上筛孔的数目来表示。如46[#]粒度表示磨粒刚能通过每英寸46格的筛网。所以粒度号愈大，磨粒的实际尺寸愈小。对于用显微镜测量来区分的微细磨粒（微粉，供超精磨和研磨用），以其最大尺寸（单位为 μm）前加 W 来表示，如 W28、W40。

（3）结合剂 结合剂的作用是把磨粒固结在一起，使砂轮具有一定的形状和强度。结合剂的性能决定了砂轮的强度、耐冲击性、耐腐蚀性、耐热性和砂轮寿命。此外，它对磨削温度和磨削表面质量也有一定的影响。常用的结合剂有陶瓷结合剂、树脂结合剂、橡胶结合剂和金属结合剂，其特性和适用范围见表6-2。

（4）硬度 磨粒在外力作用下从磨具表面脱落的难易程度称为硬度。砂轮的硬度反映结合剂固结磨粒的牢固程度。砂轮硬，就是磨粒固结得牢，不易脱落；砂轮软，就是磨粒固结得不太牢，容易脱落。砂轮的软、硬主要取决于结合剂的强度，与磨粒本身的硬度无关。砂轮的硬度对磨削生产率和磨削表面质量都有很大影响。如果砂轮太硬，磨粒磨钝后仍不能脱落，则磨削效率很低，工件表面粗糙并可能被烧伤。如果砂轮太软，磨粒未磨钝时就已从砂轮上脱落，砂轮损耗大，形状不易保持，影响工件质量。砂轮的硬度合适，磨粒磨钝后因磨削力增大而自行脱落，使新的锋利的磨粒露出，砂轮具有自锐性，则磨削效率高，工件表面质量好，砂轮的损耗也小。

（5）组织 组织表示砂轮中磨料、结合剂和气孔间三者体积的比例关系。磨粒在砂轮体积中所占比例越大，砂轮的组织越紧密，气孔越小；反之，组织越疏松。根据磨粒在砂轮中占有的体积百分数（称磨料率），砂轮可分为0~14组织号。组织号从小到大，磨料率从大到小，气孔率由小到大。组织号大，砂轮不易堵塞，切削液和空气容易带入磨削区域，可降低磨削温度，减少工件变形和烧伤，也可提高磨削效率。但组织号大，不易保持砂轮的轮廓形状。

表6-2列出了砂轮的五个组成要素、代号、性能和适用范围，供选用砂轮时参考。砂轮的标志一般印在砂轮的端面上，表示砂轮的形状、尺寸、磨料、粒度号、硬度、组织号、结合剂和允许的最高工作速度。需要时请查有关资料。

2. 砂轮的形状、尺寸和标志

为了适应在不同类型磨床上的各种使用需要，砂轮有许多形状。常用的砂轮形状、代号和用途请查阅相关标准（GB/T 2484—2006）。

砂轮的标志印在砂轮端面上。其顺序是：形状代号、尺寸、磨料、粒度、组织、结合剂和允许的最高工作速度。例如：

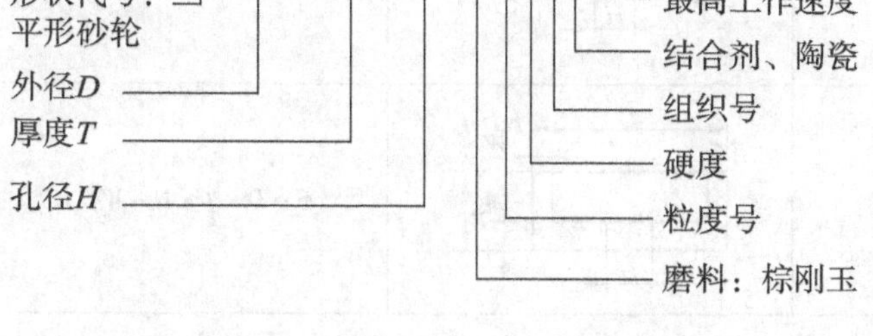

3. 超硬性能的砂轮

（1）人造金刚石砂轮　人造金刚石砂轮的构造由磨料层、过渡层和基体三部分组成。磨料层由人造金刚石磨粒与结合剂组成，厚度约为1.5～5mm，起磨削作用。过渡层不含人造金刚石，单由结合剂组成，其作用是使磨料层与基体牢固地结合在一起，并使磨料层能全部达到使用。基体起支承磨削层的作用，并通过它将砂轮紧固在磨床主轴上。基体常用铝、钢、铜或胶木等制造。人造金刚石砂轮用于磨削超高硬度的脆性材料，如硬质合金、花岗岩、宝石、光学玻璃和陶瓷等，还可磨削有一定韧性的热喷焊耐磨合金，如NiCr15C、Ni-WC35等。

人造金刚石砂轮的结合剂有金属（代号M，常用的是青铜）、树脂和陶瓷三种。金属结合剂的人造金刚石砂轮适于粗磨、半精磨和成形磨削。树脂和陶瓷结合剂的适于半精磨、精磨和抛光。

（2）立方氮化硼砂轮　立方氮化硼砂轮的结构与人造金刚石砂轮相似，立方氮化硼只有一薄层。立方氮化硼磨粒非常锋利又非常硬，其使用寿命为刚玉磨粒的100倍。立方氮化硼砂轮用来磨削超硬的、高韧性的、难加工钢材，如高钒高速工具钢、耐热合金等。立方氮化硼砂轮特别适合高速磨削和超高速磨削，但需采用经改制的特殊水剂切削液而不能采用普通的水剂切削液。

4. 砂轮的选用

砂轮的选用包括选用砂轮的性能和适用范围以及选用砂轮的形状和用途等，请参考表6-2和表6-3。

表6-3　常用砂轮的形状、代号及主要用途

代　号	名　称	断面形状	形状尺寸标记	主要用途
1	平面砂轮	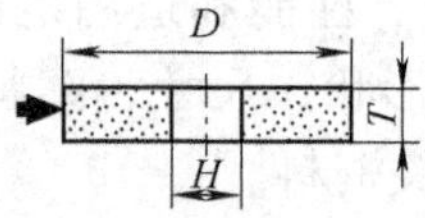	1 - $D \times T \times H$	磨外圆、内孔、平面及刃磨刀具
2	筒形砂轮	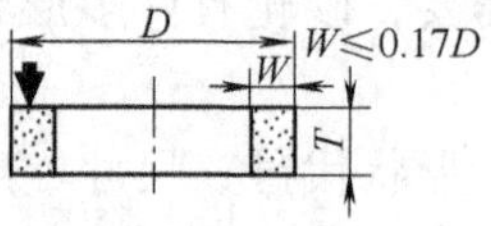	2 - $D \times T - W$	端磨平面
4	双斜边砂轮	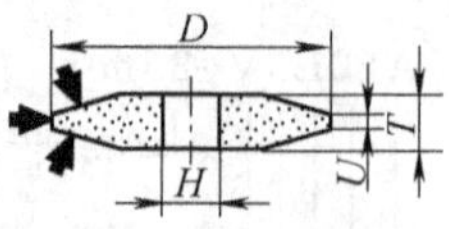	4 - $D \times T/U \times H$	磨齿轮及螺纹
6	杯形砂轮	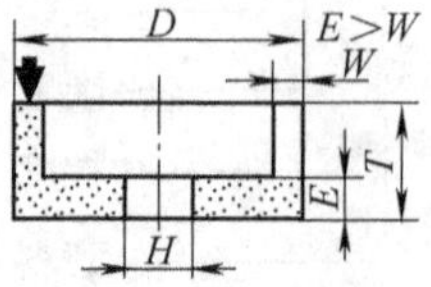	6 - $D \times T \times H - W$，E	端磨平面，刃磨刀具后刀面

（续）

代　号	名　称	断面形状	形状尺寸标记	主要用途
11	碗形砂轮	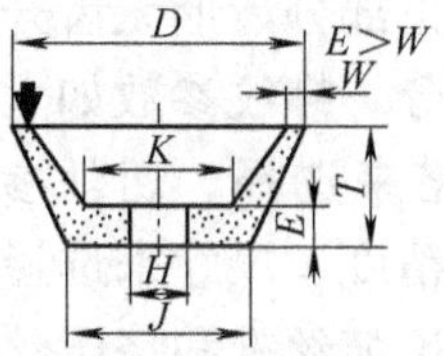	11 - $D/J\times T\times H-W,\ E,\ K$	端磨平面，刃磨刀具后刀面
12a	碟形一号砂轮	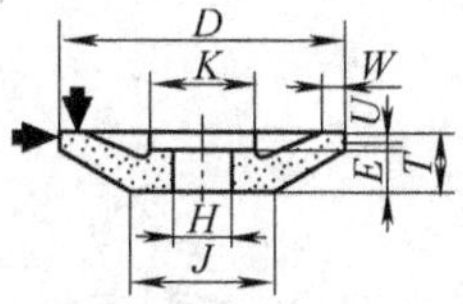	12a - $D/J\times T/U\times H-W,\ E,\ K$	刃磨刀具前刀面
41	薄偏砂轮	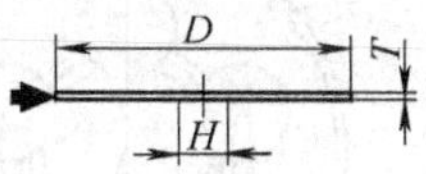	41 - $D\times T\times H$	切断及磨槽

注：↓所指表示基本工作面。

6.6　螺纹加工及其刀具

螺纹刀具指加工内、外螺纹表面的刀具。它可以分为车刀类、铣刀类、拉刀类或利用塑性变形方法加工的螺纹滚压工具类。其中有代表性的也是应用较广的是丝锥和板牙。

6.6.1　丝锥

丝锥的基本结构是一个轴向开槽的螺杆。图6-33所示为常用的普通螺纹丝锥的结构。它的切削部分铲磨出锥角 2ϕ，以使切削负荷分配到几个刀齿上。校正部分有完整的齿形，以控制螺纹参数并引导丝锥沿轴向运动。柄部方尾供与机床连接，或通过扳手传递转矩。丝锥轴向开槽以容纳切屑，同时形成前角。切削锥顶刃与齿形侧刃经铲磨形成后角。丝锥的中心部是锥芯，用以保持丝锥的强度。

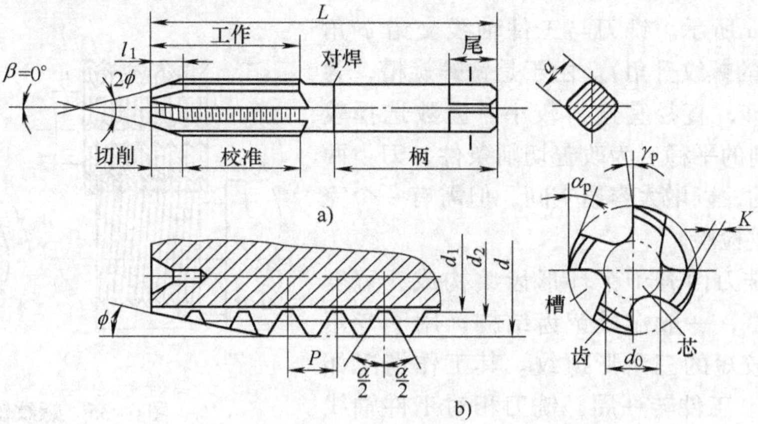

图6-33　丝锥的结构

攻螺纹的主运动是丝锥的旋转与轴向移动组合成的螺旋运动。当切出一段螺纹后，丝锥齿侧就能受螺纹螺旋面的导引，自动攻入。丝锥的切削部分可理解为一把螺旋拉刀。切削顶刃按螺旋面展开，其半径递增形成齿升量，校正部分齿形无齿升量，相当于拉刀的校正齿。

丝锥的参数包括螺纹参数与切削参数两部分。螺纹参数如大径 d、中径 d_2、小径 d_1、螺距 P 及牙型角 α 等，根据被加工的螺纹的规格来选择。切削参数如锥角 2ϕ、端剖面前角 γ_p、后角 α_p、槽数 z 等，根据被加工的螺纹的精度、尺寸来选择。

加工螺纹的丝锥除普通螺纹丝锥外，还有拉削丝锥和挤压丝锥等。

6.6.2 板牙

板牙是加工与修整外螺纹的标准刀具。它的基本结构是一个螺母，轴向开出容屑孔以形成切削齿前面。因结构简单，制造使用方便，故在中小批生产中应用很广。

加工普通外螺纹常用圆板牙，其结构如图 6-34 所示。圆板牙左右两个端面上都磨出切削锥角 2ϕ，齿顶经铲磨形成后角。

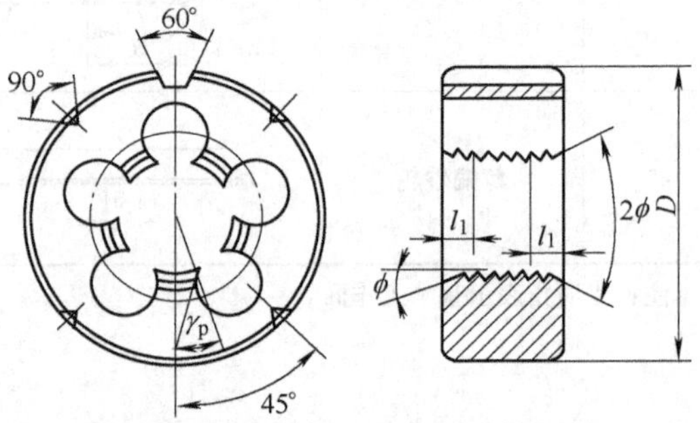

图 6-34　圆板牙

套螺纹时先将圆板牙放在板牙套中，用紧定螺钉固紧，然后套在工件外圆上，在旋转板牙（或旋转工件）的同时应在板牙的轴线方向施以压力。圆板牙的中间部分是校准部分，一端切削刃磨损后可换另一端使用。两端都磨损后，可以重磨容屑槽前面或废弃。板牙的廓形在内表面，很难磨制。校准部分的后角不但为零，而且热处理后的变形等缺陷也难以消除。因此板牙只能加工精度要求不高的外螺纹。

6.6.3 螺纹铣刀

螺纹铣刀分盘形、梳形与铣刀盘三类，多用于铣削精度不高的螺纹或对螺纹粗加工，但都有较高的生产率。

盘形螺纹铣刀用于粗切蜗杆或梯形螺纹，工作情况如图 6-35a 所示。铣刀与工件轴线交错 φ 角（φ 角等于工件的螺纹升角）。由于是铣螺旋槽，为减少铣槽的干涉，直径宜选得较小。齿数选择较多，以保持铣削的平稳。为改善切削条件，刀齿两侧可磨成交错的，以增大容屑空间，但需有一个完整的齿形，以供检验。

梳形螺纹铣刀由若干个环形齿纹构成，宽度大于工件的长度，一般作成铲齿结构，用于专用的铣床上加工较短的三角形螺纹。其工作情况如图 6-35b 所示。工件转一周，铣刀相对工件轴线移动一个导程，即可全部铣出螺纹。

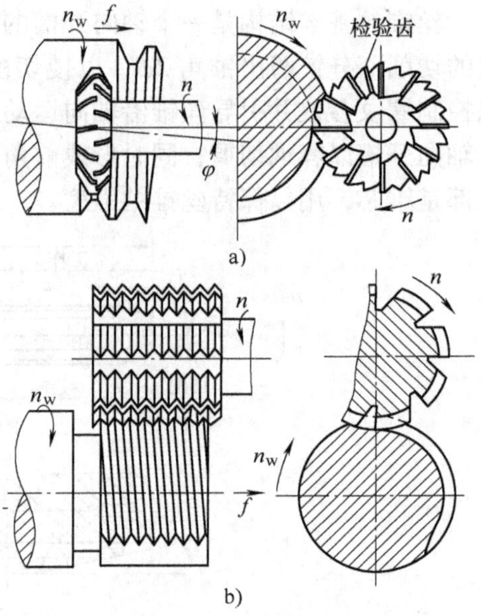

图 6-35　螺纹铣刀

a）盘形螺纹铣刀　b）梳形螺纹铣刀

6.6.4　板牙头

螺纹板牙头是一种组合式螺纹刀具，通常是开合式。外形如图 6-36 所示。图 6-36a 所示为加工外螺纹的圆螺纹梳刀板牙头，图 6-36b 所示为加工内螺纹的径向螺纹梳刀板牙头。使用时可通过手动或自动操纵梳刀的径向开合。因此可在高速切削螺纹时达到快速退刀，生产效率很高。梳刀可多次重磨，使用寿命较长。

板牙头结构复杂，成本较高。通常在转塔机床、自动机床和组合机床上使用。

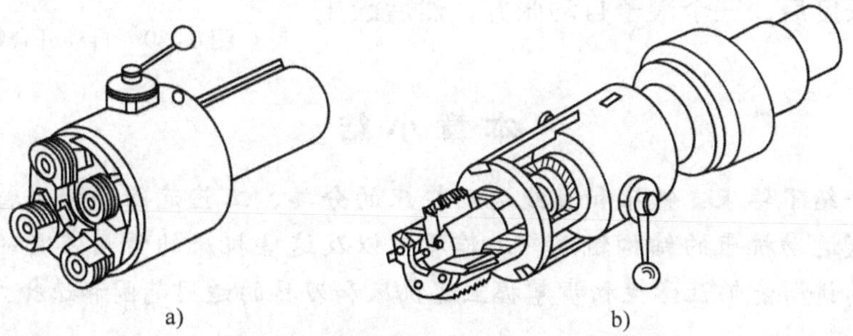

图 6-36　板牙头

a）圆螺纹梳刀板牙头　b）切向螺纹梳刀板牙头

6.6.5　螺纹滚压工具

滚压螺纹属于无屑加工，适合于滚压塑性材料。常用的滚压工具是滚丝轮、搓丝板和自动开合螺纹滚压头。

1. 滚丝轮

图 6-37 所示为滚丝轮的工作情况，两个滚丝轮螺纹旋向与工件螺纹旋向相反，以同一方向旋转。动轮逐渐向静轮靠拢，工件表面就被挤压形成螺纹。两轮中心距到达预定尺寸后，停止进给，继续滚转几圈以修正螺纹廓形，然后退出，取下工件。为增大滚丝轮的直径，以提高其刚度，滚丝轮都作成多头的。

2. 搓丝板

图 6-38 所示为搓丝板。它由动板、静板组成，是成对使用的。工件进入两块板之间，立即被夹住，随着搓丝板的运动迫使其转动，最终滚压出螺纹。

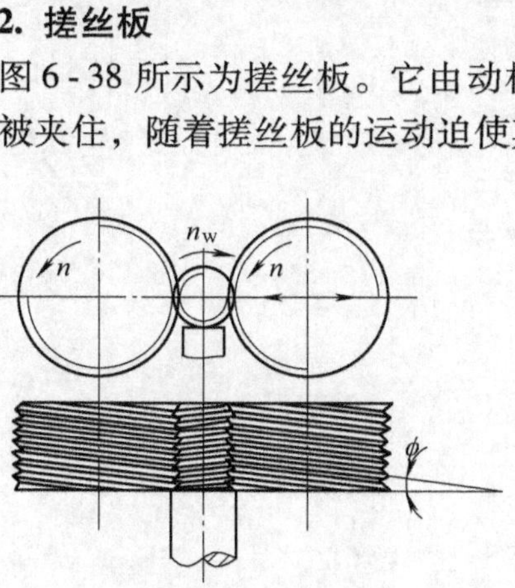

图 6-37　滚丝轮

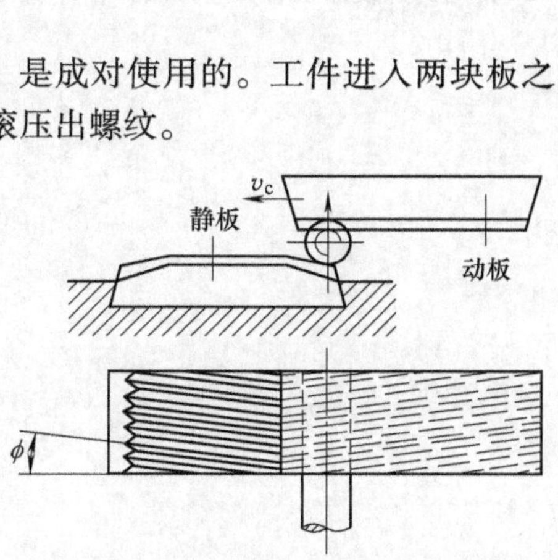

图 6-38　搓丝板

3. 自动开合螺纹滚压头

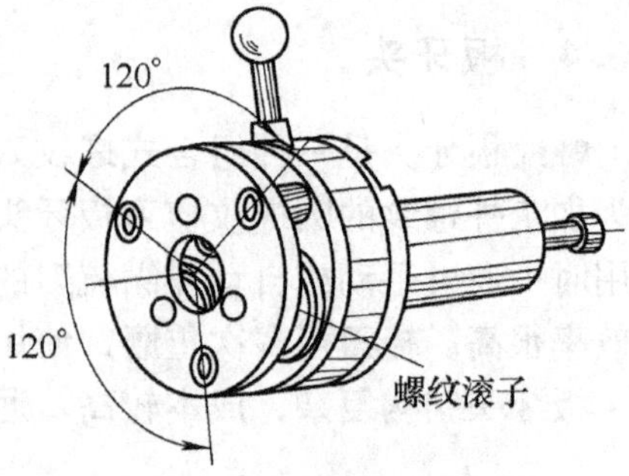

图 6-39　自动开合螺纹滚压头

图 6-39 所示为自动开合螺纹滚压头的外形结构。它是一种高精度、高效率的工具，适合于卧式车床、转搭车床、自动车床使用。滚压头有三个互成 120°分布的螺纹滚子，相当于三个滚丝轮。每只滚子上的环形齿纹相互错开三分之一螺距，安装时都倾斜了一个螺纹升角。工作时工件旋转，滚压头沿轴向作进给运动，到达预定长度后，三个滚子自动张开，然后滚压头快速返回。

本章小结

本章简要介绍了钻床、镗床和直线运动机床的分类、工艺范围和加工特点，介绍了钻床、镗床和直线运动机床的结构组成、工作原理以及这些机床的常用刀具的结构特点及应用。通过本章的讲解能够让学生初步掌握上述机床和刀具的适用范围和选择方法。

思考题

1. 试述钻床的加工工艺范围。
2. 可用来加工外圆表面、内孔、平面和沟槽的机床各有哪些？
3. 试说明摇臂钻床和立式钻床在加工工艺范围上有什么区别？
4. 铰削过程有哪些特点？
5. 简述镗削加工的工艺范围、加工方式及其加工精度。
6. 单刃镗刀和双刃镗刀各有何优缺点？
7. 刨削时刀具和工件作哪些运动？
8. 为什么刨刀往往做成弯头的？
9. 简述拉削加工的工艺特点。
10. 简述磨床的工艺范围。
11. 简述砂轮的组成要素和各要素的含义。
12. 常用的螺纹加工有哪些方法？各种加工方法的特点是什么？

第7章 先进加工设备简介

【学习目标】通过本章的学习，对机械加工当中所要用到的先进加工设备（如特种加工设备、组合机床和数控加工设备等）的基本结构、工作原理、适应范围和加工方法有个简要了解，为选择机械加工中的设备提供更宽的思路。

随着科技的发展和不断进步，零件的形状越来越趋于微型化和复杂化，零件的材料也越来越难加工，这样就对机械加工设备的加工质量、自动化程度和生产效率提出了更高的要求，因此，要求科技工作人员必须要研发和制造出相应的现代化先进设备。

7.1 特种加工设备

7.1.1 电火花加工机床

电火花加工是利用浸在工作介质（工作液）中的两极（工具电极和工件电极）间脉冲放电时产生的电蚀作用蚀除导电材料的特种加工方法，又称为放电加工或电蚀加工。电火花加工机床又称电蚀加工机床，它主要用于加工各种高硬度的材料（如硬质合金和淬火钢等）和复杂形状的模具、零件，以及切割、开槽和去除折断在工件孔内的工具（如钻头和丝锥）等。

1. 电火花加工原理

在图7-1a中，脉冲电源2的两个输出端分别接工件电极1和工具电极4，自动进给调节装置3（此处为液压缸及活塞）使二者之间保持预定的放电间隙，加工时，两极间加上100V左右的直流脉冲电压。由于工具和工件的表面不是绝对光滑，而是呈微观的凹凸不平状，故二者表面上各点之间的实际间隙大小不等，当脉冲电压由低升高时，使实际间隙最小处或绝缘强度最低处被击穿，在该局部产生火花放电，在微小的区域内由放电产生的瞬间高温使工件和工具表面的材料产生程度不同的熔化和汽化现象，与此同时，放电处的绝缘液体也被局部加热，迅速汽化，体积膨胀，随之产生很高的压力，将已经熔化、汽化的材料从工件和工具的表面蚀除掉，在二者的表面形成一微小的凹坑（见图7-1b）。在放电结束，工作液恢复绝缘性能后，第二个脉冲又在两个表面之间新的最小

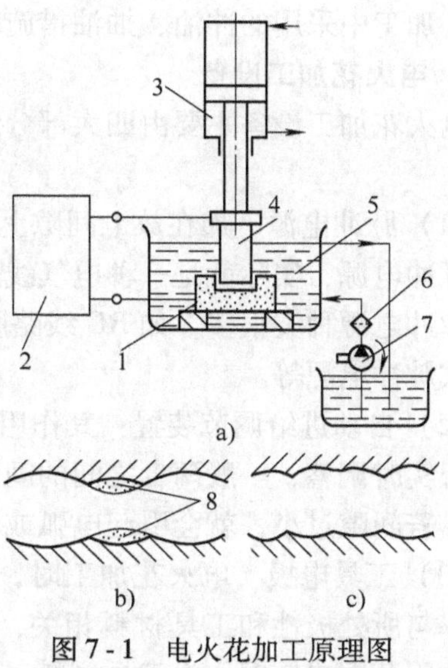

图7-1 电火花加工原理图

a）原理示意图 b）、c）加工表面局部放大

1—工件电极 2—脉冲电源 3—自动进给调节装置 4—工具电极 5—工作液 6—过滤器 7—工作液泵 8—被蚀除的材料

间隙处重复上述过程。如此循环，直至工件的形状尺寸和表面质量达到所规定的技术要求为止。图7-1b、c分别表示单个及多个脉冲放电后的状态。

实现电火花加工条件包括以下几个方面：

（1）工具电极和工件电极之间必须维持合理的距离　在该距离范围内，既可以满足脉冲电压不断击穿介质，产生火花放电，又可以适应在火花通道熄灭后介质的消电离以及排出蚀除产物的要求。若两电极距离过大或两电极短路，均不能实现电腐蚀加工。

（2）两电极之间必须充入介质　在进行材料电火花尺寸加工时，两极间为液体介质（专用工作液或工业煤油）；在进行材料电火花表面强化时，两极间为气体介质。

（3）输送到两电极间的脉冲能量密度应足够大　能量密度足够大，才可以使被加工材料局部熔化或汽化，从而在被加工材料表面形成一个腐蚀痕（凹坑），实现电火花加工。

（4）放电必须是短时间的脉冲放电　放电持续时间一般为0.001~0.1s之间。由于放电时间短，使放电时产生的热能来不及在被加工材料内部扩散，从而把能量作用局限在很小范围内，保持火花放电的冷极特性。

（5）脉冲放电需重复多次进行，并且多次脉冲放电在时间上和空间上是分散的　这里包含两个方面的意义：其一，时间上相邻的两个脉冲不在同一点上形成通道；其二，若在一定时间范围内脉冲放电集中发生在某一区域，则在另一段时间内，脉冲放电应转移到另一区域。只有如此，才能避免积炭现象，进而避免发生电弧和局部烧伤。

（6）脉冲放电后的蚀除产物能及时排放至放电间隙之外，使重复性放电顺利进行　在电火花加工的生产实际中，上述过程通过两个途径完成。一方面，火花放电以及电腐蚀过程本身具备将蚀除产物排离的固有特性；蚀除产物以外的其余放电产物（如介质的汽化物）亦可以促进上述过程；另一方面，还必须利用一些人为的辅助工艺措施，例如工作液的循环过滤，加工中采用的冲油、抽油措施等。

2. 电火花加工设备

电火花加工设备主要由四大部分组成：脉冲电源、自动进给调节装置、工具电极和液体介质。

（1）脉冲电源　加在放电间隙上的电压必须是脉冲的，否则，放电将成为连续的电弧。所谓脉冲电源，实际就是一种电气线路或装置，它们能够发出具有足够能量的脉冲电压。常用的脉冲电源种类很多，如RC线路脉冲电源、闸流管式脉冲电源、晶闸管式脉冲电源和晶体管式脉冲电源等。

（2）自动进给调节装置　其作用是维持工具电极和工件电极之间有一适当的放电间隙，并进行实时调整，一般两者之间的间隙为0.01~0.02mm。若间隙过大，电火花就不能连续工作；若间隙过小，就会引起电弧或者造成短路。

（3）工具电极　电火花加工时，工具与工件两电极受到不同程度的电腐蚀，工具电极损耗率与所处极性和工具材料相关，根据加工需要确定极性后，正确选用工具材料至关重要。常用黄铜或纯铜作为工具材料，要求减小电极的蚀耗时，常选用铜基石墨或碳化钨。

（4）液体介质　电火花加工中，放电必须在具有一定绝缘的液体介质中进行。液体介质使工具电极和工件电极绝缘，并排除电火花加工的金属微屑，同时冷却两电极，防止热变形。常用的液体介质有煤油，90号透平油、20号机油和变压器油。

3. 电火花加工的特点

1）脉冲放电的能量密度高，便于加工用普通的机械加工方法难于加工或无法加工的特殊材料和复杂形状的工件。不受材料硬度影响，不受热处理状况影响。

2）脉冲放电持续时间极短，放电时产生的热量传导扩散范围小，材料受热影响范围小。

3）加工时，工具电极与工件材料不接触，两者之间宏观作用力极小。工具电极材料不需比工件材料硬，因此，工具电极制造容易。

4）可以改革工件结构，简化加工工艺，提高工件使用寿命，降低工人劳动强度。

7.1.2　电解加工设备

电解加工属电化学加工方法，是继电火花加工之后，发展较快、应用较广泛的一种特种加工方法。

1. 电解加工原理

电解加工利用金属在电解液中阳极溶解的电化学反应，将工件加工成形的一种方法，其加工原理如图7-2所示。

加工时，在工件和工具电极之间接直流电源，工件接正极（阳极），工具接负极（阴极）。两极之间保持较小的间隙（通常为0.02～0.7mm），利用电解液泵在间隙中间通以高速（5～50m/s）流动的电解液，在工件和工具之间施加一定的电压，工件表面的金属就会不断地溶解，溶解的产物被高速流动的电解液带走，工具阴极则要不断地匀速进给，才能使阳极溶解过程能够不断地进行，直到获得所需要的零件形状和尺寸为止。电解液经过滤后可重复使用。

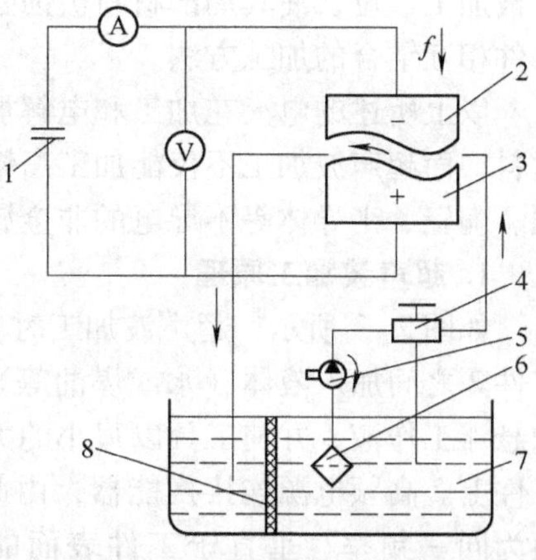

图7-2　电解加工示意图

1—直流电源　2—工具阴极　3—工件阳极　4—调节阀门　5—电解液泵　6—过滤器　7—电解液　8—过滤网

2. 电解加工基本设备

电解加工的基本设备主要包括直流电源、机床、电解液系统和自动控制系统。

（1）直流电源　电解加工要求电压不高，一般8～24V，要求加工电压恒定，并在一定范围内连续可调。要求加工电流较大（几千至几万A），以确保较高的生产率，通常采用硅整流电源及晶闸管整流电源两种。

（2）电解加工机床　电解加工机床用来安装夹具、工件（正极）及工具（负极），并实现其相对运动，传送直流电和电解液，因此，要求具有足够的刚性，工具电极进给速度稳定，防腐绝缘性能好，并具备安全保护措施。

（3）电解液系统　电解液系统的作用是连续平稳地向加工区供给足够压力、流量、温度合适而清洁的电解液，并带走电解产物，它是电解加工系统中重要的组成部分，主要由电解液泵、电解液、过滤装置、管道和阀等元件组成。

（4）自动控制系统　电解加工设备的自动控制系统由程序控制、参数控制和保护连锁三大部分组成。

3. 电解加工的特点

1）加工过程中没有电极损耗。仅用单个电极就可以重复生产无限量的产品。

2）加工后工件上没有热应力。不影响工件现有属性，不会产生微观裂缝，能够延长工件的使用寿命。

3）不产生氧化层。工件无需后序加工，工件加工后没有机械应力，可以加工壁较薄的结构件。

4）电极的表面质量可以复制。表面粗糙度可达 $Ra0.05\mu m$，最高可以达到 $Ra0.02\mu m$。加工尺寸精度不高。

5）可加工高硬度、高强度和高韧性等难切削的金属材料（如淬火钢、高温合金和钛合金等）。

7.1.3 超声波加工设备

超声波加工是指利用超声振动的工具，带动工件和工具间的磨料悬浮液，冲击和抛磨工件被加工部位，使其局部材料被蚀除，以进行穿孔、切割和研磨等，以及利用超声波振动使工件相互结合的加工方法。

以上所述的电火花加工和电解加工，只能加工金属导电材料，不能加工不导电的非金属材料，而超声波加工不仅能加工高熔点的硬质合金、淬火钢等脆硬合金材料，而且能加工玻璃、陶瓷、半导体等不导电的非金属脆硬材料，同时，还可用于清洗、焊接和探伤等。

1. 超声波加工原理

如图 7-3 所示，超声波加工时，在工具 1 和工件 2 之间加入液体（水或煤油等）和磨料混合的悬浮工作液，并使工具以很小的力 F 轻轻压在工件上。高频电源连接换能器，由此将电振荡转换为同一频率、垂直于工件表面的超声机械振动，并借助于变幅杆 4、5 把振动位移振幅放大到 0.05 ~ 0.1mm 左右，驱动工具端面作超声振动，迫使工作液中的悬浮磨粒以很高的速度不断地撞击、抛磨被加工表面，把加工区域的材料粉碎成很细的微粒，并击打下来。又由于超声振动产生的空化现象在加工表面形成液体空腔，促使悬浮液渗入工件材料的缝隙里，而空腔的瞬时闭合产生强烈的液压冲击，可以强化加工过程。此处，正负交变的液压冲击也使悬浮工作液在加工间隙中强迫循环，使变钝了的磨粒不断更新、加工产物不断排除，从而达到超声波加工的目的。

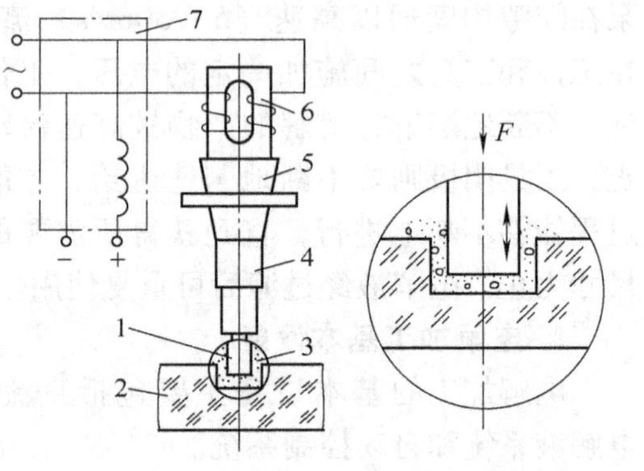

图 7-3 超声波加工原理图

1—工具 2—工件 3—磨料悬浮液

4、5—变幅杆 6—换能器 7—超声波发生器

2. 加工设备

超声波加工设备的基本组成一般包括超声波发生器、超声波振动系统、磨料悬浮液循环系统和机床四大部分。

(1) 超声波发生器 其作用是将工频交流电转变为具有一定功率输出的超声频振荡，以提供工具端面往复振动和去除被加工材料的能量。

（2）超声波振动系统　它的作用是把高频电能转变为机械能，使工具端面作小振幅的高频振荡，以进行超声波加工，它由换能器、变幅杆和工具组成。

（3）磨料悬浮液循环系统　简单的超声波加工装置，其磨料靠人工输送和更换，大型超声波加工机床采用流量泵自动向加工区供给磨料悬浮液，且品质好，循环也好。

（4）超声波加工机床　超声波加工机床一般比较简单，包括支撑振动系统的机架及工作台面，使工具以一定压力作用在工件上的进给机构和床身等部分。

7.1.4　激光加工设备

1. 激光加工原理

激光是处于激发状态的原子、离子或分子受激辐射而发出的得到加强的光。它具有强度高、单色性好、相干性好和方向性好等特性。激光加工是将激光束照射到工件的表面，以激光的高能量来切除、熔化材料以及改变物体表面性能。由于激光加工是无接触式加工，工具不会与工件的表面直接摩擦产生阻力，所以激光加工的速度极快、加工对象受热影响的范围较小而且不会产生噪声。由于激光束的能量和光束的移动速度均可调节，因此激光加工可应用到不同层面和范围上。利用激光的上述特性，可经过一系列光学系统，把激光光束聚焦成极小的光斑，从而获得10^7～10^9W/cm^{2}的能量密度及10000℃以上的高温，在千分之几秒甚至更短的时间内，足以使任何材料融化和汽化而被蚀除下来，从而实现加工。激光加工的原理可用如图7-4所示的固体激光器打孔简图来说明，图中2为激光工作物质，激光工作物质可以是固体，如红宝石、钕玻璃等，也可以是气体，如二氧化碳。为激励能源，其主体是一个光泵，即脉冲氙灯或氪灯，作用是给激光工作物质提供能量，使其粒子由低能级激发到高能级，产生受激辐射。

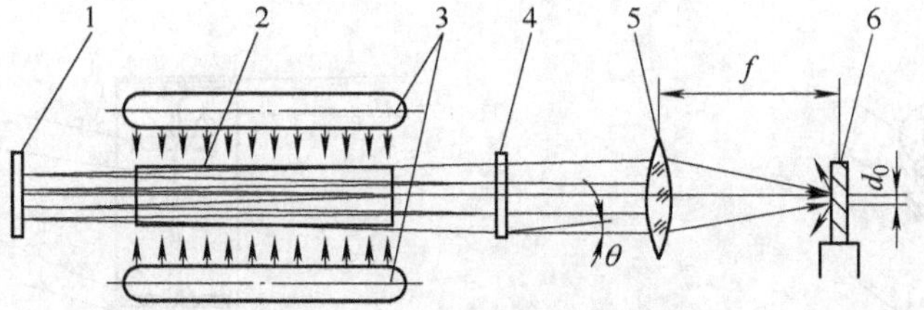

图7-4　固体激光器打孔简图

1—全反射镜　2—激光工作物质　3—激励能源　4—部分反射镜　5—透镜　6—工件

θ—激光束发散全角　f—激光焦点直径　d_0—焦距

当激光工作物质2被激发以后，在一定的条件下可使光得到放大，并通过全反射镜1和部分反射镜4组成的光谐振腔的作用产生光的振荡，由光谐振腔的部分反射镜4输出激光。由激光器发射的激光再通过透镜5聚焦到工件6的待加工表面，对工件6进行预定的加工。

能量密度高的激光束照射到被加工表面时，一部分光能被反射，一部分光能穿透物质，而剩余的光能被加工表面吸收并转换成热能，对不透明的物质，因为光的吸收深度非常小，所以热能的转换只发生在表面的极浅层，再由热的传导作用传递到物质的内部，由加工表面吸收并转换成的热能使照射斑点的局部区域迅速熔化以致汽化蒸发，并形成小凹坑，同时由于热扩散使斑点周围的金属熔化，随着激光能量继续被吸收，凹坑中金属蒸气迅速膨胀，压力突然增大，相当于产生一个微型爆炸，把熔融物高速喷射出来。熔融物高速喷射所产生的反冲压力又在工件内部形成一个方向性很强的冲击波，这样，工件材料就在高温熔融和冲击波的同时作用下，蚀除了部分物质，从而打出一个直径为 d_0，且具有一定锥度的小孔。

2. 加工设备

激光加工的基本设备由激光器、激光器电源、光学系统及机械系统四大部分组成。

（1）激光器　激光器是激光加工的重要设备，其作用是将电能转变成光能，产生所需要的激光束。

（2）激光器电源　激光器电源根据加工工艺的要求，为激光器提供所需要的能量及控制功能。

（3）光学系统　光学系统将光束聚焦并能观察和调整焦点位置，还可在投影仪上显示加工位置等。

（4）机械系统　机械系统主要包括床身、可在多坐标范围内移动的工作台及机电控制系统等。

7.1.5　电子束加工设备

1. 加工原理

如图7-5所示，电子束加工是在真空条件下，利用电子枪中产生的电子，经加速、聚焦形成高能量大密度的细电子束，轰击工件被加工部位，使该部位的材料熔化和蒸发，从而进行加工，或利用电子束照射引起的化学变化而进行加工的方法。图7-6所示为电子束加工设备结构示意图。

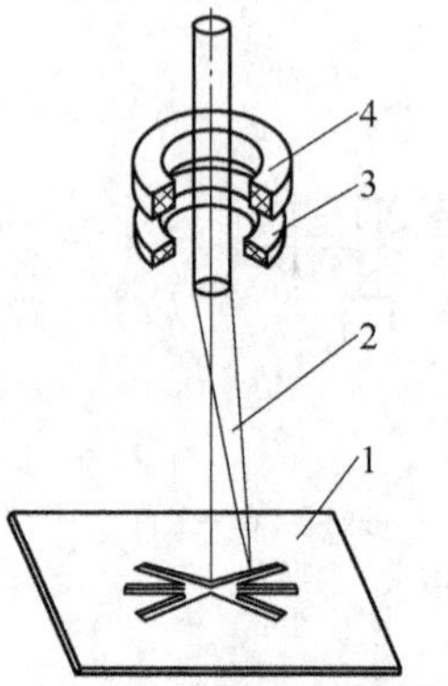

图7-5　电子束加工原理

1—工件　2—电子束

3—偏转线圈　4—电磁透镜

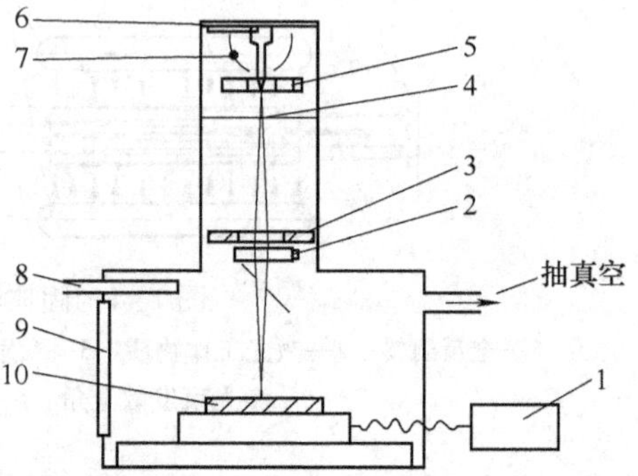

图7-6　电子束加工设备结构示意图

1—工作台系统　2—偏转线圈　3—电磁透镜　4—光阑

5—加速阳极　6—发射电子的阴极　7—控制栅极

8—光学观察系统　9—带窗真空室门　10—工件

控制电子束能量密度的大小和能量注入时间，就可以达到不同的加工目的。如仅使材料局部加热就可进行电子束热处理；使材料局部熔化就可进行电子束焊接；提高电子束能量密度，使材料熔化和汽化，就可进行打孔和切割等加工；利用较低能量密度的电子束轰击高分子材料时产生化学变化的原理，即可进行电子束光刻加工。

2. 加工设备

电子束加工设备主要由电子枪、真空系统、控制系统和电源组成，这里仅作简单叙述。

（1）电子枪　电子枪是获得电子束的装置。它主要包括电子发射阴极、控制栅极和加速阳极等，如图7-7所示。阴极经电流加热发射电子，带负电荷的电子高速飞向阳极，在飞向阳极的过程中，经过加速极加速，又通过电磁透镜聚焦而在工件表面形成很小的电子束斑，完成加工任务。控制栅极为中间有孔的圆筒形，其上加以较阴极为负的偏压，既能控制电子束的强弱，又有初步的聚焦作用。加速阳极通常接地，而阴极接很高的负电压。通过上述装置，完成电子的发射、加速、聚焦，形成可满足工业应用的电子束流。

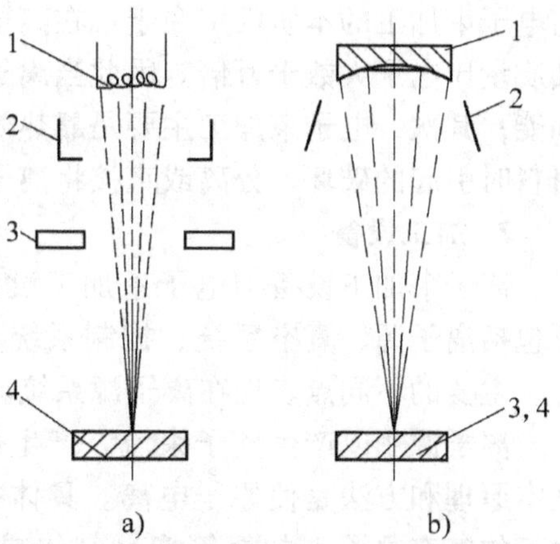

图7-7　电子枪

1—发射电子的阴极　2—控制栅极

3—加速阳极　4—工件

（2）真空系统　真空系统是为了保证在电子束加工时维持在$1.33\times10^{-2}\sim1.33\times10^{-4}$Pa的真空度。因为只有在高真空中，电子才能高速运动。此外，加工时产生的金属蒸气也会影响电子发射，造成不稳定现象。因此，也需要不断地把加工中生产的金属蒸气抽出去。真空系统一般由机械旋转泵和油扩散泵或涡轮分子泵两级组成，先用机械旋转泵把真空室抽至1.4～0.14Pa，然后由油扩散泵或涡轮分子泵抽到$1.33\times10^{-2}\sim1.33\times10^{-4}$Pa的高真空度。

（3）控制系统和电源　电子束加工装置的控制系统包括束流聚焦控制、束流位置控制、束流强度控制以及工作台位移控制等。

束流聚焦控制是为了提高电子束的能量密度，使电子束聚焦成很小的束斑，它基本上决定了加工点的孔径或缝宽。

束流位置控制是为了改变电子束的方向，常用电磁偏转来控制电子束焦点的位置。如果偏转电压或电流按一定程序变化，电子束焦点便按预定的轨迹运动。

束流强度控制是为了使电子流得到更大的运动速度，常在阴极上加上50～150kV以上的负高压。电子束加工时，为了避免热量扩散至工件上不加工部位，常使电子束间歇脉冲性地运动（脉冲延时为一微秒至数十微秒），因此加速电压也常是间歇脉冲性的。

工作台位移控制是为了在加工过程中控制工作台的位置。因为电子束的偏转距离只能在数毫米之内，过大将增加像差和影响线性，因此在大面积加工时需要控制工作台移动，并与电子束的偏转相配合。

电子束加工设备对电源电压的稳定性要求较高，常用稳压设备，这是因为电子束聚焦以及阴极的发射强度与电压波动有密切关系。

7.1.6　离子束加工设备

1. 加工原理

离子束加工是利用离子源产生的离子，在真空中经加速聚焦而形成高速高能的束状离子流，从而对工件进行加工的方法。它的原理和电子束加工基本类似，也是在真空条件下，将离子源产生的离子束经过加速聚焦，使之打到工件表面从而对工件进行加工。但离子束加工与电子束加工的本质区别在于：在离子束加工时，加速的物质是带正电的离子而不是电子，其质量比电子大数千万倍。因此当离子被加速到较高速度时，离子束比电子束具有更大撞击动能；其次，电子束加工主要是靠热效应进行加工，而离子束加工主要是通过离子撞击工件材料时引起的破坏、分离或直接将离子注入加工表面等机械作用进行加工。

2. 加工设备

离子束加工设备与电子束加工设备类似，主要包括离子源、真空系统、控制系统和电源等部分。主要的不同点表现在离子源系统。

离子源用以产生离子束流。产生离子束流的基本原理和方法是使原子电离。具体办法是把要电离的气态原子（如氩等惰性气体或金属蒸气）注入电离室，经高频放电、电弧放电、等离子体放电或电子轰击，使气态原子电离为等离子体(即正离子数和负电子数相等的混合体)。用一个相对于等离子体为负电位的电极（吸极），就可从等离子体中引出离子束流，而后使其加速射向工件或靶材。

对离子源的要求，首先是离子束有较大的有效工作区，以满足实际加工的需要；其次，离子源的中性损失要小，因为中性损失是指通向离子源的中性气体未经电离而损失的那部分流量，它将直接给真空系统增加负担；此外，还要求离子源的放电损失小，结构简单，运行可靠等。

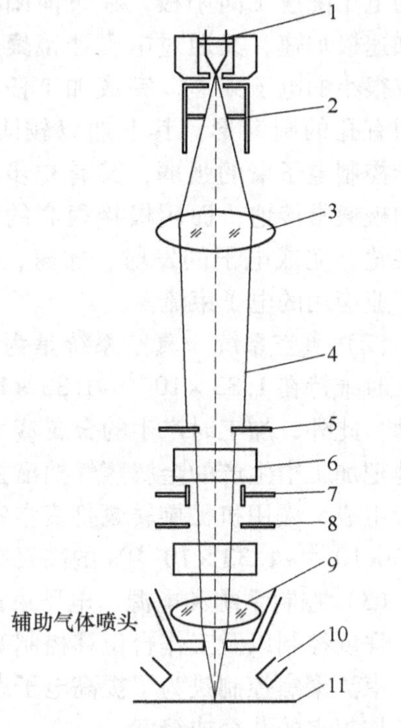

图 7-8　聚焦离子束加工系统结构原理图
1—液态金属离子源　2—离子抽取/加速系统　3—电磁透镜 1　4—离子束　5—光阑　6—消隐组件　7—四级偏转电极　8—八极偏转电极　9—电磁透镜 2　10—二次电子探测器　11—样品

聚焦离子束加工系统的结构原理如图 7-8 所示，系统大体上可以分为三个主要部分：离子源、离子束聚焦/扫描系统和样品台。离子源位于整个系统的顶端，离子经过抽取、加速并通过位于离子柱腔体内的静电透镜、四极偏转透镜以及八极偏转透镜，形成很小的离子束斑，轰击位于样品台上的样品。

7.2　组合机床

7.2.1　概述

1. 组合机床的概念及组成

组合机床是近年来发展较快的一种新型加工机床。主要以通用部件为基础，配以少量专用部件，对一种或若干种工件按预先确定的工序进行加工的机床。它既具有专用机床结构简单、生产效率和自动化程度较高的特点，又具有一定的调整能力，以适应工件变化的需求。组合机床可分解为若干个具有一定功能的独立部件，对其中一些能够在机床上相互通用的部件，通常预先设计、制造，使这些部件标准化、系列化和通用化，专供配置和组成组合机床时应用。这种具有特定功能，按标准化、系列化、通用化原则设计制造的组合机床基础部件，称为组合机床的通用部件。在生产中可以根据工件的加工要求，利用这些通用部件，再设计和制作少量的专用部件，以便组成组合机床。当加工的工件改变时，只要重新设计和制造新的专用部件，与组合机床通用部件重新配置，就可组合成能适应新的加工要求的组合机床。

组合机床由于有以上优点，所以在生产实践中得到了广泛的应用和较快的发展。

图7-9所示为组合机床外观图。它由滑台1、动力箱2、镗削头5（钻削头或铣削头等均可）、立柱6、立柱底座8、中间底座9、侧底座10等通用部件，以及多轴箱3、夹具4、调整垫7、11等专用部件所组成。上述专用部件中也有不少零件是通用零件，因此给设计、制造和调整带来极大的方便。

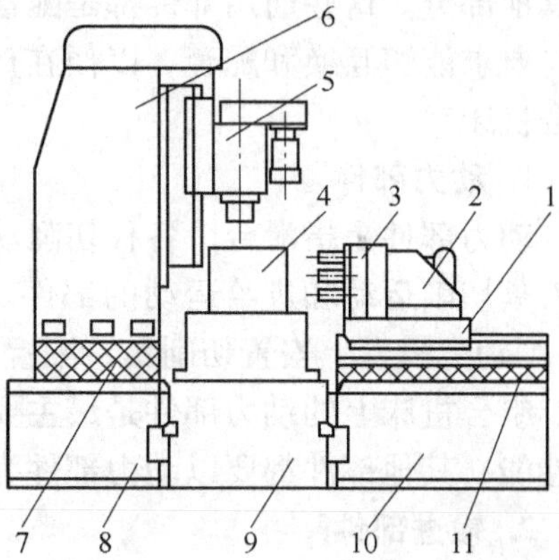

图7-9　组合机床外观图

1—滑台　2—动力箱　3—多轴箱　4—夹具
5—镗削头　6—立柱　7、11—调整垫
8—立柱底座　9—中间底座　10—侧底座

2. 组合机床的使用特点

要使用和掌握组合机床，就要了解组合机床的使用特点。组合机床具有和通用机床相近的地方，也有好多不相同的地方。组合机床在使用中的主要特点是：组合机床的部件大部分（70%以上）是通用部件，这些通用部件可以根据工件的不同加工要求而进行配置组合。各种通用部件虽然结构有所差异，但它们在组合机床上的工作性能是协调的。只要掌握好通用部件的工作原理、操作使用和调整方法，就能较好地发挥出组合机床的效能。因此无论组合机床采用哪种配置的组合形式，只要掌握了通用部件的使用方法，就可以触类旁通了。

组合机床可以从几个方向对工件同时进行加工。如图7-9所示，镗削头5可以向下对工件进行加工（垂直方向），而多轴箱3可以同时移动（水平方向）对工件进行加工。还可以在更多的方向同时进行加工。所以组合机床上的加工工序是很集中的。只有对各个部件的运动（动作）顺序、速度以及起动、停止、正向、反向等，都做到心中有数，在使用中有条不紊，才能发挥组合机床的生产效能。

组合机床在操作使用和配置时需要精心调整。因为组合机床可以从几个方向同时加工，参加切削的刀具也较多，加工过程基本上是自动的或半自动的，所以对于机床、刀具、夹具以及辅助工具等的每一环节，都要精心调整，以保证质量要求，因而掌握调整技术是很重要的。

3. 组合机床的加工范围

组合机床一般可以完成的加工内容有钻孔、扩孔、铰孔、镗孔、攻螺纹、套螺纹、车端面、镗止口、挖沟槽，倒角等。此外，也可以进行一些简单的装配工序（如压套、压堵头等），还可以实现拉削、磨削、抛光等工序。

7.2.2　组合机床的通用部件

通用部件按作用不同一般分为：动力部件、输送部件、支承部件、夹具部件、控制部件和其他部分。这些通用部件都是配置成组合机床的基础。各种通用部件在组合时的安装结合面，要求能够互换和配套，以便在产品（工件）更换时，重新再配置成另一种符合需要的组合机床。

1. 动力部件

动力部件是指滑台、各种切削动力头（箱）、多轴箱、传动装置等。它们是完成组合机床刀具切削运动和进给运动的部件。只能完成进给运动的动力部件，叫动力滑台（简称滑台）。动力滑台上安置切削头，配置成能完成刀具切削运动和进给运动的动力部件，叫动力头。组合机床上的动力部件是最主要的通用部件，它的工作性能基本上决定了组合机床的工作性能，其他部件都要以动力部件为基础来进行配置使用。

2. 输送部件

输送部件用来完成工件在加工中的输送工作。输送过程中的输送速度（节拍）、输送的定位精度等，都将影响组合机床的生产率和加工精度。通用的输送部件主要有分度回转工作台、移动工作台等。

3. 支承部件

支承部件是组合机床上的基础部件，它是组合机床的“骨架”。组合机床的刚度都要依靠它来保证。支承部件中的通用部件如图 7-9 所示。有立柱、立柱底座、中间底座、侧底座等。

4. 夹具部件

夹具部件是指定位销及其操纵机构、夹紧机构、导向装置、钻模板与托架和攻螺纹装置、扳手等，这是保证组合机床加工精度的关键部件。

5. 控制部件

控制部件是指液压元件、气压元件、控制板、挡铁等，也包括电气、数控等部件。它是组合机床的“中枢神经”，能够保证组合机床按照要求的程序，顺序地进行工作，完成工件加工所需要的工作循环。

6. 其他部件

其他部件的范围很广，但常指的是刀具、测量装置、排屑装置、润滑装置及冷却装置等。

7.2.3　组合机床自动线概述

自动线由基本工艺设备、各种辅助设备及控制系统等组成。根据工件具体情况、工艺要求、工艺过程、生产率要求和自动化程度等因素，自动线的结构及其复杂程度，常有很大的差别。下面以图 7-10 所示的加工箱体类零件的组合机床自动线为例，对自动线的组成和加工过程予以说明。

如图 7-10 所示自动线由三台组合机床 2、8 和 7、工件输送带 10、输送带传动装置 11、转位台 9、转位鼓轮 3、夹具 4、液压装置 6、操纵台 1 以及切屑运输装置 5 等组成。

加工过程开始时，工件在装料工位由工人装夹后，由工件输送带 10 带动，运送到第一

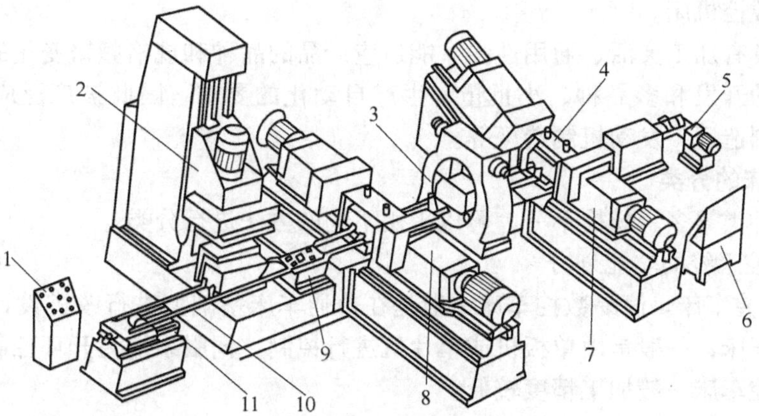

图 7-10　组合机床自动线的配置
1—操纵台　2、7、8—组合机床　3—转位鼓轮　4—夹具　5—切削运输装置
6—液压装置　9—转位台　10—工件输送带　11—输送带传动装置

台组合机床的工作位置；由立式组合机床 2 对工件进行加工后，再由工件输送带 10 将工件运送到转位台 9，使工件在水平面内旋转 90°然后运送到第二台卧式组合机床 8 对工件进行加工。加工完毕后，再送到转位鼓轮 3，使工件在垂直面内旋转适当的角度（根据下一台机床加工工位的要求而定）。然后送到第三台组合机床 7，对工件进行加工。加工完毕后由工件输送带 10 将工件送至卸料工位上，由人工或机械手取下完工的工件。全线共有三个加工工位和两个转位工位。全线可同时装多个工件，当各台机床都加工完毕时，输送带传动装置 11 起动，带动工件一起向前移动一个步距，使各个工件都移到下一个工位（包括转位工位），最后工位的工件被移到卸料工位上。因此，输送带传动装置 11 每移动一次就送出一个加工完毕的工件。

由上例可知，组合机床是基本工艺设备。辅助设备包括工件输送带 10、输送带转动装置 11、转位台 9、转位鼓轮 3、夹具 4、切屑运输装置 5 等。液压装置 6、操纵台 1 等属于控制系统。

7.3　数控加工设备

数控技术，简称“数控”。它是指用数字、文字和符号组成的数字指令来实现一台或多台机械设备动作控制的技术。它所控制的通常是位置、角度、速度等机械量和与机械能量流向有关的开关量。利用数控技术进行零件加工的设备即为数控加工设备。

7.3.1　数控车床

1. 数控车床的用途

数控车床是一种高精度、高效率的自动化机床。其用途与普通卧式车床一样，它主要用来加工轴类零件的内外圆柱面、圆锥面、螺纹表面、成形回转体表面、槽、蜗杆等复杂工件。具有直线插补、圆弧插补各种补偿功能，并在复杂零件的批量生产中体现了良好的经济效果。与普通车床相比，数控车床具有加工精度高、加工质量稳定、效率高、适应性强、操作劳动强度低等特点，数控车床尤其适合加工形状复杂的轴类或盘类零件，它是目前使用较为广泛的一种数控机床。

数控车床具有加工灵活、通用性强、能适应产品的品种和规格频繁变化的特点，同时能够满足新产品的开发和多品种、小批量、生产自动化的要求，因此被广泛应用于机械制造业，例如汽车制造厂、发动机制造厂等。

2. 数控车床的分类

数控车床种类繁多、规格不一，可以采用不同的方法进行分类。

（1）按数控系统的功能划分

1）简易数控车床。简易数控车床一般是在普通车床基础上进行改进设计的。这类机床是低档次数控车床，一般是由单板机或单片机进行控制，伺服系统为开环控制系统，多为四刀位。简易数控车床一般加工精度较低。

2）经济型数控车床。经济型数控车床为中档次数控车床。此类数控车床一般采用单色显示的 CRT（阴极射线管），程序储存和编辑功能，一般是开环或半闭环控制。

3）全功能型数控车床。全功能型数控车床一般采用闭环或半闭环控制系统，主轴采用直流或交流主轴控制单元来驱动，具有高刚度、高精度和高效率等特点。

4）车削中心。车削中心的主体是数控车床配上刀库和换刀机械手。它与数控车床单机比，自动选择和使用刀具数量大大增加。但是，卧式车削中心与数控车床实质的区别并不在刀库上，它还应具备如下两种先进功能：一种是动力刀具功能，如铣刀和钻头。通过刀架内部结构，可使铣刀、钻头回转；另一种是 C 轴位置控制功能。位置控制原有 X 轴、Z 轴坐标，再加上 C 轴坐标，就使车床变成三坐标两联动轮廓控制。

（2）按主轴的配置形式分类

1）卧式数控车床。主轴轴线处于水平位置的数控车床。

2）立式数控车床。主轴轴线处于垂直于水平面位置的数控车床。

（3）按加工零件的基本类型分类

1）卡盘式数控车床。这类车床未设置尾座，适合车削盘类零件。其夹紧方式多为电动或液压控制，卡盘结构多数具有卡爪。

2）顶尖式数控车床。这类车床设置有普通尾座或数控尾座，适合车削较长的轴类零件及直径不太大的盘、套类零件。

（4）按数控系统控制的轴数分类

1）两轴控制的数控车床。车床上只有一个回转刀架，可实现两坐标轴控制。

2）四轴控制的数控车床。车床上有两个独立的回转刀架，可实现四坐标轴控制。

（5）其他分类方法

数控车床还可以按特殊或专门的工艺性能划分，可分为螺纹数控车床、活塞数控车床、曲轴数控车床等。

3. 数控车床的组成及特点

数控车床品种很多，结构各异，数控车床根据各自不同的机型和数控系统的配置，其加工范围与加工能力有一定的差别。

（1）数控车床的组成　图 7-11 所示为典型数控车床的机械结构系统组成，包括主轴传动机构、进给传动机构、刀架、床身、辅助装置（刀具自动交换机构、润滑与切削液装置、排屑、过载限位）等部分组成。

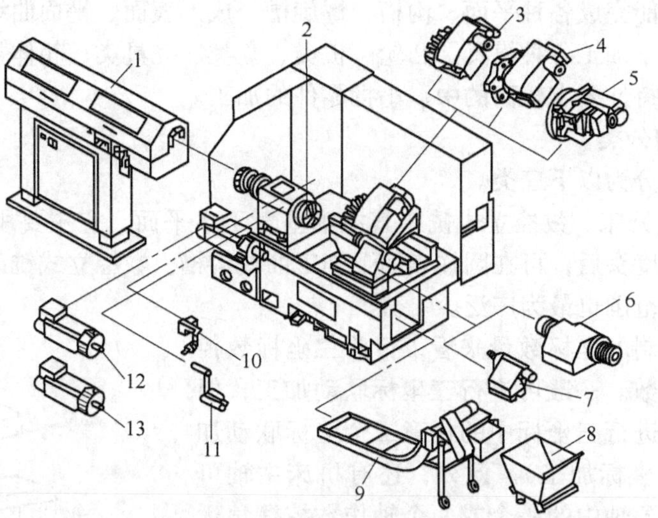

图7-11　典型数控车床的系统组成

1—自动送料机　2—自定心卡盘弹簧夹头　3—标准刀架　4—VDI刀架　5—动力刀架　6—副主轴　7—尾座　8—集屑车　9—排屑器　10—接触式机内对刀仪　11—工件接收器　12—主轴电动机　13—C轴控制主轴电动机

数控车床与卧式车床相比较，卧式车床主轴的运动经过挂轮架、进给箱、溜板箱再传到刀架实现纵向和横向进给运动。而数控车床是采用伺服电动机经滚珠丝杠传到滑板和刀架，实现Z轴向（纵向）和X轴向（横向）进给运动。可见数控车床进给传动系统的结构较卧式车床大为简化。

（2）数控车床配置与加工能力　数控车床的结构配置不同，其加工能力也不相同，刀架是数控车床非常重要的部件，数控车床根据其功能，刀架上可以安装的刀具数量一般为4把、8把、10把、12把或16把，有些数控车床还可以安装更多的刀具。当数控车床刀架上安装铣削动力头后，可以大大扩展数控车床的能力，例如利用铣削动力头可以进行轴向钻孔和铣削轴向槽。

（3）数控车床机械结构特点　数控车床本体结构特点包括下面几个方面：

1）采用高性能的主轴部件。具有传递功率大、刚度高、抗振性好及热变形小等优点。

2）进给伺服传动采用高性能传动件，具有传动链短、结构简单、传动精度高等特点，一般采用滚珠丝杠螺母副、直线滚动导轨副等。

3）高档数控车床有较完善的刀具自动交换和管理系统，工件在车床上一次安装后，能自动地完成或接近完成工件各面的加工工序。

7.3.2　数控铣床

数控铣床是在一般铣床的基础上发展起来的一种自动加工设备，两者的加工工艺基本相同，结构也有些相似。数控铣床又分为不带刀库和带刀库两大类。其中带刀库的数据铣床又称为加工中心。

1. 数控铣床的特点

数控铣床具有加工精度高、生产效率高、精度稳定性好、适应性强、操作劳动强度低、用途广等特点，它能完成各种平面、沟槽、螺旋槽、成形表面、平面曲线和空间曲线等复杂型面的加工，适合于加工各种模具、凸轮、板类、盘类、壳具类、箱体类及横具等复杂形状的零件或对精度保持性要求较高的中、小批零件的加工。

2. 数控铣床的分类

数控铣床通常分为以下三类。

（1）数控立式铣床　数控立式铣床其主轴垂直于水平面，它主要用于水平面内的型面加工，增加数控分度头后，可在圆柱表面上加工曲线沟槽。数控立式铣床是数控铣床中数量最多的一种，应用范围也最为广泛。

从机床系统控制的坐标数量来看，目前三坐标数控立式铣床仍占大多数。一般可进行三坐标联动加工，但也有部分机床只能进行三坐标中的任意二个坐标联动加工（常称为两轴半坐标加工）。此外，还有机床主轴可以绕 X 轴、Y 轴、Z 轴中的一个或两个轴作数控摆角运动的四坐标和五坐标数控立式铣床，如五坐标龙门式数控铣床，如图 7-12 所示。一般来说，机床控制的坐标轴越多，特别是要求联动的坐标轴越多，机床的功能、加工范围及可选择的加工对象也越多。但随之而来的是机床的结构更复杂，对数控系统的要求更高，编程的难度更大，设备的价格也更高。

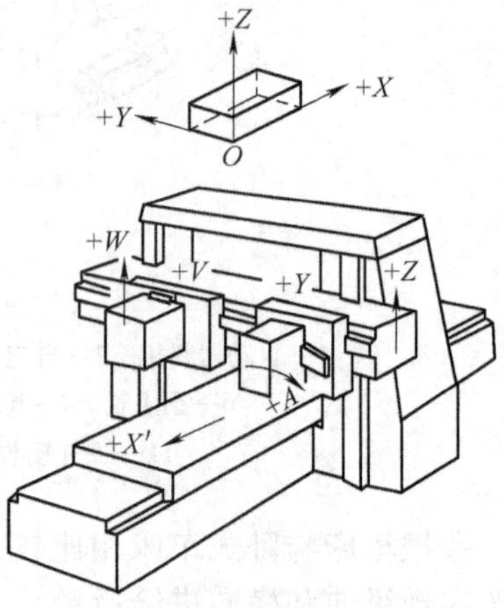

图 7-12　数控龙门铣床

数控立式铣床可以附加数控转盘、采用自动交换台、增加靠模装置等来扩大数控立式铣床的功能、加工范围和加工对象，从而进一步提高生产效率。

（2）卧式数控铣床　卧式数控铣床与通用卧式铣床相同，其主轴轴线平行于水平面，它主要用于垂直平面内和各种型面的加工。为了扩大加工范围和扩充功能，卧式数控铣床通常采用增加数控转盘或万能数控转盘来实现四、五坐标加工，这样，不但工件侧面上的连续回转轮廓可以加工出来，而且可以实现在一次安装中，通过转盘改变工位，进行“四面加工”。

尤其是万能数控转盘可以把工件上各种不同角度或空间的加工面摆成水平位置来加工，可以省去许多专用夹具或专用角度成型铣刀。

（3）立、卧两用数控铣床　立、卧两用数控铣床既可以进行立式加工，又可以进行卧式加工，其适用范围更大，功能更强。这类铣床目前应用越来越广，该类机床选择可加工对象的余地很大，给用户带来了很多方便，特别是当生产批量小，品种较多，又需要立、卧两种方式加工时，用户只需买一台机床就可满足生产要求。

立、卧两用数控铣床主轴方向的更换方法有手动和自动两种，采用数控万能主轴头的立、卧两用数控铣床，其主轴头可以任意转换方向，可以加工出与水平面呈各种不同角度的工件表面。当立、卧两用数控铣床采用数控回转工作台时，可以实现对工件的“五面加工”，即除了工件与转盘贴合的定位面外，其他表面都可以在一次安装中进行加工。因此，其加工性能非常优越。

7.3.3 加工中心

加工中心是指备有刀库，具有自动换刀功能，对工件一次装夹后进行多工序加工的数控机床。加工中心是高度机电一体化的产品，工件装夹后，数控系统能控制机床按不同工序自动选择、更换刀具、自动对刀、自动改变主轴转速、进给量等，可连续完成钻、镗、铣、铰、攻螺纹等多种工序。因而大大减少了工件装夹时间，测量和机床调整等辅助工序时间，对加工形状比较复杂，精度要求较高，品种更换频繁的零件具有良好的经济效果。

1. 加工中心的特点

1）加工中心是在数控镗床或数控铣床的基础上增加自动换刀装置，使工件在一次装夹后，可以连续完成对工件表面自动进行钻孔、扩孔、铰孔、镗孔、攻螺纹、铣削等多工步的加工，工序高度集中。

2）加工中心一般带有自动分度回转工件台或可自动转角度的主轴箱，从而使工件在一次装夹后，自动完成多个平面或多个角度位置的多工序加工。

3）加工中心能自动改变机床主轴转速、进给量和刀具相对工件的运动轨迹及其他辅助功能。

4）加工中心如果带有自动交换工作台，工件在工作位置的工作台上进行加工的同时，另外的工件在装卸位置的工作台上进行装卸，不影响正常的加工工件。

由于加工中心具有上述功能，因而可以大大减少工件装夹、测量和机床的调整时间，减少工件的周转、搬运和存放时间，使机床的切削时间利用率高于普通机床3~4倍，大大提高了生产率，尤其是在加工形状比较复杂、精度要求较高、品种更换频繁的工件时，更具有良好的经济性。

2. 加工中心的应用范围

加工中心适宜于加工形状复杂、工序多、要求较高、需用多种类型的普通机床和众多的刀具夹具，且经多次装夹和调整才能完成加工的零件。其加工的主要对象有下列几类：

（1）箱体类零件　箱体类零件一般都需要进行多工位孔系及平面加工，公差要求高，特别是几何公差要求较为严格，通常要经过钻、扩、铰、锪、镗、攻螺纹、铣等工序，需要的刀具、工装较在普通机床上多，需多次装夹和找正，手工测量次数多，因此导致工艺复杂、加工周期长、成本高，更重要的是精度难以保证。这类零件在加工中心上加工，一次装夹可以完成普通机床60%~95%的工序内容，零件各项精度一致性好，质量稳定，同时可缩短生产周期，降低成本。

对加工工位较多，工作台需多次旋转角度才能完成的零件，一般选用卧式加工中心；当加工的工位较少，且跨距不大时，可选立式加工中心，从一端进行加工。

（2）复杂曲面　复杂曲面如飞机外壳、汽车型面、叶轮、螺旋桨、各种曲面成型模具等在机械制造业，特别是在航空航天、汽车、船舶、国防工业中占重要地位。而复杂曲面采用普通机械加工方法是难以胜任甚至是无法完成的，这类零件也是数控机床的主要加工对象。

（3）异形件　异形件一般是指外形不规则的零件。这类零件大多需要点、线、面多工位混合加工，如支架、基座、靠模等。异形件的刚性一般较差，夹压及切削变形难以控制，加工精度也难以保证。这时可充分发挥加工中心工序集中的特点，采用合理的工艺措施，经一次或两次装夹，完成多道工序或全部的加工内容。实践证明，加工异形件时，形状越复杂，精度要求越高，使用加工中心越能显示其优越性。

(4) 盘、套、板类零件　指带有键槽或径向孔，或端面有分布的孔系及曲面的盘、套、板类零件。

7.4 其他先进加工技术

7.4.1 柔性制造技术

柔性制造技术也称柔性集成制造技术，是现代先进制造技术的统称。柔性制造技术集自动化技术、信息技术和制作加工技术于一体，把以往工厂企业中相互孤立的工程设计、制造、经营管理等过程，在计算机及其软件和数据库的支持下，构成一个覆盖整个企业的有机系统。

所谓“柔性”，即灵活性，主要表现在：①生产设备的零件、部件可根据所加工产品的需要变换；②对加工产品的批量可根据需要迅速调整；③对加工产品的性能参数可迅速改变并及时投入生产；④可迅速而有效地综合应用新技术；⑤对用户、贸易伙伴和供应商的需求变化及特殊要求能迅速做出反应。采用柔性制造技术的企业，平时能满足品种多变而批量很小的生产需求，有需要时能迅速扩大生产能力，而且产品质优价廉。柔性制造设备可在无需大量追加投资的条件下持续应用新技术、新工艺。

柔性制造技术有如下特点：

1）多品种中小批量生产时，虽然每个品种的批量相对来说是小的，但多个小批量的总和也可构成大批量，因此柔性生产线几乎无停工损失，设计利用率高。

2）柔性制造技术组合了当今机床技术、监控技术、检测技术、刀具技术、传输技术、电子技术和计算机技术的精华，具有高质量、高可靠性、高自动化和高效率。

3）可缩短新产品的上马时间，转产快，适应瞬息万变的市场需求。

4）可减少工厂内零件的库存，改善产品质量和降低产品成本。

5）减少工人数量，减轻工人劳动强度。

6）一次性投资大。

7.4.2 高速机床

高速机床是提供高速加工技术的主体。高速电主轴单元的研制成功对高速加工技术的发展起到了非常重要的作用；而能够真正实现高速、高加速进给运动的直线电动机在机床上的成功应用，使高速切削技术又迈上了一个新台阶。由此可见，高速数控机床的研制成功和成批投产，是高速切削技术得以推广应用的前提和关键因素之一。

1. 高速加工对机床的特殊要求

高速机床一般都是数控机床和精密机床，它与普通数控机床的最大区别是要求机床能够提供很高的切削速度和满足高速加工要求的一系列功能，包括：

(1) 主轴转速高、功率大　目前适用于高速加工的加工中心，其主轴最高转速一般都大于10000r/min，有的高达60000～100000r/min，为常规机床的10倍左右；主电动机功率为1～80kW，以满足高速铣削、高速车削等高效、重切削工序的要求。

(2) 进给量和快速行程速度高　进给量高达60～100m/min以上，也为常规值的10倍左右。这是为了在高速下保持刀具每齿进给量基本不变，以保证工件的加工精度和表面质量。在进给量大幅度提高以后，进一步增大快速行程速度也是提高机床生产率的必然要求。

（3）主轴和工作台（拖板）运动都要有极高的加速度　这是由于零件加工的工作行程一般都不长，从几十毫米到几百毫米，不允许有太长的速度过渡过程，因为在进给速度变化过程中是不能进行零件加工的。因此在高速加工中心上，不论主轴还是工作台，速度的提升或降低往往要求在瞬间完成。这就是对高速运动部件有加速度要求的原因。可以说，由于高速机床的出现，目前机床设计已从“速度设计”进入了“加速度设计”的新阶段。

（4）机床要有优良的静、动态特性和热态特性　高速切削时，机床各运动部件之间作速度很高的相对运动，运动副接合面之间将发生急剧的摩擦和发热，高的运动加速度也会对机床产生巨大的动载荷，因此设计高速机床时，必须在传动和结构上采取一些特殊的措施，使高速机床的结构除具有足够的静刚度以外，还必须有很高的动刚度和热刚度。

此外，还要有其他配合高速度的部件，如快速刀具交换、快速工件交换以及快速排屑等装置以及高速下的安全保护、监测措施等。

2. “零传动”理论的提出

不论是普通机床还是数控机床，从动力源（电动机）到执行部件（主轴、工作台等），往往要经过一系列的带、齿轮、离合器、联轴器、丝杠、螺母等中间机械传动环节，造成很大的转动惯量，使工作部件的运动无法达到高速加工所要求的速度和加速度。为了满足高速加工的要求，就应尽量缩短机床传动链的长度，从而使传动链的长度等于零，实现机床的“零传动”。“零传动”不但大大简化了机床的传动与结构，更重要的是提高了机床的动态灵敏度、加工精度和工作可靠性。电主轴是实现高速机床主运动系统“零传动”的典型结构。

3. 高速机床组成部件

高速机床组成部件有：①高速主轴部件（电主轴）；②高速进给驱动和传动系统；③能够提供高速进给控制的机床数控装置；④包括安装、夹紧、快速交换以及实现动平衡的高速刀具系统；⑤适用于高速切削的工件装夹装置；⑥高效冷却和排屑装置；⑦可靠的安全防护和监测装置；⑧具有良好动、静态特性和热态特性的床身、立柱和工作台等支承部件。

7.4.3　数控齿轮加工技术

数控技术在齿轮加工机床上的应用，是近年来齿轮机床的发展趋势，在设计与制造以及使用上日趋成熟，有替代传统齿轮加工机床的倾向。

1. 数控插齿机

插齿机按其工件轴线的空间位置的布置方式，分为立式插齿机和卧式插齿机两类。

（1）立式插齿机　插齿机的工件轴线与插齿刀轴线均为垂直布置。在此种类型中，有些插齿机工作台固定，立柱与刀架同时作径向移动，而有的插齿机则立柱固定，工作台作径向移动。当前CNC型插齿机多为立式。工作台固定的插齿机有利于上下工件和清除切屑。

（2）卧式插齿机　其工件轴线为水平布置。此种布局多为大型插齿机所采用，以便加工大型人字齿轮、轴齿轮等工件。当前CNC型卧式插齿机尚不多见。

2. 数控滚齿机

滚齿机种类及结构形式繁多，按工件主轴轴线在空间位置的布置方式来分，同插齿机一样，亦分为立式和卧式两大类。

（1）立式滚齿机　工件主轴轴线垂直布置。在此类滚齿机中，又可细分为两种形式；工作台固定，立柱移动，这种形式因便于工件装夹多用于大型滚齿加工，但是中小型及高效滚齿机也常采用此种布局；立柱固定，工作台移动，这种形式常用于中小型滚齿机。

（2）卧式滚齿机　工件主轴轴线水平布置。多用于加工仪表齿轮的仪表齿轮滚齿机和加工轴齿轮的大型滚齿机。

7.5　数控机床刀具及刀库

7.5.1　数控机床刀具

1. 数控加工对刀具要求

数控切削加工作为自动化、柔性化、高精度、高效率的机械加工方法，其切削加工刀具除满足一般机床刀具应具备的条件外，还要求其切削刀具满足自动化加工特点的一些性能上的要求，只有达到这些要求，才能使数控机床真正发挥效率。

1）刚性好（尤其是粗加工刀具），精度高，抗振性好及热变形小。

2）良好的互换性，便于快速换刀，降低辅助时间，提高加工效率。

3）切削性能稳定、可靠，寿命高，耐热冲击性好。

4）刀具的尺寸、结构便于调整，以减少换刀调整时间。

5）刀具应能可靠地断屑或卷屑，以利于切屑的排出。

6）系列化、标准化、模块化，以利于减少刀具数量，提高刀具利用率，便于编程和对刀具的管理。

2. 数控机床刀具分类

（1）按照刀具结构划分

1）整体式。即刀具的切削部分和夹持部分为一体制造的刀具，常用的有整体高速钢刀具和整体硬质合金刀具。

2）镶嵌式。即刀具的切削部分和夹持部分为采用不同材料制造的刀具，包括采用焊接或机夹式连接，其中机夹式又可分为机夹不转位式和机夹可转位式两种。

3）其他特殊结构形式。如复合式、减振式、内冷式刀具等。不同结构形式的刀具如图7-13所示。

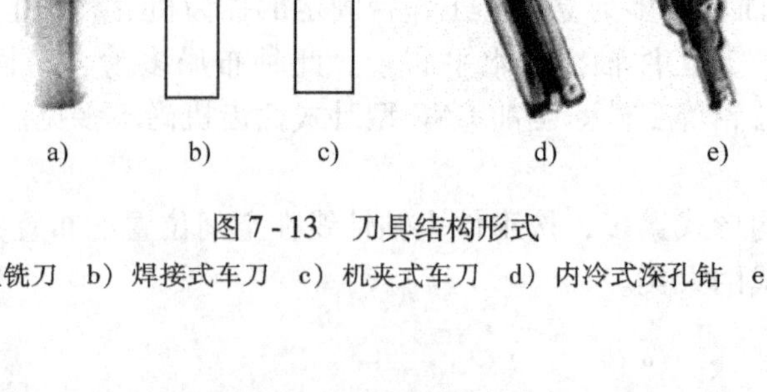

图7-13　刀具结构形式

a）整体式立铣刀　b）焊接式车刀　c）机夹式车刀　d）内冷式深孔钻　e）复合刀具

（2）按照制造刀具所用的材料划分

1）高速工具钢刀具。

2）硬质合金刀具。

3）金刚石刀具，包括单晶金刚石和聚晶金刚石（PCD）刀具。

4）其他材料刀具，如立方氮化硼（CBN）刀具、陶瓷刀具和金属陶瓷刀具等。

（3）按照切削工艺划分

1）车削刀具，分外圆、内孔、螺纹、切割刀具等。

2）孔加工刀具，包括钻头、铰刀、丝锥等。

3）镗铣削刀具等。

为了适应数控机床对刀具耐用、稳定、可换等要求，近几年机夹式可转拉刀具得到广泛的应用，无论是从刀具数量还是金属切除量，都占据了主要地位。

3. 数控机床刀具的选用

数控加工用刀具的合理选择是保证加工质量和提高加工效率的关键环节。使用不合适的刀具会限制机床性能的发挥，即使具有高性能的机床也不能取得相应的经济效益。有统计结果显示，选择合适的刀具，能使切削效率提高20%，零件加工成本降低15%。

刀具的选用与机床性能、零件材质、毛坯余量、精度要求等很多因素有关，合理地选择刀具不仅可以提高加工质量，还可以充分发挥数控机床性能，提高加工效率，降低加工成本。

（1）选用数控刀具时遵循的原则

1）应尽可能选用机夹可转位涂层刀具。

2）应根据工件形状选择适当的刀具形式。

3）在大批量生产时，应尽量采用高效刀具。

刀片是选择刀具的关键。所以如何考虑选择刀片的影响因素也是数控刀具选择的主要内容。选择刀片应考虑的因素很多，并且随着机床种类、型号的不同，生产经验和习惯的不同以及刀片供应状况等因素而改变。

（2）选择刀片时应考虑的几个方面

1）工件材料的类别。工件材料主要分为有色金属—铜、铝、钛及其合金；黑色金属—碳钢、合金钢、不锈钢、耐热合金钢、铸铁等；非金属—塑料、木材、橡胶等。

2）工件材料的状况。包括硬度、韧性、组织状态（如铸、锻、轧、粉末冶金、焊接部位）等。

3）切削工艺的类别。主要有车、钻、铣、镗，粗加工、半精加工、精加工、超精加工，内孔、外圆、薄壁，切屑流动状态等。

4）被加工工件的几何形状。被加工工件的几何形状影响到连续切削或间断切削、刀具的切入或退出角度、零件精度（包括尺寸、几何公差和表面粗糙度）、加工余量等。

5）要求刀片能承受的切削参数容量。切削深度、进给量、切削速度等切削参数，尤其影响粗加工生产效率。

6）被加工工件的生产批量。生产批量大小的不同影响刀片的经济寿命。

具体选用刀片时可以根据以上原则考虑分析实际情况，然后结合刀片供应厂商提供的产品样本和推荐的产品选用方法，选出合适的经济高效刀片。

7.5.2 加工中心刀库

加工中心的自动换刀装置由存放刀具的刀库和换刀机构组成。刀库种类很多，常见的有盘式刀库和链式刀库两类，其中链式刀库存放刀具的容量较大。

换刀机构用于在机床主轴与刀库之间交换刀具，常见的换刀机构为机械手；也有不带机械手而由主轴直接与刀库交换刀具的，这种换刀机构称为无臂式换刀装置。

加工中心刀库分为圆盘式刀库及机械手刀库两种。

1. 圆盘式刀库

圆盘式刀库也称为固定地址换刀刀库，即每个刀位上都有编号，一般从 1 编到 12、18、20、24 等，即为刀号地址。操作者把一把刀具安装进某一刀位后，不管该刀具更换多少次，总是在该刀位内。圆盘式刀库一般具备如下特点。

1）制造成本低。圆盘式刀库的主要部件是刀库体及分度盘，只要这两样零件加工精度得到保证即可，运动部件中刀库的分度使用的是非常经典的“马氏机构”，前后、上下运动主要依靠气缸。装配调整比较方便，维护简单。一般机床制造商都能自制。

2）每次机床开机后刀库必须“回零”。

3）固定地址换刀刀库换刀时间比较长，国内的机床一般要 8s 以上（从一次切削到另一次切削）。

4）圆盘式刀库的总刀具数量受限制，不宜过多，一般 40#刀柄的刀具不超过 24 把，50#刀柄的刀具不超过 20 把。有的大型龙门机床把圆盘式刀库转变为链式刀库，刀具数量可达 60 把。

2. 机械手刀库

机械手刀库换刀是随机地址换刀。每个刀套上无编号，它最大的优点是换刀迅速、可靠。机械手刀库还具备如下特点。

1）制造成本高。刀库由若干个刀套链式组合起来，机械手换刀的动作由凸轮机构控制，零件的加工比较复杂，装配调试也比较复杂，一般由专业厂家生产，机床制造商一般不自制。

2）机械手刀库换刀时间一般为 4s（从一次切削到另一次切削）。

3）刀具数量一般比圆盘式刀库多，规格有 18、20、30、40、60 等。

4）刀库的凸轮箱要定期更换起润滑、冷却作用的齿轮油。

本章小结

本章对各类特种加工的加工原理和所用设备、组合机床的使用特点、数控加工机床的结构、加工特点、应用范围以及数控机床用刀具和加工中心刀库作了简单介绍。学习本章后，能够依据实际加工情况为选用特种加工设备、组合机床和数控机床等先进加工设备提供基本思路。

思考题

1. 特种加工有哪几种类型？

2. 简述电火花加工、电解加工、超声波加工、激光加工、电子束加工、离子束加工的加工原理及特点，各适合何种加工场合？

3. 组合机床与通用机床、专用机床相比有何特点？
4. 当加工对象改变后，组合机床的零部件是否报废？为什么？
5. 数控车床机械结构特点有哪些？它与普通车床相比加工使用中有何不同？
6. 数控铣床的特点是什么？立、卧两用数控铣床优越性有哪些？
7. 加工中心机床与一般数控机床有何不同？
8. 什以是柔性制造技术？
9. 高速加工对机床有哪些特殊要求？
10. 什么是“零传动”？
11. 选用数控机床刀具与哪些主要因素有关？选用数控刀具时遵循的原则是什么？
12. 加工中心刀库在结构上主要有哪两种形式？各自的特点是什么？

第8章　机械加工工艺规程的制订

【学习目标】通过本章的学习，让学生学会分析产品的结构工艺性，能根据要求选择毛坯，选择合适的基准，确定定位方案，拟定工艺路线及其工序内容，并能够应用尺寸链原理及解算方法确定与校核工序尺寸，在此基础上能对一些简单的零件进行工艺设计与分析，为生产实践打下一定的知识基础。

机械加工工艺规程是规定产品或零部件机械加工工艺过程和操作方法等的工艺文件。它直接用来指导企业的生产与管理。因此，机械加工工艺规程的设计是一项重要而又严肃的工作。它要求设计者必须具备丰富的生产实践经验及机械制造工艺方面的理论知识。

8.1　概述

8.1.1　工艺规程的概念

1. 生产过程和工艺过程

生产过程是指把原材料转变为成品的全过程。把生产过程中改变生产对象的形状、尺寸、相对位置、物理性能、力学性能等，使其成为成品或半成品的过程称为工艺过程。

2. 工艺过程的组成

机械加工工艺过程是指用机械加工方法（主要是切削加工方法）逐步改变毛坯的形态（形状、尺寸及表面质量），使其成为合格零件所进行的全部加工过程。它一般由工序、安装、工位、工步、进给等不同层次的单元所组成。

（1）工序　一个（或一组）工人在一个工作地点，对一个（或同时对几个）工件所连续完成的那部分工艺过程叫工序。图8-1所示为一小轴零件图，其工艺过程见表8-1，由七道工序组成。其中工序20和工序30虽然都是车削加工，但它是在两台机床上进行的，因而不是同一工序。

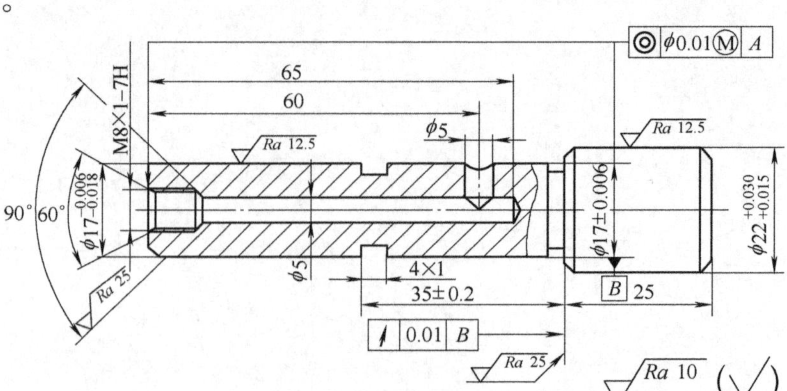

图8-1　小轴零件图

工序是划分工艺过程，以及制订生产计划、生产组织和成本核算的基本单元。

表 8-1　小轴加工工艺过程（小批量生产）

机械加工工艺过程					
工序号	工序名称	工序内容	安装	设备	定位及夹紧
10	备料	总长 100mm，备料 103mm		车床	
20	车	车端面钻顶尖孔	1	车床	三爪自定心卡盘
		粗车外圆 $\phi22^{+0.030}_{+0.015}$mm，留加工余量 1mm	2		一顶，一夹
		调头，车另一端面，长度至尺寸，钻 $\phi5$mm 深 65mm 孔，钻螺纹孔，锪 90°倒棱，孔口倒 60°角	3		三爪自定心卡盘
30	车	车外圆 $\phi17^{-0.006}_{-0.018}$mm 和 $\phi17\pm0.006$mm，留加工余量 0.2～0.3mm	1	车床	双顶尖
		调头，车外圆 $\phi22^{+0.030}_{+0.015}$mm，留加工余量 0.2～0.3mm，切槽	2		
40	钻	钻 $\phi5$mm 径向孔		钻床	端面、外圆
50	磨	磨外圆 $\phi22^{+0.030}_{+0.015}$mm 达到要求	1	外圆磨床	双顶尖
		磨外圆 $\phi17^{-0.006}_{-0.018}$mm 和 $\phi17\pm0.006$mm 及侧面达到要求	2		
60	钳	攻螺纹 M8×1－7H		工作台	
70	检验				

（2）安装　在一个工序内，工件至少需安装一次（如表 8-1 中的工序 40），有时也需要安装多次（如表 8-1 中的工序 20），工件经一次装夹后所完成的那一部分工序称为安装。例如在车端面钻中心孔机床上，在一次装夹中可以同时完成端面及中心孔的加工，属于一个安装。

（3）工位　工件在一次装夹后，工件与夹具或设备的可动部分一起相对于刀具或设备的固定部分所占据的每一个位置上所完成的那一部分工艺过程称为工位。采用多工位加工可以减少安装次数，缩短辅助时间，提高生产率。如图 8-2 所示，利用回转工作台，在一次安装中完成工件四个等分轴向辅助孔的加工，此工序包括一个安装、四个工位。

（4）工步与复合工步　在加工表面、切削刀具和切削用量（仅指转速和进给量）都不变的情况下，所连续完成的那部分工艺过程，称为一个工步。对于转塔自动车床的加工工序来说，转塔每转换一个位置，切削刀具、加工表面以及车床的主轴转速和进给量一般均发生改变，这样就构成了不同的工步，如图 8-3 所示。

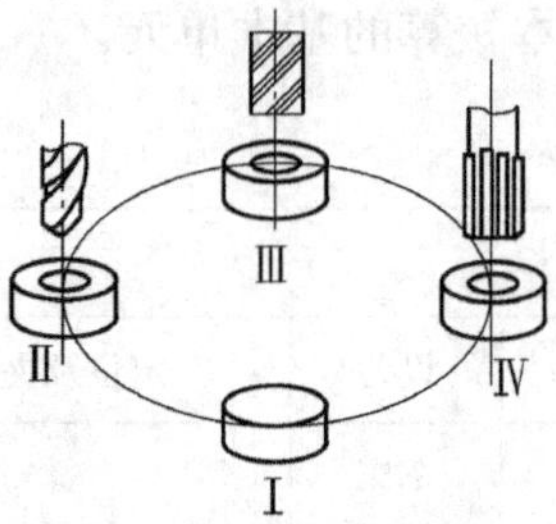

图 8-2 四工位钻孔

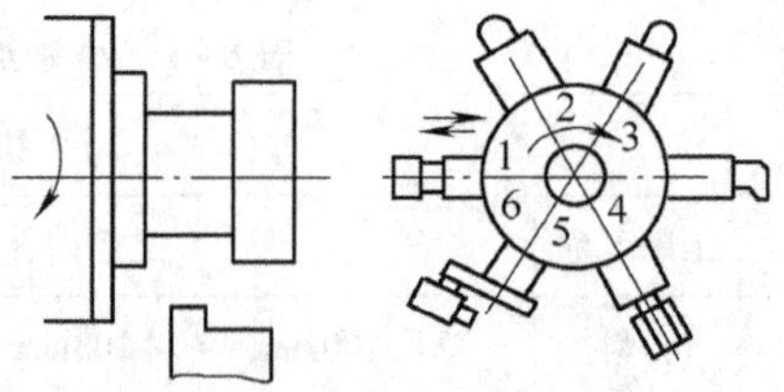

图 8-3 转塔自动车床的不同工步

有时为了提高生产效率，经常把几个待加工表面用几把刀具同时进行加工，这可以看作一个工步，并称为复合工步，如图 8-4 所示。

（5）进给 在一个工步内，有些表面由于加工余量太大，或由于其他原因，需用同一把刀具对同一表面进行多次切削。这样刀具对工件的每一次切削就称为一次进给，如图 8-5 所示。

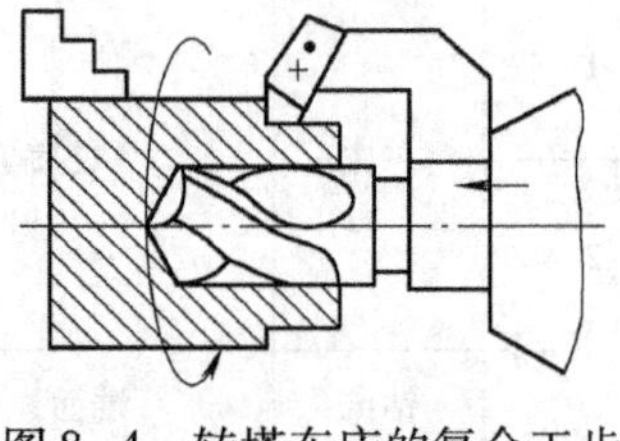
图 8-4 转塔车床的复合工步

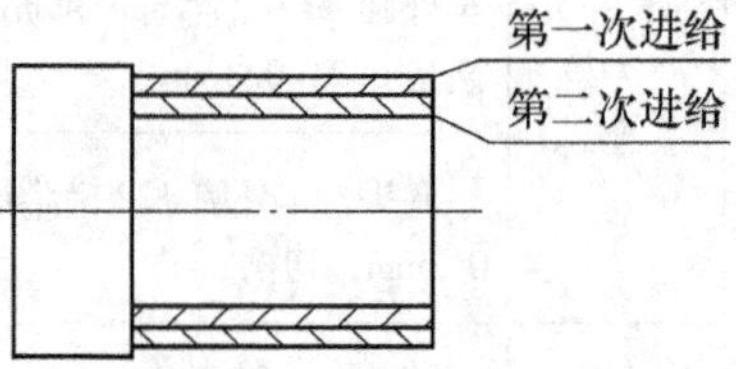

图 8-5 进给

3. 生产纲领与生产类型

（1）生产纲领 生产纲领是指企业在计划期内应当生产产品的品种、规格、产量和进度计划。零件的年生产纲领按下列公式计算

$$N = Qn(1 + a)(1 + b)$$

式中 N——零件的生产纲领，单位为件/年；

Q——产品的年产量，单位为台/年；

n——每台产品中所含该零件的数量，单位为件/台；

a——零件的备品率，可在 0 ~ 100% 内变化；

b——零件的废品率，一般为 0.5% ~ 1%。

生产纲领决定产品（零件）的生产类型，生产类型不同其工艺特征也不同。

（2）生产类型 根据零件数量和质量的大小，就可以确定零件的生产类型。根据工厂生产专业化程度不同，存在三种生产类型。表 8-2 是生产类型与生产纲领的关系。

表 8-2 生产类型与生产纲领的关系

生产类型	零件的生产纲领（件/年）		
	重型机械	中型机械	轻型机械
单件生产	≤5	≤20	≤100
小批生产	>5 ~ 100	>20 ~ 200	>100 ~ 500
中批生产	>100 ~ 300	>200 ~ 500	>500 ~ 5000
大批生产	>300 ~ 1000	>500 ~ 5000	>5000 ~ 50000
大量生产	>1000	>5000	>50000

1）单件生产。产品品种不固定，每一品种的产品数量很少，工作地点的加工对象经常改变。例如，重型机械、专用设备、新产品试制等一般属于单件生产。

2）成批生产。产品品种基本固定，但数量少，品种较多，需要周期性地轮换生产。例如机床和电动机的制造一般属于成批生产。根据批量大小可分为小批、中批和大批生产。

3）大量生产。产品品种固定，产量很大，工作地点的加工对象固定不变。例如：汽车、轴承制造等一般属于大量生产。

4. 工艺规程的作用和形式

工艺规程是在具体的生产条件下说明并规定工艺过程的工艺文件。规定零件制造工艺过程和操作方法的工艺文件叫机械加工工艺规程。机械加工工艺规程的主要形式有机械加工工艺过程卡片（见表8-3）、机械加工工艺卡片（见表8-4）和机械加工工序卡片（见表8-5）。

表8-3　机械加工工艺过程卡片

<table>
<tr><td rowspan="4">（工厂名）</td><td rowspan="4" colspan="2">机械加工工艺过程卡片</td><td colspan="2">产品名称</td><td colspan="3"></td><td colspan="2">零件名称</td><td colspan="2"></td><td colspan="2">零件图号</td><td></td></tr>
<tr><td rowspan="3">材料</td><td>名称</td><td></td><td rowspan="2">毛坯</td><td>种类</td><td></td><td rowspan="2" colspan="2">零件重量/kg</td><td>毛重</td><td colspan="2"></td><td>第　页</td></tr>
<tr><td>牌号</td><td></td><td>尺寸</td><td></td><td>净重</td><td colspan="2"></td><td>共　页</td></tr>
<tr><td>性能</td><td></td><td colspan="2">每料件数</td><td></td><td colspan="2">每台件数</td><td></td><td>每批件数</td><td colspan="2"></td></tr>
<tr><td rowspan="2">工序号</td><td rowspan="2" colspan="3">工序内容</td><td rowspan="2">加工车间</td><td rowspan="2" colspan="2">设备名称及编号</td><td colspan="3">工艺装备名称及编号</td><td rowspan="2">技术等级</td><td colspan="3">时间定额/min</td></tr>
<tr><td>夹具</td><td>刀具</td><td>量具</td><td>单件</td><td colspan="2">准-终</td></tr>
<tr><td></td><td colspan="3"></td><td></td><td colspan="2"></td><td></td><td></td><td></td><td></td><td></td><td colspan="2"></td></tr>
<tr><td>更改</td><td colspan="14"></td></tr>
<tr><td>编制</td><td></td><td>抄写</td><td colspan="2"></td><td>校对</td><td colspan="2"></td><td>审核</td><td colspan="2"></td><td>批准</td><td colspan="3"></td></tr>
</table>

表8-4　机械加工工艺卡片

<table>
<tr><td rowspan="4" colspan="3">（工厂名）</td><td rowspan="4" colspan="3">机械加工工艺卡片</td><td colspan="3">产品名称</td><td colspan="2"></td><td colspan="2">零件名称</td><td colspan="2"></td><td>零件图号</td><td></td></tr>
<tr><td rowspan="3">材料</td><td>名称</td><td></td><td rowspan="2">毛坯</td><td>种类</td><td></td><td rowspan="2" colspan="2">零件重量/kg</td><td>毛重</td><td></td><td>第　页</td></tr>
<tr><td>牌号</td><td></td><td>尺寸</td><td></td><td>净重</td><td></td><td>共　页</td></tr>
<tr><td>性能</td><td></td><td colspan="2">每料件数</td><td></td><td colspan="2">每台件数</td><td></td><td>每批件数</td><td></td></tr>
<tr><td rowspan="2">工序</td><td rowspan="2">安装</td><td rowspan="2">工步</td><td rowspan="2">工序内容</td><td rowspan="2">同时加工零件数</td><td colspan="4">切削用量</td><td rowspan="2">设备名称及编号</td><td colspan="3">工艺装备名称及编号</td><td rowspan="2">技术等级</td><td colspan="2">时间定额/min</td></tr>
<tr><td>背吃刀量/mm</td><td>切削速度 $m \cdot min^{-1}$</td><td>$r \cdot min^{-1}$ 或双行程数/min</td><td>进给量/ $mm \cdot r^{-1}$</td><td>夹具</td><td>刀具</td><td>量具</td><td>单件</td><td>准-终</td></tr>
<tr><td></td><td></td><td></td><td></td><td></td><td></td><td></td><td></td><td></td><td></td><td></td><td></td><td></td><td></td><td></td><td></td></tr>
<tr><td colspan="2">更改内容</td><td colspan="14"></td></tr>
<tr><td colspan="2">编制</td><td colspan="2"></td><td>抄写</td><td colspan="2"></td><td>校对</td><td colspan="2"></td><td>审核</td><td colspan="2"></td><td>批准</td><td colspan="2"></td></tr>
</table>

表 8-5 机械加工工序卡片

(厂名)	机械加工工序卡片	产品名称及型号	零件名称	零件图号	工序名称	工序号	第 页
							共 页
			车间	工段	材料	材料牌号	力学性能
			同时加工件数	每料件数	技术等级	单件时间/min	准-终时间/min
			设备名称	设备编号	夹具名称	夹具编号	工作液
			更改内容				

工步号	工步内容	计算数据/mm			进给次数	切削用量				工时定额/min			刀、量、辅工具			
		直径或长度	进给长度	单边余量		背吃刀量/mm	进给量/mm·r^{-1}或mm·min^{-1}	切速/min或双行程数/min	切削速度m/min	基本时间	辅助时间	服务时间工作地点	工步号	名称	规格	编号
编制		抄写		校对		审核				批准						

1）机械加工工艺过程卡片。机械加工工艺过程卡片是以工序为单位简要说明产品或零、部件的加工过程的一种工艺文件。在单间小批生产中通常不编制其他更详细的工艺文件，而以这种卡片指导生产。

2）机械加工工艺卡片。机械加工工艺卡片是按产品或零、部件的某一工艺阶段编制的一种工艺文件。

3）机械加工工序卡片。机械加工工序卡片是在机械加工工艺过程卡片或机械加工工艺卡片的基础上，根据每道工序所编制的一种工艺文件，一般具有工序简图，并详细说明该工序的每个工步的加工内容、工艺参数、操作要求以及所用设备和工艺装备等。

8.1.2 机械加工工艺规程的制订步骤

机械加工工艺规程制订的原则是在保证产品质量的前提下，尽可能提高生产率，降低成本。制订过程如下：

1）阅读装配图和零件图工艺审查，了解产品的用途、性能和工作条件，熟悉零件在产品中的地位和作用。审查图样上的尺寸、视图和技术要求是否完整、正确、统一；找出主要技术要求和分析关键的技术问题；审查零件的结构工艺性。如果在工艺审查中发现了问题，应同产品设计部门联系，共同研究解决办法。

2）熟悉或确定毛坯，确定毛坯的主要依据是零件在产品中的作用、生产纲领以及零件本身的结构、性能。

3）拟定机械加工工艺路线，这是制订机械加工工艺规程的核心。其主要内容有：选择定位基准、确定加工方法、安排加工顺序以及安排热处理、检验和其他工序等。

4）确定满足各工序要求的工艺装备（包括机床、夹具、刀具和量具等）。

5）确定各工序的加工余量、计算工序尺寸和公差。

6）确定切削用量。目前，在单件小批生产中，切削用量多数由操作者自定，机械加工工艺过程卡片中一般不作明确规定。

7）确定时间定额。

8）填写工艺文件。

8.2　零件的工艺分析

8.2.1　零件的工艺分析

零件工作图及其有关部件装配图是了解零件结构和功能及制订工艺规程最主要的原始资料。制订加工工艺时必须对图样进行分析和研究，主要包括两个方面：

1. 零件及产品装配图的技术要求分析

技术要求主要包括以下几个方面：

1）加工表面的尺寸精度、形状精度和位置精度。

2）加工表面的表面粗糙度和物理性能。

3）热处理及其他要求。

2. 零件结构工艺性

零件结构工艺性是指在满足使用要求的前提下，制造该零件的可行性和经济性。

零件结构工艺性由零件结构要素的工艺性和零件整体结构的工艺性两部分组成。

（1）零件结构要素的工艺性　组成零件的各加工表面称为结构要素。零件结构要素的工艺性主要表现在以下几个方面。

1）各要素尽量形状简单，面积小，规格统一和标准，以减少加工时调整刀具的次数。

2）能采用普通设备和标准刀具进行加工，刀具易进入、退出和顺利通过，避免内端面加工，防止碰撞已加工面。

3）加工面与非加工面应明显分开，加工时应使刀具有较好的切削条件，以延长刀具的寿命和保证加工质量。

（2）零件整体结构的工艺性　零件整体结构的工艺性，主要表现在以下几方面：

1）尽量采用标准件、通用件和相似件。

2）有便于装夹的基准和定位面。如图8-6所示的机床立柱，应在其上增设工艺凸台，以便加工时作为辅助定位基准。

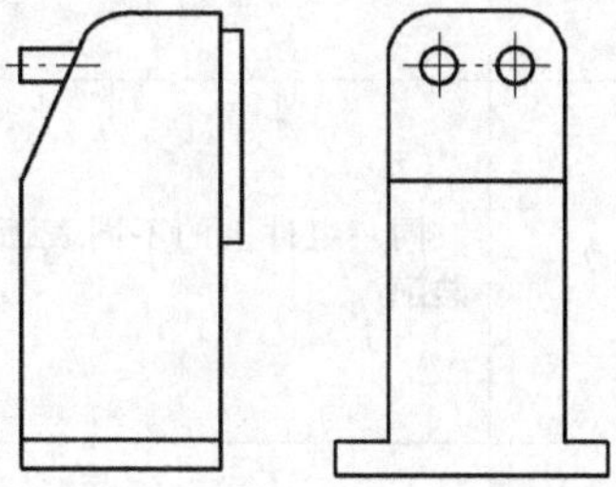

图8-6　机床立柱的工艺凸台

3）零件应有足够的刚性，防止加工中在高速和多刀切削时的变形，影响加工精度。

3. 产品结构的工艺性

产品结构的工艺性是指所设计的产品在满足使用要求的前提下，制造、维修的可行性和经济性。

表 8-6　列举了生产中常见的结构工艺性定性分析的实例，供参考和借鉴。

表 8-6　结构工艺性实例分析

序　号	结构工艺性内容	不　好	好
1	尽量减少大平面加工	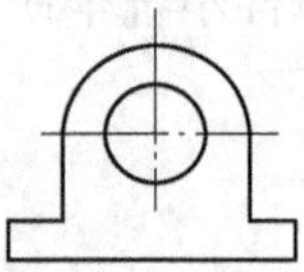	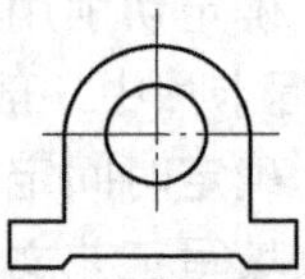
2	键槽应在同一方向	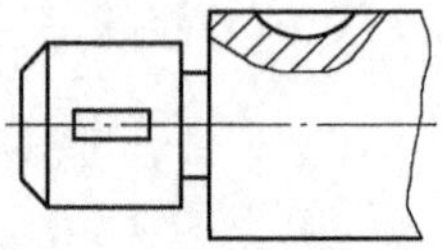	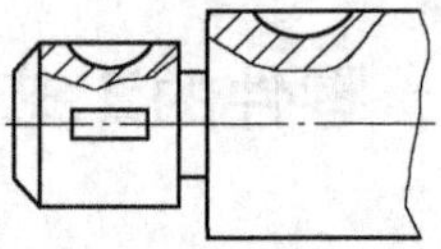
3	磨削锥面时不易碰伤已加工面	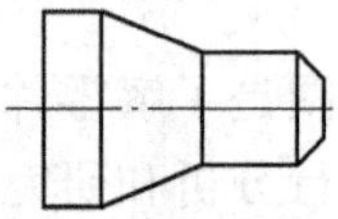	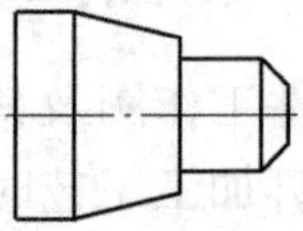
4	1）加工面与非加工面应明显分开 2）凸台高度相同，一次加工出来	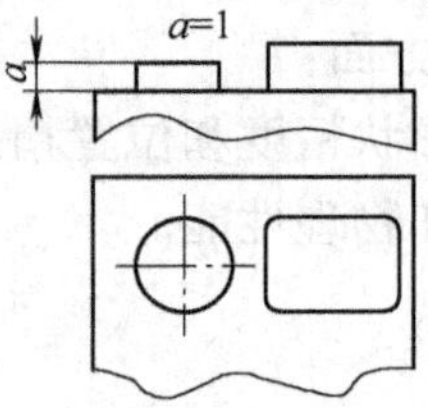	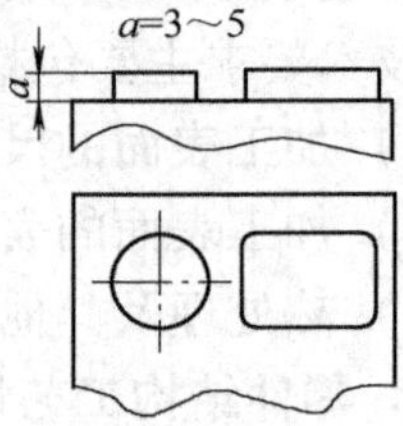
5	同把刀加工同尺寸槽	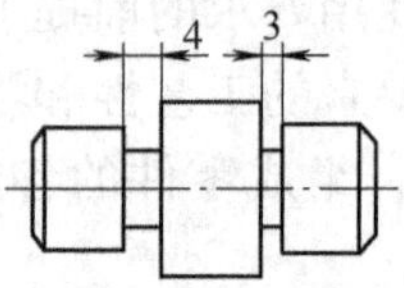	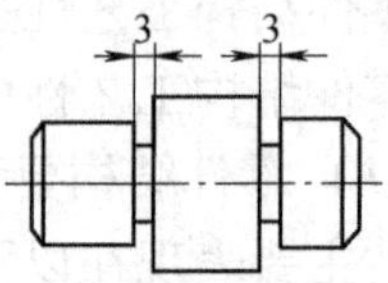
6	磨削表面应有退刀槽	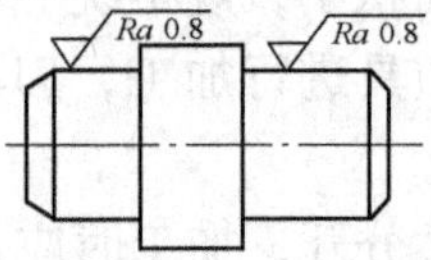	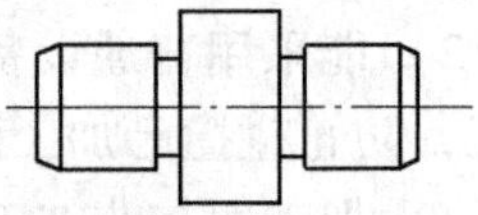
7	同一组件上的不同表面应顺次装配	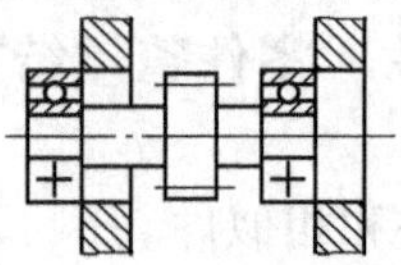	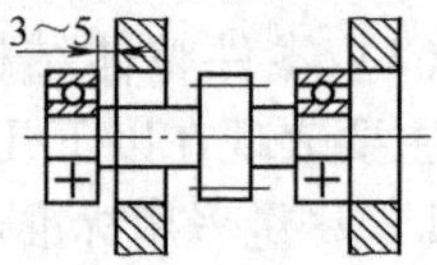
8	孔内加工环槽不方便	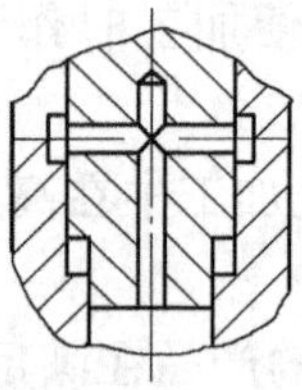	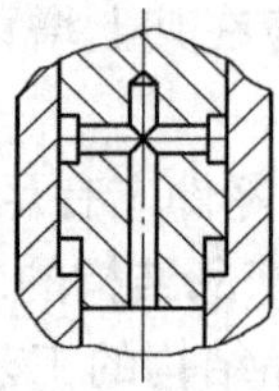

8.2.2 工艺审查案例

（1）方向轴零件的精度分析，零件图如图 8-7 所示。

1）该件两个 $\phi45^{+0.018}_{+0.002}$mm 外圆的轴线分别为基准 *A*、*B*，这两个外圆表面相对于基准 *A*—*B* 的圆跳动为 0.05mm。

2）调质处理 26～30HRC。

3）去尖角、毛刺。

4）工件材料为 45 钢。

（2）工艺分析

1）该件最大直径不太大，可先整体调质处理，然后车削加工。

2）该件两个 $\phi45^{+0.018}_{+0.002}$mm 外圆表面要求较高，车削后磨削加工。

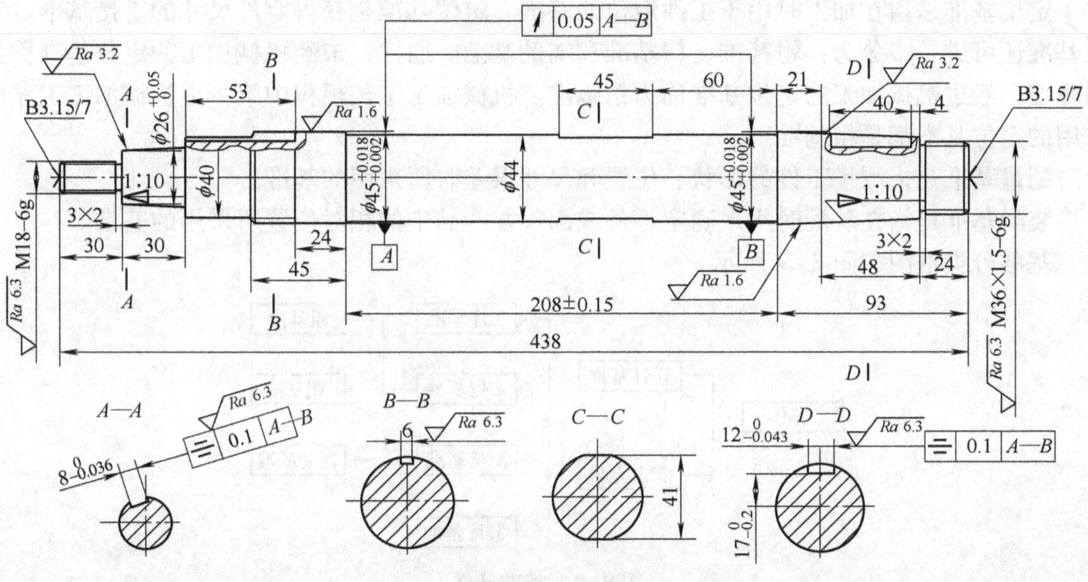

图 8-7 方向轴

（3）传动轴零件结构工艺性　方向轴为常用传动件，要求具有一定强度。该零件材料为 45 钢，轮廓尺寸不大，形状也不复杂，因此可选毛坯形状与零件的形状接近的圆形棒料。表面精度要求较高但可以磨削加工，长径比接近 10，属于细长轴，所以加工中应考虑到受力变形的影响。同时两端有 1:10 的锥度，所以该轴的加工工艺性不太好。

8.3 工艺路线及工序的拟定

8.3.1 工艺路线的拟定

1. 定位基准的选择

定位是指确定工件在机床或夹具中正确位置的过程。基准是用来确定生产对象上几何要素之间的几何关系所依据的那些点、线或面。

(1) 基准的分类　从设计和工艺两个方面看，可把基准分为两大类，即设计基准和工艺基准。

1）设计基准就是设计者在设计零件时，根据零件在装配结构中的装配关系以及零件本身结构要素之间的相互位置关系，确定标注尺寸（或角度）的起始位置。例如，在图8-8中所示的阶梯轴，端面1和中心线2就是设计基准。

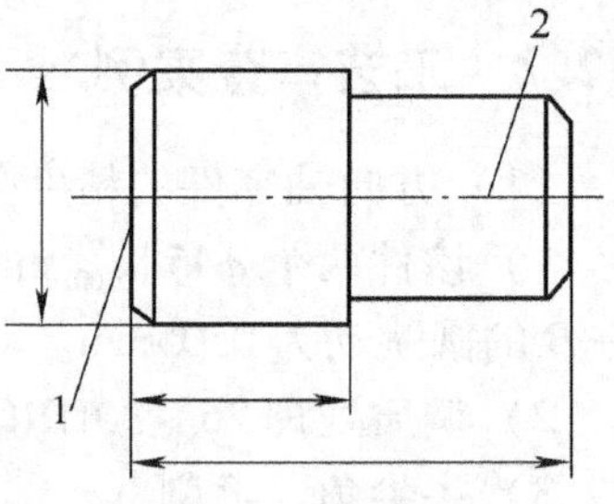

图8-8　设计基准举例
1—端面　2—中心线

2）工艺基准就是在加工工艺过程中所采用的基准。工艺基准又可进一步分为工序基准、定位基准、测量基准和装配基准。

工序基准是指在工序图上用来确定本工序所加工表面加工后的尺寸、形状、位置的基准。

定位基准是指在加工时用于工件定位的基准。定位基准是获得零件尺寸的直接基准。定位基准还可进一步分为：粗基准、精基准和辅助基准。通常，未经机械加工的定位基准称为粗基准，经过机械加工的定位基准称为精基准。机械加工工艺规程中第一道机械加工工序所采用的定位基准都是粗基准。

测量基准是指测量工件的形状、位置和尺寸误差时所采用的基准。

装配基准是指在装配时用来确定零件或部件在产品中的相对位置所采用的基准。

基准分类框图如图8-9所示。

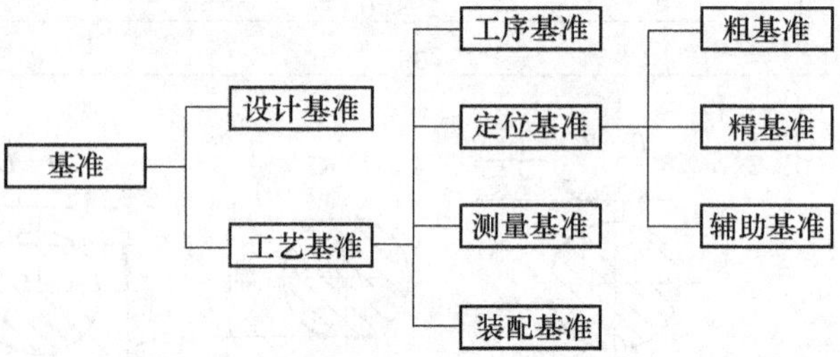

图8-9　基准分类

(2) 定位基准的选择原则

1）粗基准的选择。图8-10所示零件的毛坯，在铸造时孔3和外圆面1难免有偏心。加工时，如果采用不加工的外圆面1作为粗基准装夹工件（用自定心卡盘）进行加工，则加工面2与外圆面1同轴，可以保证壁厚均匀，但是加工面2的加工余量则不均匀，如图8-10a所示。如果采用该零件的毛坯孔3作为粗基准装夹工件（直接找正装夹，用单动四爪卡盘夹住外圆面1，按毛坯孔3找正）进行加工，则加工面2与该面的毛坯孔3同轴，加工面2的余量是均匀的，但加工面2与外圆面1则不同轴，即壁厚不均匀，如图8-10b所示。

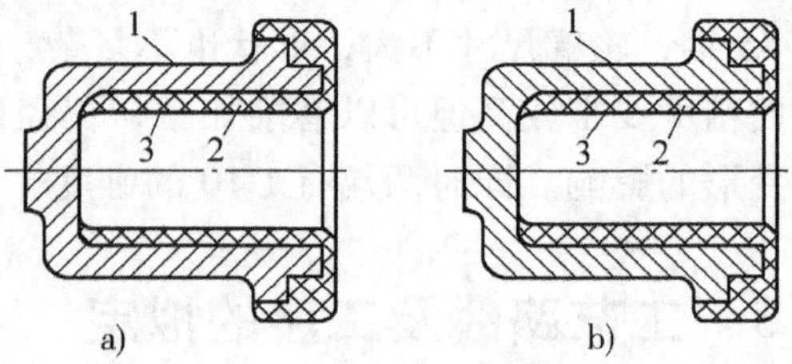

图8-10　两种粗基准选择对比
a）壁厚均匀　b）壁厚不均匀
1—外圆面　2—加工面　3—毛坯孔

由此可见，粗基准的选择将影响到加工面与不加工面的相互位置，或影响到加工余量的分配，并且第一道粗加工工序首先要遇到粗基准选择问题，因此正确选择粗基准对保证产品质量有重要影响。在选择粗基准时，一般应遵循下列原则：

① 保证相互位置要求的原则。如果必须保证工件上加工面与不加工面的相互位置要求，则应以不加工面作为粗基准。例如在图8-10中的零件，一般要求壁厚均匀，因而图8-10a的选择是正确的。又如图8-11a所示的拨杆，虽然不加工面很多，但由于要求 ϕ22H9 孔与 ϕ40mm 外圆同轴，因此在钻 ϕ22H9 孔时应选择 ϕ40mm 外圆作为粗基准，利用自定心夹紧机构使 ϕ40mm 外圆与钻孔中心同轴（见图8-11b）。

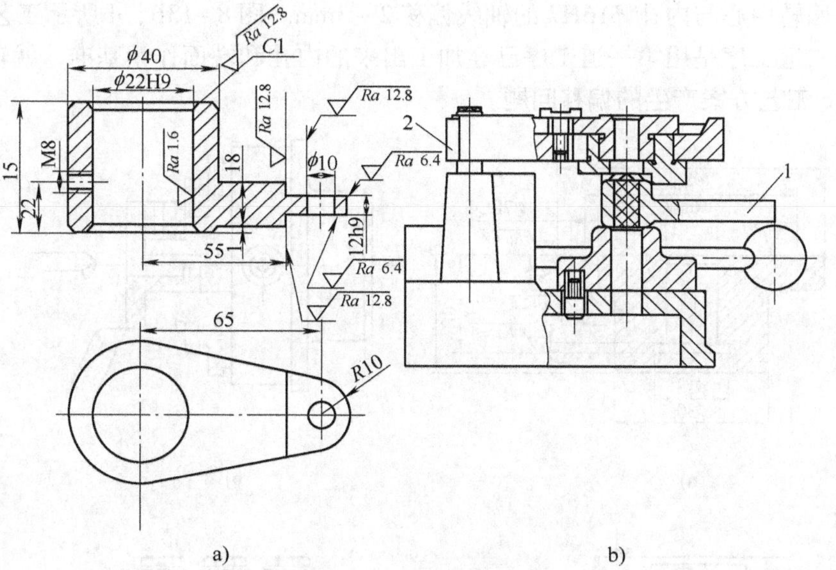

图8-11　粗基准的选择

1—拨杆　2—钻模

② 保证加工表面加工余量合理分配的原则。如果必须首先保证工件某重要表面的余量均匀，应选择该毛坯表面为粗基准。例如在车床床身加工中，导轨面是最重要的表面，精度要求高，因此希望加工时导轨面切削余量要小而且均匀。此时应以导轨面为粗基准，先加工底面，然后再以底面为精基准，加工导轨面（见图8-12a）。这就可以保证导轨面的加工余量均匀。否则，必将造成导轨面加工余量不均匀（见图8-12b）。

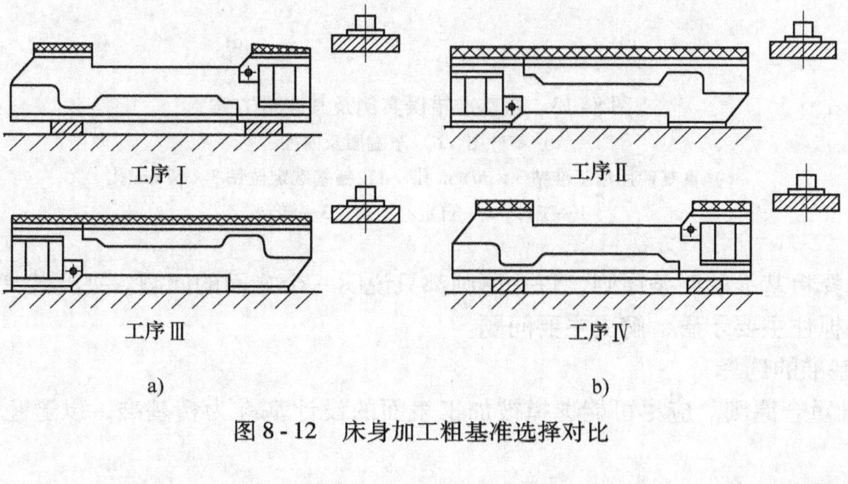

图8-12　床身加工粗基准选择对比

③ 便于工件装夹的原则。选择粗基准时，必须考虑定位准确，夹紧可靠以及夹具结构简单、操作方便等方面的问题。

④ 粗基准一般不得重复使用的原则。如果能使用精基准定位，则粗基准一般不应被重复使用。这是因为若毛坯的定位面很粗糙，在两次装夹中重复使用同一粗基准，就会造成相当大的定位误差（有时可达几毫米）。例如图 8 - 13a 所示的零件，其内孔、端面及 $\phi\sim37$mm 孔都需要加工，如果按图 8 - 13b、c 所示工艺方案，即第一道工序以 $\phi30$mm 外圆为粗基准车端面、镗孔；第二道工序仍以 $\phi30$mm 外圆为粗基准钻 $3\times\phi7$EQSmm 孔，这样就可能使钻出的孔公共回转中心与内孔 $\phi16$H7 的轴线偏移 2 ~ 3mm。图 8 - 13b、d 所示工艺方案则是正确的，其第二道工序是用第一道工序已经加工出来的内孔和端面作精基准，就较好地解决了图 8 - 13b、c 工艺方案产生的偏移问题。

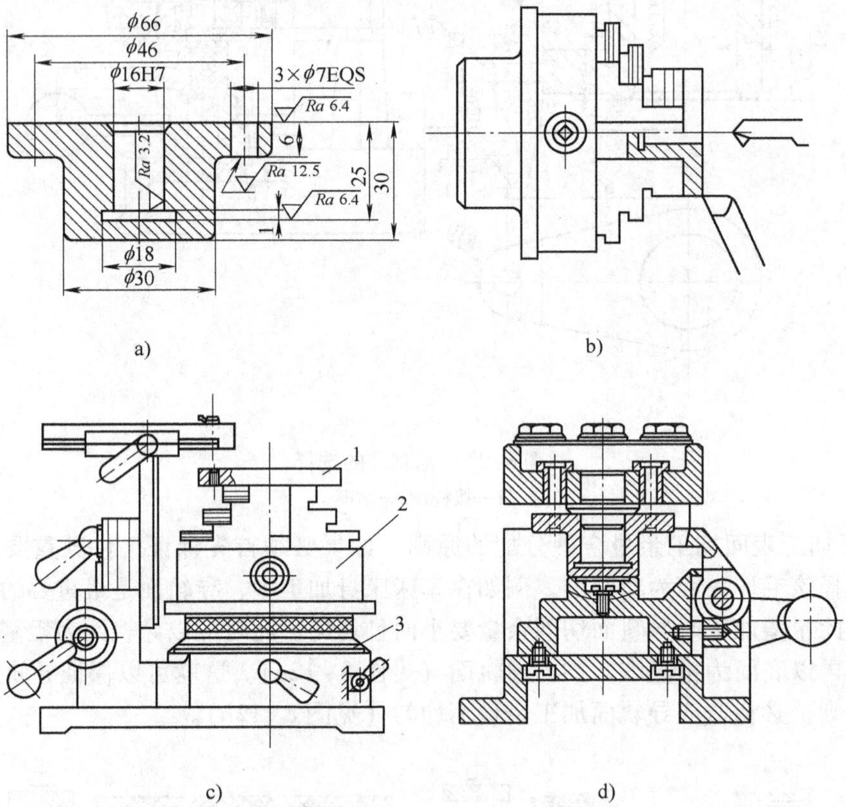

图 8 - 13　粗基准错误实例及其改进方案

a）零件图　b）车端面及内孔

c）重复使用粗基准钻 $3\times\phi7$mm 孔　d）精基准定位钻 $3\times\phi7$mm 孔

1—工件　2—自定心卡盘　3—转台

上述选择粗基准的四条原则，每一原则都只说明一个方面的问题。夹具装夹不能同时兼顾，这就要抓住主要矛盾，解决主要问题。

2）精基准的选择

① 基准重合原则。应尽可能选择被加工表面的设计基准为精基准，以避免定位基准与

设计基准不一致而产生的基准不重合误差。

② 基准统一原则。当工件以某一精基准定位时，可以比较方便地加工大多数（或所有）其他表面，则应尽早地把这个基准面加工出来，并达到一定精度，以后工序均以它为精基准来加工其他表面，这称为基准统一原则。但基准统一原则常常会带来基准不重合的问题，应注意。如图 8-14 所示，以箱体底面和底面上的两个销孔进行定位加工其他表面，及车削轴类零件时采用顶尖定位，都是应用基准统一原则的案例。

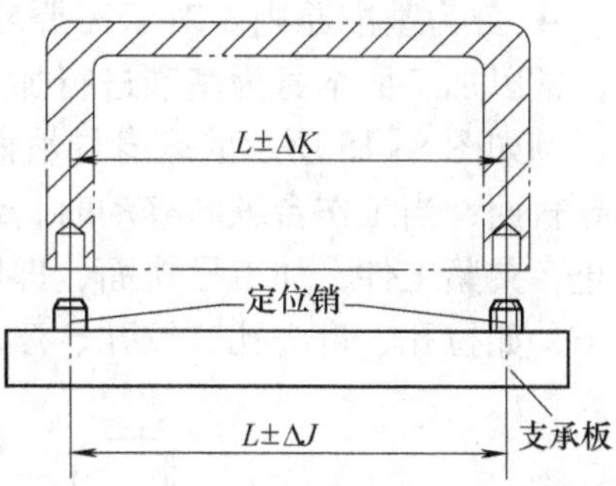

图 8-14　一面两孔定位

③ 互为基准原则。某些位置精度要求很高的表面，常采用互为基准反复加工的办法来达到位置精度要求，此原则称为互为基准原则。

例如，车床主轴前后支承轴颈与前锥孔有严格的同轴度要求，为了达到这一要求，以支承轴颈定位加工锥孔，又以锥孔定位加工支承轴颈。从表 8-7 中可以看出，该加工过程共经过 7 次定位基准的转换，依顺序标注在表中前莫氏锥孔列中，其中从第 3 次至第 7 次明显属于互为基准加工，即分别用小端外圆定位加工前莫氏锥孔，然后以前莫氏锥孔定位加工小端外圆，反复加工。

表 8-7　车床主轴工艺路线和基准转换（互为基准）

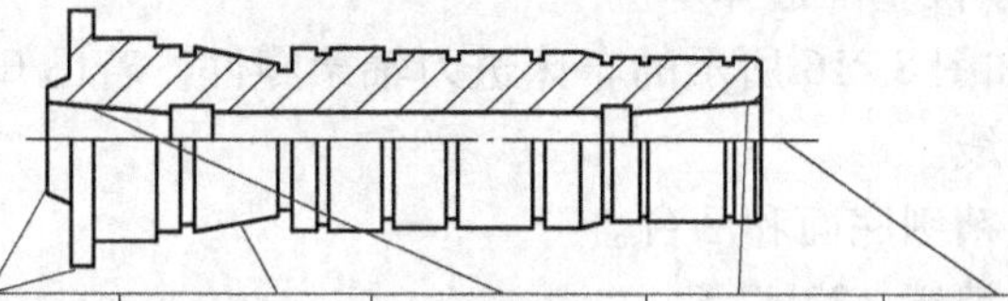

工序号	工序名称	大端外圆等	小端外圆	前莫氏锥孔	后锥孔	前后中心孔
0	锻造		(表面粗糙度符号)	1		
1	铣端面打中心孔			2		Ra 6.3 μm
2	粗车小端外圆		Ra12.5 μm	2		
3	调质					
4	车大端各部	Ra 6.3 μm		2		
5	车小端各部		Ra 6.3 μm	3		
6	钻深孔			3		Ra 6.3μm
7	精车大端莫氏锥孔等	Ra 3.2 μm		3 Ra 3.2 μm		
8	精车1:12后锥孔			4	Ra 3.2 μm	
9	精车小端外圆等		Ra 3.2 μm			
10	局部淬火			5 5132		
11	粗磨莫氏锥孔			Ra 0.8 μm		
12	粗精铣花键		Ra 1.6 μm	6		
13	车螺纹		Ra 6.3 μm			
14	粗精磨外圆		Ra 0.8 μm			
15	粗精磨外圆等	Ra 0.4 μm		7		
16	粗精磨莫氏锥孔			Ra 0.4 μm		

④ 自为基准原则。对于需要减小表面粗糙度，减小加工余量和保证加工余量均匀的工序，常以加工面本身为基准进行加工，这称为自为基准原则。

例如图 8 - 15 所示的床身导轨面的磨削工序，用固定在磨头上的百分表 3，找正工件上的导轨面，当工作台纵向移动时，调整工件 1 下部的四个楔铁 2，使百分表的指针基本不动为止，夹紧工件，加工导轨面，即以导轨面自身为基准进行加工。还可以举出其他一些典型例子，如拉孔、珩磨孔、铰孔、浮动镗刀块镗孔等都是自为基准加工。

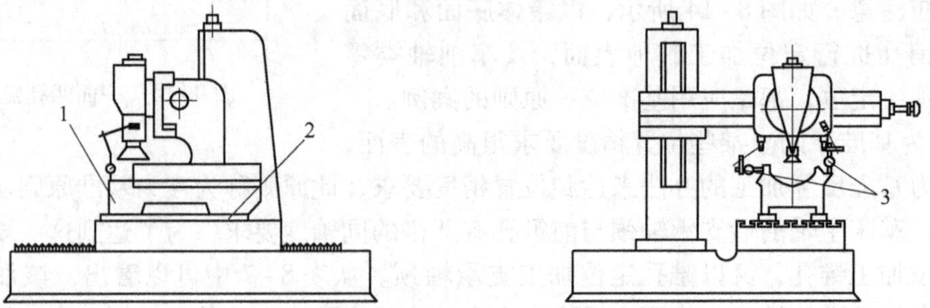

图 8 - 15　床身导轨面自为基准定位
1—工件　2—楔铁　3—百分表

⑤ 便于装夹原则。所选择的精基准，应能保证定位准确、可靠，夹紧机构简单，操作方便，这称为便于装夹原则。

(3) 定位基准选择示例

例　如图 8 - 16 所示的车床进刀轴架零件，若已知其工艺过程为：

1) 划线。

2) 粗精刨底面和凸台。

3) 粗精镗 ϕ32H7 孔。

4) 钻、扩、铰 ϕ16H9 孔。

试选择各工序的定位基准并确定各限制几个自由度。

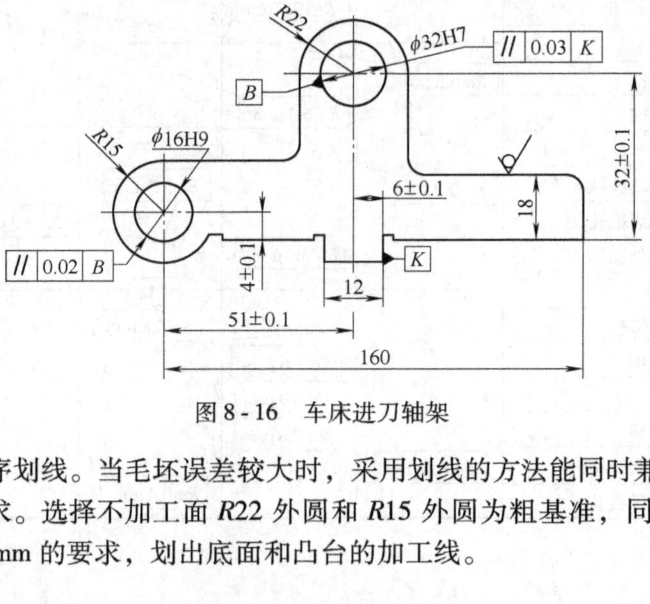

图 8 - 16　车床进刀轴架

解　第一道工序划线。当毛坯误差较大时，采用划线的方法能同时兼顾到几个不加工面对加工面的位置要求。选择不加工面 $R22$ 外圆和 $R15$ 外圆为粗基准，同时兼顾不加工的上平面与底面距离 18mm 的要求，划出底面和凸台的加工线。

第二道工序按划线找正，刨底面和凸台。

第三道工序粗精镗 ϕ32H7 孔。加工要求为尺寸 32 ±0.1mm、6 ±0.1mm 及凸台侧面 K 的平行度公差 0.03mm。根据基准重合的原则选择底面和凸台为定位基准，底面限制三个自由度，凸台限制两个自由度，无基准不重合误差。

第四道工序钻、扩、铰 ϕ16H9 孔。除孔本身的精度要求外，本工序应保证的位置要求为尺寸 4 ±0.1mm、51 ±0.1mm 及两孔的平行度公差 0.02mm，可以有三种不同的方案：

① 底面限制三个自由度，K 面限制两个自由度。此方案加工两孔采用了基准统一原则。夹具比较简单。设计尺寸 4 ±0.1mm 基准重合；51 ±0.1mm 有基准不重合误差，其大小等于 0.2mm；两孔平行度 0.02mm 也有基准不重合误差，其大小等于 0.03mm。由分析可知，此方案基准不重合误差已经超过了允许的范围，不可行。

② ϕ32H7 孔限制四个自由度，底面限制一个自由度。此方案对尺寸 4 ±0.1mm 有基准不重合误差，且定位销细长，刚性较差，所以也不可行。

③ 底面限制三个自由度，ϕ32H7 孔限制两个自由度。此方案可将工件套在一个长的菱形销上来实现，对于三个设计要求均为基准重合，只是 ϕ32H7 孔对于底面的平行度误差将会影响两孔在垂直平面内的平行度，应当在镗 ϕ32H7 孔时加以限制。

综上所述，第三方案基准基本上重合，夹具结构也不太复杂，装夹方便，故应采用。

2. 表面加工方法的选择

常见典型表面的加工方法及加工路线

1）平面的加工路线。图 8-17 所示是平面的加工路线的框图，主要分为下面 5 条加工路线。

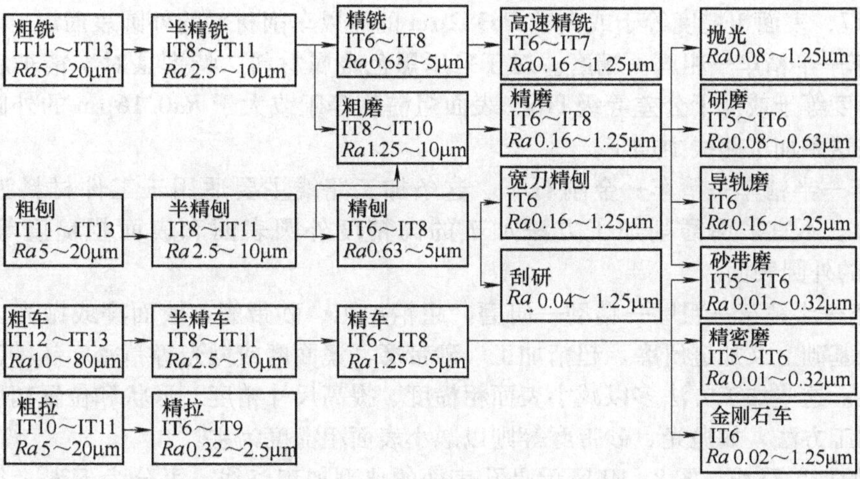

图 8-17 平面的典型加工路线

① 粗铣—半精铣—精铣—高速铣。在平面加工中，铣削加工用得最多。这主要是因为铣削生产率高。近代发展起来的高速铣，其加工精度比较高（公差等级 IT6 ~ IT7），表面粗糙度也较小（Ra0.16 ~ 1.25μm 左右）。

② 粗刨—半精刨—精刨—宽刀精刨、刮研或研磨。宽刀精刨多用于大平面或机床床身导轨面加工，其加工精度和表面粗糙度都比较好，在单件、成批生产中被广泛应用。

③ 粗铣（刨）—半精铣（刨）—粗磨—精磨—研磨、精密磨、砂带磨或抛光。如果被加工平面有淬火要求，则可在半精铣（刨）后安排淬火。淬火后需要安排磨削工序，还可以在精磨后安排研磨或精密磨。

④ 粗拉—精拉。这条加工路线主要在大批大量生产基准孔中采用，其加工出的孔为H7。

⑤ 粗车—半精车—精车—金刚石车。主要用于有色金属零件的平面加工。

2）外圆表面的加工路线。图8-18所示是外圆表面的典型加工路线，主要采用下列4条加工路线。

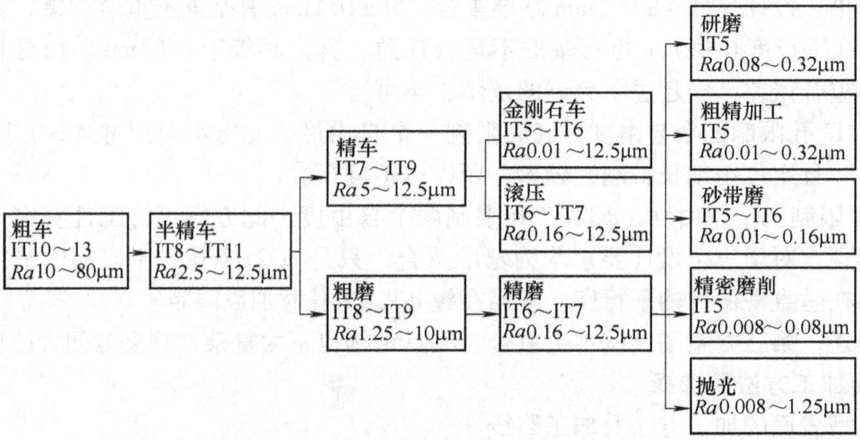

图8-18 外圆表面的典型加工路线

① 粗车—半精车—精车。这是应用最广的一条加工路线。适用于加工精度等于或低于公差等级IT7，表面粗糙度等于或大于*Ra*3.2μm的可以车削材料的外圆表面。

② 粗车—半精车—粗磨—精磨。对于采用黑色金属材料，特别是对半精车后有淬火要求，加工精度等于或低于公差等级IT6，表面粗糙度等于或大于*Ra*0.16μm的外圆表面，一般可安排在这条加工路线中加工。

③ 粗车—半精车—精车—金刚石车。这条加工路线主要适用于工件材料为有色金属（如铜、铝），不宜采用磨削加工方法加工的高精度外圆表面和表面粗糙度等于或大于*Ra*0.04μm的外圆表面。

④ 粗车—半精车—粗磨—精磨—研磨、超精加工、砂带磨、镜面磨或抛光。这是在加工路线②的基础上又加进研磨、超精加工、砂带磨、镜面磨或抛光等精密、超精密加工或光整加工工序。这些加工方法多以减小表面粗糙度、提高尺寸精度、形状和位置精度为主要目的，有些加工方法，如抛光、砂带磨等则以减小表面粗糙度为主。

3）孔的加工路线。图8-19所示是孔表面的典型加工路线，可分为下列4条基本的加工路线。

① 钻—粗拉—精拉。这条加工路线多用于大批大量生产盘套类零件的圆孔、单键孔和花键孔加工。拉刀是定尺寸刀具，经拉削加工的孔一般为7级精度的基准孔（H7）。

② 钻—扩—铰—手铰。这是一条应用最为广泛的加工路线，在各种生产类型中都有应用，多用于中、小孔加工。其中扩孔有纠正位置精度的能力，铰孔只能保证尺寸、形状精度和减小孔的表面粗糙度，不能纠正位置精度。铰刀是定尺寸刀具，经过铰孔加工的孔一般也是7级精度的基准孔（H7）。

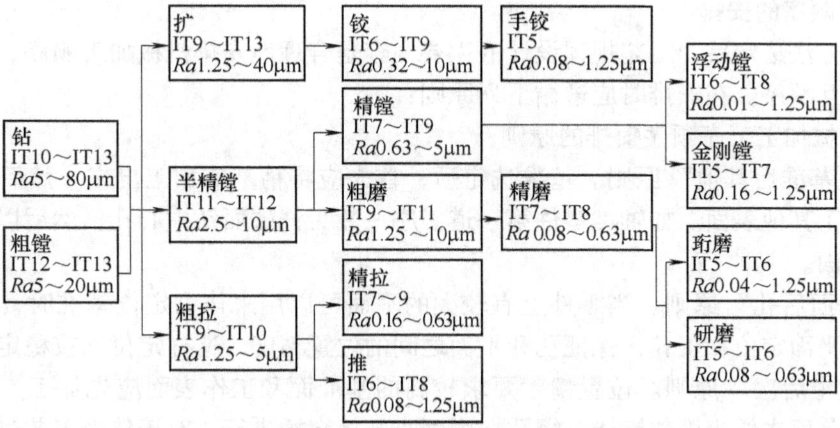

图 8-19　孔表面的典型加工路线

③ 钻（或粗镗）—半精镗—精镗—浮动镗或金刚镗。一般单件小批生产中的箱体孔系；位置精度要求很高的孔系加工；在各种生产类型中，直径比较大的孔；例如：ϕ80mm 以上，毛坯上已有位置精度比较低的铸孔或锻孔；材料为有色金属，需要由金刚镗来保证其尺寸、形状和位置精度以及表面粗糙度的要求的孔，多在这条加工路线中加工。

④ 钻（粗镗）—半精镗—粗磨—半精磨—精磨—珩磨或研磨。这条加工路线主要用于淬硬零件的加工或精度要求高的孔加工，其中研磨孔是一种精密加工方法。

3. 加工阶段的划分

通常可将零件的工艺过程根据精度要求的不同划分为：

1）粗加工阶段。在粗加工阶段，以高生产率去除加工面多余的金属。

2）半精加工阶段。在半精加工阶段减小粗加工中留下的误差，使加工面达到一定的精度，为精加工做好准备。

3）精加工阶段。在精加工阶段，应确保尺寸、形状和位置精度达到或基本达到（精密件）图样规定的精度要求以及表面粗糙度要求。

4）精密、超精密或光整加工阶段。对那些精度要求很高的零件，在工艺过程的最后安排珩磨或研磨、精密磨、超精加工、金刚石车、金刚镗或其他特种加工方法加工，以达到零件最终的精度要求。

4. 工序的集中与分散

所谓工序集中，是使每个工序中包括尽可能多的工步内容，因而使总的工序数目减少，夹具的数目和工件的安装次数也相应地减少。所谓工序分散，是将工艺路线中的工步内容分散在更多的工序中去完成，因而每道工序的工步少，工艺路线长。

工序集中和工序分散的特点都很突出。工序集中有利于保证各加工面间的相互位置精度要求，有利于采用高生产率机床，节省装夹工件的时间，减少工件的搬动次数。工序分散可使每个工序使用的设备和夹具比较简单，调整、对刀也比较容易，对操作工人的技术水平要求较低。

随着更多高效自动化机床应用到生产中，以工序集中的形式组织生产（典型的例子是采用加工中心机床组织生产）是未来的发展趋势。

5. 工序顺序的安排

在加工方法选定后，工艺规程设计的主要内容是合理地安排机械加工顺序、热处理和辅助工序的相互顺序。在安排时应遵循下列原则：

(1) 机械加工工序顺序安排的原则

1)“先基准后其他”原则。基准选定后，首先应将精基准加工出来，然后再以该基准面定位，加工其他表面。如轴类零件第一道工序一般为铣端面钻中心孔，然后以中心孔定位加工其他表面。

2)“先面后孔”原则。当零件上有较大的平面可以用来作为定位基准时，总是先加工平面，再以平面定位加工孔，保证孔和平面之间的位置精度，这样定位比较稳定。

3)“先主后次”原则。位置精度要求较高的基准面和工作表面应先加工，便于及早发现毛坯缺陷；而次要表面如键槽、螺孔、紧固小孔等穿插进行。对于整个工艺过程而言，次要表面的加工一般安排在主要表面最终精加工之前。

4)“先粗后精”原则。对于精度要求较高的零件，根据划分的加工阶段，先粗加工阶段，后精加工阶段。

(2) 热处理工序的安排　热处理是根据零件的材料和热处理的目的安排的。以下是几种常见的热处理方法：

① 预备热处理的目的是改善金属的可切削性能，消除毛坯制造中的应力。一般安排在机械加工之前进行，如退火与正火。

② 时效处理为了消除残留应力，对于铸件，常在粗加工前后安排一次时效处理；对于要求精度高的零件，在半精加工后尚需再安排一次时效处理；对于刚性较差、精度要求特别高的重要零件（如精密丝杠、主轴等），在每个加工阶段之间都安排一次时效处理。

③ 最终热处理的目的是提高零件强度、表面硬度和耐磨性。常用淬火和调质、渗碳淬火和渗氮等。如果最终热处理后产生应力则应在精加工之前安排回火。

(3) 辅助工序的安排

1) 检验工序。一般在关键工序前后，各加工阶段之间及工艺过程的最后都应当安排检验工序，以保证加工质量。

2) 清洗和去毛刺。切削加工工件后应当安排去毛刺处理，工件在进入装配之前，应安排清洗。特别是研磨、珩磨等光整加工工序之后，砂粒易附着在工件表面上，必须认真清洗，以免加剧零件在使用中的磨损。

3) 其他工序。可根据需要安排平衡、去磁等其他工序。

6. 方头小轴工艺路线安排案例

如图8-20所示方头小轴，中批生产，材料为20Cr，要求 ϕ12h7mm 段渗碳（深0.8mm~1.1mm），淬火硬度为50~55HRC，试拟定其工艺路线。

(1) 分析零件图　该零件材料为20Cr，由图8-20可以看出该零件的主要加工部位有：ϕ20mm 外圆上铣削 17×17mm 的四方，ϕ12h7 和 ϕ7mm 两外圆柱面，ϕ2H7 孔与销配作。

(2) 加工方法　根据零件加工表面的结构与精度要求分析，其主要加工表面 ϕ12h7 外圆表面粗糙度要求为 Ra1.25μm，公差为h7。根据外圆表面典型工艺路线分析可知其加工路线为：粗车—半精车—磨削。其他表面只需半精加工就可以达到要求。

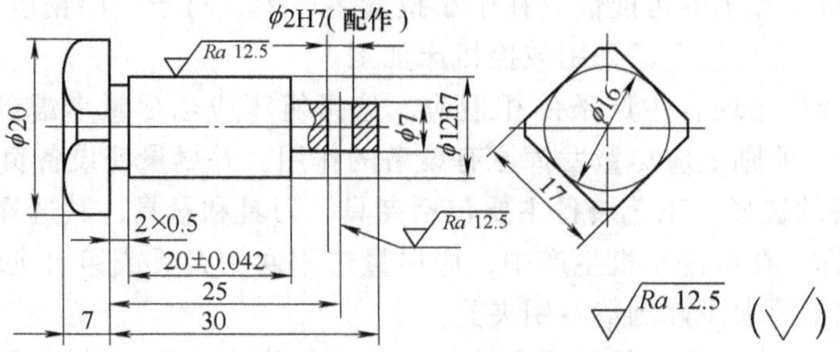

图8-20　方头小轴

（3）拟订工艺路线　工艺路线见表8-8。

表8-8　方头小轴制造工艺路线

加工阶段	序号	名称	工序内容
	1	备料	下料：20Cr 钢棒 ϕ22mm×470mm 若干段
粗加工	2	车	车右端面及右端外圆，留磨余量每面0.2mm（ϕ7mm 不车），按长度切断，每段切留余量（2~3）mm
	3	车	夹右端柱段，车左端面，留余量2mm；车左端外圆至 ϕ20mm
	4	中检	检验
	5	热处理	渗碳
半精加工	6	车	夹左端 ϕ20mm 段，车右端面，留余量1mm，打中心孔；车 ϕ7mm、ϕ12mm 圆柱段
	7	车	夹 ϕ12 部分，车左端面至尺寸，打中心孔
	8	铣	铣削 17×17mm 方头
	9	检验	检验工序6、7、8的尺寸
	10	热处理	淬火50~60HRC
精加工	11	研	研中心孔，表面粗糙度 Ra0.4mm
	12	磨	磨 ϕ12h7mm 外圆，达到图样要求
	13	检验	检验全部技术指标
	14	包装	清洗、油封、包装

8.3.2　工序内容的拟定

1. 加工设备和工艺装备的选择

（1）机床的选择　在拟定工艺路线时，已经同时确定了各工序所用机床的类型、是否需要设计专用机床等。在具体确定机床型号时，还必须考虑以下几个基本原则：

1）机床的加工规格范围应与零件的外部形状、尺寸相适应。

2）机床的精度应与工序要求的加工精度相适应。各种机床的规格和技术性能可查阅有关的手册或机床说明书。

3）机床的生产率应与工件的生产类型相适应。一般单件小批生产宜选用通用机床，大批大量生产宜选用高生产率的专用机床、组合机床或自动机床。

4）采用数控机床加工的可能性。在中小批量生产中，对于一些精度要求较高、工步内容较多的复杂工序，应尽量考虑采用数控机床加工。

5）机床的选择应与现有生产条件相适应。选择机床应当尽量考虑到现有的生产条件，除了新厂投产以外，原则上应尽量发挥原有设备的作用，并尽量使设备负荷平衡。

（2）工艺装备的选择　工艺装备主要包括夹具、刀具和量具，其选择原则如下：

1）夹具的选择。在单件小批生产中，应尽量选用通用夹具或组合夹具。在大批大量生产中，则应根据加工要求设计制造专用夹具。

2）刀具的选用。在选择刀具形式和结构时，一般优先选用标准刀具，工序集中时，应采用高效专用刀具、复合刀具和多刃刀具。另外，刀具的类型、规格、精度等级应符合加工要求。

3）量具的选择。选择量具时应使量具的精度与工件加工精度相适应，量具的量程与工件的被测尺寸大小相适应，量具的类型与被测要素的性质（是孔或外圆的尺寸值，还是几何误差值?）和生产类型相适应。

2. 加工余量的确定

机械加工时，从工件表面切去的一层金属称为加工余量。在一个工序中从工件表面切去的一层金属厚度称为工序余量，它等于相邻两工序的工序尺寸之差。对于外圆和孔等旋转表面，加工余量在直径方向对称分布，称为双边余量，它的大小实际上等于工件表面切去金属层厚度的两倍。对于平面等非对称表面来说，加工余量即等于切去的金属层厚度，称为单边余量。图8-21所示为加工余量和工序尺寸之间的关系。由图可知

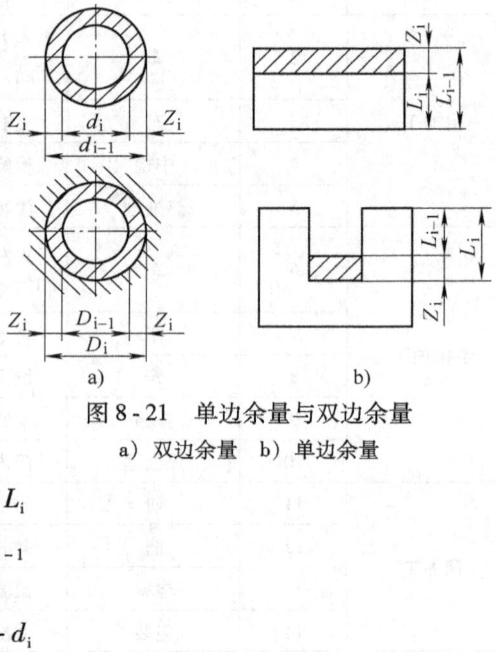

图8-21　单边余量与双边余量

a）双边余量　b）单边余量

对于被包容面　$Z_i = L_{i-1} - L_i$

对于包容面　$Z_i = L_i - L_{i-1}$

对于回转体

轴　$2Z_i = d_{i-1} - d_i$

孔　$2Z_i = D_i - D_{i-1}$

式中　Z_i——本道工序的单边工序余量，单位为mm；

L_i——本道工序的工序尺寸，单位为mm；

L_{i-1}——上道工序的工序尺寸，单位为mm；

D_i——本道工序的孔直径，单位为mm；

D_{i-1}——上道工序的孔直径，单位为mm；

d_i——本道工序的外圆直径，单位为mm；

d_{i-1}——上道工序的外圆直径，单位为mm。

各道工序余量之和为加工总余量（即毛坯余量），它等于毛坯尺寸与零件图样上的设计尺寸之差。

加工余量的变动范围（即余量的公差）等于本道工序工序尺寸公差 T_i 与上道工序工序尺寸公差 T_{i-1}之和。通常所指的工序余量是上道工序与本道工序工序基本尺寸之差，称为标称余量。对于被包容面来说，上道工序最大工序尺寸与本道工序最小工序尺寸之差为最大余量 Z_{max}，上道工序最小工序尺寸与本道工序最大工序尺寸之差称为最小余量 Z_{min}，对于包容表面则正相反。

3. 工序尺寸及其偏差的确定

工序尺寸就是工序应保证的尺寸，其公差应按各种加工方法的经济精度选定。在确定工序余量与精济精度之后便可计算出工序尺寸及其偏差。一般可以分为以下两种情况：

（1）基准重合时工序尺寸及其公差的确定　这种情况下工序尺寸的计算比较简单，只需在设计尺寸（即最后一道工序的工序尺寸）的基础上依次向前加上（或减去）各工序的余量即可。计算过程如下：

1）确定各工序的加工余量。确定加工余量的方法有三种方法。

① 经验法。在生产中，工人根据经验来确定加工余量的大小，这样的余量一般偏大。

② 计算法。按照影响余量的因素，进行分析并计算，这样确定的余量比较准确，但分析计算比较麻烦，一般情况下不采用。

③ 查表法。在各种机械加工工艺手册上都有加工余量表，这些表格的数据来源于工厂生产实践和实验研究，使用时可结合本厂实际加工情况进行一定的修正。这种方法方便、迅速，在生产中应用广泛。

2）确定各工序基本尺寸。以设计尺寸为终加工工序尺寸，逐项向前加上（或减去）各工序余量，便得到各工序基本尺寸（包括毛坯尺寸）。

3）确定各工序尺寸的公差。设计尺寸的公差即为终加工工序尺寸的公差，毛坯尺寸的公差一般为双向对称或不对称分布，可直接查表获得，其他各加工工序可根据各自加工方法的加工经济精度按“入体原则”来确定工序尺寸公差的大小和偏差的分布。

所谓“入体原则”是：若工序尺寸为包容尺寸，标注正偏差；若工序尺寸为被包容尺寸，标注负偏差；若工序尺寸为中心距离或其他尺寸，则可标注双向偏差。

4）作加工余量和工序尺寸分布图。

例：某箱体零件外形尺寸为 500mm × 400mm × 350mm，其上有一孔，设计尺寸为 $\phi98^{+0.035}_{0}$mm，孔长 45mm。已知其加工工艺过程为粗镗—半精镗—精镗—铰孔。试计算该孔加工的各工序尺寸及公差。

解　① 查表，得各工序余量和公差

$Z_{铰}=0.25\text{mm}$　　$T_{粗镗}=0.54\text{mm}$

$Z_{精镗}=1\text{mm}$　　$T_{精镗}=0.09\text{mm}$

$Z_{半精镗}=1.4\text{mm}$　　$T_{半精镗}=0.22\text{mm}$

$Z_{毛坯}=6\text{mm}$　　$T_{毛坯}=\pm1.2\text{mm}$

② 计算

$$Z_{粗镗}=Z_{毛坯}-\sum Z_{工序}=(6-0.25-1-1.4)\text{mm}=3.35\text{mm}$$

③ 作孔加工余量和工序尺寸分布图（见图 8-22），将上述数据填入。

④ 从最后一道工序向前推算，求出各工序尺寸和公差（单位为 mm）。

铰　$\phi98^{+0.035}_{0}$

精镗 $\phi\ (98-0.25)^{+0.09}_{0}=\phi97.75^{+0.09}_{0}$

半精镗 $\phi\ (97.75-1)^{+0.22}_{0}=\phi96.75^{+0.22}_{0}$

粗镗 $\phi\ (96.75-1.4)^{+0.54}_{0}=\phi95.35^{+0.54}_{0}$

毛坯 $\phi\ (98-6)\pm1.2=\phi92\pm1.2$

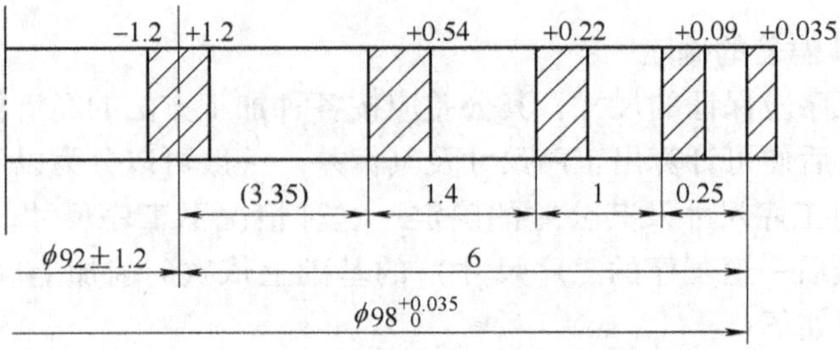

图 8-22　孔加工余量和工序尺寸分布

（2）基准不重合时工序尺寸及其公差的确定　工序尺寸可以通过解工艺尺寸链的方法求得。

8.4　工艺尺寸链

8.4.1　尺寸链的概念

尺寸链是揭示零件加工和装配过程中尺寸间内在联系的重要手段，下面就先介绍工艺尺寸链。

图 8-23a 所示零件为一定位套，A_0 与 A_1 为图样上已标注的尺寸，当按零件图进行加工时，尺寸 A_0 不便直接测量，但可以通过易于测量的尺寸 A_2 进行加工，以间接保证 A_0 的要求。当然这就必须分析 A_1、A_2 和 A_0 之间的内在关系。

图 8-23b 所示为一轴装入孔中，其装配精度 A_0 是装配后间接形成的，必须通过控制轴 A_2 和孔 A_1 尺寸来间接保证，这也需要分析 A_1、A_2 和 A_0 之间的内在关系。

这两类相互关联的尺寸组成了确定表面之间相互位置的工艺尺寸链，如图 8-23c 所示。

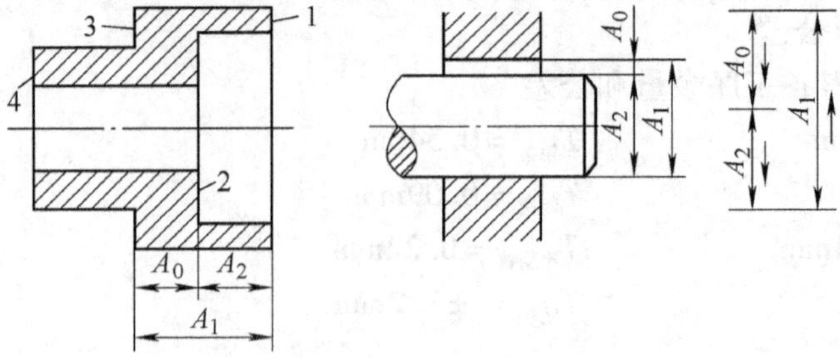

图 8-23　尺寸链示例

尺寸链就是在零件加工或机器装配过程中，由互相联系且按一定顺序排列的一个封闭尺寸组。尺寸链中的各个尺寸称为环。

按环的性质可将其分为封闭环、组成环，组成环又可分为增环与减环。

1）封闭环。封闭环是尺寸链中在加工或装配过程中最后形成的一环，它的大小是由组成环间接保证的，如图 8-23c 中 A_0。

2）组成环。组成环是尺寸链中对封闭环有影响的其他各环，它又可分为增环与减环。

3）增环。若该组成环的变动将引起封闭环的同向变动（同向变动是指该环增大时封闭环也增大，该环减小时封闭环也减小），则该环为增环，$\overrightarrow{A_i}$用表示。

4）减环。若该组成环的变动将引起封闭环的反向变动（反向变动是指该环增大时封闭环减小，该环减小时封闭环增大），则该环为减环，用表示$\overleftarrow{A_i}$。

8.4.2　尺寸链的建立与计算

1. 尺寸链的建立

（1）确定封闭环　在工艺尺寸链中，若零件图中的精度要求是在工序中被间接保证的，则这一尺寸为封闭环。例如图 8-23a 所示零件，当以表面 3 定位，车削表面 1 获得尺寸 A_1，然后以表面 1 为测量基准车削表面 2 获得尺寸 A_2 时，则间接获得的尺寸 A_0 即为封闭环。

（2）组成环的查找　组成环的基本特点是加工过程中直接获得且对封闭环有影响。如图 8-23a 所示零件中，A_1、A_2 为组成环。

（3）画出尺寸链　从构成封闭环的两表面同时开始，循着工艺过程的顺序，分别向前查找该表面最近一次加工的加工尺寸，再进一步向前查找此加工尺寸的工序基准的最近一次加工时的加工尺寸，再进一步向前查找，直至两条路线最后得到的加工尺寸的工序基准重合，至此上述尺寸系统即形成封闭轮廓，从而构成工艺尺寸链，见图 8-23c。

（4）增环、减环的判别　用增环、减环的定义可判别组成环的增减性质。但是环数多的尺寸链就不易判别了，现介绍两种方法来判别增环、减环。

回路法是在尺寸链简图上，先给封闭环任意定一方向并画出箭头，然后沿此方向环绕尺寸链回路，顺次给每一组成环画出箭头，凡箭头方向与封闭环相反的为增环；与封闭环方向相同的则为减环。见图 8-23c，$\overrightarrow{A_1}$为增环，$\overleftarrow{A_2}$为减环。

直观法只要记住两句话就可判别：“与封闭环串联的尺寸是减环，与封闭环共基线并联的尺寸是增环”；“串联的组成环性质相同，共基线并联的组成环性质相反”。

2. 尺寸链的计算

极值法计算公式：

1）基本尺寸计算

$$A_0 = \sum_{i=1}^{m} \overrightarrow{A_i} - \sum_{i=1}^{n} \overleftarrow{A_i} \tag{8-1}$$

式中　m——增环数；

n——减环数。

2）极限尺寸的计算

$$A_{0\min} = \sum_{i=1}^{m} \overrightarrow{A}_{i\min} - \sum_{i=1}^{n} \overleftarrow{A}_{i\max} \tag{8-2}$$

$$A_{0\max} = \sum_{i=1}^{m} \overrightarrow{A}_{i\max} - \sum_{i=1}^{n} \overleftarrow{A}_{i\min} \tag{8-3}$$

式中 A_{0max}——封闭环的最大值；

A_{0min}——封闭环的最小值；

$\overrightarrow{A}_{imax}$——增环的最大值；

$\overrightarrow{A}_{imin}$——增环的最小值；

$\overleftarrow{A}_{imax}$——减环的最大值；

$\overleftarrow{A}_{imin}$——减环的最小值。

3）上、下极限偏差的计算

$$ES(A_0) = \sum_{i=1}^{m} ES(\overrightarrow{A_i}) - \sum_{i=1}^{n} EI(\overleftarrow{A_i}) \tag{8-4}$$

$$EI(A_0) = \sum_{i=1}^{m} EI(\overrightarrow{A_i}) - \sum_{i=1}^{n} ES(\overleftarrow{A_i}) \tag{8-5}$$

式中 ES（A_0）——封闭环的上极限偏差；

EI（A_0）——封闭环的下极限偏差；

ES（$\overrightarrow{A_i}$）——增环的上极限偏差；

EI（$\overrightarrow{A_i}$）——增环的下极限偏差；

ES（$\overleftarrow{A_i}$）——减环的上极限偏差；

EI（$\overleftarrow{A_i}$）——减环的下极限偏差。

4）封闭环公差的计算

$$T_0 = \sum_{i=1}^{m+n} T_i \tag{8-6}$$

式中 T_0——封闭环公差；

T_i——组成环公差。

5）各环平均公差的计算

$$T_m = \frac{T_0}{m+n} \tag{8-7}$$

式中 T_m——组成环平均公差。

8.4.3 尺寸链的解算案例

1. 测量基准和设计基准不重合的尺寸换算

图 8-24 所示的轴承碗，当以端面 B 定位车削内孔端面 C 时，图样中标注的设计尺寸 A_0 不便直接测量。如果先按尺寸 A_1 的要求车出端面 A，然后以 A 面为测量基准去控制尺寸 X，则设计尺寸 A_0 即可间接获得。在上述三个尺寸 A_0、A_1 和 X 所构成的尺寸链中，A_0 是封闭环，$\overleftarrow{A_1}$ 是减环，$\overrightarrow{X}$ 是增环。

为了全面地了解尺寸换算中的问题，我们有意将图样中的设计尺寸 A_0 和 A_1 给出三组不同的公差，如图 8-24a 所示，看看会出现什么样的情况。

1）当 $A_0 = 40^{\ 0}_{-0.2}$mm，$\overleftarrow{A_1} = 10^{\ 0}_{-0.1}$mm 时，求解车内孔端面 C 的尺寸 $\overrightarrow{X}$ 及其公差：

按式（8-1）求 $\overrightarrow{X}$ 的基本尺寸：$\overrightarrow{X}$ =（40+10）mm = 50mm

按式（8-4）求 $\overrightarrow{X}$ 上极限偏差：ES（$\overrightarrow{X}$）= −0.1mm

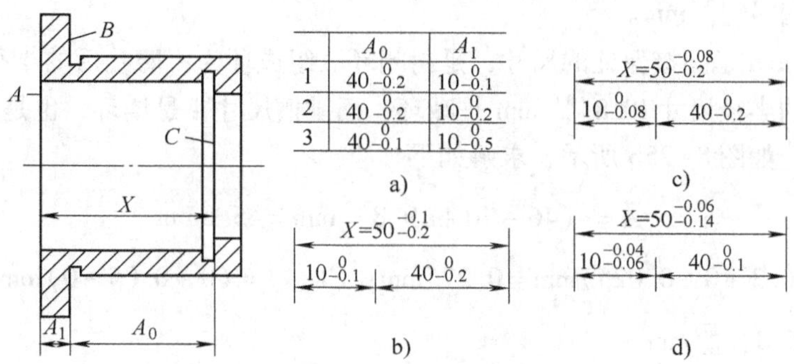

图 8-24　轴承碗的工序尺寸计算

按式（8-5）求$\overrightarrow{X}$下极限偏差：EI（$\overrightarrow{X}$）＝－0.2mm

最后求得$\overrightarrow{X}=50_{-0.2}^{-0.1}$mm（见图 8-24b）

2）当$A_0=40_{-0.2}^{\ 0}$mm，$\overleftarrow{A_1}=10_{-0.2}^{\ 0}$mm，时，仍采用上述工艺进行加工，则因组成环$\overleftarrow{A_1}$公差和封闭环$A_0$的公差相等，按式（8-6）求得$\overrightarrow{X}$的公差为零，即尺寸$\overrightarrow{X}$要加工得绝对准确，这实际上是不可能的。因此必须压缩尺寸$\overleftarrow{A_1}$的公差，设$A_1=10_{-0.08}^{\ 0}$mm，求得$\overrightarrow{X}=50_{-0.2}^{-0.08}$mm（见图 8-24c）。

3）当$A_0=40_{-0.1}^{\ 0}$mm，$A_1=10_{-0.5}^{\ 0}$mm 时，由于组成环$\overleftarrow{A_1}$的公差远大于封闭环A_0的公差，根据封闭环公差应大于或等于各组成环公差之和的关系，应压缩$\overleftarrow{A_1}$的公差，考虑到加工内孔端面 C 比较困难，应给它留较大的公差，故应大幅度压缩$\overleftarrow{A_1}$的公差。设$T_1=0.02$mm，并取$\overleftarrow{A_1}=10_{-0.06}^{-0.04}$mm，同样可求得$\overrightarrow{X}=50_{-0.14}^{-0.06}$mm（见图 8-24d）。

从上述三组尺寸的换算可以看出：通过尺寸换算来间接保证封闭环的要求，必须要提高组成环的加工精度，因此，工艺上应尽量避免测量上的尺寸换算。

还要指出，按换算后的工序尺寸进行加工（或测量）以间接保证原设计尺寸的要求时，还存在一个“假废品”的问题，例如：当按图 8-24b 的尺寸链所解算的尺寸$\overrightarrow{X}=50_{-0.2}^{-0.1}$mm 进行加工时，如某一零件加工后实际尺寸 X＝49.95mm，较工序尺寸的上限超差 0.05mm，从工序上看，此件即应报废。但如将零件的$\overleftarrow{A_1}$实际尺寸再测量一下，如$\overleftarrow{A_1}=10$mm，则封闭环尺寸A_0＝（49.95－10）mm＝39.955mm，仍符合设计尺寸$40_{-0.2}^{\ 0}$mm 的要求。为了避免“假废品”的出现，应对换算后工序尺寸超差的零件，进行复量和验算。

2. 中间工序尺寸的计算

零件在加工过程中，其他工序尺寸及偏差均为已知，求某工序的尺寸及其偏差，称为中间工序尺寸计算。图 8-25 所示为一齿轮内孔的简图，内孔尺寸为$\phi 40_{\ 0}^{+0.05}$mm，键槽尺寸为$46_{\ 0}^{+0.3}$mm，内孔及键槽的加工顺序如下：

1）精镗孔至$\phi 39.6_{\ 0}^{+0.1}$mm。

2）插键槽至尺寸 A。

3）热处理。

4）磨内孔至设计尺寸$\phi 40_{\ 0}^{+0.05}$mm，同时

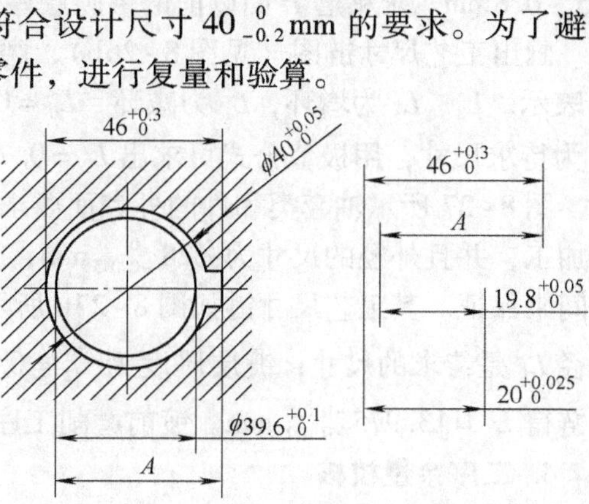

图 8-25　齿轮内孔的简图

间接保证键槽尺寸 $46^{+0.3}_{0}$mm。

显然，$46^{+0.3}_{0}$mm 是间接保证的尺寸，是封闭环。组成环为：磨孔后的半径尺寸 $20^{+0.025}_{0}$mm 是增环；镗孔后的半径尺寸 $19.8^{+0.05}_{0}$mm 是减环；插键槽尺寸 A 是增环，也是要求的工序尺寸。画出工艺尺寸链，如图 8-25b 所示，求解如下

$$\vec{A} = (46 - 20 + 19.8)\ \text{mm} = 45.8\text{mm}$$

$$ES(\vec{A}) = (0.3 + 0 - 0.025)\text{mm} = 0.275\text{mm};\ EI(\vec{A}) = (0 + 0.05 - 0)\text{mm} = 0.05\text{mm}$$

求得：$A = 45.8^{+0.275}_{+0.05}$mm。

3. 表面处理工艺尺寸链

表面处理一般分两类：一类是渗入类，如渗碳、渗氮、液体碳氮共渗等；另一类是镀层类，如镀铬、镀锌、镀铜等。对渗入类表面处理工序的工艺尺寸链计算，一般要解决的问题为：在最终加工前控制渗入层厚度，然后进行最终加工，保证在加工后能获得图样要求的渗入层厚度，显然，这里的渗入层厚度是封闭环。

对镀层类表面处理工序的工艺尺寸链计算与渗入类不同。因为通常工件表面镀层后不再进行加工，镀层厚度是通过控制电镀工艺条件来直接获得的，在这里电镀层的厚度是组成环，而工件电镀后的尺寸则是间接获得的封闭环。

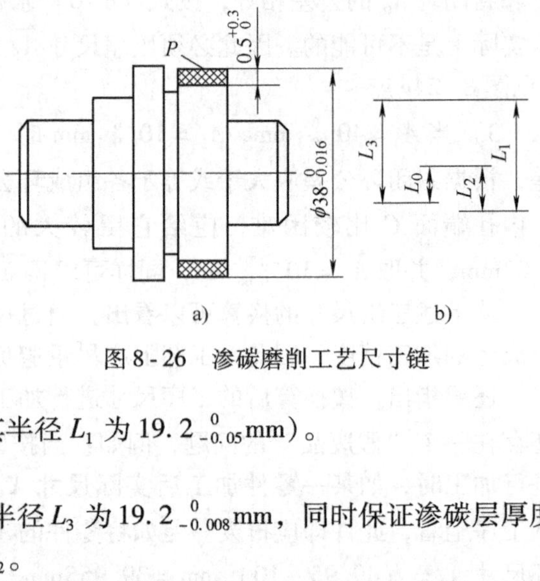

图 8-26 渗碳磨削工艺尺寸链

图 8-26 所示的轴零件，表面 P 的表层要求渗碳处理，渗碳层厚度为 0.5 ~ 0.8mm，为了保证对该表面提出的加工精度和表面粗糙度要求，其工艺安排如下：

1）精车 P 面，保证尺寸 $\phi38.4^{\ 0}_{-0.1}$mm（其半径 L_1 为 $19.2^{\ 0}_{-0.05}$mm）。

2）渗碳处理，控制渗碳层厚度 L_2。

3）精磨 P 面，保证尺寸 $\phi38^{\ 0}_{-0.016}$mm，即半径 L_3 为 $19.2^{\ 0}_{-0.008}$mm，同时保证渗碳层厚度 0.5 ~ 0.8mm。求精磨 P 面以前的渗碳层厚度 L_2。

画出工艺尺寸链图（见图 8-26b），磨后的渗碳层厚度为间接保证的尺寸是封闭环，用 L_0 表示。L_2、L_3 为增环，L_1 为减环，$L_0 = 0.5^{+0.3}_{0}$mm；$L_1 = 19.2^{\ 0}_{-0.05}$mm；$L_3 = 19.2^{\ 0}_{-0.008}$mm，$L_2$ 为待求尺寸，用极值公式可求出 $L_2 = 0.7^{+0.25}_{+0.008}$mm。

图 8-27 所示轴套类零件的外表面要求镀铬，镀层厚度规定为 0.025 ~ 0.04mm，镀后不再加工，并且外径的尺寸为 $\phi28^{\ 0}_{-0.045}$mm，这样，镀层厚度和外径的尺寸公差通过控制电镀时间来保证。其工艺尺寸链如图 8-27b 所示。轴套半径 L_0 是封闭环；镀前磨削工序的磨削半径 L_1 是待求的尺寸；镀层厚度为 $\vec{L}_2 = 0.025^{+0.015}_{0}$mm。显然，$\vec{L}_1$ 和 $\vec{L}_2$ 都是增环。求解尺寸链得 $\vec{L}_1 = 13.975^{-0.015}_{-0.0225}$mm。镀前磨削工序的工序尺寸可注成：$\phi27.95^{-0.03}_{-0.045}$mm。

4. 工序余量校核

校核加工余量，是制定工艺规程的不可少的工艺工作。由于粗加工的余量较大，因此一般仅对精加工余量进行校核。为得到图 8-28a 所示小轴的轴向尺寸，工艺过程如下：

1）车端面1及端面2，保证端面1和2之间的尺寸为$49.5^{+0.30}_{0}$mm。

2）车端面3，保证总长$80^{0}_{-0.20}$mm。

3）钻中心孔。

4）热处理。

5）磨端面2，保证尺寸$30^{0}_{-0.14}$mm。

试校核端面2的磨削余量。

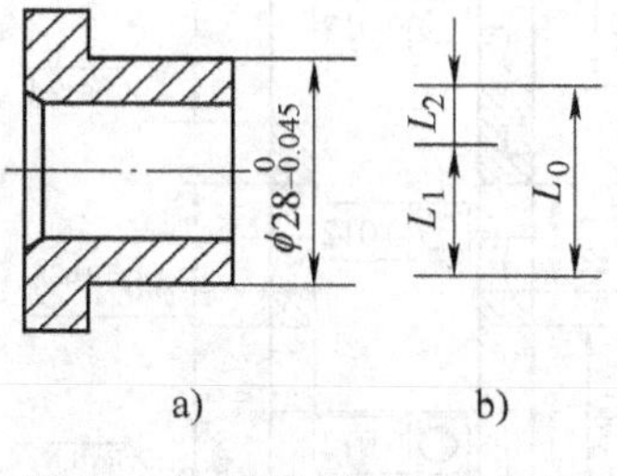

图8-27 轴套镀铬工艺尺寸

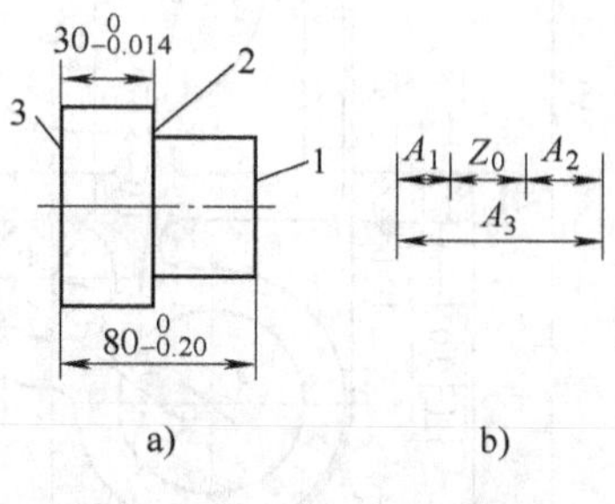

图8-28 精加工余量校核例图

a）零件图 b）尺寸链简图

列尺寸链，如图8-28b所示。因为余量是间接获得的，所以余量Z_0是封闭环。$A_1 = 30^{0}_{-0.14}$mm，$A_2 = 49.5^{+0.30}_{0}$mm，$A_3 = 80^{0}_{-0.20}$mm，显然，A_1、A_2是减环，A_3是增环。计算得

$$Z_0 = A_3 - (A_1 + A_2) = [80 - (30 + 49.5)]\ \text{mm} = 0.5\text{mm}$$

$$Z_{0\max} = A_{3\max} - (A_{1\min} + A_{2\min}) = [80 - [(30 - 0.14) + 49.5]]\text{mm} = 0.64\text{mm}$$

$$Z_{0\min} = A_{3\min} - (A_{1\max} + A_{2\max}) = ((80 - 0.2) - [(30 - 0) + (49.5 + 0.3)])\text{mm} = 0$$

可见$Z_{0\min} = 0$，磨端面2时，有的零件就可能磨不着，为此必须使$Z_{0\min}$加大，由于$A_{3\min}$和$A_{1\max}$是零件设计要求，不能改动，故只有使$A_{2\max}$减小。

设$Z_{0\min} = 0.1$mm，则代入上式求得$A_{2\max} = 49.7$mm，所以上面工序尺寸$A_2 = 49.5^{+0.30}_{0}$mm应改为$A_2 = 49.5^{+0.20}_{0}$mm。这样就能保证端面2至少有0.1mm的磨削余量，使工件不会出现报废。

8.5 机械加工工艺规程制订实例

图8-29所示为某坐标镗床的变速箱壳体。现以小批生产情况下该零件的机械加工工艺规程制订为例，简要介绍制订机械加工工艺规程的方法和要点。

8.5.1 制订工艺规程的原始资料

在制订机械加工工艺规程时，必须具备与工艺规程相关的原始资料，本例着重介绍工艺规程的制订方法，故采用的各项资料均来源于手册和标准。

8.5.2 分析零件的结构特点和技术要求，审查结构工艺性

该零件为变速箱壳体，其外形尺寸为360mm×325mm×108mm，属小型箱体零件，内腔无加强筋，结构简单，孔多壁薄，刚性较差。其主要加工面和加工要求如下：

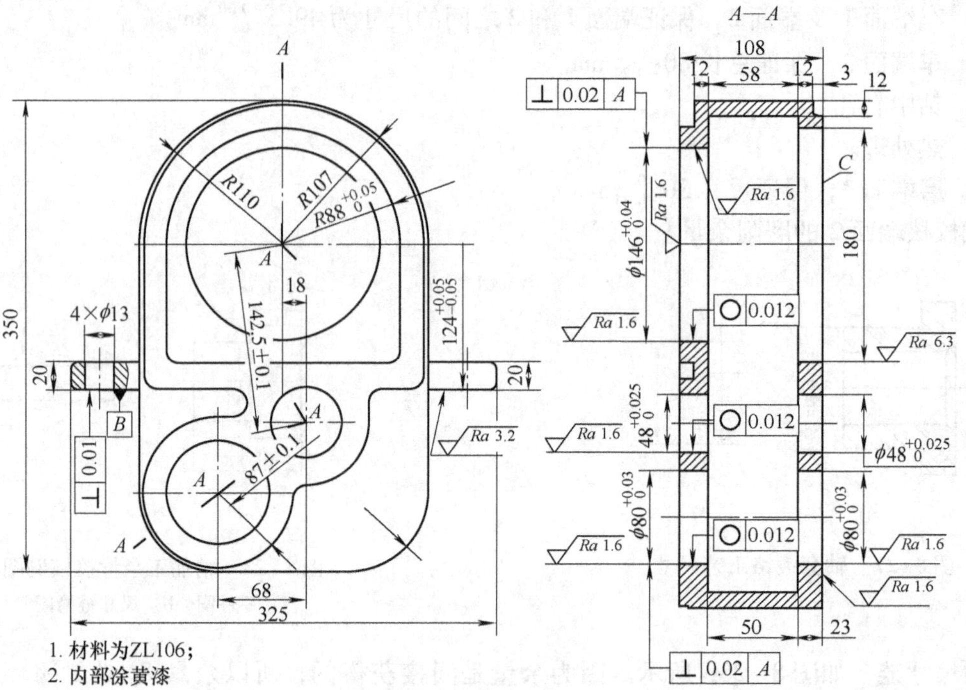

图 8-29　变速箱壳体

（1）三组平行孔系　三组平行孔用来安装轴承，因此都有较高的尺寸精度（公差等级IT7）和形状精度（圆度公差0.012mm）要求，表面粗糙度为 *Ra*1.6μm，彼此之间的孔距公差为 ±0.1mm。

（2）端面 *A*　端面 *A* 是与其他相关部件连接的结合面，表面粗糙度为 *Ra*1.6μm，三组孔均要求与 *A* 面垂直，公差为0.02mm。

（3）装配基准面 *B*　在变速箱壳体两侧中段分别有两块外伸面积不大的安装面 *B*，它是该零件的装配基准。为了保证齿轮传动位置和传动精度的准确性，*B* 面要求与 *A* 面垂直，其垂直度公差为 0.01mm，与 ϕ146mm 大孔中心距离为 124 ± 0.05mm，表面粗糙度值为 *Ra*3.2μm。

（4）其他表面　除上述主要表面外，还有与 *A* 面相对的另一端面、*R*88mm 扇形半圆孔及 *B* 面上的安装小孔（图中尺寸未注出）等。该零件结构简单，工艺性较好。

8.5.3　选择毛坯

该零件材料为 ZL106 铝硅铜合金，毛坯为铸件。在小批生产类型下，考虑到零件结构比较简单，所以采用木模手工造型的方法生产毛坯。铸件精度较低，铸孔留的余量较多而不均匀。ZL106 材料硬度较低，可加工性较好。但在切削过程中易产生积屑瘤，影响加工表面的表面粗糙度。上述各点在制订工艺规程时应给予充分的重视。

8.5.4　选择定位基准和确定工件装夹方式

在成批生产中，工件加工时应广泛采用夹具装夹，但因为毛坯精度较低，粗加工时可以部分采用划线找正装夹。

为了保证加工面与不加工面有一正确的位置以及孔加工时余量均匀，根据粗基准选择原则，选不加工的 C 面和两个相距较远的毛坯孔为粗基准，并通过划线找正的方法来兼顾到其他各加工面的余量分布。

该零件为一小型箱体，加工面较多且互相之间有较高的位置精度，故选择精基准时首先考虑采用基准统一的方案。B 面为该零件的装配基准，用它来定位可以使很多加工要求实现基准重合，但 B 面很小，用它作为主要定位基准装夹不稳定，故采用面积较大、要求也较高的端面 A 作为主要定位基准，限制三个自由度；用 B 面限制两个自由度；用加工过的 ϕ146mm 大孔限制一个自由度，以保证孔的加工余量均匀。

8.5.5　拟定工艺路线

1. 选择表面加工方法

工件材料为有色金属，孔的直径较大，要求较高，孔加工采用粗镗—半精镗—精镗的加工方案；平面加工采用粗铣—精铣的加工方案。但 B 面与 A 面有较高的垂直度要求，铣削不易达到，故铣后还应增加一精加工工序，考虑到该表面面积较小，在小批生产条件下，采用刮削的方法来保证其加工要求是可行的。

2. 加工划分阶段和工序集中的程度

该件精度要求较高，刚性较差，加工应划分为粗加工、半精加工和精加工三个阶段。在粗加工和半精加工阶段，平面和孔交替反复加工，逐步提高精度。孔系位置精度要求高，三孔宜集中在一道工序一次装夹下加工出来，其他平面加工也应当适当集中。

3. 工序顺序安排

根据"先基面，后其他"的原则，在工艺过程的开始先将上述定位基准面加工出来。根据"先面后孔"的原则，在每个加工阶段均先加工平面，再加工孔。因为平面加工时系统刚性较好，精加工阶段可以不再加工平面。最后适当安排次要表面（如小孔、扇形窗口等）的加工和热处理、检验等工序。

最后拟定的工艺路线见表8-9。

8.5.6　设计工序内容

1. 选择机床和工装

根据小批生产类型的工艺特征，选择通用机床和部分专用夹具来加工，尽量采用标准的刀具和量具。

2. 加工余量和工序尺寸的确定

表8-9　箱体加工工艺路线

工序号	工序	工序内容	设备	工艺装备
1	铸	铸造		
2	划线	以 ϕ146mm、ϕ80mm 两孔为基准，适当兼顾轮廓，画出各平面和孔的轮廓线	钳台	
3	粗铣	按线校正，粗铣 A 面及其对面	X52	面铣刀

（续）

工序号	工序	工序内容	设备	工艺装备
4	粗铣	*A* 面定位，按线找正，粗铣安装面 *B*	X52	盘端刀
5	划线	划三孔及 *R*88mm 扇形，缺圆窗口线		通用角铁
6	粗镗	上角铁装夹，以 *A* 面（3）、*B* 面（2）为定位基准，按线找正粗镗三孔及 *R*88mm 扇形缺圆面	T68	镗刀
7	精铣	精铣 *A* 面及其对面	X52	面铣刀
8	精铣	精铣安装面 *B*，放刮研余量 0.2mm	X52	盘端刀
9	钻	上钻模，钻壳体端盖螺钉孔及 *B* 面安装孔	Z525	钻模、钻头
10	刮	刮 *B* 面，达 6 ~ 10 点/25mm × 25mm 保证垂直度 0.01mm，四边修毛倒角		平板、刮刀研模、检具
11	半精镗	上镗模，半精镗三对孔及 *R*88mm 扇形缺圆孔	T68	镗模、镗刀
12	涂装	内腔涂黄色漆		
13	精镗	上镗模装夹，精镗三孔达图样要求	T68	镗模、镗刀内径量表
14	检验	按图样要求检验入库		

以端面加工为例，查表得：

$Z_{毛坯A}=4.5\text{mm}$（铸件顶面）；$Z_{毛坯C}=3.5\text{mm}$（铸件底面）；$Z_{粗铣}=2.5\text{mm}$

粗铣经济精度 IT12：$T_{粗铣}=0.35\text{mm}$；精铣经济精度 IT10：$T_{精铣}=0.14\text{mm}$

计算工序尺寸：

毛坯尺寸 = 108mm + 4.5mm + 3.5mm = 116mm

第一次粗铣尺寸 = 116mm − $Z_{粗铣}$ = 113.5mm

第二次粗铣尺寸 = 113.5mm − 2.5mm = 111mm

A 面精铣余量 = 4.5mm − 2.5mm = 2mm；*C* 面精铣余量 = 3.5mm − 2.5mm = 1mm

第一次精铣尺寸 = 111mm − 2mm = 109mm；第二次精铣尺寸等于工件设计尺寸 108mm

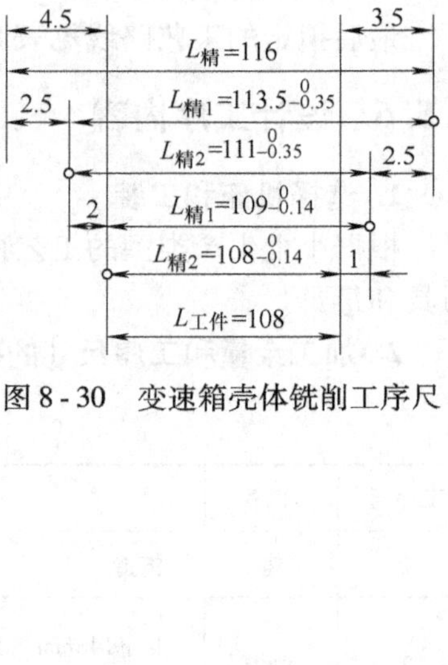

图 8-30　变速箱壳体铣削工序尺

按入体方向标注公差，结果如图 8-30 所示，图中∘表示定位基准，箭头指向加工⟶∘表示工序尺寸。

3. 切削用量和工时定额的确定

可用查表法来确定各工序切削用量和工时定额。

8.5.7　填写工艺文件

填写机械加工工艺过程卡片、工艺卡片、工序卡片、机床调整卡片和检验卡片等相应工艺文件。

本章小结

本章系统讲解了零件的加工工艺过程与原理。涉及机械加工工艺规程的设计原则、步骤和内容、产品的结构工艺性、毛坯的选择、定位基准的选择、工艺路线及工序内容的拟定、工艺尺寸链的解算及时间定额等内容。其中重点应掌握工艺路线的拟定方法及工序内容的确定手段。通过学习帮助学生掌握了一些机械加工方面的知识。

思考题

1. 简述粗基准、精基准的选择原则并举例说明。

2. 何谓“工序集中”与“工序分散”？它们各有什么优缺点，各用在哪些情况下？试举例说明。

3. 安排工序顺序时，一般应遵循哪些原则？

4. 如图8-31所示支座零件，以M面定位用调整法加工$\phi30^{+0.033}_{0}$mm的孔，要求保证设计尺寸40 ± 0.065mm时，确定工序尺寸（提示：压缩60mm及10mm的公差）。

5. 如图8-32所示盘状零件，毛坯为铸件，工艺过程有如下两个方案，试分析每种方案工艺过程的组成。

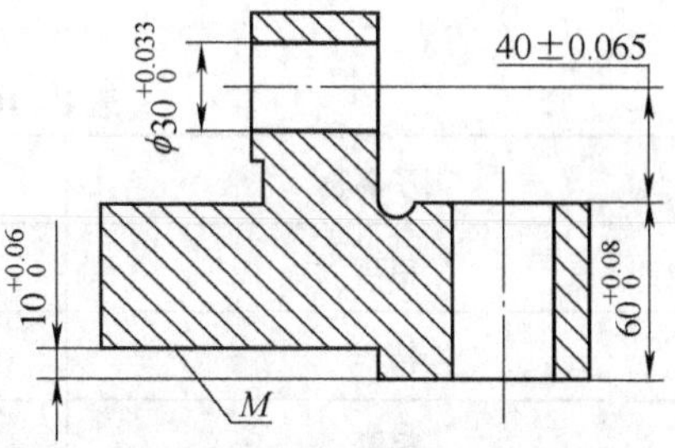

图8-31 第4题图：支座

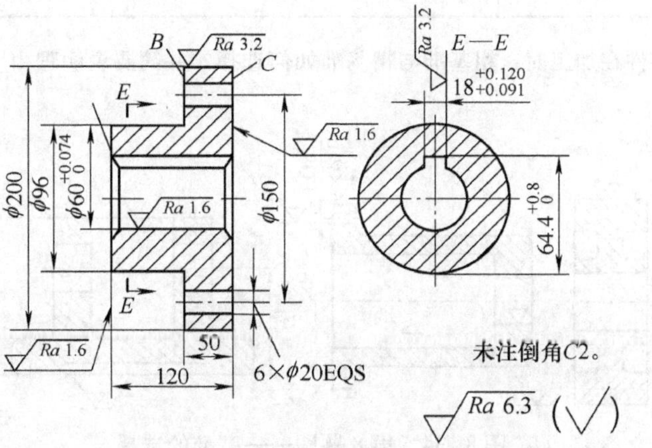

图8-32 第5题图：盘状零件

(1) 在车床上粗车及精车端面C，粗车及精车$\phi60^{+0.074}_{0}$mm孔，内孔倒角，粗车及半精车$\phi200$mm外圆。调头、粗车、精车端面A，车$\phi96$mm外圆及端面B，内孔倒角。在插床上插键槽、划线。在钻床上按划线钻6个$\phi20$mm的孔。钳工去毛刺。

(2) 车床上粗、精车零件的端面C及$\phi60^{+0.074}_{0}$mm孔，内孔倒角。然后将工件安装在可胀心轴上，粗车、半精车工件$\phi200$mm外圆，并车$\phi96$mm外圆及端面B，粗车及精车端面A，内孔倒角。在拉床上拉键槽。在钻床上用钻模钻6个$\phi20$mm的孔。钳工去毛刺。

6. 图8-33所示为零件的三道工序a)、b)、c)，其中c）工序需加工$23^{+0.3}_{0}$mm，保留余量$Z=0.5$mm，请校验此加工余量按图示加工方法能否保证？

7. 某轴经过粗车，精车，淬火，粗磨，精磨后达到图样要求，现给出各工序的加工余量及工序尺寸公差，见表8-10，毛坯的尺寸偏差为±1.5mm，试写出各工序尺寸及偏差，计算精磨工序加工余量的变动范围，绘制加工余量、工序尺寸及其公差关系图。

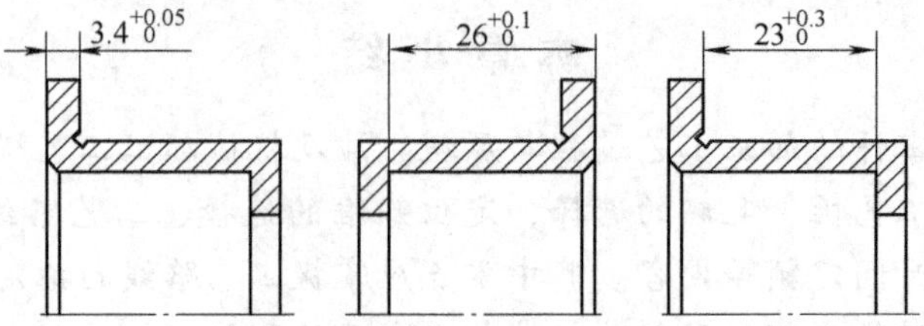

图 8-33　第 6 题图——轴承套

a）粗车大端面保证尺寸 $3.4^{+0.05}_{0}$ mm　b）精镗孔保证尺寸 $26^{+0.1}_{0}$ mm　c）精车轴肩保证尺寸 $23^{+0.3}_{0}$ mm

表 8-10　各工序的加工余量及工序尺寸

工序名称	加工余量/mm	工序尺寸公差/mm
粗车	3.00	0.210
精车	1.10	0.052
粗磨	0.40	0.033
精磨	0.10	0.013

8. 图 8-34 所示零件在加工时，粗基准与精基准如何选择？并简要说明理由（各孔已经铸出并要求余量均匀）

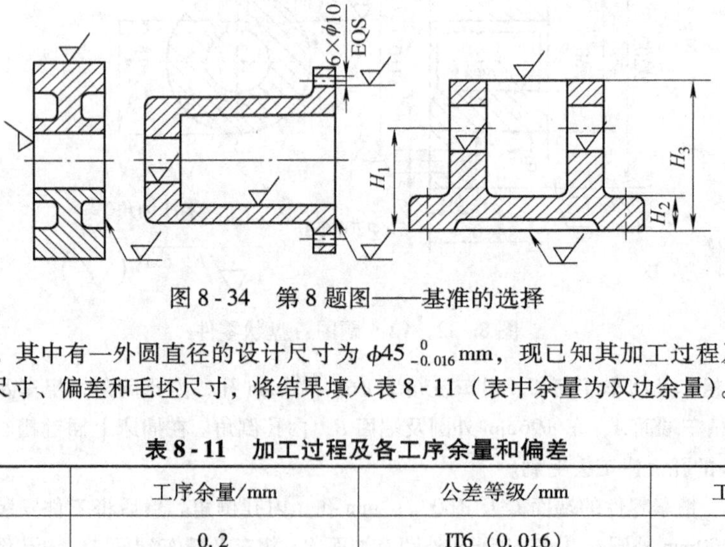

图 8-34　第 8 题图——基准的选择

9. 某轴类零件，其中有一外圆直径的设计尺寸为 $\phi45^{\ 0}_{-0.016}$ mm，现已知其加工过程及各工序余量和精度，试确定各工序尺寸、偏差和毛坯尺寸，将结果填入表 8-11（表中余量为双边余量）。

表 8-11　加工过程及各工序余量和偏差

工序名称	工序余量/mm	公差等级/mm	工序尺寸及偏差
磨外圆	0.2	IT6（0.016）	
精车外圆	0.8	IT7（0.025）	
半精车外圆	1.5	IT9（0.062）	
粗车外圆	3.2	IT10（0.100）	
毛坯	—	±1.0	

10. 拟订如图 8-35 所示零件的机械加工工艺路线，生产类型为中批。

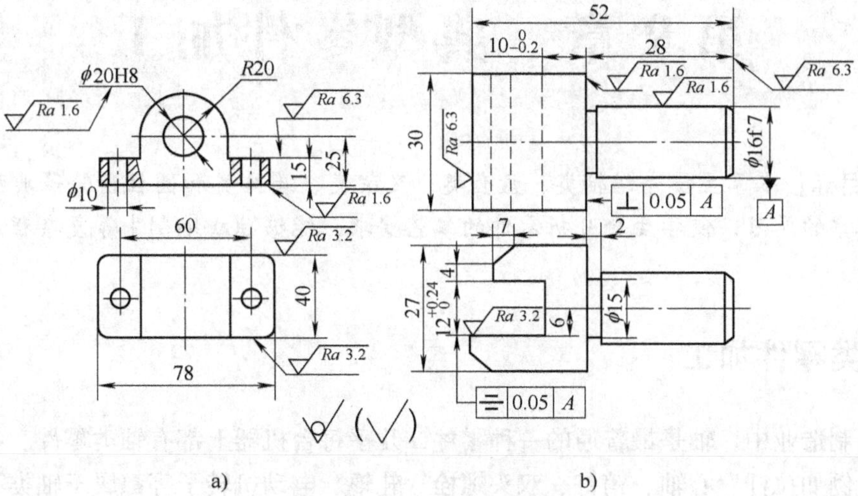

图 8-35　第 10 题图：零件图

a）支架（HT200）　b）接头（45 钢）

第9章　典型零件加工

【学习目标】本章主要介绍轴类、盘套类、叉架类、箱体类和圆柱齿轮等典型零件的加工。通过本章的学习，使学生会分析零件的工艺要求，能够独立编制中等复杂程度零件的机械加工工艺。

9.1　轴类零件加工

在机械制造业中，轴是最普通的一种零件，几乎每台机器上都有轴类零件。各种名称不同的零件，例如拉杆、心轴、销钉、双头螺栓、轧辊、电动机转子等都属于轴类零件。

9.1.1　轴类零件的功用和结构特点

轴类零件主要用来支承传动零件（如齿轮、带轮等）和传递转矩。

轴类零件是回转体零件，其长度大于直径。加工表面通常有内外圆柱面、内外圆锥面、螺纹、花键、键槽、横向孔和沟槽等。该类零件可分为光轴、阶梯轴、空心轴和异形轴（包括曲轴、偏心轴、凸轮轴、花键轴等）。

根据轴的长度 L 与直径 d 之比，又可分为刚性轴（$L/d < 12$）和挠性轴（$L/d > 12$）两类。

9.1.2　轴类零件的技术要求

1. 尺寸精度

轴类零件的支承轴颈一般与轴承相配，尺寸精度要求较高，为公差等级 IT5 ~ IT7。装配传动件的轴颈尺寸精度要求较低，为公差等级 IT7 ~ IT9。轴向尺寸一般要求较低，阶梯轴的阶梯长度要求高时，其公差可达 0.005 ~ 0.01mm。

2. 形状精度

轴类零件的形状精度主要是指支承轴颈和有特殊配合要求的轴颈及内外锥面的圆度、圆柱度等。一般应将其误差控制在尺寸公差范围内，形状精度要求高时，可在零件图上标注几何公差。

3. 位置精度

轴类零件的位置精度主要指装配传动件的轴颈相对于支承轴颈的同轴度，通常用跳动来标注。普通精度轴的圆跳动公差为 0.01 ~ 0.03mm，高精度轴的圆跳动公差通常为 0.001 ~ 0.005mm。

4. 表面粗糙度

一般与传动件相配合的轴颈表面粗糙度为 $Ra3.2 \sim 0.4\mu m$，与轴承相配合的轴颈表面粗糙度为 $Ra0.8 \sim 0.1\mu m$。

9.1.3 轴类零件的材料和毛坯

1. 轴类零件的材料

一般轴类零件常用45钢，并根据不同的工作条件采用不同的热处理规范（如正火、调质、淬火等），以获得一定的强度、韧性和耐磨性。

对于中等精度而转速较高的轴类零件，可选用40Cr等合金结构钢。这类钢经调质和表面淬火处理后，具有较高的综合力学性能。精度较高的轴，有时也用轴承钢GCrl5和弹簧钢65Mn等材料，它们通过调质和表面淬火处理后，具有更高的耐磨性和耐疲劳性能。

对于在高转速、重载荷等条件下工作的轴，可选用18CrMnTi、20Mn2B、20Cr等低碳合金钢或38CrMoAl氮化钢。低碳合金钢经渗碳淬火处理后，具有很高的表面硬度、耐冲击韧性和心部强度，但热处理变形较大。而氮化钢经调质和表面氮化后，有很高的心部强度、优良的耐磨性和耐疲劳性能，热处理变形却很小。

2. 轴类零件的毛坯

轴类零件最常用的毛坯是圆棒料和锻件。只有某些大型且结构复杂的轴，才采用铸件。由于毛坯经过加热锻打后，能使金属内部纤维组织沿表面均匀分布，从而可以得到较高的抗拉、抗弯及扭转强度，故除了光滑轴、直径相差不大的阶梯轴可使用热轧棒料和冷拉棒料外，一般比较重要的轴，大都采用锻件。

根据生产规模的不同，毛坯的锻造方式有自由锻造和模锻两种。

自由锻造设备简单，容易投产，但毛坯精度较差，余量较大，而且不易锻造形状复杂的毛坯，多用于中小批生产。

模锻的毛坯制造精度高，余量小，生产率也高，可以锻造形状复杂的毛坯。而且材料经模锻后，纤维组织的分布更有利于提高零件的强度，但模锻需要昂贵的设备，又要制造专用锻模，因而只适用于大批大量生产。

9.1.4 轴类零件的热处理

轴类零件的使用性能不但与所选钢材种类有关，而且还与所采用的热处理方式有关。轴的锻造毛坯在机械加工之前，应安排正火或退火处理（碳的质量分数 $w_C>0.7\%$ 的碳钢和合金钢），使钢材的晶粒细化或球化，以消除锻造后的残留应力，降低材料硬度，改善切削加工性能。

对于精度要求较高的轴，在局部淬火后或粗磨之后，还需安排低温时效处理（在160℃油中进行），以消除淬火及磨削中产生的残留应力和残留奥氏体，控制尺寸稳定；对于整体淬火的精密轴，在淬火粗磨之后，要经过较长时间的低温时效处理；对于精度更高的轴，在淬火之后，还要进行定性处理，定性处理一般采用冰冷处理方法，保持轴的精度。

9.1.5 轴类零件的预备加工

1. 校直

毛坯在制造、运输和保管过程中，往往会弯曲变形。为了保证加工余量均匀及送料装夹可靠，对较长的毛坯常需进行校直。校直可在各种压力机上进行，有条件时也可在校直机上进行校直。

2. 切断

用圆棒料做毛坯时，应在机械加工前按所需长度切断。切断可在弓形锯床、圆盘锯床和带锯床上进行。弓形锯的切口比较窄，金属损耗少，但生产率较低，多用于小批量生产。圆盘锯的切口较宽，切断后端面不平，材料损耗较大。但由于圆盘锯是连续切削，且刀具刚性较好，故生产率较高，常用于切断黑色金属。当切断贵重金属时，为了减少材料消耗，可采用切口很窄的带锯。高硬度棒料的切断，可在带有薄片砂轮的切割机上进行。除此以外，还可以在车床上切断。

3. 切端面和打中心孔

中心孔是轴类零件加工时最常用的定位基准，在轴的整个加工过程中，中心孔应始终保持准确和清洁。

对中心孔的主要要求有以下几点：

1）中心孔应有足够大的尺寸和准确的锥角。因为加工过程中，中心孔要承受零件重量和切削力，如果中心孔尺寸不够和锥角不准，会使中心孔和机床顶尖很快磨损。

2）两端中心孔应在同一轴线上。否则，中心孔与顶尖接触不良，容易变形和磨损，使加工出的外圆产生圆度误差。

3）同一批毛坯中心孔的深度以及两端中心孔间的距离应保持一致。因为在按自动获得轴向尺寸的机床上加工时，如果毛坯的轴向位置不同，将难以保证轴的两端面以及各阶梯间尺寸一致，甚至有时会因为零件轴向移动太大，以至端面加工余量不够。

4）中心孔应打在毛坯轴线上，以保证整个外圆上的加工余量均匀。

中心孔的加工方法很多，产量不大时，可在普通车床、六角车床及钻床上用复合中心钻加工；当中心孔尺寸较大时，也可用麻花钻和锥形锪钻分别加工出中心孔的圆柱部分和圆锥部分。在大批大量生产中，可采用两工位的铣端面打中心孔半自动机床。打中心孔之前应先加工出轴的端面，以免打中心孔时钻头偏移和折断。端面加工常用铣削和车削，铣削的生产率更高。当端面与回转中心线的垂直度要求较高时，端面的加工应与中心孔的加工在同一次安装内完成；或在中心孔加工好后，再以中心孔定位精车端面。

9.1.6 轴类零件的车削加工

轴类零件是回转体零件，通常都是用车削方法进行粗加工、半精加工。精度要求不高的表面往往用车削作为最终加工。

外圆车削一般可划分为荒车、粗车、半精车、精车和超精车（细车）。

1. 荒车

轴的毛坯为自由锻件或是大型铸件时，需要荒车加工，以减小毛坯外圆表面的形状误差和位置偏差，使后续工序的加工余量均匀。荒车后工件的尺寸精度可达公差等级 IT15 ~ IT18。

2. 粗车

对棒料、中小型的锻件和铸件，可以直接进行粗车。粗车后的尺寸精度可达到公差等级 IT10 ~ IT13，表面粗糙度为 $Ra30 \sim 20\mu m$，可作为低精度表面的最终加工。

3. 半精车

一般作为中等精度表面的最终加工，也可以作为磨削和其他精加工工序的预加工。半精车后，尺寸精度可达公差等级 IT9 ~ IT10，表面粗糙度为 $Ra6.3 \sim 3.2\mu m$。

4. 精车

通常作为最终加工工序或作为光整加工的预加工。精车后，尺寸精度可达公差等级IT7~IT8，表面粗糙度为*Ra*1.6~0.8μm。

5. 超精车

超精车是一种光整加工方法。采用很高的切削速度（160~600m/min）、小的背吃刀量（0.03~0.05mm）和小的进给量（0.02~0.12mm/r），并选用刚度和精度较高的车床及具有良好耐磨性的刀具，这样可减少切削热、积屑瘤、弹性变形和残留面积。因此，超精车尺寸精度可达IT6~IT7，表面粗糙度为*Ra*0.4~0.2μm，往往作为最终加工。在加工大型精密外圆表面时，超精车常用以代替磨削加工。

安排车削工序时，应该综合考虑工件的技术要求、生产批量、毛坯状况和设备条件。对于大批量生产，为达到加工的经济性，则选择粗车和半精车为主；如果毛坯精度较高，可以直接进行精车或半精车；一般粗车时，应选择刚性好而精度较低的车床，避免用精度高的车床进行荒车和粗车。

为了增加刀具寿命，加工轴时主偏角 κ_r 应尽可能选择小一些，一般选取45°。加工刚度较差的工件（$L/d>15$）时，应尽量使径向切削分力小一些，为此，刀具的主偏角应尽量取大一些，这时 κ_r 可取60°、75°甚至90°。

由于 κ_r 角增大（大于45°），径向切削力减小，工件和刀具在半径方向的弹性变形减小，所以可提高加工精度，同时增加抗振能力。但是 κ_r 角增大后，切削厚度同时也增加，轴向切削力也相应增大，减少了刀具寿命。因此，无特殊的需要不宜用主偏角很大的刀具。

然而对于精车，应采用主偏角为30°或更小角度的刀具，副偏角也要小一些，这样加工的表面粗糙度值低，同时也提高了刀具寿命。

车削强度 $\delta_b=700\sim900\text{N/mm}^2$ 钢时，一般前角 γ_0 取12°~18°，精车时前角 γ_0 应放大5°~8°。但是切削强度极限高的韧性材料时，必须减小刀具前角。加工硬度低的韧性材料（低碳钢和部分合金材料等）时，应使用前角大一些的车刀。但是前角太大（超过35°）可能造成“咬刀”现象。

轴类零件加工时，工艺基准一般是选用轴的外表面和中心孔。然而中心孔在图样上，只有当零件本身需要时才注出，一般情况下则不注明。轴类零件加工，特别是 $L/d>5$ 以上的轴，必须借助中心孔定位，此时中心孔应按中心孔标准选用。

9.1.7 轴类零件外圆的磨削加工

1. 外圆磨削的工艺特点

磨削是轴类零件外圆精加工的主要方法。它既能加工淬火的黑色金属零件，也可以加工不淬火的黑色金属和有色金属零件。磨削加工可以经济地达到公差等级IT7级精度和表面粗糙度*Ra*0.8~0.2μm。磨削的工艺范围很广，可以划分为预磨（粗磨）、精磨、细磨及镜面磨削。预磨后工件精度可达公差等级IT8~IT10，表面粗糙度*Ra*6.3~0.8μm；精磨后工件精度可达公差等级IT7~IT8，表面粗糙度*Ra*0.8~0.4μm；细磨后工件的精度可达公差等级IT6~IT7，表面粗糙度*Ra*0.4~0.1μm，镜面磨削的表面粗糙度可以达到*Ra*0.01μm。由此可见磨削加工能够有效地提高零件的加工精度和降低表面粗糙度值，特别是对于经过淬硬的轴类零件，更为重要。

2. 中心孔的修磨方法

轴类零件常用中心孔作为定位基准，它的几何形状精度、60°锥角及两端中心孔的同轴度，对磨削加工质量有直接的影响。

当中心孔有圆度误差时，该误差将直接反映到工件上去，使磨削后的外圆也产生圆度误差。

此外，若轴两端的中心孔不在同一轴线上，工件在自重和切削力作用下，会使中心孔与顶尖接触不良，从而产生各轴颈之间的同轴度误差。

在轴的加工工艺过程中，中心孔的磨损、拉毛、热处理后的变形等，对轴的加工精度影响很大。因此对精度要求较高的轴，在加工过程中都应修研中心孔。

修研中心孔可以在车床、钻床和专用中心孔磨床上进行。修研方法如下：

1）用油石或橡胶砂轮修正。先将圆柱形油石或橡胶砂轮夹在车床卡盘上，用装在刀架上的金刚笔将它前端修整成顶尖形状（60°圆锥体），然后把工件顶在油石（或橡胶砂轮）和车床后顶尖之间。

修研时先加入少量的润滑油（柴油或轻机油），然后开动车床使油石转动，进行修研，同时用手持工件断续缓缓转动。由于中心孔尺寸比较小，因此主轴转速尽可能采用高转速。这种方法研磨中心孔的质量和效率均好，是目前比较好的方法，在精密轴件加工中应用较多。其缺点是油石、橡胶砂轮易磨损，要不断地用金刚笔修正油石的锥体，因此油石、橡胶砂轮消耗量大。

2）用铸铁顶尖修研。此法基本上与上述方法相似，所不同的是以铸铁顶尖代替油石顶尖，顶尖转速不高。研磨时应加注研磨剂，开始可选用100#金刚砂，精研时可选用W20或W14的特殊氧化铝磨粉和机油调和而成。有时为了满足高精度工件的要求，最好做一些和磨床顶尖尺寸相同的铸铁顶尖，经磨准后再放在磨床头架锥孔内，同磨床顶尖一起磨60°顶角，然后把铸铁顶尖装在磨床头架锥孔内，对工件中心孔进行研磨。这样，可使工件中心孔锥角与磨床顶尖锥角相同，提高了中心孔的精度。实践证明，经过磨床上修研中心孔的零件，再在该磨床上加工。加工后的圆度，同轴度误差可以减小到0.001~0.002mm。

3）用硬质合金顶尖修研中心孔。硬质合金顶尖的结构是在60°圆锥面上磨成六角形，并留有0.2~0.5mm的等宽刃带，此刃带具有微小的切削性能，除能对孔的几何形状误差有微量的修正外，还能起到挤光作用。此法虽然生产率很高（一般只需几秒钟），但质量稍差，多用于一般精度轴件的研磨，或作为精密轴件中心孔的粗研。

生产实践表明，适当减小中心孔60°圆锥面和机床顶尖的接触长度，不仅可缩短研磨中心孔的时间，而且还提高了研磨质量，保证了较高的接触精度。减少锥面接触长度有两种方法：对直径较小、重量较轻的轴，可适当减小中心孔的尺寸 D（60°圆锥面大端直径），而不改变小端直径 d；对于直径较大重量较重的轴，可适当增大小端直径 d，而不改变大端直径尺寸 D。

9.1.8 轴类零件外圆的光整加工

机械零件的尺寸精度和表面质量，直接影响到机器的使用性能及寿命。目前对于尺寸精度及表面粗糙度要求很高的零件，常须通过光整加工来满足要求。外圆表面常用的光整加工方法有高表面粗糙度磨削、研磨、珩磨、滚压、抛光等。

1. 高表面粗糙度磨削

使工件表面获得小于表面粗糙度 $Ra0.1\mu m$ 的磨削工艺，通称为高表面粗糙度磨削。高表面粗糙度磨削包括精密磨削、超精密磨削和镜面磨削。一般以能获得 $Ra0.1 \sim 0.05\mu m$ 的叫做精密磨削，能获得 $Ra0.025 \sim 0.012\mu m$ 的叫做超精密磨削，能获得 $Ra0.008\mu m$ 的叫做镜面磨削。高表面粗糙度磨削较之研磨或超精加工等方法具有生产率高，几何形状精度高和加工范围广等优点。

由于超精磨削能加工的余量很小，所以对前面的工序要求表面不允许有缺陷，锥度和圆度应符合图样上技术要求，留磨余量0.01~0.015mm。此外，加工前顶尖孔应研磨好。

2. 研磨

研磨是一种最常用的光整加工方法，可保证工件的直径尺寸精度为0.001~0.003mm，表面粗糙度可达 $Ra0.1 \sim 0.008\mu m$。当两个零件要求密切配合时，研磨是一种有效方法。如液压元件、液压泵柱塞、气阀等。研磨方法可分为机械研磨和手工研磨两种。机械研磨是在专用的研磨机上进行，生产率比较高；手工研磨生产率比较低，加工质量与工人技术熟练程度有关，多用于修配精密零件及制造环规、塞规等。

研具用比工件软的材料（如铸铁、铜、巴氏合金及硬木等）制成。研磨时，部分磨粒悬浮于工件与研具之间，部分磨粒则嵌入研具表面，利用工件与研具的相对运动，磨料就切掉很薄的一层金属，主要是上道工序留下的粗糙度凸峰。

研磨不但有机械加工过程，同时还有化学作用。研磨剂能使被加工表面形成氧化层，从而加速研磨过程。

研磨时，研具相对工件表面的运动比较复杂，磨粒不会在工件表面上重复自己的运动轨迹，这样就可以均匀地切除工件表面上的凸峰。

研磨除了可获得很高的尺寸精度和表面粗糙度外，也可提高工件表面的几何形状精度，但不能提高工件表面间的同轴度等相互位置精度。

3. 超精加工

超精加工是提高零件表面粗糙度的一种简便方法。超精加工是用细粒度的磨条以较低的压力和切削速度对工件表面进行光整加工的方法。

超精加工的特点如下：

1）超精加工磨粒运动轨迹复杂，能由切削过程过渡到光整抛光过程，因而可以获得表面粗糙度 $Ra0.1 \sim 0.008\mu m$。

2）超精加工只能切削工件凸峰，所以加工余量很小（0.005~0.025mm）。

3）切削速度低，磨条的压力小（一般 $<0.5N/mm^2$），所以加工时发热少，工件表面变质层浅，没有烧伤现象。

9.1.9 轴类零件的加工工艺分析案例

轴类零件的加工工艺因其结构形状、技术要求、产量大小的不同而有所不同，但其中有很多基本工艺问题是共性的。

1. 连杆螺钉机械加工工艺分析（见图9-1）

（1）零件图样分析

1）图中以尺寸 $\phi34_{-0.016}^{\ 0}$ 轴心线为基准，螺纹 M30×2－6g 的中心与基准的同轴度公差

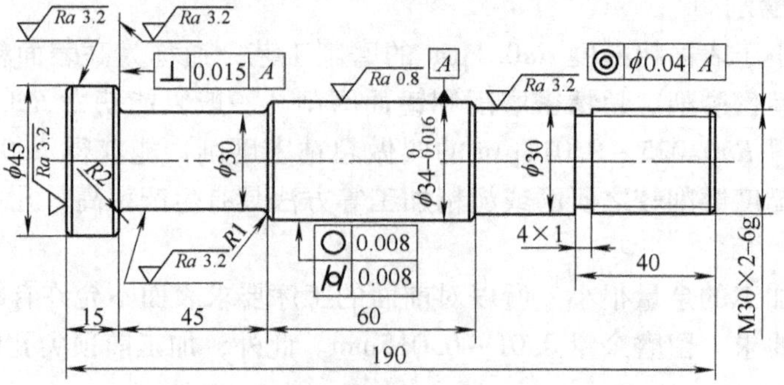

技术要求

1. 调质处理28～32HRC。
2. 磁粉探伤，无裂纹、夹渣等缺陷。
3. 未注倒角$C1$。
4. 未注圆角$R0.5$。
5. 材料40Cr。

$\sqrt{Ra\ 12.5}$ ($\sqrt{}$)

图9-1 连杆螺钉

为 $\phi0.04$mm。$\phi45$mm 处左端面与基准的垂直度公差为 0.015mm。

2）连杆螺钉定位部分 $\phi34_{-0.016}^{\ 0}$ 圆柱面的圆度、圆柱度公差为 0.008mm，表面粗糙度 $Ra0.8\mu m$。

3）螺纹 M30×2-6g 的精度为 6g，表面粗糙度 $Ra3.2\mu m$。

4）连杆螺钉承受交变载荷作用，不允许材料有裂纹、夹渣等缺陷，以免影响整体强度。因此，每件都要进行磁粉探伤检验。

5）工件材料为 40Cr，调质处理 28～32HRC。

（2）零件工艺分析

1）连杆螺钉在整个连杆组件中是非常重要的零件，其承受交变载荷作用，易产生疲劳断裂，所以本身要有较高的强度，在结构上，各变径的地方均以圆角过渡，以减少应力集中。

2）毛坯为 40Cr 锻件，锻造的目的是为了改善材料的性能。根据批量的不同，可以采用自由锻或模锻，锻造后要进行正火。

3）图样要求的调质处理应安排在粗加工后进行，为了保证热处理变形后的加工余量，粗加工时应留有足够的加工余量。

4）连杆螺钉上不允许留有中心孔，在锻造时应留下工艺留量，两边留有 $\phi25$mm×8mm 工艺凸台，中心孔钻在凸台上，中心孔为 A2.5/6。

5）螺纹 M30×2-6g 的精度较高，不易采用套螺纹的方法加工，应采用螺纹车刀车削螺纹。

6）为保证连杆螺钉头部支撑面（$\phi45$mm 处左端面）对连杆螺钉轴心线的垂直度要求，在磨削 $\phi34_{-0.016}^{\ 0}$mm 外圆时，要用砂轮靠端面的方法加工出支撑面。磨削前应先修整砂轮，保证砂轮的圆角及垂直度。

（3）零件加工工艺过程　表 9-1 是连杆螺钉机械加工工艺过程卡。

表9-1 连杆螺钉机械加工工艺过程卡

<table>
<tr><td colspan="2" rowspan="2">机械加工
工艺过程卡</td><td>零件名称</td><td>连杆螺钉</td><td>材　料</td><td>40Cr</td></tr>
<tr><td>坯料种类</td><td>锻件</td><td>生产类型</td><td>大批量</td></tr>
<tr><td>工序号</td><td>工步号</td><td colspan="3">工序内容</td><td>设备及刀具</td></tr>
<tr><td>10</td><td></td><td colspan="3">下料 $\phi60$mm×125mm</td><td>锯床</td></tr>
<tr><td>20</td><td></td><td colspan="3">模锻，头部为 $\phi52$mm×27mm，杆部为 $\phi41$mm×183mm，总长 210mm</td><td>锻锤</td></tr>
<tr><td>30</td><td></td><td colspan="3">正火处理</td><td>热处理炉</td></tr>
<tr><td>40</td><td></td><td colspan="3">粗车</td><td>普通车床</td></tr>
<tr><td></td><td>1</td><td colspan="3">自定心卡盘夹毛坯 $\phi41$mm 外圆，夹紧，在 $\phi41$mm 端部车端面，见平即可</td><td>45°弯头车刀</td></tr>
<tr><td></td><td>2</td><td colspan="3">钻中心孔 A2.5/6</td><td>中心钻</td></tr>
<tr><td></td><td>3</td><td colspan="3">自定心卡盘夹毛坯 $\phi52$mm 外圆处，顶尖顶住中心孔，车 $\phi34_{-0.016}^{0}$mm 外圆至 $\phi37$mm，长 183mm</td><td>90°外圆车刀</td></tr>
<tr><td></td><td>4</td><td colspan="3">调头，自定心卡盘夹 $\phi37$mm 外圆，车毛坯 $\phi52$mm 处至 $\phi48$mm</td><td>45°弯头车刀</td></tr>
<tr><td></td><td>5</td><td colspan="3">车端面，保证总长 206mm</td><td>45°弯头车刀</td></tr>
<tr><td></td><td>6</td><td colspan="3">钻中心孔 A2.5/6</td><td>中心钻</td></tr>
<tr><td>50</td><td></td><td colspan="3">调质处理 28～32HRC</td><td>热处理炉</td></tr>
<tr><td>60</td><td></td><td colspan="3">精车</td><td>普通车床</td></tr>
<tr><td></td><td>1</td><td colspan="3">修研两中心孔</td><td></td></tr>
<tr><td></td><td>2</td><td colspan="3">自定心卡盘夹 $\phi48$mm 处，顶尖顶另一端中心孔，车工艺凸台（中心孔部分）至 $\phi25$mm，长 8mm</td><td>90°外圆车刀</td></tr>
<tr><td></td><td>3</td><td colspan="3">车 $\phi37$mm 外圆至 $\phi35$mm，长 174.7mm</td><td>90°外圆车刀</td></tr>
<tr><td></td><td>4</td><td colspan="3">调头，自定心卡盘夹 $\phi35$mm 外圆处，顶尖顶另一端中心孔，车 $\phi48$mm 外圆至 $\phi45$mm，表面粗糙度 $Ra3.2\mu m$</td><td>45°弯头车刀</td></tr>
<tr><td></td><td>5</td><td colspan="3">车工艺凸台（中心孔部分）至 $\phi25$mm，保证 $\phi45$mm 外圆长 15.3mm</td><td>90°外圆车刀</td></tr>
<tr><td></td><td>6</td><td colspan="3">倒角 C1</td><td>45°弯头车刀</td></tr>
<tr><td></td><td>7</td><td colspan="3">以两中心孔定位，用鸡心夹头夹 $\phi45$mm 外圆，车 $\phi34_{-0.016}^{0}$mm 外圆至 $\phi34.5$mm，长大于 130mm</td><td>45°弯头车刀</td></tr>
<tr><td></td><td>8</td><td colspan="3">车支撑面端 $\phi30$mm 外圆至要求，长 44.8mm，保证 $\phi45$mm 外圆长 15.2mm，表面粗糙度 $Ra3.2\mu m$</td><td>成形切断车刀</td></tr>
<tr><td></td><td>9</td><td colspan="3">车螺纹端 $\phi30$mm 外圆至 $\phi30_{-0.20}^{0}$mm，保证 $\phi30_{-0.016}^{0}$mm 外圆长 60mm，表面粗糙度 $Ra3.2\mu m$</td><td>90°外圆车刀</td></tr>
<tr><td></td><td>10</td><td colspan="3">车退刀槽 4mm×1mm 至要求，保证尺寸 40mm</td><td>切断车刀</td></tr>
<tr><td></td><td>11</td><td colspan="3">车各处倒角 C1</td><td>45°弯头车刀</td></tr>
<tr><td></td><td>12</td><td colspan="3">车 M30×2－6g 螺纹至要求</td><td>螺纹车刀</td></tr>
<tr><td>70</td><td></td><td colspan="3">磨削，磨 $\phi34_{-0.016}^{0}$mm 外圆至要求，表面粗糙度 $Ra0.8\mu m$，并靠 $\phi45$mm 端面，表面粗糙度 $Ra3.2\mu m$，保证 $\phi45$mm 外圆长 15mm</td><td>外圆磨床</td></tr>
<tr><td>80</td><td></td><td colspan="3">车掉工艺凸台</td><td>普通车床</td></tr>
<tr><td></td><td>1</td><td colspan="3">车掉头部工艺凸台，保证头部长 15mm</td><td>45°弯头车刀</td></tr>
<tr><td></td><td>2</td><td colspan="3">车掉螺纹端工艺凸台，保证总长 190mm</td><td>45°弯头车刀</td></tr>
<tr><td>90</td><td></td><td colspan="3">检验（精度检验及磁粉探伤）</td><td></td></tr>
</table>

2. 主轴机械加工工艺分析（见图9-2）

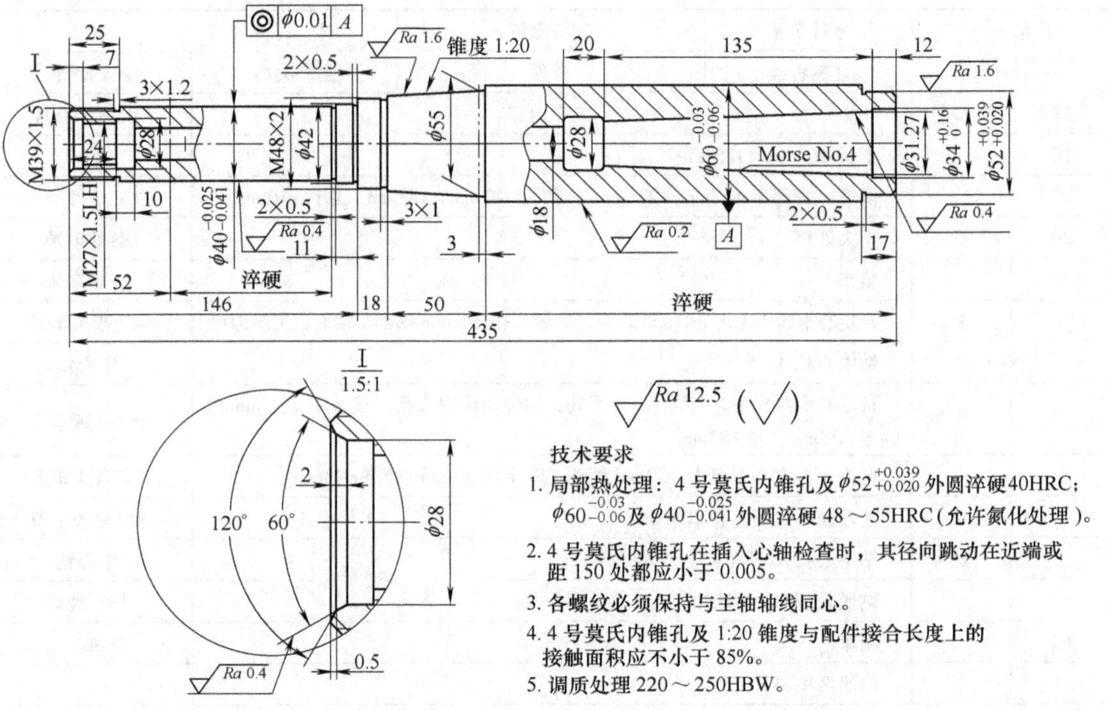

图9-2 主轴

（1）零件图样分析

1）工件材料38CrMoAl4，局部热处理后4号莫氏内锥孔及$\phi52^{+0.039}_{+0.020}$mm外圆淬硬40HRC；$\phi60^{-0.03}_{-0.06}$mm及$\phi40^{-0.025}_{-0.041}$mm外圆淬硬48～55HRC，硬度较高。表面粗糙度Ra值较小，表面精度也很高。

2）以$\phi60^{-0.03}_{-0.06}$mm外圆柱面的轴线为基准，$\phi40^{-0.025}_{-0.041}$mm外圆轴线与基准的同轴度公差为$\phi0.01$mm。

3）各螺纹必须保持与主轴轴线同心。

4）4号莫氏内锥孔在插入心轴检查时，其径向跳动在近端或距150mm处都应小于0.005mm。

5）4号莫氏内锥孔及1:20锥度与相配件在接合长度上的接触面积应≥85%。

6）整体调质处理220～250HBW。

（2）零件工艺分析

1）该零件结构比较复杂，又属长轴类零件，其刚性较差。因此所有表面加工分为粗加工、半精加工和精加工三个阶段，而且工序分得很细，这样可以减小变形误差。

2）由于该零件的直径相差较大，有的外圆加工余量较大，所以应在粗加工后进行整体调质处理。

3）半精车后，局部进行淬火处理。

4）精磨前，进行时效处理，以消除机械加工内应力。

（3）零件加工工艺过程　表9-2所示是主轴机械加工工艺过程卡。

表9-2　主轴机械加工工艺过程卡

机械加工工艺过程卡		零件名称	主轴	材　料	38CrMoAl4
		坯料种类	锻件	生产类型	小批量
工序号	工步号	工序内容			设备及刀具
10		自由锻 $\phi70mm \times 450mm$			空气锤
20		正火处理			热处理炉
30		粗车			普通车床
	1	自定心卡盘夹毛坯外圆，伸出50mm，找正，夹紧，车端面			45°弯头车刀
	2	钻中心孔 A6.3/14			中心钻
	3	车 $\phi60^{-0.03}_{-0.06}mm$ 外圆至 $\phi62mm$，长度至卡爪			45°弯头车刀
	4	调头，自定心卡盘夹毛坯外圆，伸出30mm，找正，夹紧，车端面，保证总长437mm			45°弯头车刀
	5	钻中心孔 A6.3/14			中心钻
	6	自定心卡盘夹已车过的 $\phi62mm$ 外圆一端，顶尖顶另一端中心孔。车 $\phi60^{-0.03}_{-0.06}mm$ 外圆至 $\phi62mm$，与车过的 $\phi62mm$ 外圆相接			45°弯头车刀
	7	车 M48×2 螺纹大径至 $\phi50mm$，长164mm			90°外圆车刀
	8	车 $\phi42mm$ 外圆至 $\phi44mm$，长146mm			90°外圆车刀
	9	调头，自定心卡盘夹已车过的 $\phi44mm$ 外圆一端，顶尖顶另一端中心孔。车 $\phi52^{+0.039}_{+0.02}mm$ 外圆至 $\phi54mm$，长17mm			90°外圆车刀
	10	在 $\phi62mm$ 外圆靠近顶尖端装上中心架，移去顶尖，钻 $\phi18mm$ 通孔至 $\phi16mm$			加长外排屑钻头
	11	在 $\phi16mm$ 孔端车出2×60°锥面			90°外圆车刀
40		整体调质处理220～250HBW			
50		精车			普通车床
	1	自定心卡盘夹 $\phi44mm$ 外圆一端，顶尖顶另一端中心孔，车 $\phi60^{-0.03}_{-0.06}mm$ 外圆至 $\phi60.7mm$			90°外圆车刀
	2	在 $\phi60.7mm$ 外圆右端装上中心架，找正，夹紧，移去顶尖。车端面，保证总长436mm			45°弯头车刀
	3	车 $\phi52^{+0.039}_{+0.020}mm$ 外圆至 $\phi52.3mm$，保证尺寸17mm			90°外圆车刀
	4	切2mm×0.5mm退刀槽			切槽刀
	5	在 $\phi44mm$ 外圆靠近卡爪处车一段找正带			45°弯头车刀
	6	钻 $\phi18mm$ 通孔至要求			扩孔钻
	7	镗 $\phi34^{+0.16}_{0}mm$ 孔至要求，深12mm			闭孔镗刀
	8	钻 $\phi21mm$ 孔，深167mm			钻头
	9	镗 $\phi28mm$ 空刀槽至要求，保证尺寸147mm，长20mm			闭孔镗刀
	10	镗4号莫氏内锥孔，直径上留余量0.5mm，大头直径至 $\phi30.8mm$			镗孔刀
	11	调头，自定心卡盘夹 $\phi60.7mm$ 外圆一端，在 $\phi44mm$ 外圆上已车的找正带上装上中心架，找正，夹紧。车端面，保证总长435mm			45°弯头车刀
	12	镗 M27×1.5 左螺纹底孔至 $\phi25.5mm$，深24mm			闭孔镗刀
	13	镗 $\phi28mm$ 退刀槽至要求，宽10mm，保证尺寸24mm			闭孔镗刀
	14	车 M27×1.5 左螺纹至要求，深24mm			内螺纹车刀
	15	镗 $\phi28mm$ 孔至要求，深7mm			闭孔镗刀
	16	车60°锥角至要求			90°外圆车刀

（续）

机械加工工艺过程卡		零件名称	主轴	材　料	38CrMoAl4
		坯料种类	锻件	生产类型	小批量
工序号	工步号	工序内容			设备及刀具
	17	车 120°锥角至要求			90°外圆车刀
	18	用顶尖顶住 60°锥面，车 1:20 锥面至 ϕ55.5mm，长至轴端面 214mm			90°外圆车刀
	19	车 M48×2 螺纹大径至 ϕ47.9mm，长 18mm			90°外圆车刀
	20	车 ϕ42mm 外圆至要求，保证尺寸 146mm			90°外圆车刀
	21	车 $\phi40_{-0.041}^{-0.025}$mm 外圆至 ϕ40.5mm，保证尺寸 135mm			90°外圆车刀
	22	车 M39×1.5 螺纹大径至 ϕ38.9mm，长 25mm			90°外圆车刀
	23	车所有退刀槽和倒角			切断车刀
	24	车 M48×2 螺纹至要求			螺纹车刀
	25	车 M39×1.5 螺纹至要求			螺纹车刀
	26	车 1:20 锥面，直径上留余量 0.3mm			90°外圆车刀
60		局部热处理，4 号莫氏内锥孔及 $\phi52_{+0.020}^{+0.039}$mm 外圆淬硬 40HRC；$\phi60_{-0.06}^{-0.03}$mm 及 $\phi40_{-0.041}^{-0.025}$mm 外圆淬硬 48～55HRC（允许氮化处理）			
70		时效处理			
80		精磨 $\phi60_{-0.06}^{-0.03}$mm、$\phi52_{+0.020}^{+0.039}$mm、$\phi40_{-0.041}^{-0.025}$mm 外圆、1:20 外锥面及 4 号莫氏内锥孔至要求			万能外圆磨床
90		检验			

9.2　盘套类零件加工

9.2.1　盘套类零件的功用与结构特点

机器中盘套类零件的应用非常广泛。例如：支承回转轴的各种形式的滑动轴承、夹具中的导向套、液压系统中的油缸、内燃机上的气缸套、法兰盘以及透盖等。套类零件通常起支承和导向作用。盘类零件一般起连接和压紧作用。

套类零件由于用途不同，其结构和尺寸有着较大的差异，但仍有其共同的特点：零件结构不太复杂，主要表面为同轴度要求较高的内外旋转表面；多为薄壁件，容易变形；零件尺寸大小各异，但长度 L 一般大于直径 d，长径比大于 5 的深孔比较多。

盘类零件一般长度比较短，直径比较大。

9.2.2　套类零件的技术要求

套类零件各主要表面在机器中所起的作用不同，其技术要求差别较大，主要技术要求如下。

1. 内孔的技术要求

内孔是套类零件起支承或导向作用最主要的表面，通常与运动着的轴、主轴或活塞相配合。其直径尺寸精度一般为公差等级 IT7，精密轴承套为公差等级 IT6；形状公差一般应控制在孔径公差以内，较精密的套筒应控制在孔径公差的 1/3～1/2，甚至更小。对长套筒除了有圆度要求外，还应对孔的圆柱度有要求。为保证套类零件的使用要求，内孔表面粗糙度

为 $Ra2.5 \sim 0.16\mu m$，某些精密套类要求更高，表面粗糙度可达 $Ra0.04\mu m$。

2. 外圆的技术要求

外圆表面常以过盈或过渡配合与箱体或机架上的孔相配合起支承作用。其直径尺寸精度一般为公差等级 IT6 ~ IT7；形状公差应控制在外径公差以内；表面粗糙度为 $Ra5 \sim 0.63\mu m$。

3. 各主要表面间的位置精度

1）内外圆之间的同轴度。若套筒是装入机座上的孔之后再进行最终加工，这时对套筒内外圆间的同轴度要求较低；若套筒是在装入前进行最终加工则同轴度要求较高，一般为 0.01 ~ 0.05mm。

2）孔轴线与端面的垂直度。套筒端面（或凸缘端面）如果在工作中承受轴向载荷，或是作为定位基准和装配基准，这时端面与孔轴线有较高的垂直度或端面圆跳动要求，一般为 0.02 ~ 0.05mm。

9.2.3 盘套类零件的内孔加工

盘套类零件加工的主要工序多为内孔与外圆表面的粗、精加工，尤以孔的粗、精加工最为重要。常采用的加工方法有钻孔、扩孔、铰孔、镗孔、磨孔、拉孔及研磨孔等。其中钻孔、扩孔与镗孔一般作为孔的粗加工与半精加工，铰孔、磨孔、拉孔及研磨孔为孔的精加工。在确定孔的加工方案时一般按以下原则进行：

1）孔径较小的孔，大多采用钻—扩—铰的方案。

2）孔径较大的孔，大都采用钻孔后镗孔及进一步精加工的方案。

3）淬火钢或精度要求较高的套筒类零件，则须用磨孔的方法。

1. 钻孔工艺特点

钻孔是孔加工的一种基本方法，钻孔所用刀具一般是麻花钻，可在实体材料上加工或扩大已有孔的直径。钻头一般只能用来加工精度要求不高的孔，或作为精度要求较高孔的预加工。一般尺寸精度为公差等级 IT11 ~ IT14，表面粗糙度为 $Ra60 \sim 12.5\mu m$。

钻孔直径一般不超过 $\phi75$mm。孔径大于 $\phi30$mm 的孔应分两次钻，第一次钻孔直径应大于第二次钻孔所用钻头的横刃宽度。第一次钻孔直径约为被加工孔径的 0.4 ~ 0.6 倍。

2. 扩孔和镗孔工艺特点

扩孔是用扩孔钻来扩大工件上已有孔径的加工方法。扩孔的加工质量较高，一般尺寸精度为公差等级 IT10 ~ IT11，表面粗糙度为 $Ra10 \sim 5\mu m$，且可在一定程度上校正钻孔的轴线歪斜。

扩孔加工余量一般为孔径的 1/8 左右，进给量一般较大（0.4 ~ 2mm/r），生产率较高。因此在钻较大直径的孔时（一般 $D \geqslant 30$mm），先钻出小直径孔后再用扩孔钻来扩孔，比分两次钻孔效率高。对于孔径大于 $\phi100$mm 的孔，扩孔应用较少，而多采用镗孔。

镗孔是在已加工孔上用镗刀使孔径扩大并提高加工质量的加工方法。它能应用于孔的精加工、半精加工或粗加工。因为镗刀是属于非定尺寸刀具，结构简单，通用性好，所以在单件、小批生产中应用较多。特别是当加工大孔时，镗孔往往是唯一的加工方法。镗孔可在镗床上加工，也可在车床、钻床或铣床上进行。镗孔质量（指孔的几何精度）主要取决于机床精度，能获得的尺寸精度为公差等级 IT6 ~ IT8，表面粗糙度为 $Ra3 \sim 0.63\mu m$。镗刀的刀杆尺寸，因受孔径和孔深尺寸的限制，一般刚性较低，镗孔时容易产生振动，故生产率较低。此外，镗孔能修正前工序加工后所造成孔的轴线歪斜和偏移，以获得较高的位置精度。

3. 铰孔工艺特点

铰孔是用铰刀对未淬硬孔进行精加工的一种方法。其加工精度一般为公差等级 IT7 ~ IT8，表面粗糙度可达 $Ra1.6 \sim 0.8\mu m$。

铰刀是定尺寸刀具，因此铰孔直径不宜太大，一般为 $\phi3 \sim \phi150mm$。机用铰刀与机床采用浮动连接，故孔的加工质量不取决于机床精度，而取决于铰刀的精度和安装方式及切削条件。铰孔不能纠正孔的轴线歪斜，因此，孔的有关位置精度应由铰孔前工序或后工序保证。铰孔不宜加工短孔、深孔和断续孔。

9.2.4 盘套类零件的加工工艺分析

1. 液压套加工工艺分析（见图 9-3）

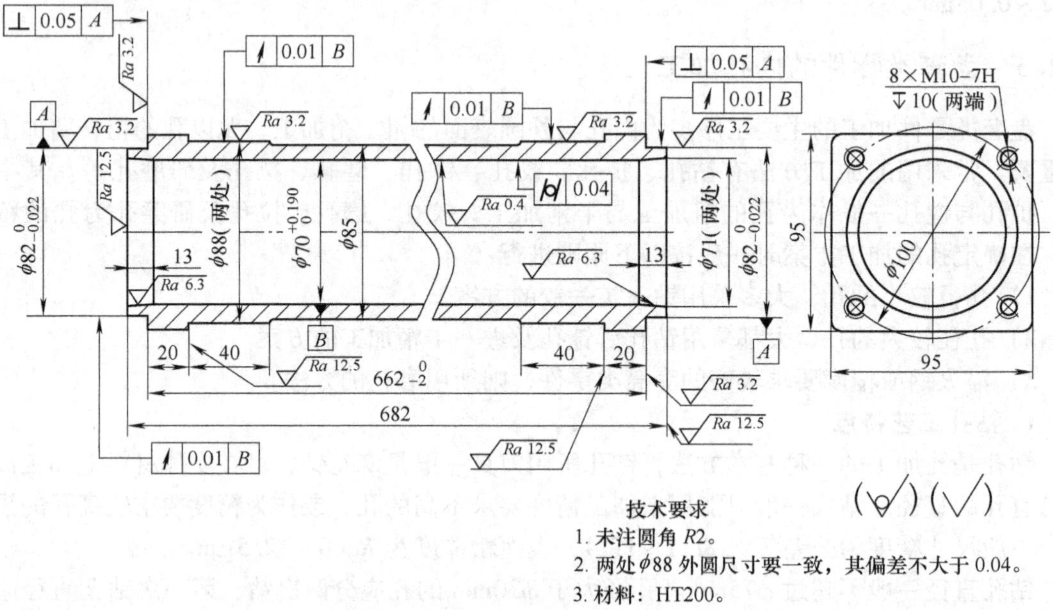

图 9-3 液压套

（1）零件图样分析

1）图中以 $\phi70^{+0.190}_{0}$ mm 孔轴线为基准 B，$\phi82^{\ 0}_{-0.022}$ mm、$\phi88$mm 外圆对基准 B 的径向圆跳动公差为 0.01mm。

2）以 $\phi82^{\ 0}_{-0.022}$ mm 两外圆轴线为基准 A，方法兰的端面与基准 A 的垂直度公差为 0.05mm。

3）$\phi70^{+0.190}_{0}$ mm 孔的圆柱度公差为 0.04mm。

4）未注圆角为 $R2$。

5）工件材料为 HT200。

（2）工艺分析

1）毛坯为铸件，铸造后应退火处理。

2）该液压筒的精度要求较高，加工工艺过程分为粗加工、半精加工和精加工三个阶段。

3）由于该件为铸铁件，硬度和组织结构不均匀，孔的精加工方法不宜采用滚压。孔的加工顺序为：粗精镗、铰、粗精珩磨。

（3）零件加工工艺过程 表9-3是液压套机械加工工艺过程卡。

表9-3 液压套机械加工工艺过程卡

机械加工工艺过程卡		零件名称	液压套	材料	HT200
		坯料种类	铸件	生产类型	小批量
工序号	工步号	工序内容			设备及刀具
10		铸造			
20		退火			
30		粗车			普通车床
	1	自定心卡盘夹一端 $\phi82_{-0.022}^{0}$mm 处，另一端用梅花顶尖顶住孔，车 $\phi88$mm 外圆两处至 $\phi91$mm			90°外圆车刀、左偏刀
	2	车95mm×95mm 方法兰两内端面，端面留余量1mm			90°外圆车刀、左偏刀
	3	车 $\phi82_{-0.022}^{0}$mm 外圆至 $\phi85$mm，长至95mm×95mm 方法兰端面			90°外圆车刀
	4	车95mm×95mm 方法兰外端面，保证法兰尺寸22mm			90°外圆车刀
	5	用中心架架在右端 $\phi88$mm 外圆处，找正，移去梅花顶尖，车端面，保证至95mm×95mm 方法兰外端面的距离为10mm			45°弯头车刀
	6	调头，自定心卡盘夹车过的 $\phi82_{-0.022}^{0}$mm 外圆处，另一端用中心架架在 $\phi88$mm 外圆处，找正，车端面，保证总长682mm			45°弯头车刀
	7	车 $\phi82_{-0.022}^{0}$mm 外圆至 $\phi85$mm，长至95mm×95mm 方法兰端面			90°外圆车刀
	8	车95mm×95mm 方法兰外端面，保证法兰尺寸22mm			90°外圆车刀
	9	粗镗 $\phi70_{0}^{+0.190}$mm 孔至 $\phi69$mm			镗刀
	10	精镗 $\phi70_{0}^{+0.190}$mm 孔至 $\phi69.9$mm			精镗刀
	11	铰 $\phi70_{0}^{+0.190}$mm 孔至 $\phi70\pm0.03$mm			铰刀
40		半精车			普通车床
	1	自定心卡盘夹一端 $\phi82_{-0.022}^{0}$mm 处，另一端用梅花顶尖顶住孔，车 $\phi88$mm 外圆两处至 $\phi89$mm			90°外圆车刀、左偏刀
	2	车95mm×95mm 方法兰两内端面至要求			90°外圆车刀、左偏刀
	3	车 $\phi82_{-0.022}^{0}$mm 外圆至 $\phi83$mm，长至95mm×95mm 方法兰端面			90°外圆车刀
	4	车95mm×95mm 方法兰盘外端面，保证法兰尺寸20.5mm			90°外圆车刀
	5	用中心架架在 $\phi88$mm 外圆处，移去顶尖，车孔锥面至要求，保证尺寸 $\phi71$mm，长13mm，表面粗糙度 $Ra6.3\mu m$			镗刀
	6	调头，自定心卡盘夹 $\phi82_{-0.022}^{0}$mm 外圆处，另一端用中心架架在 $\phi88$mm 外圆处，车 $\phi82_{-0.022}^{0}$mm 外圆至 $\phi83$mm，长至95mm×95mm 方法兰端面			90°外圆车刀
	7	车95mm×95mm 方法兰外端面，保证法兰尺寸20.5mm			90°外圆车刀
	8	车孔锥面至要求，保证尺寸 $\phi71$mm，长13mm，表面粗糙度 $Ra6.3\mu m$			镗刀
	9	粗精珩 $\phi70_{0}^{+0.190}$mm 孔至要求，表面粗糙度 $Ra0.4\mu m$			珩磨机
50		精车			普通车床
	1	用心轴安装工件，两端用双顶尖顶住，用鸡心夹头夹紧并带动工件旋转，车 $\phi88$mm 外圆至要求			90°外圆车刀、左偏刀
	2	车 $\phi82_{-0.022}^{0}$mm 外圆至要求，长至95mm×95mm 方法兰端面，表面粗糙度 $Ra3.2\mu m$			90°外圆车刀

（续）

机械加工工艺过程卡		零件名称	液压套	材料	HT200
		坯料种类	铸件	生产类型	小批量
工序号	工步号	工序内容			设备及刀具
	3	车 95mm × 95mm 方法兰外端面，保证法兰尺寸 20mm，表面粗糙度 $Ra3.2\mu m$			90°外圆车刀
	4	调头，同样装夹方法。车 $\phi82_{-0.022}^{\ 0}$ mm 外圆至要求，长至 95mm × 95mm 方法兰端面，表面粗糙度 $Ra3.2\mu m$			90°外圆车刀
	5	车 95mm × 95mm 方法兰外端面，保证尺寸 $662_{-2}^{\ 0}$ mm，表面粗糙度 $Ra3.2\mu m$			90°外圆车刀
60		划 8 × M10 - 7H 螺纹加工线、钻螺纹底孔、攻螺纹			钻头、丝锥
70		检验			

2. 透盖加工工艺分析（见图 9-4）

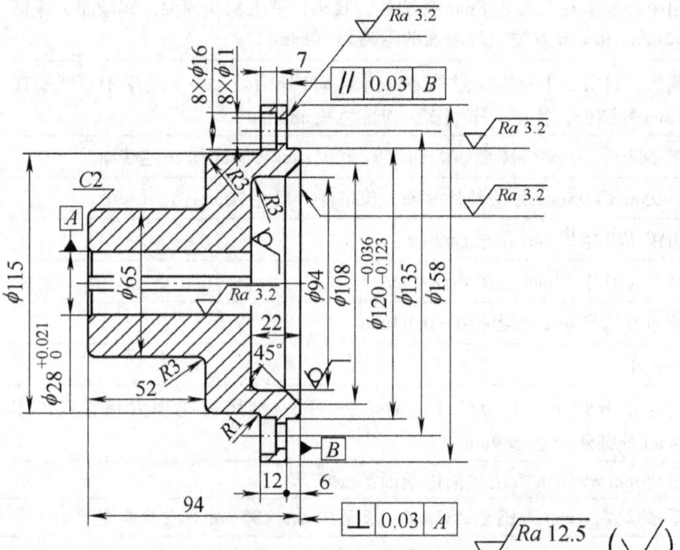

技术要求

1. 铸件不得有气孔，夹砂等缺陷。
2. 未注倒角 C1。
3. 材料：HT280。

图 9-4 透盖

（1）零件图样分析

1）图中以 $\phi28_{\ 0}^{+0.021}$ mm 孔的轴线为基准 A，端面 B 对基准 A 的垂直度公差为 0.03mm。

2）$\phi158$mm 法兰端面与基准 B 的平行度公差为 0.03mm。

3）未注倒角 C1。

4）工件材料为 HT280。

（2）零件工艺分析

1）该件形状结构较简单，精度要求一般，工序安排可适当集中。

2）该件的关键是保证基准 B 对基准 A 的垂直度要求及 ϕ158mm 法兰端面与基准 B 的平行度要求。为此，工艺上采用两端面与孔在一次装夹中完成。

（3）零件加工工艺过程　表9-4是透盖的机械加工工艺过程卡。

表9-4　透盖机械加工工艺过程卡

机械加工工艺过程卡		零件名称	透盖	材料	HT280
		坯料种类	铸件	生产类型	中批量
工序号	工步号	工序内容			设备及刀具
10		铸造			
20		退火			热处理炉
30		车削			普通车床
	1	自定心卡盘夹 ϕ65mm 外圆处，找正，夹紧，车端面，保证尺寸22mm			45°弯头车刀
	2	粗精车 ϕ158mm 外圆至要求			45°弯头车刀
	3	车 $\phi120_{-0.123}^{-0.036}$mm 至要求，长至 ϕ158mm 端面，留余量1mm			90°外圆车刀
	4	车 ϕ158mm 端面至要求，保证尺寸6mm			90°外圆车刀
	5	车45°斜面至要求，保证尺寸 ϕ108mm			45°弯头车刀
	6	粗精镗 $\phi28_{0}^{+0.021}$mm 孔至要求			镗刀
	7	$\phi120_{-0.123}^{-0.036}$mm 外圆倒角 $C1$			45°弯头车刀
	8	调头。自定心卡盘夹 ϕ158mm 外圆，找正，夹紧，车端面，保证总长94mm			45°弯头车刀
	9	车 ϕ115mm 外圆至要求，长至 ϕ158mm 端面，留余量1mm			90°外圆车刀
	10	车 ϕ158mm 端面至要求，保证法兰尺寸12mm，圆角 $R1$			90°外圆车刀
	11	车 ϕ65mm 外圆至要求，长至 ϕ115mm 端面，留余量3mm			90°外圆车刀
	12	车 ϕ115mm 端面至要求，保证尺寸52mm，圆角 $R3$			90°外圆车刀
	13	倒圆角 $R3$			90°外圆车刀
	14	外圆倒角 $C2$、$C1$			45°弯头车刀
	15	孔倒角 $C1$			90°外圆车刀
40		划线、钻孔			钻床
	1	划 8×ϕ11mm 孔的加工线			
	2	钻孔 8×ϕ11mm			钻头
	3	锪孔 8×ϕ16mm，深7mm			锪孔钻
50		检验			

9.3　叉架类零件加工

9.3.1　叉架类零件的功用与结构特点

叉架类零件包括各种用途的拨叉和支架。拨叉主要用在机床、内燃机等各种机器上的操纵机构上，操纵机器、调节速度。支架主要起支承和连接作用。

叉架类零件由于用途不同，其结构和尺寸有着较大的差异，但仍有其共同的特点，零件一般由三个功能部分组成：一个功能部分用于固定自身结构（支承部分），另一功能部分支持其他零件工作的结构（工作部分），还有中间以肋板等结构连接（形状不规则，较复杂）。另外还有孔、螺孔、凹坑、凸台、油槽等。

9.3.2 叉架类零件的主要技术要求

叉架类零件各主要表面在机器中所起的作用不同，其技术要求也不同，主要技术要求有：基准孔轴线与侧面的垂直度公差；基准孔轴线与其他孔的平行度公差；孔轴线与基准平面的平行度公差；平面与基准平面的平行度、垂直度公差。

9.3.3 叉架类零件的材料及毛坯

叉架类零件由于内外形状较复杂而不规则，多经铸锻加工而成。对于单件小批生产一般采用砂型铸造、自由锻造或焊接结构。对于大批大量生产通常采用金属型铸造、精密铸造、模锻。材料一般采用铸铁、铸钢、碳钢和合金钢。

9.3.4 拨叉的机械加工工艺分析

1. 零件图样分析（见图9-5）

1）拨叉右端两侧面对基准孔轴线 A 的垂直度公差为0.15mm。

2）$\phi14^{+0.11}_{0}$孔对基准孔轴线 A 的平行度公差为 $\phi0.05$mm。

3）拨叉右端 $R20$ 为少半圆孔，其端面与孔中心相距2mm。

4）零件材料为ZG270－500。

2. 零件工艺分析

1）该拨叉结构简单，精度要求不高。

2）为了改善拨叉的加工工艺，在铸造时工艺安排两件合铸一起，使工件叉处形成一个整圆，并以此孔为基准加工零件其余尺寸，这样既保证了零件的加工精度，又提高了生产效率。

3）拨叉右端两侧面加工时，应该与 $R20^{+0.6}_{+0.3}$ 孔在一次安装中加工或以 $R20^{+0.6}_{+0.3}$孔定位安装来加工。

3. 零件加工工艺过程

表9-5是车床拨叉机械加工工艺过程卡。

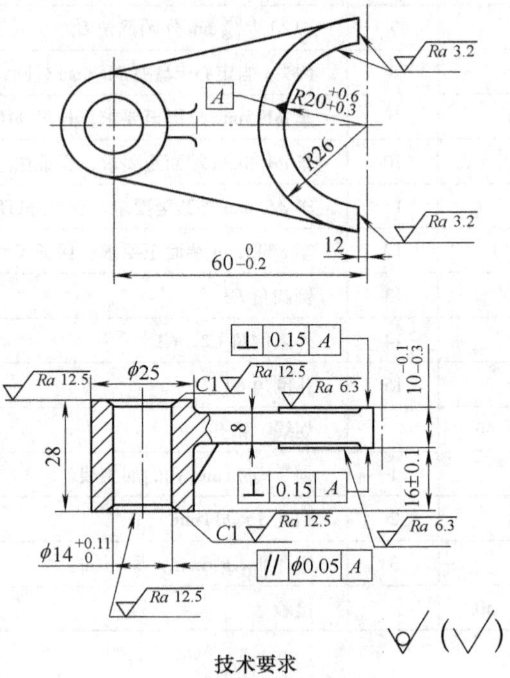

技术要求
1. 未注圆角 $R3\sim R5$。
2. 铸造后抛丸处理。
3. 材料：ZG270－500。
4. 生产类型：大批大量。

图9-5 车床拨叉

表9-5 车床拨叉机械加工工艺过程卡

<table>
<tr><td colspan="2" rowspan="2">机械加工
工艺过程卡</td><td>零件名称</td><td>拨叉</td><td>材料</td><td>ZG270－500</td></tr>
<tr><td>坯料种类</td><td>铸钢</td><td>生产类型</td><td>大批量</td></tr>
<tr><td>工序号</td><td>工步号</td><td colspan="3">工序内容</td><td>设备及刀具</td></tr>
<tr><td>10</td><td></td><td colspan="3">精密铸造，两件合铸（工艺需要）</td><td></td></tr>
<tr><td>20</td><td></td><td colspan="3">退火</td><td></td></tr>
<tr><td>30</td><td></td><td colspan="3">划线，划各端面线及三孔位置线</td><td></td></tr>
<tr><td>40</td><td></td><td colspan="3">车削</td><td>普通车床</td></tr>
<tr><td></td><td>1</td><td colspan="3">以外形及下端面定位，按线找正，用专用工装装夹工件；车 $R20^{+0.6}_{+0.3}$（ϕ40mm）孔至尺寸</td><td>镗刀
专用夹具</td></tr>
<tr><td></td><td>2</td><td colspan="3">车 $R20^{+0.6}_{+0.3}$孔的端面，表面粗糙度 $Ra6.3\mu m$，与尺寸 8mm 处对称</td><td>45°弯头车刀</td></tr>
<tr><td></td><td>3</td><td colspan="3">调头，车 $R20^{+0.6}_{+0.3}$mm 孔的另一端面，保证尺寸 $10^{-0.1}_{-0.3}$mm，表面粗糙度 $Ra6.3\mu m$</td><td>45°弯头车刀</td></tr>
<tr><td>50</td><td></td><td colspan="3">铣端面</td><td>立式铣床</td></tr>
<tr><td></td><td>1</td><td colspan="3">以 $R20^{+0.6}_{+0.3}$mm 内孔及上端面定位，装夹工件，铣 ϕ25mm 处下端面，保证尺寸 16±0.1mm，表面粗糙度 $Ra12.5\mu m$</td><td>端铣刀
专用夹具</td></tr>
<tr><td></td><td>2</td><td colspan="3">以 $R20^{+0.6}_{+0.3}$mm 内孔及下端面定位，装夹工件，铣 ϕ25mm 处上端面，保证尺寸 28mm，表面粗糙度 $Ra12.5\mu m$</td><td>端铣刀
专用夹具</td></tr>
<tr><td>60</td><td></td><td colspan="3">加工 $2\times\phi14^{+0.11}_{0}$mm 孔</td><td>立式钻床</td></tr>
<tr><td></td><td>1</td><td colspan="3">以 $R20^{+0.6}_{+0.3}$mm 内孔及上端面定位，装夹工件，钻 $2\times\phi14^{+0.11}_{0}$mm 孔至尺寸 ϕ13.8mm</td><td>钻头</td></tr>
<tr><td></td><td>2</td><td colspan="3">铰 $2\times\phi14^{+0.11}_{0}$mm 孔至尺寸，表面粗糙度 $Ra12.5\mu m$</td><td>铰刀</td></tr>
<tr><td></td><td>3</td><td colspan="3">孔口倒角 C1</td><td>90°锥锪钻</td></tr>
<tr><td>70</td><td></td><td colspan="3">划线，划 $R20^{+0.6}_{+0.3}$mm 孔中心线及切开线</td><td></td></tr>
<tr><td>80</td><td></td><td colspan="3">切开，以 $R20^{+0.6}_{+0.3}$mm 内孔及上端面定位，夹紧，切工件成单件，切口 2mm</td><td>卧式铣床
锯片铣刀</td></tr>
<tr><td>90</td><td></td><td colspan="3">以 $R20^{+0.6}_{+0.3}$mm 内孔及上端面定位，$\phi14^{+0.11}_{0}$mm 孔定向，装夹工件，精铣 $R20^{+0.6}_{+0.3}$mm 切开处端面，保证尺寸 2mm，表面粗糙度 $Ra12.5\mu m$</td><td>立式铣床
端铣刀</td></tr>
<tr><td>100</td><td></td><td colspan="3">以 $\phi14^{+0.11}_{0}$mm 孔及下端面定位，夹紧，$\phi14^{+0.11}_{0}$mm 孔口倒角 C1</td><td>90°锥锪钻</td></tr>
<tr><td>110</td><td></td><td colspan="3">检验</td><td></td></tr>
</table>

9.4 箱体类零件加工

9.4.1 箱体类零件的功用与结构特点

箱体零件是机器中箱体部件的基础零件。由它将轴、套和齿轮等零部件组装在一起，并使其保持正确的相互位置关系，彼此按照一定的传动关系协调地运动。

图9-6中列举了几种常见箱体的结构形式。由图中可以看出：箱体零件由于机器的不同结构特点和箱体在机器中的不同功用，其结构形状虽有较大差别，但各种箱体在结构上仍有一些共同的特点。如：结构形状一般都比较复杂、箱壁较薄且不均匀、内部呈腔形；在箱体壁上有各种形状的平面及较多的轴承支承孔和紧固孔，而这些平面和支承孔的精度与表面粗糙度又均有较高的要求。因此，箱体零件不仅需要加工部位较多，且加工的难度也较大。

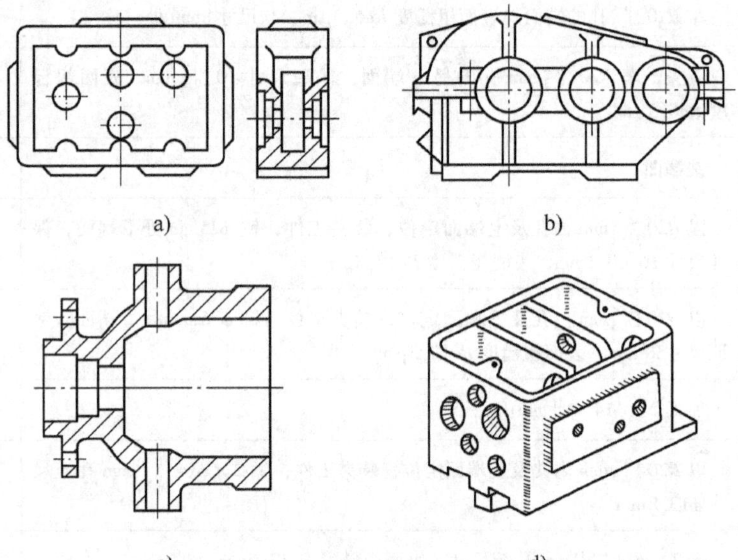

图9-6 几种箱体零件结构简图

a）组合机床主轴箱 b）减速箱 c）泵壳 d）床头箱

9.4.2 箱体类零件的技术要求

为了保证箱体部件的装配精度，达到机器设备对它提出的要求，对箱体零件的加工提出了一系列技术要求。箱体零件的主要技术要求，应包括下列几方面。

1. 支承孔的尺寸精度、几何形状精度和表面粗糙度

箱体上轴承支承孔的尺寸精度、几何形状精度及表面粗糙度都有严格要求。如果达不到这些要求，会使轴承与箱体上的孔配合不好，工作时引起振动和噪声。特别是主轴支承孔，还会影响主轴旋转精度，从而直接影响机床的加工精度。一般机床的床头箱，主轴支承孔精度为公差等级 IT6 级，表面粗糙度值 $Ra0.8 \sim 0.4\mu m$，其他支承孔精度为公差等级 IT6 ~ IT8 级，表面粗糙度值 $Ra1.6 \sim 0.8\mu m$。几何形状精度一般应在孔的公差范围内，要求高的应不超过孔公差的 1/3 ~ 1/2。

2. 支承孔之间的孔距尺寸精度及相互位置精度

箱体上有齿轮啮合关系的相邻孔之间，应有一定的孔距尺寸精度及平行度要求，否则会影响齿轮的啮合精度，工作时产生噪声和振动，并影响齿轮寿命。这项精度主要取决于传动齿轮副的中心距公差与齿轮啮合精度。一般机床箱体中心距公差为 ±0.025 ~ 0.06mm，轴线平行度公差在全长取 0.03 ~ 0.1mm。

箱体上同轴孔应有一定的同轴度要求。同轴孔的同轴度超差，不仅会给箱体中轴的装配带来困难，且使轴的运转情况恶劣，轴承磨损加剧，温度升高，影响机器设备的精度和正常运转。一般同轴孔的同轴度公差不应超过最小孔径公差之半。

3. 主要平面的形状精度，相互位置精度和表面粗糙度

箱体的主要平面多是装配基面或加工中的定位基面，直接影响箱体与机器总装时的相对位置及接触刚性，影响箱体加工中的定位精度，因而有较高的平面度和表面粗糙度要求。如一般机床箱体的装配基面和定位基面的平面度公差在 0.03 ~ 0.1mm 范围内，表面粗糙度为 $Ra1.6 \sim 0.8\mu m$。箱体上各平面对装配基面也有一定的平行度、垂直度要求，如一般车床床头箱平面间的平行度公差大约在 0.05 ~ 0.2/全长范围内；平面间的垂直度公差大约为 0.1/300。

4. 支承孔与主要平面的尺寸精度及相互位置精度

箱体上各支承孔对装配基面有一定的尺寸精度和平行度要求；对端面有一定的垂直度要求。例如，车床床头箱主轴孔至装配基面（底面）的尺寸精度，影响主轴孔与尾架孔的等高性；主轴孔轴线对装配基面在水平平面内有偏斜，则加工时工件会产生锥度；在垂直平面内有偏斜，则加工时工件会出现双曲线状误差；主轴孔轴线对端面垂直度超差，总装后会影响机床主轴的端面跳动等。

一般机床的箱体，主要支承孔与装配基面的尺寸精度和平行度，取决于装配方法。若采用完全互换法，则精度要求就很高。若采用修配法，则精度要求就可以适当降低，待总装时，通过刮研箱体装配基面来保证支承孔与装配基面的相互位置精度。主轴支承孔对端面的垂直度公差，一般机床箱体在 $0.01 \sim 0.05/\phi200$ 的范围内。

9.4.3　箱体零件的毛坯及材料

箱体零件的材料常采用铸铁，因为铸铁具有容易成型、切削性能好、价格低廉以及具有较好的吸振性等优点。只有在单件小批生产的情况下，为了缩短生产周期，有时才采用钢板焊接。在某些特定的条件下，为了减轻重量，也有采用镁铝合金或其他铝合金的，如航空发动机上的箱体零件等。

一般机床的箱体通常采用 HT200。毛坯余量视铸件精度而定，当生产批量不大时，一般采用木模手工造型，毛坯的精度较低，毛坯余量较大。而大批大量生产时，通常采用金属模机器造型，毛坯的精度较高，毛坯余量可适当减少。单件小批生产大于 $\phi50$mm 的孔，成批生产大于 $\phi30$mm 的孔，一般都铸出预制孔，以减少加工余量。

9.4.4 箱体零件的孔系加工

箱体上一系列有位置精度要求的孔的组合，称为孔系。孔系可分为：平行孔系，如图9-7a所示；同轴孔系，如图9-7b 所示；交叉孔系，如图9-7c 所示。在孔系加工时，不仅孔本身的精度要求较高，而且孔距精度和相互位置精度要求也高，因此孔系加工是箱体加工的关键之一。孔系的加工方法根据箱体批量不同和孔系精度要求的不同而不同，现分别予以讨论。

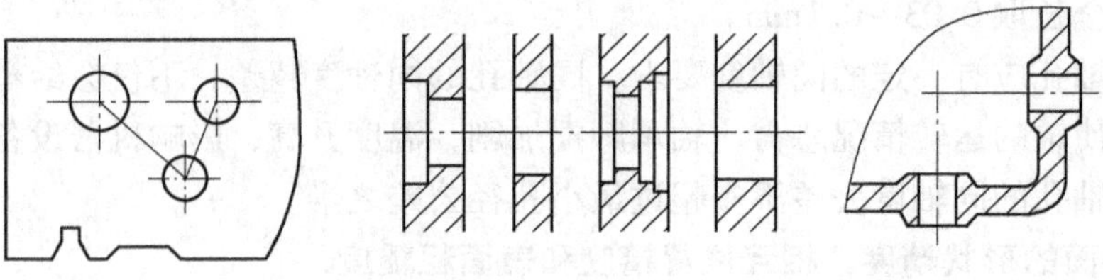

图9-7 孔系分类

a）平行孔系 b）同轴孔系 c）交叉孔系

1. 平行孔系的加工

平行孔系的主要技术要求是各平行孔中心线之间及中心线与基准面之间的距离尺寸精度和相互位置精度。生产中常采用以下几种方法。

（1）找正法 找正法是在通用机床上，借助辅助工具来找正要加工孔的正确位置的加工方法。这种方法加工效率低，一般只适用于单件小批生产。根据找正方法的不同，找正法又可分为以下几种。

1）划线找正法。加工前按照零件图在毛坯上画出各孔的位置轮廓线，然后按划线找正，再进行加工。由于划线和找正的时间较长，生产率低，而且加工出来的孔距精度也低，所以划线找正法通常用于单件小批生产。

2）心轴和块规找正法。图9-8 所示为心轴和块规找正法。镗第一排孔时将心轴插入主轴孔内（或直接利用镗床主轴），然后根据孔和定位基准的距离组合一定尺寸的块规来校正主轴位置，校正时用塞尺测定块与心轴之间的间隙，以避免块规与心轴直接接触面损伤块规。镗第二排孔时，分别在机床主轴和已加工孔中插入心轴，采用同样的方法来校正主轴轴线位置，以保证孔心距的精度。这种找正法其孔心距精度可达 ±0.03mm。

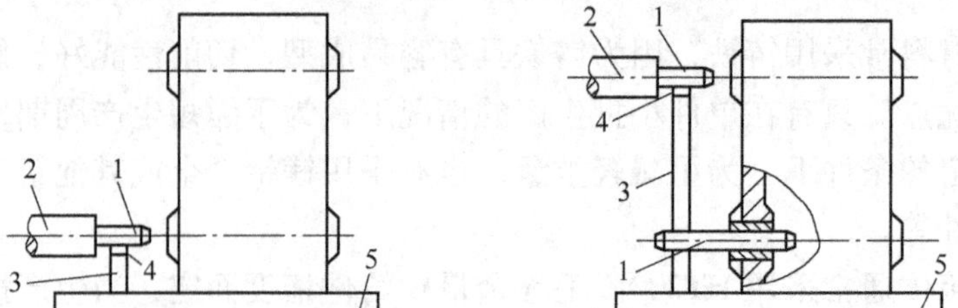

图9-8 心轴和块规找正

1—心轴 2—镗床主轴 3—块规 4—塞尺 5—工作台

3）样板找正法。图9-9所示为样板找正法，用10～20mm厚的钢板制成样板，装在垂直于各孔的端面上（或固定于机床工作台上），样板上的孔距精度较箱体孔系的孔的孔距精度高（一般±0.01～±0.03mm），样板上的孔径较工件的孔径大，以便于镗杆通过。样板上孔径尺寸精度要求不高，但要有较高的形状精度和较小的表面粗糙度值。当样板准确地装到工件上后，在机床主轴上装一个千分表，按样板找正机床主轴，找正后，即换上镗刀加工。此法加工孔系不易出差错，找正方便，孔距精度可达±0.05mm。这种样板成本低，仅为镗模成本的1/9～1/7，单件小批生产大型箱体加工时可用此法。

4）定心套找正法。如图9-10所示，先在工件上划线，再按线攻螺钉孔，然后装上形状精度高而表面粗糙度值低的定心套，定心套与螺钉间有较大间隙，然后按图样要求的孔心距公差的1/5～1/3调整全部定心套的位置，并拧紧螺钉。复查后即可上机床，按定心套找正镗床主轴位置，卸下定心套，镗出一孔。每加工一个孔找正一次，直至孔系加工完毕。此法工装简单，可重复使用，特别适宜于单件生产下的大型箱体和在缺乏坐标镗床的条件下加工钻模板上的孔系。

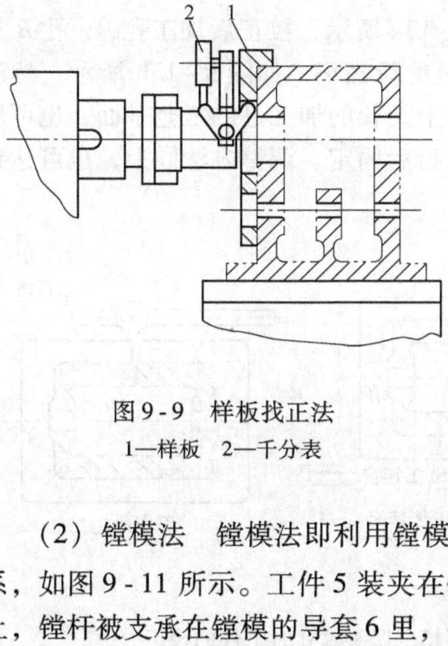

图9-9 样板找正法

1—样板 2—千分表

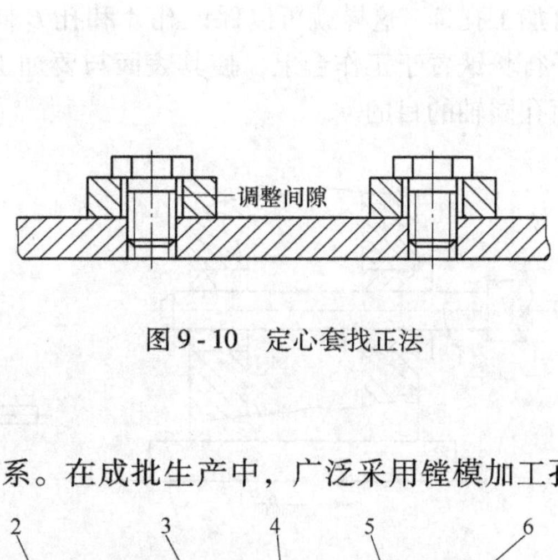

图9-10 定心套找正法

（2）镗模法 镗模法即利用镗模夹具加工孔系。在成批生产中，广泛采用镗模加工孔系，如图9-11所示。工件5装夹在镗模上，镗杆被支承在镗模的导套6里，导套的位置决定了镗杆的位置，装在杆上的镗刀3将工件上相应的孔加工出来。当用两个或两个以上的支承1引导镗杆时，镗杆与镗床主轴2必须浮动连接。采用浮动连接时，机床主轴回转误差对孔系加工精度影响很小，因而可以在精度较低的机床上加工出精度较高的平行孔系。加工的孔距精度主要取决于镗模制造精度、镗杆导套与镗杆的配合精度。当从一端加工、镗杆

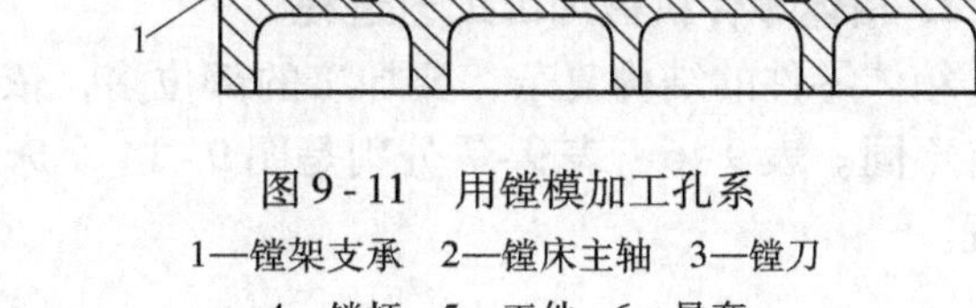

图9-11 用镗模加工孔系

1—镗架支承 2—镗床主轴 3—镗刀 4—镗杆 5—工件 6—导套

两端均有导向支承时，孔与孔之间的同轴度和平行度可达0.02～0.03mm；分别由两端加工时，可达0.04～0.05mm。

用镗模法加工孔系，既可在通用机床上加工，也可在专用机床或组合机床上加工。此外，镗模的制造要求高、周期长、成本高，通常用于大量生产。

2. 同轴孔系的加工

成批生产中，箱体上同轴孔的同轴度几乎都由镗模来保证。单件小批生产中，其同轴度也可用下面几种方法来保证。

（1）利用已加工孔作支承导向　如图9-12所示，当箱体前壁上的孔加工好后，在孔内装一导向套，以支承和引导镗杆加工后壁上的孔，从而保证两孔的同轴度要求。这种方法适于加工箱壁较近的孔。

（2）利用镗床后立柱上导向支承镗孔　这种方法的镗杆由两端支承导向，刚性好，但此法调整麻烦，镗杆要长，很笨重，故只适用于大型箱体的加工。

（3）采用调头镗　当箱体箱壁相距较远时，可采用调头镗。工件在一次装夹下，镗好一端孔后，将镗床工作台回转180°，调整工作台位置，使已加工孔与镗床主轴同轴，然后再加工另一端孔。当箱体上有一较长并与所镗孔轴线平行的平面时，镗孔前应先用装在镗杆上的百分表对平面进行校正，使其和镗杆平行，如图9-13a所示，校正后加工孔*B*，孔*B*加工后，回转工作台，并用装在镗杆上的百分表沿此平面重新找正，如图9-13b所示，然后再加工孔*A*，这样就可以保证孔*A*和孔*B*同轴。若箱体上无长的加工好的工艺基面，也可用平行长铁置于工作台上，使其表面与要加工的孔轴线平行后固定。调整方法同上，也可达到两孔同轴的目的。

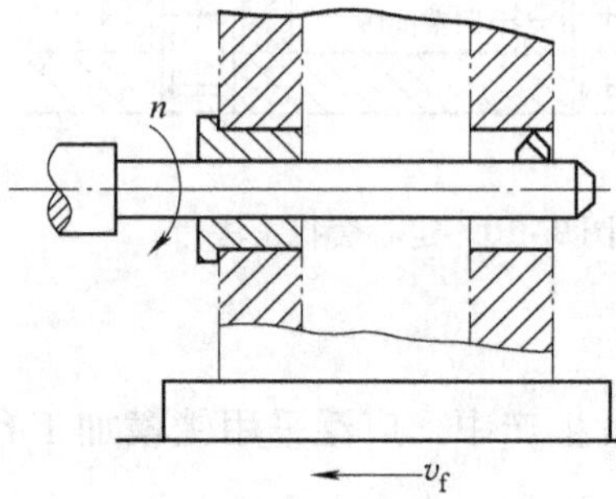

图9-12　利用已加工孔导向

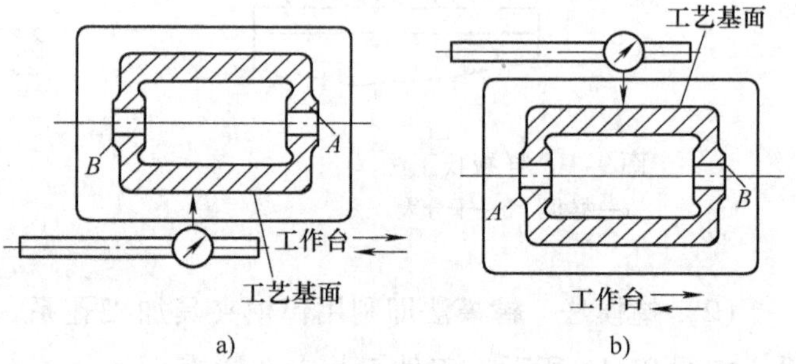

图9-13　调头镗孔时工件的校正

a）第一工位　b）第二工位

9.4.5　箱体零件的加工工艺分析

1. 箱体零件机械加工工艺过程

箱体零件的结构复杂，要加工的部位多，依批量大小和各厂家的实际条件，其加工方法各有不同。表9-6、表9-7分别是图9-14车床主轴箱箱体小批生产和大批大量生产的工艺过程。

表9-6　车床主轴箱小批生产工艺过程

工序号	工序内容	定位基准
10	铸造	
20	时效	
30	漆底漆	
40	划线（主轴孔应留加工余量均匀），划面 *C*、*G*、*E*、*D* 加工线	
50	粗、精加工顶面 *G*	按线找正
60	粗、精加工面 *B*、*C*、*D*	顶面 *G* 并校正主轴线
70	粗、精加工两端面 *E*、*F*	面 *B*、*C*
80	粗、半精加工各纵向孔系	面 *B*、*C*
90	精加工各纵向孔系	面 *B*、*C*
100	粗、精加工横向孔	面 *B*、*C*
110	加工螺孔及各次要孔	
120	清洗、去毛刺	
130	检验	

表9-7　车床主轴箱大批大量生产工艺过程

工序号	工序内容	定位基准
10	铸造	
20	时效	
30	漆底漆	
40	铣顶面 *A*	Ⅰ孔与Ⅱ孔
50	钻、扩、铰 2×ϕ8H7 工艺孔	顶面 *A* 及外形
60	铣两端面 *E*、*F* 及前面 *D*	顶面 *A* 及两工艺孔
70	铣导轨面 *B*、*C*	顶面 *A* 及两工艺孔
80	磨顶面 *A*	导轨面 *B*、*C*
90	粗镗各纵向孔	顶面 *A* 及两工艺孔
100	精镗各纵向孔	顶面 *A* 及两工艺孔
110	精镗主轴孔Ⅰ	顶面 *A* 及两工艺孔
120	加工横向孔及各面上的次要孔	
130	磨 *B*、*C* 导轨面及前面 *D*	顶面 *A* 及两工艺孔
140	将 2×ϕ8H7 及 4×ϕ7.8 孔均扩钻至 ϕ8.5，攻 6×M10 螺纹	
150	清洗、去毛刺、倒角	
160	检验	

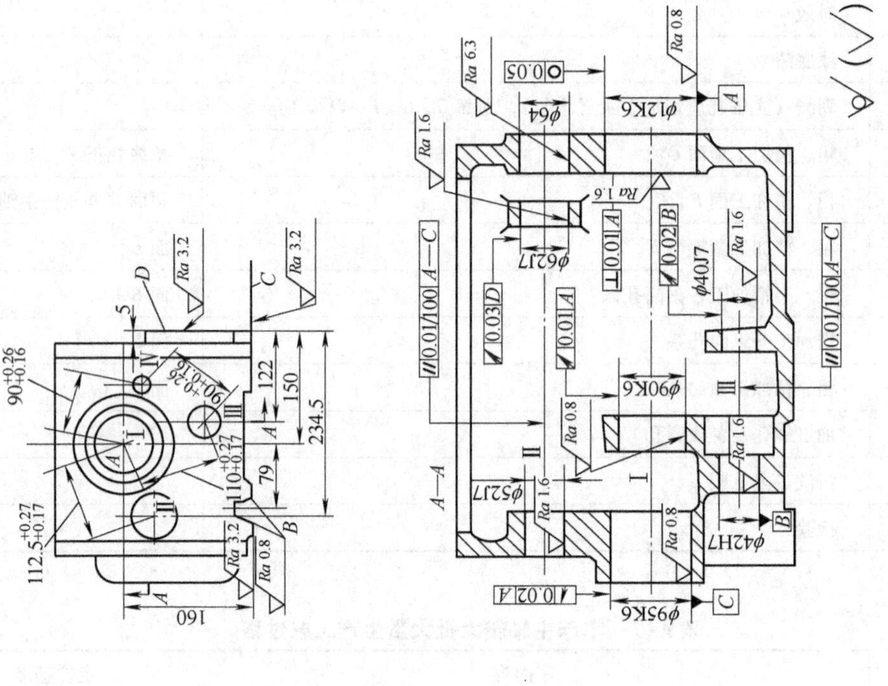
A—A
Ra 6.3
Ra 1.6
Ra 0.8
Ra 3.2
0.05
φ64
φ12K6
φ62J7
φ40J7
φ90K6
φ52J7
φ42H7
φ95K6
0.01 A
0.02 B
0.01/100 A—C
0.03 D
0.02 A
90+0.26 +0.16
112.5+0.27 +0.17
110+0.27 +0.17
122
150
234.5
79
160
5
0.005
6×M10
665
120
75
40
φ30
φ24
310
50
φ25H7
φ28H7
32
60
0.02/100 A—C

图9-14 车床主轴箱

2. 箱体类零件机械加工工艺分析

（1）定位基准的选择

1）精基准的选择。箱体加工精基准的选择与生产批量的大小有关。对于单件小批生产，常用装配基准作定位基准。图9-14的车床主轴箱单件小批加工孔系时，选择箱体底面*B*、*C*面作为定位基准。*B*、*C*面既是床头箱的装配基准，又是主轴孔的设计基准，并与箱体的两端、侧面以及各主要纵向轴承孔在位置上有直接联系，故选择*B*、*C*面作定位基准，符合基准重合原则，装夹误差小。另外，加工各孔时，由于箱口朝上，更换导向套、安装调整刀具、测量孔径尺寸、观察加工情况等都很方便。这种定位方式也有其不足之处。加工箱体中间壁上的孔时，为了提高刀具系统的刚度，应当在箱体内部相应部位设置刀杆的中间导向支承。由于箱体底部是封闭的，中间导向支承只能用如图9-15所示的吊架从箱体顶面的开口处伸入箱体内，每加工一次需装卸一次，吊架与镗模之间虽有定位销定位，但吊架刚性差，经常装卸也容易产生误差，且使加工的辅助时间增加。因此，这种定位方式只适用于单件小批生产。

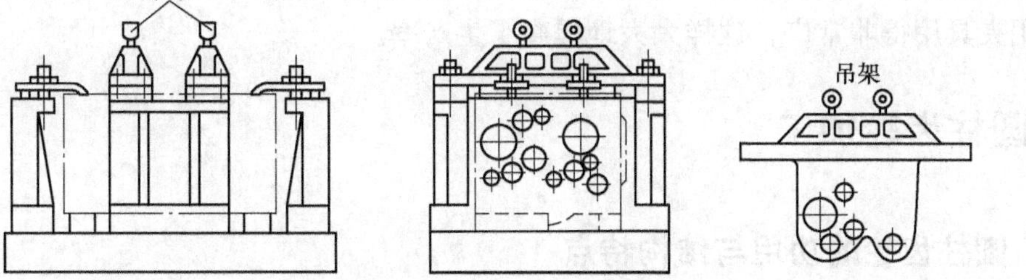

图9-15 吊架式镗模夹具

批量大时，采用顶面及两个销孔（一面两孔）作定位基面，如图9-16所示。这种定位方式，加工时箱体口朝下，中间是导向支承架可以紧固在夹具体上提高了夹具刚度，有利于保证各支承孔加工的位置精度，而且工件装卸方便，减少了辅助时间，提高了生产效率。但因这种箱体顶面不是设计基准，故定位基准与设计不重合，同时零件加工中，这种夹具不易观察各加工表面的情况。

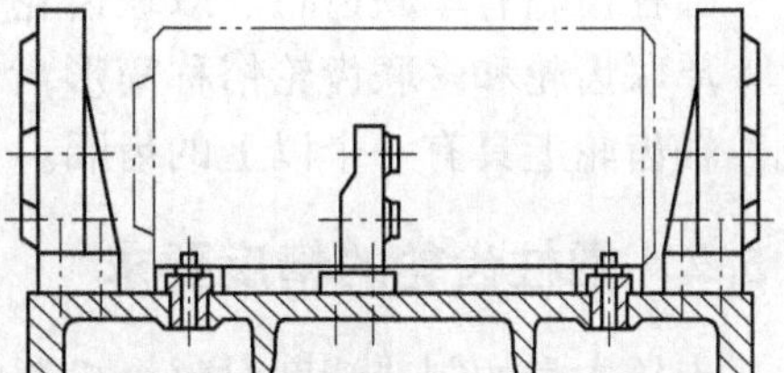
图9-16 用顶面及两孔定位的镗模

2）粗基准的选择。由于铸造箱体毛坯时，形成主轴孔、其他支承孔及箱体内壁的型芯是装成一整体放入的，它们之间有较高的相互位置精度，因此不仅可以较好地保证轴孔和其他支承孔的加工余量均匀，而且还能较好地保证各孔的轴线与箱体不加工内壁的相互位置。根据生产类型不同，实现以主轴孔为粗基准的工件安装方式也不同。中小批量生产时，由于毛坯精度较低，一般采用划线找正。大批大量生产时，毛坯精度较高，可直接以主轴孔在夹具上定位，采用专用夹具装夹。

（2）加工顺序的安排

1）加工顺序为先面后孔。箱体类零件的加工顺序为先加工面，以加工好的平面定位，再来加工孔。因为箱体孔的精度要求高，加工难度大，先以孔为粗基准加工好平面，再以平面为精基准加工孔，这样既能为孔的加工提供稳定可靠的精基准，又可以使孔的加工余量较为均匀。

2）加工阶段粗、精分开。箱体的结构复杂，壁厚不均匀，刚性不好，而加工精度要求又高，因此箱体重要的加工表面都要划分粗、精两个加工阶段。

对于单件小批生产的箱体或大型箱体的加工，采用的方法是粗加工后将工件松开一点，然后再用较小的力夹紧工件，使工件因夹紧力而产生的弹性变形在精加工之前得以恢复。这虽然工序上没有粗、精工序分开，但是从工步上讲，粗、精加工阶段还是分开了。

3）工序间安排时效处理。箱体结构复杂，壁厚不均匀，铸造残留应力较大。为了消除残留应力、减少加工后的变形、保证精度的稳定，铸造之后要安排人工时效处理。

对于普通精度的箱体，一般在铸造之后安排一次人工时效处理；对一些高精度的箱体或形状特别复杂的箱体，在粗加工之后还要安排人工时效处理，以消除粗加工所造成的残留应力。对精度要求不高的箱体毛坯，有时不安排时效处理，而是利用粗、精加工工序间的停放和运输时间，使之自然完成时效处理。

4）所用设备的选择。单件小批生产一般都在通用机床上进行；除个别必须用专用夹具才能保证质量的工序（如孔系加工）外，一般不用专用夹具；而大批量箱体的加工则广泛采用专用机床，如发动机缸体、发动机缸盖等，各主要孔的加工采用组合机床、专用镗床等，专用夹具用得非常广，这样大大地提高了生产率。

9.5 圆柱齿轮加工

9.5.1 圆柱齿轮的功用与结构特点

圆柱齿轮在各种机器中应用非常广泛，它主要是按规定的速比传递运动和动力。

圆柱齿轮有单联齿轮、双联齿轮、轴齿轮等。

单联齿轮和多联齿轮俗称筒形齿轮，孔的长径比 $L/d>1$，内孔为光孔、键槽孔或花键孔。轴齿轮上具有一个以上的齿圈。

9.5.2 圆柱齿轮的精度要求

齿轮本身的制造精度对整个机器的工作性能、承载能力及使用寿命都有很大影响。

各种机械上所用的齿轮，对齿轮传动的要求因用途的不同而异，但归纳起来有以下四项：

1）传递运动的准确性——即要求齿轮在一转范围内，最大的转角误差限制在一定的范围内，以保证从动件与主动件运动协调一致。

2）传动的平稳性——即要求齿轮传动瞬间传动比变化不大，因为瞬间传动比的突然变化，会引起齿轮冲击，产生噪声和振动。

3）载荷分布的均匀性——即要求齿轮啮合时，齿面接触良好，以免引起应力集中，造成齿面局部磨损，影响齿轮的使用寿命。

4）传动侧隙——即要求齿轮啮合时，非工作齿面间应具有一定的间隙，这个间隙对于贮藏润滑油、补偿齿轮传动受力后的弹性变形、热膨胀以及补偿齿轮及齿轮传动装置其他元件的制造误差、装配误差都是必要的。否则，齿轮在传动过程中可能卡死或烧伤。

齿轮的制造精度和齿侧间隙主要根据齿轮的用途和工作条件而定。对于分度传动用齿轮，主要要求是齿轮的运动精度，使得传递的运动准确可靠；对于高速动力传动的齿轮，为了减少冲击和噪声，必须要求工作平稳；对于重载低速传动用的齿轮，则要求齿的接触精度要好，使啮合的接触面积大，不致引起齿面过早的磨损；对于换向传动和读数机构用的齿轮，则应严格控制齿侧间隙，必要时，还须消除间隙。

9.5.3　圆柱齿轮的材料与毛坯

齿轮的材料种类较多，目前生产上主要采用优质碳素钢（如45钢）和合金结构钢（如20Cr、40Cr），其次是铸钢、铸铁以及其他非金属材料（如夹布胶木与尼龙等）。

齿轮毛坯的选择决定于齿轮的材料、结构形状、尺寸大小、使用条件以及生产批量等多种因素。

对于钢质齿轮，除了尺寸较小且不太重要的齿轮采用轧制棒料外，一般均采用锻造毛坯。生产数量较少或尺寸较大的齿轮采用自由锻造；生产批量较大的中小齿轮采用模锻。

对于直径很大且结构比较复杂不便锻造的齿轮，可采用铸钢毛坯。铸钢齿轮的晶粒较粗，力学性能较差，且加工性能不好，故加工前应先经过正火处理，以消除残留应力和硬度的不均匀性，改善加工性能。

铸铁齿轮易于加工，成本低，但抗弯强度，抗冲击和耐磨性能较差，常用于受力不大无冲击的低速齿轮。

9.5.4　圆柱齿轮齿坯的加工工艺分析和定位基准选择

影响齿轮加工工艺过程的因素很多，主要有生产类型、精度要求、结构形式、尺寸大小、材料及现有的生产设备等。即使是同一齿轮，由于具体情况不同，工艺过程也有所差别。大体可以归纳成如下的工艺路线：毛坯制造—齿坯热处理—齿坯加工—齿轮的齿面加工。

轴齿轮的齿坯是个阶梯轴，因此其加工方法也近似于阶梯轴。

轴齿轮齿坯加工方法如下：加工端面打中心孔，在车床上粗、精车齿坯。

盘类齿轮齿坯的加工方法有两种。

第一种：钻扩孔—拉孔—以孔定位粗、精车齿坯外圆和端面。

第二种：在车床上车孔、端面和一部分外圆——精镗孔，车另一端面和一部分外圆。

齿轮加工时的定位基准应尽可能与设计基准相一致。齿坯加工主要为齿面加工准备好定位基准。如齿轮的内孔和端面、轴齿轮的中心孔、轴颈外圆和端面，必须具有一定的精度要求。此外，还要加工外圆和一些次要表面，如装配、润滑等需要的卡环槽、油槽、油孔、倒角、螺纹及非定位用端面等。

对于以内孔作为主要定位基准的筒形齿轮，一般先粗、精加工到公差等级IT7精度（有时还要加工外端面），然后以内孔定位加工外圆、端面、沟槽和齿面等。

对于盘形齿轮或齿圈，加工时先以毛坯的一端和外圆做粗定位基准，在车床上加工另一个端面、内孔及外圆沟槽等。然后调头加工内孔、端面、外圆及其他表面。

轴齿轮，先加工两端面，然后钻作为定位基准的两端的中心孔。加工时，以两端的中心孔定位。

9.5.5 圆柱齿轮的齿形加工

齿形加工的方法很多，按加工中有、无切屑，可区分为有切屑加工和无切屑加工。无切屑加工包括热轧、冷轧、冷打、精锻及粉末冶金等。无切屑加工具有生产率高，材料消耗少和成本低等优点，但是，由于受到材料塑性和加工精度还不够高的限制，目前还未广泛应用。尽管如此，从长远看，无屑加工仍是齿形加工发展的重要方向之一。

齿形的有切屑加工，由于加工精度较高，目前仍是齿形加工的主要方法。从加工原理上，又可分为成形法和展成法两种。两种加工方法的加工原理和特点详见第5章。

9.5.6 圆柱齿轮的齿端加工

齿轮的齿端加工方式有倒圆、倒尖、倒棱和去毛刺四种方式。经倒圆、倒尖、倒棱后的齿轮，沿轴向移动时容易进入啮合。倒圆时，齿轮慢速旋转，指状铣刀在高速旋转的同时沿齿轮轴向作往复直线运动。齿轮每转一齿，铣刀往复运动一次，两者在相对运动中即完成齿端倒圆。齿端加工应安排在齿形淬火之前进行。

9.5.7 圆柱齿轮的加工工艺过程分析

齿轮的机械加工工艺分析（见图9-17）。

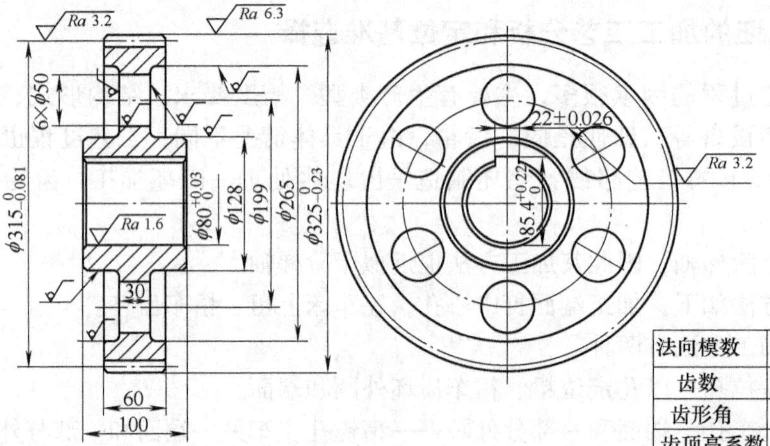

法向模数	m_n	5
齿数	z	63
齿形角	α	20°
齿顶高系数	h_a^*	1
精度等级	GB/T 10095.2–2008	

技术要求

1.铸件不得有气孔、缩孔、砂眼、渣孔、裂纹等缺陷。
2.调质处理190～217 HBW。
3.未注倒角C2。
4.未注圆角R8。
5.材料：ZG270—500。
6.生产类型：中批量。

Ra 12.5 (√)

图9-17 齿轮

（1）零件图样分析

1）图中$\phi80^{+0.03}_{0}$孔的尺寸精度和表面粗糙度要求较高。

2）调质处理 190～217HBW。

3）未注倒角 *C*2。

4）铸造圆角 *R*8。

5）工件材料为 ZG270－500。

（2）工艺分析

1）该齿轮毛坯为铸件，粗加工前应进行退火处理，粗加工后调质处理，然后精加工。

2）孔的尺寸精度和表面粗糙度要求较高，分粗加工和精加工两个阶段。

（3）零件加工工艺过程　表 9-8 为齿轮的机械加工工艺过程卡。

表 9-8　齿轮机械加工工艺过程卡

<table>
<tr><td colspan="2" rowspan="2">机械加工工艺过程卡</td><td>零件名称</td><td>齿轮</td><td>材料</td><td>ZG270－500</td></tr>
<tr><td>坯料种类</td><td>铸钢件</td><td>生产类型</td><td>中批量</td></tr>
<tr><td>工序号</td><td>工步号</td><td colspan="3">工序内容</td><td>设备及刀具</td></tr>
<tr><td>10</td><td></td><td colspan="3">铸造</td><td></td></tr>
<tr><td>20</td><td></td><td colspan="3">退火</td><td></td></tr>
<tr><td>30</td><td></td><td colspan="3">粗车</td><td>普通车床</td></tr>
<tr><td></td><td>1</td><td colspan="3">自定心卡盘夹 $\phi325_{-0.23}^{\ 0}$mm 处毛坯外圆，找正，夹紧，车端面，保证距轮辐侧面尺寸 38mm</td><td>45°弯头车刀</td></tr>
<tr><td></td><td>2</td><td colspan="3">车齿部端面，保证距轮辐侧面尺寸 18mm</td><td>45°弯头车刀</td></tr>
<tr><td></td><td>3</td><td colspan="3">车 $\phi325_{-0.23}^{\ 0}$mm 外圆至 $\phi330$mm，长至卡爪</td><td>90°外圆车刀</td></tr>
<tr><td></td><td>4</td><td colspan="3">镗 $\phi80_{\ 0}^{+0.03}$mm 孔至 $\phi75$mm</td><td>镗刀</td></tr>
<tr><td></td><td>5</td><td colspan="3">调头，自定心卡盘夹已加工过的 $\phi325_{-0.23}^{\ 0}$mm 外圆处，找正，夹紧，车端面，保证总长 106mm</td><td>45°弯头车刀</td></tr>
<tr><td></td><td>6</td><td colspan="3">车齿部端面，保证齿部宽 66mm</td><td>45°弯头车刀</td></tr>
<tr><td></td><td>7</td><td colspan="3">车 $\phi325_{-0.23}^{\ 0}$mm 外圆至 $\phi330$mm，与已加工面相接</td><td>90°外圆车刀</td></tr>
<tr><td>40</td><td></td><td colspan="3">调质处理 190～217HBW</td><td></td></tr>
<tr><td>50</td><td></td><td colspan="3">精车</td><td>普通车床</td></tr>
<tr><td></td><td>1</td><td colspan="3">自定心卡盘夹已加工过的 $\phi325_{-0.23}^{\ 0}$mm 外圆处，找正，夹紧，车端面，保证距轮辐侧面尺寸 35mm</td><td>45°弯头车刀</td></tr>
<tr><td></td><td>2</td><td colspan="3">车齿部端面，保证距轮辐侧面尺寸 15mm</td><td>45°弯头车刀</td></tr>
<tr><td></td><td>3</td><td colspan="3">车 $\phi325_{-0.23}^{\ 0}$mm 外圆至要求，长至卡爪</td><td>90°外圆车刀</td></tr>
<tr><td></td><td>4</td><td colspan="3">镗 $\phi80_{\ 0}^{+0.03}$mm 孔至要求，表面粗糙度 $Ra1.6\mu m$</td><td>精镗刀</td></tr>
<tr><td></td><td>5</td><td colspan="3">孔、两外圆倒角 *C*2</td><td>45°弯头车刀</td></tr>
<tr><td></td><td>6</td><td colspan="3">调头，自定心卡盘夹车过的 $\phi325_{-0.23}^{\ 0}$mm 外圆，以内孔找正，夹紧，车端面，保证轮毂长 100mm</td><td>45°弯头车刀</td></tr>
<tr><td></td><td>7</td><td colspan="3">车齿部端面，保证齿部宽 60mm</td><td>45°弯头车刀</td></tr>
<tr><td></td><td>8</td><td colspan="3">车 $\phi325_{-0.23}^{\ 0}$mm 外圆至要求，与已加工面相接</td><td>90°外圆车刀</td></tr>
<tr><td></td><td>9</td><td colspan="3">孔、两外圆倒角 *C*2</td><td>45°弯头车刀</td></tr>
<tr><td>60</td><td></td><td colspan="3">钳工划键槽线</td><td></td></tr>
<tr><td>70</td><td></td><td colspan="3">插键槽至要求</td><td>插齿机</td></tr>
<tr><td>80</td><td></td><td colspan="3">滚齿至要求</td><td>滚齿机</td></tr>
<tr><td>90</td><td></td><td colspan="3">检验</td><td></td></tr>
</table>

本章小结

本章系统讲解了常用典型零件的加工方法。主要内容有轴类零件、盘套类零件、叉架类零件、箱体类零件、圆柱齿轮类零件的加工工艺并涉及相应的加工方法。本章应重点掌握轴类、盘套类、箱体类、圆柱齿轮等典型零件的工艺分析和加工工艺过程，加工中工艺基准的选择等内容。了解典型零件的材料、毛坯、热处理要求及生产类型对加工工艺方案的影响。

思考题

1. 轴类零件的结构特点和技术要求有哪些？

2. 轴类零件常用的定位基准有哪些？

3. 中心孔的修磨方法有哪些？对于精度要求较高的轴在精加工前为什么要修磨中心孔？

4. 在车床（或磨床）上加工相同尺寸及相同精度的内外圆柱表面时，加工内圆表面的进给次数往往较外圆多，为什么？

5. 拟定车床主轴主要表面的加工顺序时，可以列出以下四种方案：

① 钻通孔—外表面粗加工—锥孔粗加工—外表面精加工—锥孔精加工。

② 外表面粗加工—钻深孔—外表面精加工—锥孔粗加工—锥孔精加工。

③ 外表面粗加工—钻深孔—锥孔粗加工—锥孔精加工—外表面精加工。

④ 外表面粗加工—钻深孔—锥孔粗加工—外表面精加工—锥孔精加工。

试比较哪个方案更好？说明理由。

6. 主轴加工时，采用哪些表面为粗基准？为什么？

7. 盘套类零件的内孔加工方法有哪几种？

8. 箱体加工顺序安排中应遵循哪些基本原则？箱体孔系加工有哪些方法？它们各有什么特点？

9. 圆柱齿轮的齿形加工方法有哪些？各种加工方法的工艺特点有哪些？

第 10 章　机械装配工艺基础

【学习目标】通过本章的学习，使学生学会分析产品的装配结构工艺性，能根据装配要求合理选择装配方法及组织形式。能够绘制装配单元与装配系统图，并熟练地解算装配尺寸链。能对一些常用部件与机器进行装配工艺设计与分析。

任何机器都是由许多零件和部件装配成的。按照规定的技术要求，将零件组合成组件，并进一步结合成部件以及整台机器的过程，分别称为组装、部装和总装。

10.1　概述

10.1.1　装配的概念及内容

1. 基本概念

机器是由零件、套件、组件和部件等组成的。零件是组成机器的最小制造单元，它是由整块金属或其他材料制成的。零件一般都预先装成套件、组件、部件之后才安装到机器上；套件是在一个基准零件上，装上一个或者若干个零件构成的，它是最小的装配单元。如装配式齿轮（见图 10-1），由于制造工艺的原因，在基准零件 3 上套装齿轮 1，并用铆钉 2 固定。该装配过程称为套装；组件是在一个基准零件上，装上若干套件及零件而构成的。如机床主轴箱中的主轴，在基准轴上装上齿轮、套、垫片及轴承的组合件称为组件。该装配过程称为组装；部件是在一个基准零件上，装上若干组件、套件和零件构成的。部件在机器中能完成一定的、完整的功用。把零件装配成部件的过程，称为部装。例如车床的主轴箱装配就是部装。主轴箱箱体为部装的基准零件。

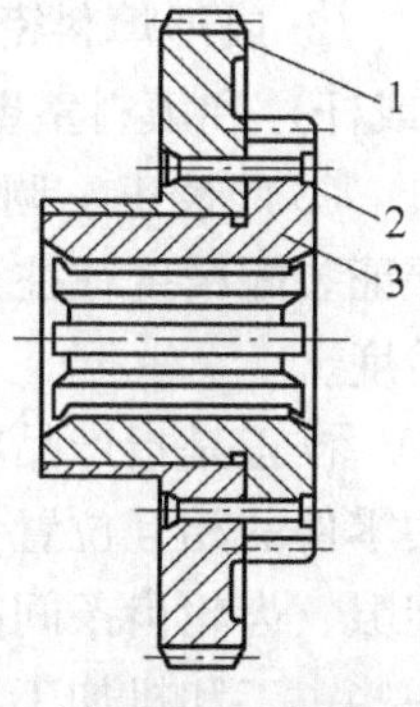

图 10-1　套件

1—齿轮　2—铆钉

3—基准零件

在一个零件基准上，装上若干部件、组件、套件和零件就成为整个机器，把零件和部件装配成最终产品的过程称为总装。例如卧式机床就是以床身为基准零件，装上主轴箱、进给箱、溜板箱等部件及其他组件、套件、零件所组成的。

2. 装配内容

机器装配是整个机器制造过程中最后一个阶段，机器的质量最终是通过装配质量保证的，如果装配不当，即使零件的制造质量都合格，也不一定能够装配出合格的产品。另外，通过机器的装配，可以发现机器设计的错误和零件加工工艺中存在的质量问题并加以改进。因此，装配工艺过程又是机器生产的最终检验环节。装配内容包括清洗、连接、校正、调整与配作、平衡、验收试验、油漆和包装等工作。

（1）清洗　机械产品一般都比较精细，其精度要求都在 mm 以下。任何微小的脏物、杂质都会影响产品的质量，尤其对有相互配合的表面以及有特殊清洗要求的零件，要求在装配前对零件要进行清洗。

零件的清洗方法有擦洗、浸洗、喷洗和超声波清洗。清洗液一般用煤油、汽油、碱液及各种化学清洗液。

（2）连接　装配工作的完成要依靠大量的连接工作，有的地方还应进行密封件的装配。常用的零件连接及密封方式如下：

1）可拆连接。可拆连接是指相互连接的零件在拆卸时不受损坏，而且拆卸后还能重新装配使用，如螺纹联接、键联接和销钉联接，其中螺纹联接应用最为广泛。

2）不可拆卸连接。不可拆卸联接是指相互连接的零件，在使用过程中不能拆卸，如焊接、铆接及过盈连接等，其中过盈连接的装配方法主要有以下三种：

① 压装法。将有过盈量配合的两个零件压入到配合位置的装配过程。

② 温差法。温差法是利用热胀冷缩的原理进行装配的。主要有热装和冷装两种。

③ 液压套装。液压套装是利用高压油使包容件胀大和将被包容件压入的方法。这种方法适合于过盈量较大的大中型零件连接，具有可拆性。

3）密封件装配。

① 油封装配。油封广泛用于低压润滑系统和旋转密封结构中。油封安装后，要有一定的过盈量，以形成合理的密封性，过盈量不能过小或过大。

② 成形填料密封装配。成形填料密封一般是靠内部的流体压力将填料压向活动的轴（或杆）和填料室壁实现密封的。

（3）校正、调整与配作　在机器装配过程中，特别是单件小批生产时，完全靠互换法保证装配精度往往是不经济甚至是不可能的。因此需要一些校正、调整与配作来保证装配精度。

校正是指产品中相关零部件相互位置的找正、找平及相应的调整工作。调整是指调节相关零件的相互位置，除配合校正所做的调整外，还有各运动副间的间隙，如轴承间隙、导轨间隙、齿轮齿条间隙等的调整。配作是指配钻、配铰、配刮、配磨等在装配过程中所附加的一些钳工和机加工工作。

（4）平衡　对于转速高、运动平稳性要求高的机器（如精密磨床、内燃机、电动机等），为了防止在使用过程中因旋转件质量不平衡产生的离心惯性力而引起振动，装配时必须对有关旋转的零件进行平衡，必要时还要对整机进行平衡。

平衡的方法分为静平衡和动平衡，对于长度比直径小很多的圆盘类零件，一般采用静平衡；对于长度较大的零件，如机床主轴、电动机转子等则要用到动平衡。

（5）验收试验　产品装配好后应根据其质量验收标准进行全面的验收试验，各项验收指标合格后才能涂装、包装、出厂。产品不同，其验收的技术标准也不同，验收试验的方法也不同。

除上述装配工作以外，油漆、包装等也属于装配内容。

10.1.2　装配精度及各项关系

1. 装配精度

装配精度是指产品装配后实际达到的精度，是保证机器、部件和组件具有良好工作性能的依据，同时也是确定零件精度和制定装配工艺的重要依据之一。

在产品设计中，为了保证产品的质量和制造的经济性，就必须正确规定机器、部件和组件的装配精度要求。一般情况下，装配精度要求可以根据国家、部、行业颁发的标准或其他有关资料予以确定。

装配精度的主要内容包括零部件之间的配合尺寸精度、接触精度、相互位置精度和相对运动精度等。

（1）零部件间的配合和位置尺寸精度　零部件间的配合精度主要指配合面间达到规定的间隙或过盈要求。零部件的位置尺寸精度是指零部件的距离尺寸精度，如轴线间距离和轴向距离精度。

（2）零部件的位置精度　零部件的位置精度是指装配后零部件间应保证的相互位置要求，主要包括平行度、垂直度、对称度、同轴度和各种跳动等。

（3）零部件间的相对运动精度　零部件间的相对运动精度是指有相对运动的零部件间在运动方向和运动位置上的精度。包括回转运动精度、直线运动精度和传动链精度等。如滚齿机滚刀与工作台的传动精度。

（4）接触精度　接触精度是指配合表面、接触表面和连接表面达到规定的接触面积大小与接触点分布的情况。它主要影响接触变形和配合质量。

2. 装配精度与零件精度的关系

机器及其部件都是由零件组装而成的，因而零件精度特别是关键零件的加工精度，对装配精度有很大的影响，例如普通车床精度标准中，一检验项目规定尾座移动对溜板移动的平行度，主要取决于床身导轨 A 与 B 的平行度（见图 10-2）。再如图 10-3 所示的车床两顶尖间的等高度要求（A_0），主要与 A_1、A_2 和 A_3 等尺寸的精度有关，而这些尺寸的精度又分别由主轴箱体、尾座底板、尾座套筒及尾座体等多个零件的加工精度所决定。

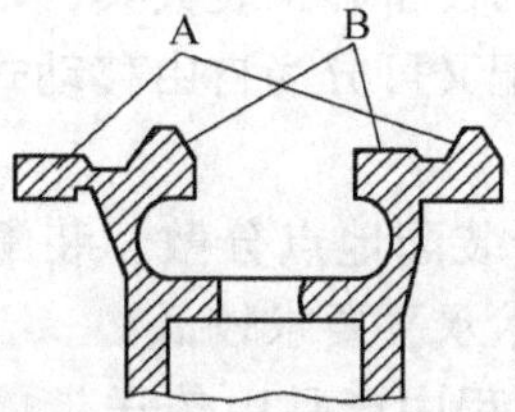

图 10-2　床身导轨简图

A—溜板移动导轨　B—尾座移动导轨

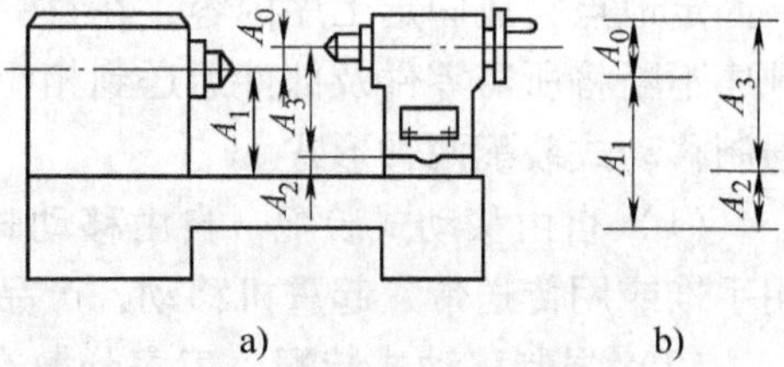

图 10-3　主轴与尾座中心线等高示意图

另一方面，装配精度取决于装配方法，在单件小批量生产及装配精度要求比较高时装配方法尤为重要。例如产品的装配精度和零件的加工精度有密切的关系，一般情况下，装配精度是由有关组成零件的加工精度来保证的。对于某些装配精度要求高的项目，或组成零件较多的部件，装配精度如果完全由有关零件的加工精度来直接保证，则对单个零件的加工精度要求很高，这会给加工带来困难，甚至无法加工。在这种情况下，常采用一些装配方法来保证装配精度。由此可知装配精度是由零件的加工精度和合理的装配方法共同保证的。

10.1.3　装配的组织形式

主要根据产品特点（如重量、尺寸、结构复杂性等）、生产批量和现有生产条件（工作场地、设备、现有工人生产技术水平）等因素进行选择。装配的组织形式影响装配效率和装配的工艺过程。按照产品在装配中是否移动，装配的组织形式分为固定式装配和移动式装配两类。

1. 固定式装配

固定式装配是指全部工序都集中在一个工作地点上进行的装配。这时装配所需的零件和部件全部运送到该装配位置。固定式装配又根据装配地点的集中程度与装配工人是否流动，将其分为以下三种：

（1）集中固定式装配　按集中原则进行的固定式装配。全部装配工作由一组工人在一个工作地点上完成。装配过程有各种不同的工作，因此对工人技术水平要求较高，占用生产面积较大，装配周期也较长。这种装配组织形式适于单件小批量或高精度产品生产，如大型柴油机、试制产品等的装配工作。

（2）分散固定式装配　按分散原则进行的固定式装配。把装配过程分为部件装配和总装配，各个部件分别由几组工人同时进行装配，而总装配则由另一组工人完成。这种组织形式的特点是工作分散，允许有较多工人同时进行装配工作，使用的专用工具较多，装配工人能得到合理分工，易实现专业化，技术水平和熟练程度容易提高。可缩短装配周期提高生产率。

（3）流水固定式装配　当生产批量大时，将产品分散在几个装配地点，装配过程可分成更细的装配工序，装配时产品不动，分别由几组工人到不同地点完成自己的装配工作。这时工人只完成一个工序的同样工作，并可从一个装配台转移到另一个装配台。装配台安排在一条线上，装配所需的零件不断地运送到各个装配台，装配台数目由装配工序数来决定。

2. 移动式装配

移动式装配是指所装配的产品不断地从一个装配地点移到下一个装配地点，工人则在某一固定地点完成固定工序内容，在每一装配地点都配备有专用的设备和工装夹具，根据装配顺序不断将所需零件及部件运送到相应的工作地点。移动式装配又可分为自由移动式装配和强制移动式装配两种形式。

（1）自由移动式装配　自由移动式装配所有工序都按各个装配地点分散，装配中产品用手推或用传送带、起重机移动，产品传送无节拍，对工人技术水平要求较低。

（2）强制移动式装配　工序分散在不同装配地点，装配过程中产品由传送带或小车强制地移动，产品直接在传送带上进行装配。

强制移动式装配在生产中又分为连续移动式装配和间歇移动式装配。连续移动式装配的产品按一定速度连续移动，工人随传送带边走边干。间歇移动式装配，传送带按装配节拍的时间间隔定时移动，对工人要求较低。

10.2 装配工艺规程的制订方法

装配工艺规程是指导装配生产的主要技术文件，制定装配工艺规程是生产技术准备工作的主要内容之一。

装配工艺规程制订得合理与否，对保证装配质量、提高装配生产效率、缩短装配周期、减轻工人劳动强度、缩小装配占地面积、降低生产成本等都有重要的影响。

装配工艺规程的主要内容是：

1）分析产品图样，划分装配单元，确定装配方法。

2）拟定装配顺序，划分装配工序。

3）计算装配时间定额。

4）确定各工序装配技术要求、质量检查方法和检查工具。

5）确定装配时零部件的输送方法及所需要的设备和工具。

6）选择和设计装配过程中所需的工具、夹具和专用设备。

10.2.1　制订装配工艺规程的原则及原始资料

1. 制定装配工艺规程的原则

1）保证产品装配质量，力求提高质量，以延长产品的使用寿命。

2）合理安排装配顺序和工序，尽量减少手工劳动，缩短装配周期，提高装配效率。

3）尽量减少装配占地面积，提高单位面积的生产率。

4）要尽量减少装配工作所占的成本。

2. 制定装配工艺规程的原始资料

在制定装配工艺规程前，需要具备以下原始资料：

（1）产品的装配图样及验收技术标准　产品的装配图应包括总装图和部件装配图，所有零件相互连接的结构视图和必要的剖视图、零件的编号及零件的明细表；核对验算装配尺寸时所必需的某些相关的零件图；了解装配时配合件的配合性质及精度等级、装配的技术要求、产品技术标准中的验收技术条件、验收内容和方法作为制定装配工艺规程的重要依据。

（2）产品的生产纲领　生产纲领是指其年生产量，它决定了产品的生产类型。生产类型不同，则企业装配的生产组织形式、工艺方法、工艺过程的划分、工艺装备的多少、手工劳动的比例均有很大不同。

大批大量生产的产品应尽量选择专用的装配设备和工具，采用流水装配方法。现代装配生产中则大量采用机器人，组成自动装配线。对于成批量生产、单件小批量生产则多采用固定装配方式，手工操作比重大。

（3）生产条件　如果在现有条件下来制定装配工艺规程，则应了解现有工厂的装配工艺设备、工人技术水平、装配车间面积等。如果是新建厂，则应适当选择先进的装备和工艺方法。

（4）国内外同类产品的有关资料

10.2.2　制订装配工艺规程的步骤和方法

1. 产品分析

包括研究产品图样和装配时应满足的技术要求；对产品结构进行分析，包括装配尺寸链分析、计算和结构装配工艺分析；还要对装配单元进行划分。

2. 装配组织形式的确定。

组织形式分为固定式和移动式两种。固定式装配可直接在地面上进行或在装配架上进行。移动式装配又分为连续移动式和间歇移动式装配，可在小车上或输送带上进行。装配形式的选择，主要取决于产品的结构特点和生产纲领。

3. 划分装配单元，确定装配顺序

(1) 装配顺序的确定　装配顺序主要根据装配单元的划分来确定。即根据单元系统图，画出装配工艺流程示意图，此项工作是制定装配工艺过程的重要内容之一。图 10-4 为一个部件装配工艺流程图。在绘制时，先画一条横线，左端绘出长方格，表示所装配产品基准零件或者合件、组件、部件，右端也绘出长方格，表示部件或者产品。然后，将能直接进入装配的零件，按照装配顺序画在横线上面，再把能进行装配的部件（或者合件、组件），按照装配顺序画在横线的下面，使所装配的每一个零件和部件都能表示清楚，没有遗漏。

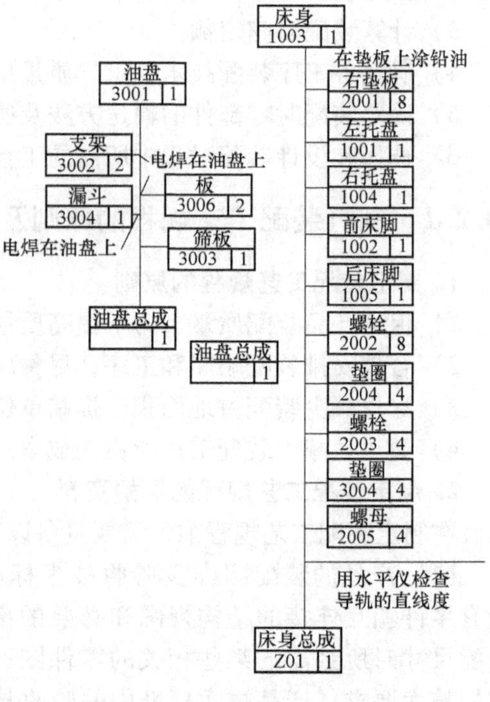

图 10-4　床身部件装配系统

如果实际产品包含的零件和装配单元比较多，若将它们画在一张图上，将造成装配工艺流程图过于庞大，因此在实际应用中可分别绘制各级装配单元的流程图和一张总流程图。这样做，一方面可简化总流程图，同时便于组织平行、流水作业。

不论选哪一等级的装配单元的装配，都要选定某一零件或比它低一级以下的装配单元作为基准件，首先进入装配工作；然后根据结构具体情况和装配技术要求考虑其他零件或者装配单元装入的先后顺序。例如：床身零件是床身组件的装配基准零件；床身组件是床身部件的装配基准组件；床身部件是机床产品的装配基准部件，图 10-5 表示床身部件装配简图。总之，要有利于保证装配精度以及使装配连接、校正等工作顺利进行。装配的一般次序是：先上后下，先内后外，先难后易，先重大后轻小，先精密后一般。

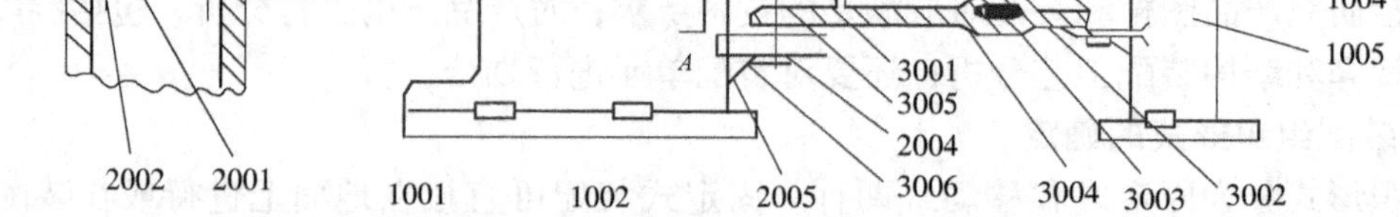

图 10-5　床身部件装配简图

（2）装配工作基本内容的确定

1）清洗。用清洗液和清洗设备对装配前的零件进行清洗，去除表面残存油污，使零件达到规定的清洁度。常用的清洗方法有浸洗、喷洗、气相清洗和超声波清洗等。

2）平衡。对旋转零部件应用平衡试验机或平衡试验装置进行静平衡或动平衡，测量出不平衡量的大小和相位，用去重、加重或调整零件位置的方法，使之达到规定的平衡精度。

3）刮削。在装配前对配合零件的主要配合面常须进行刮削加工，以保证较高的配合精度。部分刮削工艺已逐渐被精磨和精刨等代替。

4）螺纹联接。用扳手或电动、气动、液压等拧转工具紧固各种螺纹联接件，以达到一定的紧固力矩。过盈配合联接应用压合、热胀（外联接件）、冷缩（内联接件）和液压锥度套合等方法，使配合面的尺寸公差为过盈配合的联接件能得到紧密的结合。

5）胶接。应用工程胶粘剂和胶接工艺联接金属零件或非金属零件，操作简便，且易于机械化。

6）校正。装配过程中应用长度测量工具测量出零部件间各种配合面的形状精度如直线度和平面度等，以及零部件间的位置精度如垂直度、平行度、同轴度和对称度等，并通过调整、修配等方法达到规定的装配精度。校正是保证装配质量的重要环节。

10.2.3 产品的结构工艺性

零件装配在一起，具有一定的功能后就形成了产品，而装配过程又影响产品的组装调试、使用性能等，所以除考虑零件结构工艺性外还应考虑产品结构的装配工艺性。产品的结构工艺性主要有以下几个方面：

1. 机器结构应能分成独立的装配单元

“划分独立装配单元”就是将机器结构划分成独立的组件、部件等，并按组件或部件分别进行装配，然后再进行总装配。这样就可以使许多装配工作同时平行进行，有利于组织“平行流水装配”和装配工作专业化，从而提高装配质量，缩短装配周期和提高装配生产率。

2. 减少装配的修配和配作加工量

为了在装配时尽量减少修配工作量，首先要尽量减少不必要的配合面。因为配合面过大、过多，将使零件机械加工的难度和费用提高，装配时修刮量也必然增加。

在设计机器结构时，采用调整装配法代替修配法，可以从根本上减少修配工作量。

机器装配时要尽量减少配作加工，否则不仅影响周期，而且在装配车间增加机械加工设备，既占面积又易引起装配工作的杂乱。此外，加工所产生的切屑清除不净，残留在装配的机器中，极易增加机器的磨损，甚至产生严重事故而损坏整个机器。

表10-1列举了一些常见的产品结构工艺性实例。表10-1中第4项列举了两种不同的轴润滑结构，一种在箱体、轴套装配后，在其上配钻油孔，增加配作加工量且工艺难实现；另一种结构在轴套上预先加工好油孔，改善工艺性同时又消除装配时配作加工量。

表 10-1　产品结构工艺性实例

序号	结构工艺性内容	不好	好
1	进、排气通道设计在孔壁上，加工相对困难	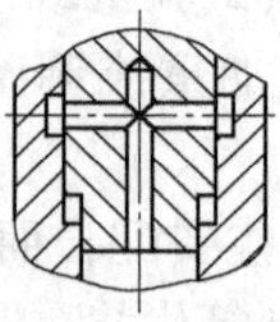	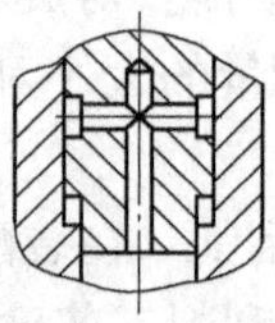
2	同一组件上的不同表面应顺次装配	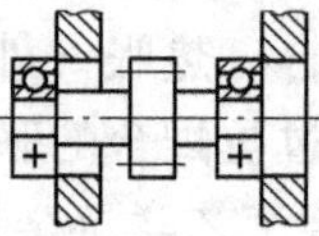	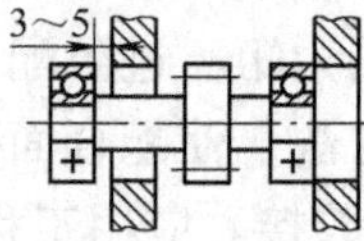
3	床身与油盘联接螺钉应在易装配地方	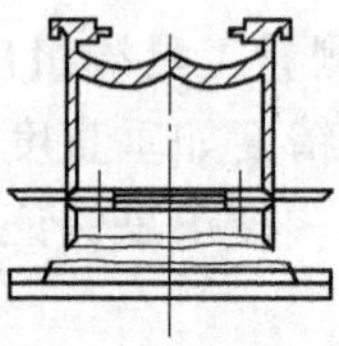	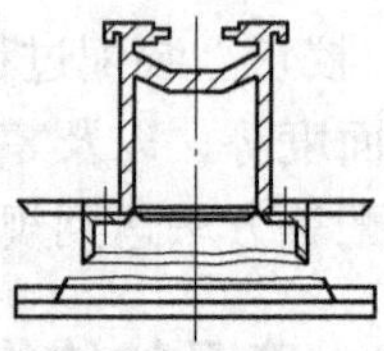
4	箱体内搭子上不易加工油孔	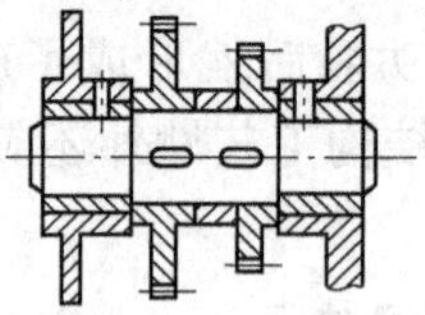	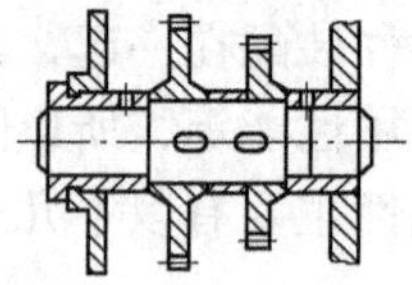
5	轴承内外圈应拆卸方便	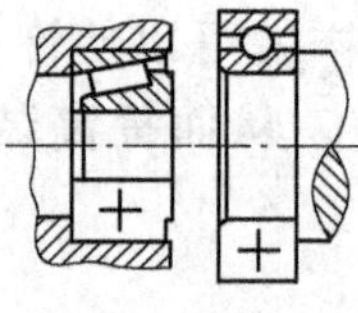	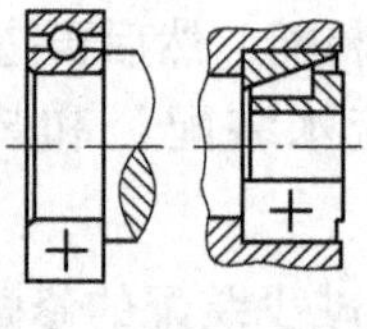
6	螺钉应有足够装配空间		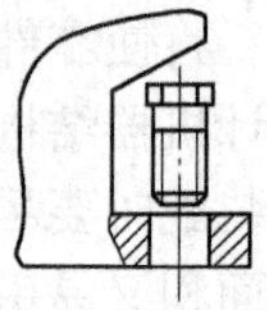
7	圆锥销应拆卸方便	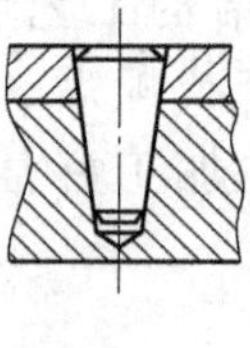	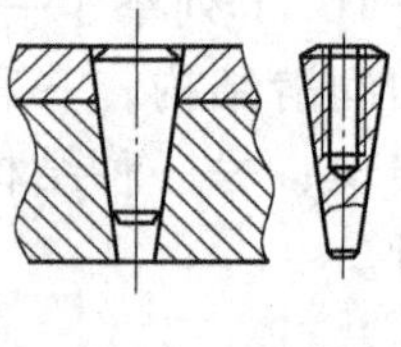

3. 机器结构应便于装配和拆卸

机器的结构设计应使装配工作简单、方便。在机器设计和使用过程中，由于磨损及其他原因常须拆卸检修，因此，易损零件都要考虑拆卸方便问题。否则给装配过程造成较大困难。例如表 10-1 中的第 2、3、5、6、7 项中的右边的方案要优于左边的方案。

以上所介绍的一些装配实际问题看起来很简单，但在目前的生产中还是经常出现的，因此，在机器设计中必须给予足够的重视。

10.3 装配尺寸链

10.3.1 装配尺寸链的概念及组成

装配尺寸链是以某项装配精度指标（或装配要求）作为封闭环，所有与该项精度指标（或装配要求）有关零件的尺寸（或位置要求）作为组成环而形成的尺寸链。

图 10-6 所示的轴与孔装配，其径向配合间隙 A_0 决定于孔的尺寸 A_1 与轴的尺寸 A_2，且 $A_0=A_1-A_2$。三者形成最简单的装配尺寸链。

如图 10-6 所示，齿轮在轴上也应有一定的轴向移动间隙，轴向移动间隙 A_0 的大小取决于 A_1、A_2、A_3 的尺寸数值，即：$A_0=A_1-A_2-A_3$，这是一个线性装配尺寸链，须通过尺寸链计算来确定有关尺寸的公差并保证 A_0 要求。

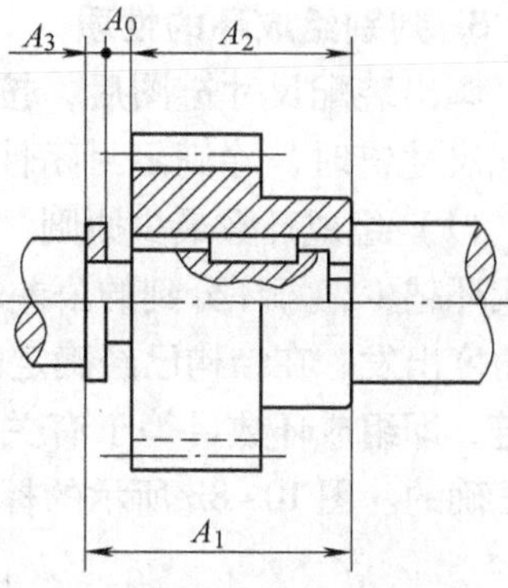

图 10-6 齿轮在轴上装配

在机器装配过程中，由相关零件的相关尺寸或相互位置关系组成的装配尺寸链，其基本特征是封闭及关联，其组成环由相关零件的尺寸或位置关系来组成，有增环与减环；封闭环为装配过程最后形成的一环，即装配后获得的精度或技术要求。因此，装配位置及尺寸要求是通过零、部件装配后得到的，装配尺寸链也会有线性长度尺寸链与角度尺寸链（见图 10-7）之分。

图 10-7 所示的装配关系中，铣床主轴中心线对工作台面的平行度要求为封闭环 α_0；分析铣床结构后知道，影响上述装配精度的有关零件有工作台、转台、床鞍、升降台和床身等。其相应的组成环为：

α_1——工件台面对其导轨面的平行度；α_2——转台导轨面对其下支承平面的平行度；α_3——床鞍上平面对下导轨面的平行度；α_4——升降台水平导轨对床身导轨的垂直度；α_5——主轴回转轴线对床身导轨的垂直度。

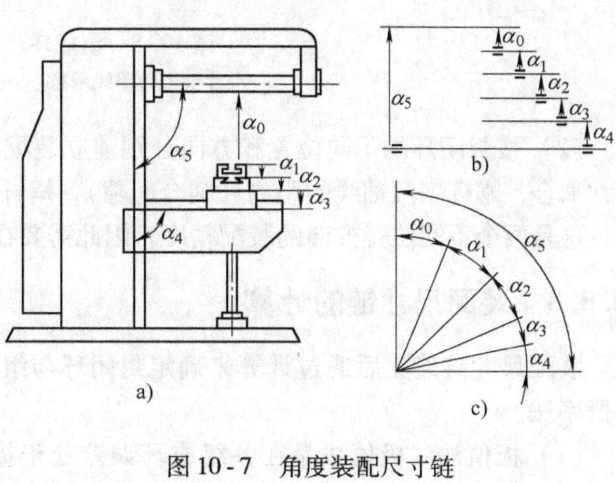

图 10-7 角度装配尺寸链

10.3.2 装配尺寸链的建立（线性尺寸链）

应用装配尺寸链分析和解决装配精度问题，首先是查明和建立尺寸链，即确定封闭环，并以封闭环为依据查明各组成环，然后确定保证装配精度的工艺方法和进行必要的计算。查明和建立装配尺寸链的步骤如下。

1. 确定封闭环

在装配过程中，要求保证的装配精度就是封闭环。

2. 查明组成环，画装配尺寸链图

从封闭环任意一端开始，沿着装配精度要求的位置方向，将与装配精度有关的各零件尺寸依次首尾相连，直到封闭环另一端相接为止，形成一个封闭形的尺寸图，图上的各个尺寸即是组成环。

3. 判别组成环的性质

画出装配尺寸链图后，按第 8 章所述的定义判别组成环的性质——即增、减环。在建立装配尺寸链时，除满足封闭性，相关性原则外，还应符合下列要求。

（1）组成环数最少原则　由于封闭环公差等于各组成环公差之和。当封闭环公差一定时，组成环越少，每环分到的公差越大，就越容易加工，对于总装配尺寸链来说也是适用的。从工艺角度出发，在结构已经确定的情况下，标注零件尺寸时，应使一个零件仅有一个尺寸进入尺寸链，即组成环数目等于有关零件数目。如图 10-8a 所示，轴只有 A_1 一个尺寸进入尺寸链，是正确的。图 10-8b 所示的标注法中，轴有 a、b 两个尺寸进入尺寸链，是不正确的。

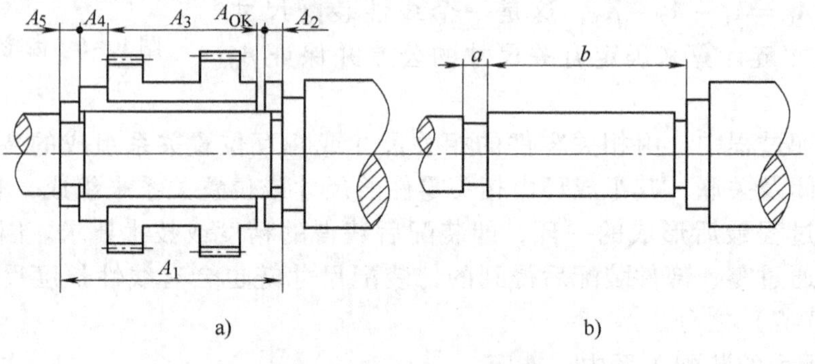

图 10-8　组成环尺寸的标注

a—尺寸链最短路线示意　b—尺寸标注不正确

（2）按封闭环的不同位置和方向分别建立装配尺寸链　例如常见的蜗杆副结构，为保证正常啮合，蜗杆副两轴线的距离（啮合间隙），蜗杆轴线与蜗轮中间平面的对称度均有一定要求，这是两个不同位置方向的装配精度，因此需要在两个不同方向分别建立装配尺寸链。

10.3.3 装配尺寸链的计算

装配尺寸链建立后通过计算来确定封闭环与组成环的数量关系。方法有两种，即极值法与概率法。

（1）极值法　极值法是在各组成环误差处于极端情况下，来确定封闭环与组成环的关系的一种方法。其简单可靠，但在封闭环公差较小而组成环较多时，导致组成环公差小，难于加工。其解算公式及方法详见第 8 章。

极值法的封闭环公差

$$T_0 = \sum_{i=1}^{m} T_i \tag{10-1}$$

式中 T_0——封闭环公差，单位为 mm；

T_i——组成环公差，单位为 mm；

m——组成环个数。

（2）概率法 在实践生产中，由于各组成环的尺寸同时处于极端情况的概率很小，各组成零件的误差都是相互独立的，所以当组成环数较多时，装配精度要求又较高时，应用概率法解尺寸链较合理。用概率法解尺寸链比用极值法获得的平均公差扩大了 $\sqrt{m+n}$ 倍。其解算公式方法见第 8 章。

概率法封闭环公差

$$T_0 = \sqrt{\sum_{i=1}^{m} T_i^2} \tag{10-2}$$

式中 T_0——封闭环公差，单位为 mm；

T_i——组成环公差，单位为 mm；

m——组成环个数。

10.4 保证产品装配精度的方法

如前所述，机械产品的精度要求，最终是由装配来实现的，根据产品的结构特点、性能要求、生产纲领和生产条件，可采用不同的装配方法来保证装配精度要求，常用的装配方法有互换法、选配法、修配法和调整法。

10.4.1 互换法

互换装配法就是在装配时各配合零件不经修理、选择或调整即可达到装配精度的方法。根据互换的程度不同，互换装配法又分为完全互换装配法和不完全互换装配法两种。

1. 完全互换法

装配时各零件不需挑选、修配或调整就能保证装配精度的装配方法称为完全互换法。这种方法的实质是在满足各环经济精度的前提下，依靠控制零件的制造精度来保证的。在一般情况下，完全互换装配法的装配尺寸链按极值法计算，即各组成环的公差之和等于或小于封闭环的公差。因此相当于用控制零件的加工误差来保证装配精度，零件不一定是经济加工精度。

图 10-9a 所示为齿轮箱部件，装配后要求保证轴向间隙0.2～0.7mm，$A_0=0^{+0.7}_{+0.2}$mm。已知其他相关零件的基本尺寸为：$A_1=122$mm，$A_2=28$mm，$A_3=A_5=5$mm。现确定各环的公差及其偏差。

（1）查明并画出装配尺寸链 如图 10-9b 所示，其中 A_0 为封闭环，A_1、A_2 为增环，A_3、A_4、A_5 为减环。

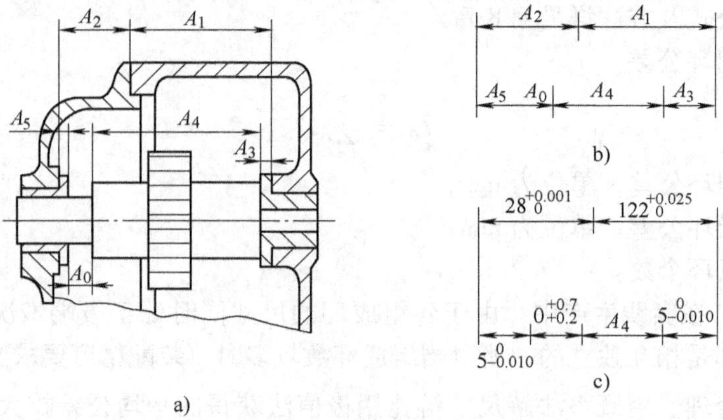

图 10-9　齿轮箱部件

（2）确定组成环公差　各组成环公差之和等于或小于封闭环的公差，即

$$\sum_{i=1}^{m+n} T_i \leqslant T_0 = 0.5\text{mm}$$

先设各组成环的公差相等（称等公差值法），求出各环的平均公差 $T_{av \cdot 1}$

$$T_{av \cdot 1} \geqslant \frac{T_0}{m+n} = \frac{0.5}{5}\text{mm} = 0.1\text{mm}$$

再按下述原则进行调整：

1）标准件的尺寸公差大小取相应标准值（如轴承环的厚度、弹性挡圈的厚度等）。

2）尺寸相近、最终加工方法类同取相等公差值（如有可能，则取标准公差值）。

3）难加工或难测量的尺寸，可取较大公差值。

4）表面粗糙度值小（$Ra \leqslant 0.8\mu m$ 以下）的尺寸，可取较小公差值。

（3）协调环及其选择原则　因为封闭环的公差是装配要求确定的已定值，当大多数组成环公差值按以上原则取值后，就可能有一个组成环的公差值取的不符合标准公差值，此组成环在尺寸链中起协调作用，这个组成环称为协调环。其上极限、下极限偏差用极值法有关公式求出。

选择协调环的原则为：

1）选择不需用定尺寸刀具加工、不需用极限量规检验的尺寸做协调环。

2）选易于加工的尺寸作协调环；或是将易于加工的尺寸公差从严取标准公差值，然后选一难于加工的尺寸作为协调环。

本例选定 A_4 为协调环。A_1、A_2 较难加工，公差应取大些，A_3、A_5 较易加工，公差应取小些，即 $T_1 = 0.16\text{mm}$，$T_2 = 0.084\text{mm}$，$T_3 = T_5 = 0.048\text{mm}$。

（4）组成环公差带的位置按“入体”原则标注

1）有配合关系的轴孔尺寸的公差带位置按配合性质标注。

2）孔距尺寸的公差带位置按对称分布标注。

3）其他尺寸的公差带位置，在无具体要求时，一般按“入体”方向标注。

4）协调环的公差带位置按尺寸链计算得到的上极限、下极限偏差的结果标注。

得　$A_1 = 122^{+0.16}_{0}\text{mm}$，$A_2 = 28^{+0.084}_{0}\text{mm}$，$A_3 = A_5 = 5^{0}_{-0.048}\text{mm}$

用极值法求解协调环的上极限、下极限偏差：

$$\because ES(A_0) = \sum_{i=1}^{m} ES(\overrightarrow{A_i}) - \sum_{i=1}^{n} EI(\overleftarrow{A_i}) \text{ 和 } EI(A_0) = \sum_{i=1}^{m} EI(\overrightarrow{A_i}) - \sum_{i=1}^{n} ES(\overleftarrow{A_i})$$

$$\therefore EI(\overleftarrow{A_4}) = (0.16 + 0.084 + 0.048 + 0.048 - 0.7)\text{mm} = -0.36\text{mm}$$

$$\therefore ES(\overleftarrow{A_4}) = (0 + 0 - 0 - 0 - 0.2)\text{mm} = -0.2\text{mm}$$

$$\therefore A_4 = 140_{-0.36}^{-0.2}\text{mm}$$

（5）完全互换法的优点

1）装配过程简单，生产率高。

2）对工人技术水平要求不高。

3）便于组织流水作业和实现自动化装配。

4）容易实现零部件的专业协作、成本低。

5）便于备件供应及机械维修工作。

2. 部分互换法（大数互换法）

用完全互换法装配，装配过程虽然简单，但它是根据增环、减环同时出现极值情况来建立封闭环与组成环之间的尺寸关系的，由于组成环分得的制造公差过小常使零件加工产生困难。完全互换法以提高零件加工精度为代价来换取完全互换装配有时是不经济的。

部分互换装配法又称为不完全互换装配法，其实质是将组成环的制造公差适当放大，使零件容易加工，但这会使极少数产品的装配精度超出规定要求，但这种事件是小概率事件，很少发生。尤其是组成环数目较少，产品批量较大，从总的经济效果分析，仍然是经济可行的。

部分互换装配方法的优点是：扩大了组成环的制造公差，零件制造成本低；装配过程简单，生产效率高。不足之处是：装配后有极少数产品达不到规定的装配精度要求，须采取另外的返修措施。部分互换装配方法适用于在大批大量生产中装配那些装配精度要求较高且组成环数又多的机器结构。

以图10-9为例进行计算。

（1）确定各环的差值　先求各环的平均公差值

$$T_{av,s} \leqslant \frac{T_0}{\sqrt{m+n}} = \frac{0.5}{\sqrt{2+3}}\text{mm} = 0.22\text{mm}$$

可见平均公差值比按极值法计算的结果（0.1mm）扩大了一倍以上，从而易于制造。仍按加工难易程度和设计要求，参照上述值调整各组成环公差如下

$$T_1 = 0.4\text{mm}, T_2 = 0.21\text{mm}, T_3 = T_5 = 0.075\text{mm}$$

（2）求解协调环

1）协调环的公差可按式 $T_0 = \sqrt{\sum_{i=1}^{m+n} T_i^2}$ 求解如下

$$\because T_0^2 = T_1^2 + T_2^2 + T_3^2 + T_4^2 + T_5^2$$

$$\Rightarrow (0.5\text{mm})^2 = (0.4\text{mm})^2 + (0.21\text{mm})^2 + (0.075\text{mm})^2 + T_4^2 + (0.075\text{mm})^2$$

$$\therefore T_4 = 0.186\text{mm}$$

2）协调环的平均尺寸。若取 $A_1 = 122^{+0.4}_{0}$ mm，$A_2 = 28^{+0.21}_{0}$ mm，$A_3 = A_5 = 5^{0}_{-0.075}$ mm，已知 $A_0 = 0^{+0.7}_{+0.2}$ mm，为简化计算将各环换算为平均尺寸及平均偏差，即

$A_0 = 0.45\text{mm} \pm 0.25\text{mm}$，$A_1 = 122.2 \pm 0.2\text{mm}$，

$A_2 = 28.105 \pm 0.105\text{mm}$，$A_3 = A_5 = 4.9625 \pm 0.0375\text{mm}$

再按式 $A_{0m} = \sum_{i=1}^{m} \overrightarrow{A}_{im} - \sum_{i=1}^{n} \overleftarrow{A}_{im}$ 求解协调环的平均尺寸为

$$\because \quad A_{0m} = \sum_{i=1}^{m} \overrightarrow{A}_{im} - \sum_{i=1}^{n} \overleftarrow{A}_{im}$$

$$A_{0m} = (A_{1m} + A_{2m}) - (A_{3m} + A_{4m} + A_{5m})$$

$$0.45\text{mm} = (122.2 + 28.105)\text{mm} - (4.9625\text{mm} + A_{4m} + 4.9625\text{mm})$$

$$\therefore \quad A_{4m} = 139.93\text{mm}$$

3）协调环的尺寸及公差

$$\therefore A_4 = A_{4m} \pm \frac{T_4}{2} = \left(193.93 \pm \frac{0.186}{2}\right)\text{mm} = 139.93\text{mm} \pm 0.093\text{mm}$$

即 $A_4 = 140^{+0.023}_{-0.163}$ mm

10.4.2 选择装配法

选择装配法是指将装配尺寸链中组成环的公差放大到经济可行的程度，然后选择合适的零件进行装配，以保证装配精度要求的装配方法，称为选择装配法。适用场合：装配精度要求高，而组成环较少的成批或大批量生产。

选配法主要有两种：直接选配法、分组选配法。

1. 直接选配法

在装配时，工人从许多待装配的零件中，直接选择合适的零件进行装配，以保证装配精度要求的选择装配法，称为直接选配法。这种装配具有如下特点：装配精度较高；装配时凭经验和判断性测量来选择零件，装配时间不易准确控制；装配精度在很大程度上取决于工人的技术水平。

2. 分组选配法

将各组成环的公差相对完全互换法所求数值放大数倍，使其能按经济精度加工，再按实际测量尺寸将零件分组，按对应的组分别进行装配，以达到装配精度要求的选择装配法，称为分组选配法。该装配方法应用在大批大量生产中，装配那些精度要求特别高同时又不便于采用调整装置的部件，若用互换装配法装配，组成环的制造公差过小，加工很困难或很不经济，此时可以采用分组选配法装配。

分组法装配的特点是零件的制造精度不高，但却可获得很高的装配精度；组内零件可以互换，装配效率高。不足之处是：增加了零件测量、分组、存储、运输的工作量。分组装配法适用于在大批大量生产中装配那些组成环数少而装配精度又要求特别高的机器结构。下面举例说明采用分组选配法时尺寸链的计算方法。

图 10-10a 所示为活塞与活塞销的连接情况，活塞销外径及相应的销孔直径 $d = D =$

ϕ28mm，根据装配技术要求，活塞销孔与活塞销在冷态装配时应有 0.0025 ~ 0.0075mm 的过盈，现在活塞与活塞销采用分组选配法，试分析活塞与活塞销的公差位置。表 10 - 2 为活塞销与活塞销孔直径分组情况。

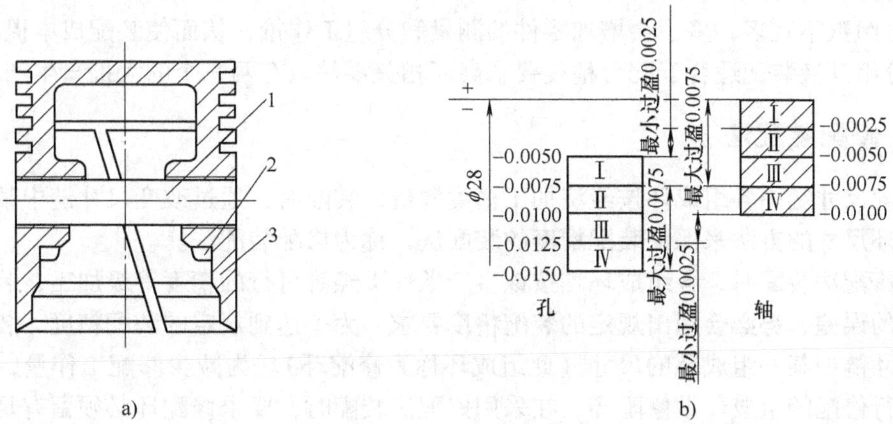

图 10 - 10 活塞与活塞销

a）活塞与活塞销配合剖视图 b）活塞与活塞销配合公差带图

1—活塞销 2—挡圈 3—活塞

表 10 - 2 活塞销与活塞销孔直径分组 （单位：mm）

组别	标记颜色	活塞销直径 $d=\phi28_{-0.010}^{\ 0}$	活塞销孔直径 $D=\phi28_{-0.015}^{-0.005}$	配合情况 最小过盈	配合情况 最大过盈
Ⅰ	红	$d=\phi28_{-0.0025}^{\ 0}$	$D=\phi28_{-0.0075}^{-0.0050}$	0.0025	0.075
Ⅱ	白	$d=\phi28_{-0.0050}^{-0.0025}$	$D=\phi28_{-0.0100}^{-0.0075}$		
Ⅲ	兰	$d=\phi28_{-0.0075}^{-0.0050}$	$D=\phi28_{-0.0125}^{-0.0100}$		
Ⅳ	黄	$d=\phi28_{-0.010}^{-0.0075}$	$D=\phi28_{-0.015}^{-0.0125}$		

（1）分析 若活塞与活塞销采用完全互换法装配，销孔与活塞销直径的公差按“等公差”分配时，则有：$A_0=0_{-0.0075}^{-0.0025}$mm，$T_0=0.005$mm。活塞销与销孔直径的平均公差 $T_{av,1}=0.005/2\text{mm}=0.0025$mm。对 ϕ28mm 来说相当于公差等级 IT2，制造很困难，甚至是不可能的。

实际生产中采用分组选配法是先将均分公差值给出：第Ⅰ组销轴 $d_1=\phi28_{-0.0025}^{\ 0}$mm，按极值法算出第Ⅰ组活塞销孔 $D_1=\phi28_{-0.0075}^{-0.0050}$mm，同方向增大 4 倍，得出销的直径 $d=\phi28_{-0.010}^{\ 0}$mm，销孔 $D=\phi28_{-0.0015}^{-0.0050}$mm，这样就可采用高效率的无心磨和金刚镗分别较经济地加工活塞销外圆和活塞销孔，然后用精密测量仪进行测量，并按尺寸大小分成四组，每组尺寸的零件放入相应颜色框内，如Ⅰ组 $\phi28_{-0.0025}^{\ 0}$mm 的销放入红色框内，对应尺寸组的活塞（Ⅰ组 $\phi28_{-0.0075}^{-0.0050}$mm）放入另一红色框内，分组情况见表 10 - 2，同颜色框内销与活塞可按互换法装配。从表 10 - 2 可以看出，各对应组零件装配后其配合性质与原来要求相同。

（2）采用分组装配时的注意事项

1）配合件的公差应当相等。

2）公差增大的方向要同向，增大的倍数等于以后的分组数，这样就可保证各组的配合精度和配合性质符合原设计要求，如图 10-10b 所示。

3）分组数不宜多，多了会增加零件的测量和分组工作量，从而使装配成本提高。

4）分组互换装配适合于配合精度要求高而相关零件只有两三个的大批量生产。

10.4.3 修配装配法

将装配尺寸链中各组成环按经济加工精度制造，装配时，通过改变尺寸链中某一预先确定的组成环尺寸的方法来保证装配精度的装配法，称为修配装配法。

采用修配法装配时，各组成环均按该生产条件下经济可行的精度等级加工，装配时封闭环所积累的误差，势必会超出规定的装配精度要求，为了达到规定的装配精度，装配时须修配装配尺寸链中某一组成环的尺寸（此组成环称为修配环）。为减少修配工作量，应选择那些便于进行修配的组成环做修配环。在采用修配法装配时，要求修配环必须留有足够但又不是太大的修配量。

修配装配法主要优点是：组成环均可按经济精度加工制造，但却可获得很高的装配精度。不足之处是：增加了修配工作量，生产效率低；对装配工人的技术水平要求高。修配装配法适用于单件小批生产中装配那些组成环数较多而装配精度又要求较高的机器结构。

1. 修配环的选择原则

采用修配法时应正确选择修配环，修配环一般应满足下列要求：

1）便于装拆。

2）形状简单，修配面小，便于修配。

3）一般不应取公共环，公共环是指那些同属于多个尺寸链的组成环，其变化会牵连多个尺寸链中封闭环的变化，可能出现修配后无法同时保证多个尺寸链对公共环的要求。

2. 修配环尺寸的确定

采用修配法时，包括修配环在内的各组成环公差均按零件加工的经济精度确定。各组成环因此而产生的累积误差相对封闭环公差（即装配精度）的超出部分，可通过对修配环的修配来消除。所以修配环在尺寸链中起着调节作用。

在图 10-11a 中，δ_0' 是封闭环实际值的分散范围，即各组成环（含修配环）的累积误差值。改变修配环的公差，就可以改变 δ_0' 的大小，$A_{0\max}'$ 和 $A_{0\min}'$ 是表征 δ_0' 分布位置的两个极值。即按经济精度加工后的封闭环的极限尺寸 δ_0' 的分布位置取决于各组成环公差带的分布位置。显然，改变修配环的尺寸分布位置，也就可以改变 δ_0' 的分布位置，即改变极值 $A_{0\max}'$ 和 $A_{0\min}'$ 的大小。

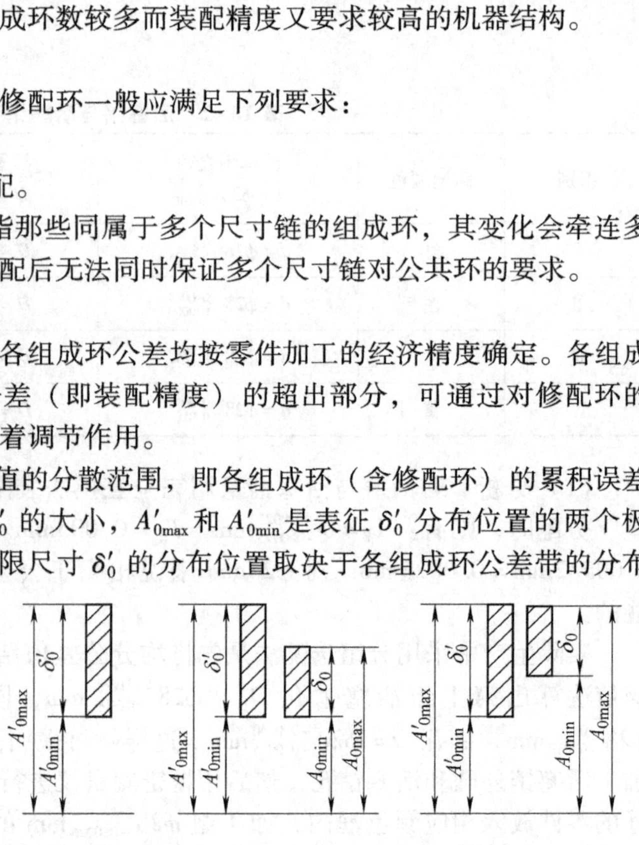

图 10-11　封闭环实际值与规定值的相对位置

（1）修配环（A_x）被修配使封闭环尺寸变小的计算，简称“越修越小”　当修配环的修配引起封闭环尺寸变小时（A_x 多是增环），如图 10-11b所示，无论怎么修配，总应保

证 $A'_{0\min}=A_{0\min}$。此时封闭环实际尺寸的最小值 $A'_{0\min}$ 满足公差放大后的各组成环极值公式

$$A'_{0\min} = A_{0\min} = \sum_{i=1}^{m}\overrightarrow{A}'_{z\min} - \sum_{i=1}^{n}\overleftarrow{A}'_{j\max}$$

应用上式即可求出修配环的一个极限尺寸。此时修配环为增环，可求出最小尺寸 $\overrightarrow{A}'_{x\min}$，由于修配环的公差也按经济加工精度给出，则其另一极限尺寸 $\overrightarrow{A}'_{x\max}$ 也就可以确定。$A'_{0\min}=A_{0\min}$ 时，即修配环为最小值 $\overrightarrow{A}'_{x\min}$，理论修配量为零。配环值为 $A'_{0\max}$ 时修配环 $\overrightarrow{A}'_{x\max}$ 对应的修配量最大。

（2）修配环（A_x）被修配时，使封闭环尺寸变大的计算，简称"越修越大" 当修配环的修配会引起封闭环尺寸变大时（A_x 多是减环），如图 10-11c 所示，无论怎么修配，总应保证 $A'_{0\max}=A_{0\max}$，此时修配环极限尺寸可按之一可按如下极值公式求出

$$A'_{0\max} = A_{0\max} = \sum_{i=1}^{m}\overrightarrow{A}'_{z\max} - \sum_{i=1}^{n}\overleftarrow{A}'_{j\min}$$

当修配环为减环时，由上式可求出修配环的一个最小尺寸 $\overleftarrow{A}'_{x\min}$，修配环 $\overleftarrow{A}'_{x\max}$ 在公差按经济精度给定后也就确定了。封闭环为最大值 $A'_{0\max}=A_{0\max}$ 时，即修配环为最小值 $\overleftarrow{A}'_{x\min}$，理论修配量为零。配环值为 $A'_{0\min}$ 时修配环 $\overleftarrow{A}'_{x\max}$ 对应的修配量最大。

按照以上方法确定的修配环尺寸，装配时可能出现的最大修配量为 $C_{\max}=\sum_{i=1}^{m+n}TA'_i - TA'_0$，可能出现的最小修配量为零。当最小修配量为零时，修配环不需修配加工即能保证装配精度，但有时为了提高接触刚度，修配环必须要进行补充加工，减小表面粗糙度，也即给出最小修配量为某一数值。这样，在按上述方法算出的修配环尺寸上必须考虑最小修配量的值（修配环为被包容尺寸时加上，修配环为包容尺寸时减去）。

10.4.4 调整装配法

装配时用改变调整件在机器结构中的相对位置或选用合适的调整件来达到装配精度的装配方法，称为调整装配法。与修配装配法的原理基本相同，在以装配精度要求为封闭环建立的装配尺寸链中，除调整环外各组成环均以加工经济精度制造，由于扩大组成环制造公差累积造成的封闭环过大的误差，通过调节调整件相对位置的方法消除，最后达到装配精度要求。

调整装配法的主要优点是：组成环均可以加工经济精度制造，但却可获得较高的装配精度；装配效率比修配装配法高。缺点是要另外增加一套调整装置。

调整法分为固定调整法、可动调整法和误差抵消调整法。可动调整法（见图 10-12a）和误差抵消调整法适用于在小批生产中应用，固定调整法则主要适用于大批量生产。调整法与修配法的实质相似，也是将零件按经济加工精度加工，对产生的累积误差进行补偿。但补偿的方式不一样。修配法是用补充加工来补偿；而调整法是通过更换零件（补偿件）或设法调整零件之间的相互位置来补偿。

1. 固定调整法

在尺寸链中选定一组成环为调整环，该环按一定尺寸分级制造，装配时根据实测累积误差来选一合适尺寸的调整零件（常为垫圈或轴套等）来保证装配精度，这种方法称为固定调整法（见图 10-12b）。

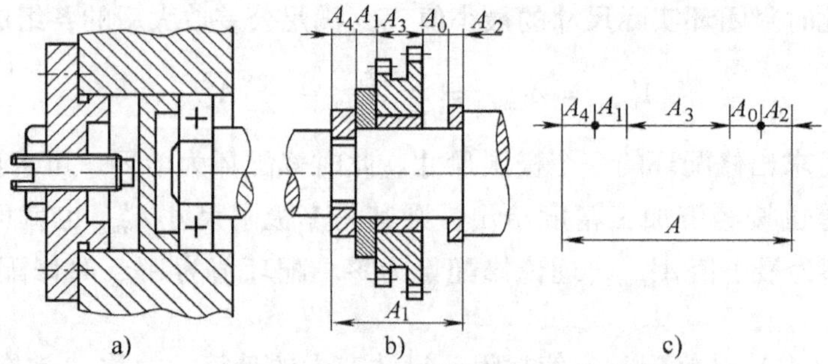

图 10-12　调整法

a）轴承轴向间隙的调整　b）转动齿轮轴向间隙的调整

c）转动齿轮轴向间隙装配尺寸链

该法的主要问题是确定调整环的分组数及尺寸，现举例来分析说明它们的求法。图 10-12b所示转动齿轮在轴上的装配关系中，要求保证轴向间隙为 0.05 ~0.2mm，即 $A_0 = 0^{+0.2}_{+0.05}$mm，已知 $A_1 = 115$mm，$A_2 = 8.5$mm，$A_3 = 95$mm，$A_4 = 2.5$mm。

画出尺寸链简图（见图 10-12c），A_1 为增环，A_2，A_3，A_4 和 A_K 为减环，可求出调整环 A_K

$$A_K = (115 - 8.5 - 9.5 - 2.5 - 0)\text{mm} = 9\text{mm}$$

若按完全互换法装配，则各组公差应为

$$T_{av,1} = \frac{T_0}{m+n} = \frac{0.2 - 0.05}{5}\text{mm} = 0.03\text{mm}$$

可以看出，以这样的公差加工轴类零件的轴向尺寸是很不经济的。现在以经济加工精度来加工 A_1、A_2、A_3、A_4，例如分别设 $A_1 = 115^{+0.2}_{+0.05}$ mm（$T_1 = 0.15$mm）$A_2 = 8.5^{+0}_{-0.10}$ mm（$T_2 = 0.1$mm），$A_3 = 9.5^{\ 0}_{-0.10}$mm（$T_3 = 0.1$mm），$A_4 = 2.5^{\ 0}_{-0.12}$mm（$T_4 = 0.12$mm）由尺寸链计算公式可知，A_1、A_2、A_3、A_4 四个环装配后造成的累积误差 T_s（不包括调节环 A_K）

$$T_s = T_1 + T_2 + T_3 + T_4 = (0.15 + 0.1 + 0.1 + 0.12)\text{mm} = 0.47\text{mm}$$

若要使装配精度仍满足 $T_0 = 0.15$mm，调节件 A_K 的尺寸应分成若干级，根据装配后的实际间隙大小选择装入，即实际间隙大的装上厚一些的垫环；实际间隙小一些的装上薄一些的垫环。如调节环做得绝对准确，则应将调节环分成（T_s/T_0）级，实际上调节环 A_K 本身也应给出一定的公差 $T_K = 0.03$mm，因此调节环的补偿能力有所降低，此时分级数 m 为

$$m = \frac{T_s}{T_0 - T_K} = \frac{0.47}{0.15 - 0.03} = 3.9$$

m 应取整数，本例分级数取 4。本例每级之间的级差为

$$T_0 - T_K = (0.15 - 0.03)\text{mm} = 0.12\text{mm}$$

当 $\overrightarrow{A_1}$、$\overleftarrow{A_2}$、$\overleftarrow{A_3}$、$\overleftarrow{A_4}$ 四个环以经济加工精度来加工装配后（不包括调节环 A_K），在轴向形成的间隙为 A_{OK}（包括调节环 A_K 的尺寸），其形成的尺寸链如图 10-13a 所示，A_{OK} 为封闭环，解尺寸链得 $A_{OK} = 9^{+0.52}_{+0.05}$ mm；将其尺寸的变化范围分为级差为 0.12mm 的 4 组，则 4 组尺寸分别见表 10-3 中的间隙量 A_{OK}。然后根据此值解图 10-13b 所示尺寸链，求出对应的调节环 A_K 的尺寸填写在表 10-3 中。

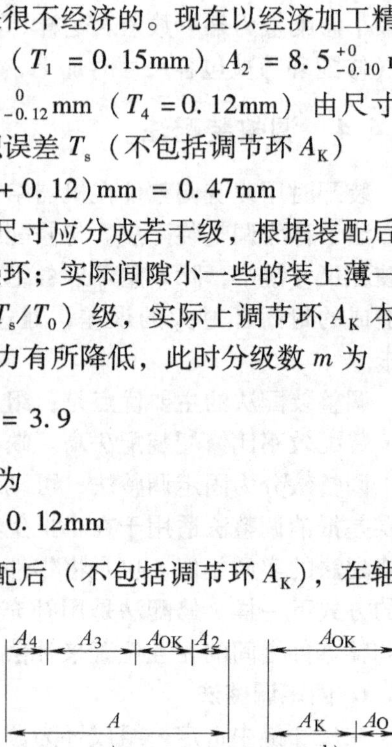

图 10-13　尺寸链

表 10-3 调整垫片分组表 （单位：mm）

组别	标记颜色	间隙量 A_{OK}	调节垫环尺寸 A_K	装配精度 A_0
Ⅰ	红	$A_{OK}=9^{+0.52}_{+0.40}$	$A_{K1}=9.35^{\ 0}_{-0.03}$	$A_0=0^{+0.2}_{+0.05}$
Ⅱ	白	$A_{OK}=9^{+0.40}_{+0.28}$	$A_{K1}=9.23^{\ 0}_{-0.03}$	
Ⅲ	兰	$A_{OK}=9^{+0.28}_{+0.16}$	$A_{K1}=9.11^{\ 0}_{-0.03}$	
Ⅳ	黄	$A_{OK}=9^{+0.16}_{+0.04}$	$A_{K1}=8.99^{\ 0}_{-0.03}$	

2. 可动调整法

可动调整法就是通过调整某个（或几个）零件的位置来改变补偿环尺寸的装配方法，图 10-12a 所示为通过调整螺钉来调整轴向及径向间隙的大小。

可动调整法调整方便，能获得较高精度，可补偿因磨损、温度变化和受力变形引起的误差，能使产品在使用过程中保持或恢复原有精度。其缺点是增加零件数目，使结构稍为复杂，削弱了机构刚性。常用于在使用过程中容易降低精度的机构中，如某些精密传动机构。

3. 误差抵消调整法

在装配中通过调整有关零件的相对位置，使其加工误差相互抵消一部分，以提高装配精度的方法称为误差抵消调整法。这种方法在机床装配时应用较多，如在装配机床主轴时，通过调整前后轴承的径向圆跳动方向来控制主轴的径向圆跳动；在滚齿机工作台分度蜗轮装配中，采用调整两者偏心方向来抵消误差，最终提高分度蜗轮的装配精度。

10.4.5 装配方法的选择

在选择装配方法的时候，主要考虑两方面：一是装配的组织形式及自动化程度；二是选择保证装配精度的装配方法并进行计算。前者主要取决于生产纲领和产品的装配工艺性，而后者的选择主要取决于生产纲领、装配精度及装配产品的复杂程度（尺寸链中组成环数多少）。选择装配方法的一般原则如下。

1）应优先选择完全互换法，因为这种方法装配工作简单、可靠、经济、生产率高，零、部件具有互换性，能满足产品（或部件）成批大量生产的一般要求。

2）当装配精度要求较高时，采用完全互换法装配，将会使零件的加工比较困难或很不经济，因此，单件小批生产时可采用修配装配法。

3）在成批大量生产时，环数少的尺寸链可采用分组装配法；环数多的尺寸链采用大数互换装配法或调整法。

4）若装配精度要求很高，不宜选择其他装配方法时，可采用修配装配法。

表 10-4 综合了各种装配方法的适用范围，并举了一些实例。

表 10-4 各种装配方法的适用范围和应用实例

装配方法	适用范围	应用举例
完全互换法	适用于零件数较少、批量很大、零件可用经济精度加工时	汽车、拖拉机、中小型柴油机、缝纫机及小型电动机部件
部分互换法	适用于零件数稍多、批量大、加工精度可适当放宽时	机床、仪器仪表中部分部件

（续）

装配方法	适用范围	应用举例
分组法	适用于成批大量生产中，装配精度很高，零件数很少，又不采用调整装配时	活塞与缸套、轴承内外圈与滚子
修配法	单件小批生产，装配精度要求高且零件数较多	车床尾座垫板、滚齿机分度蜗轮与工作台装配后精加工齿形
调整法	除必须采用分组法选配的精密配件外，可用于各种装配场合	机床导轨的楔形镶条、滚动轴承调整间隙的间隔套垫圈

本章小结

本章系统讲解了机器结构的装配工艺性、装配的组织形式、装配工艺规程的制定、装配尺寸链解算及装配方法的选择与应用等内容。重点掌握机器结构的装配工艺性及其装配方法的应用，熟练掌握装配尺寸链与装配工艺规程的制定方法与步骤，为今后的实践工作奠定理论基础。

思考题

1. 何谓零件、合件、组件和部件？何谓机器的总装？
2. 装配工艺规程包括哪些主要内容？是经过哪些步骤制订的？
3. 装配精度一般包括哪些内容？装配精度与零件的加工精度有何区别？它们之间有何关系？试举例说明。
4. 装配尺寸链是如何构成的？装配尺寸链封闭环是如何确定的？它与工艺尺寸链的封闭环有何区别？
5. 什么是装配尺寸链最短路线原则？试举例说明。
6. 说明装配尺寸链中的协调环、补偿环和公共环的含义，各有何特点？
7. 机械结构的装配工艺性包括那些主要内容？试举例说明。
8. 什么是装配单元？为什么将机器分为许多独立的装配单元？
9. 采用分组装配法时，为什么配合件的公差应相等，公差放大的方向应一致？否则会出现什么问题？
10. 有一批基本尺寸为 $\phi 30$mm 的轴孔配合件，装配间隙要求为 0.005～0.015mm，用分组装配法解此尺寸链，试确定各组成环的偏差值，已知孔轴的经济公差为 0.02mm。
11. 如图 10-14 所示的溜板部件，溜板与床身装配前相关组成零件的尺寸分别为：$A_1=46_{-0.04}^{\ 0}$mm，$A_2=30_{\ 0}^{+0.03}$mm，$A_3=16_{+0.03}^{+0.06}$mm。试计算装配后间隙 A_0 为多少？分析因磨损使间隙增大后应采取哪些措施？
12. 如图 10-15 所示的轴类部件，为保证弹性挡圈顺利装入，要求保持轴向间隙 $A_0=0_{+0.05}^{+0.42}$mm。已知各组成环的基本尺寸 $A_1=32.5$mm，$A_2=35$mm，$A_3=2.5$mm. 试用极值法和统计法分别确定各组成零件的上、下极限偏差。

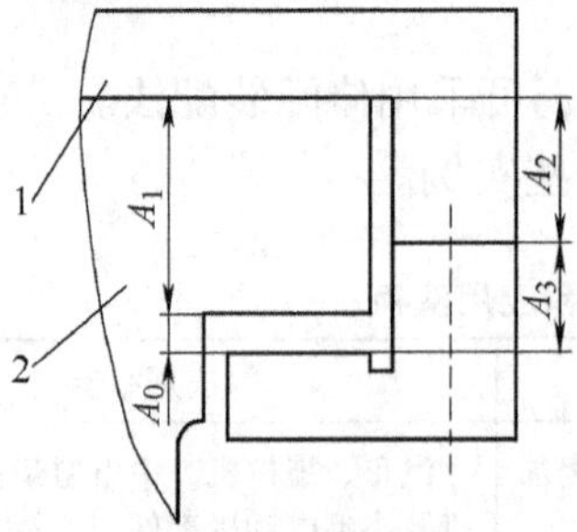

图 10-14　溜板部件
1—床身　2—溜板

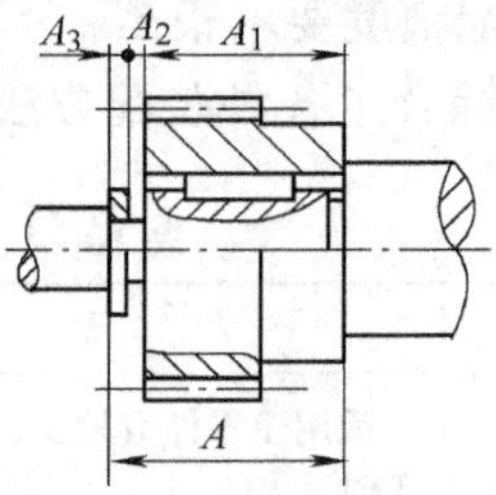

图 10-15　某轴类部件部分零件装配尺寸

第 11 章　机械加工质量

【学习目标】本章主要介绍各种原始误差对加工质量的影响和解决方法。阐述机械加工质量的基本概念，分析影响表面质量的各种因素及其对机械零件以及整台机器的使用性能和使用寿命的影响。通过本章的学习，学生应了解影响加工精度的主要因素，能运用统计分析法进行零件加工质量和废品率的分析，提出提高加工精度的措施，了解表面质量的基本概念和分析表面质量的方法，能够制定改善表面质量的工艺措施和解决生产实际问题。

零件的加工质量是保证机械产品质量的基础。零件的加工质量包括零件的机械加工精度和加工表面质量两大方面，本章讨论分析影响零件机械加工精度的因素及规律，这是机械制造工艺学的主要研究问题之一。

11.1　概述

11.1.1　机械加工精度

机械加工精度是指零件加工后的实际几何参数（尺寸、形状和相互位置）与理想几何参数的符合程度。符合程度越高，加工精度就越高。在机械加工过程中，由于各种因素的影响，使得加工出的零件，不可能与理想的要求完全符合。这种加工后零件的实际几何参数对理想几何参数的偏离的程度叫加工误差。从保证产品的使用性能分析，没有必要把每个零件都加工得绝对精确，允许有一定的加工误差。因此，为了满足零件使用性能，在零件图样上标注的尺寸、形状和相互位置允许误差范围称为公差。

研究加工精度的目的就是要弄清各种原始误差的物理、力学本质，以及它们对加工精度影响的规律，掌握控制加工误差的方法，以获得预期的加工精度，需要时能找出进一步提高加工精度的途径。

11.1.2　原始误差与加工精度的关系

在机械加工时，机床、夹具、刀具和工件就构成了一个完整的系统，称之为工艺系统，在机械加工中，零件的尺寸、几何形状和表面间相对位置的形成，取决于工件和刀具在切削运动过程中相互位置的关系。而工件和刀具，又安装在夹具和机床上，并受到夹具和机床的约束。因此，加工精度问题牵涉到整个工艺系统的精度问题。工艺系统中的种种误差，在不同的具体条件下，以不同的程度和方式反映为加工误差。工艺系统的误差是“因”，是根源；加工误差是“果”，是表现，因此，把工艺系统的误差称为原始误差。

11.1.3　加工误差的性质和类型

零件的加工过程中可能出现种种的原始误差，它们会引起工艺系统各环节相互位置关系的变化而造成加工误差。如装夹工件时由夹具产生的定位误差，工件夹紧力引起的夹紧误差等。

在装夹工件前后，必须对机床、刀具、夹具进行调整，并在试切几个工件后再进行精确微调，才能使工件和刀具之间保持正确的相对位置，由于调整不可能绝对精确，因而就会产生调整误差。另外机床、刀具、夹具本身的制造误差在加工前就已经存在了。这类原始误差称为工艺系统的几何误差。

由于在加工过程中产生了切削力、切削热和摩擦，它们将引起工艺系统的受力变形、受热变形和磨损，这些都会影响在调整时所获得的工件与刀具之间的相对位置，造成种种加工误差。这类在加工过程中产生的原始误差称为工艺系统的动误差。

在加工过程中，还必须对工件进行测量，才能确定加工是否合格，工艺系统是否需要重新调整，任何测量方法和量具、量仪也不可能绝对准确，因此还会存在测量误差。

此外，工件在毛坯制造、切削加工和热处理时的力和热的作用下产生的内应力，将会引起工件变形而产生加工误差。有时由于采用了近似的成形方法进行加工，还会造成加工原理误差。

对各种误差进行分类，工艺系统的原始误差可分为两大类：一类是在零件未加工前工艺系统本身所具有的某些误差因素，称为工艺系统静误差，如加工原理误差、夹具、刀具、机床几何误差、系统调整误差、定位误差等。另一类是在加工过程中受到力、热、磨损等原因的影响，工艺系统原有精度受到破坏而产生的附加误差因素，称为工艺系统动误差，如工艺系统力变形、工艺系统内应力变形、工艺系统热变形等。

11.1.4 误差的敏感方向

切削加工过程中，各种原始误差的大小和方向是各不相同的，而加工误差则必须在工序尺寸方向度量。因此，不同的原始误差对加工精度有不同的影响。当原始误差的方向与工序尺寸方向一致时，其对加工精度的影响最大。下面以外圆车削为例来进行说明。

如图 11-1 所示，车削时工件的回转轴心为 O，刀尖正确位置在 A，设某一瞬时由于各种原始误差的影响，使刀尖位移到 A'，$\overline{AA'}$即为原始误差 z，由此引起工件加工后的半径由 $R_0=\overline{OA}$ 变为$R_0'=\overline{OA'}$，故半径上（即工序尺寸方向上）的加工误差为 ΔR。

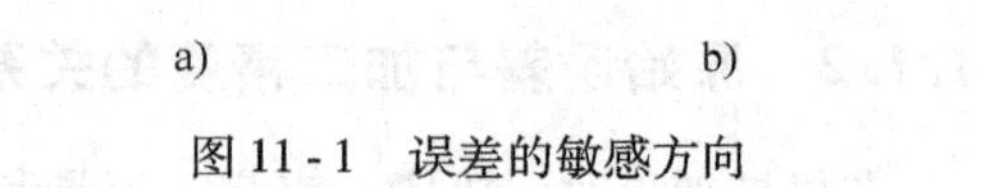

图 11-1　误差的敏感方向

由图 11-1a 可以看出：当原始误差方向恰为加工表面法线方向时，引起的加工误差 $\Delta R=z$ 最大；当原始误差 ΔR 的方向恰为加工表面的切线方向时，由图 11-1b 可以看出，引起的加工误差 $\Delta R=\overline{OA'}-\overline{OA}=z^2/2R_0$ 为最小，通常可以忽略。为了便于分析原始误差对加工精度的影响，常把对加工精度影响最大的那个方向，即通过切削刃及加工表面的法线方向称为误差敏感方向。

11.2 加工误差综合分析

11.2.1 加工原理误差

加工原理误差是指采用了近似的成形运动或近似的切削刃轮廓进行加工而产生的误差，

一般多为形状误差。在实际生产中，采用理论上完全准确的方法进行加工往往会使机床结构复杂，刀具制造困难，加工效率降低。但通过采用近似的成形运动或切削刃轮廓往往可简化工艺过程，简化机床和刀具的设计和制造，提高生产率，降低成本。但由此带来的原理误差必须控制在允许的范围内（一般原理误差应小于10% ~15%工件的公差值）。在满足产品精度要求的前提下，原理误差的存在是允许的。

11.2.2 机床的几何误差

机床的几何精度主要包括回转运动精度、直线运动精度、成形运动间位置关系精度和传动精度等几个方面。机床的误差包括机床的制造误差、安装误差和磨损等。本节着重分析对加工精度影响较大的机床主轴回转精度、机床导轨导向及直线运动精度、机床成形运动之间的位置、速度关系精度（即机床传动链精度），了解提高这些精度的措施。

1. 机床主轴回转精度

机床主轴是用来装夹工件或刀具并传递主要切削运动的重要零件，它的回转精度是机床主要精度指标之一，回转精度的高低直接影响着工件的精度。主轴回转时，其回转轴线的空间位置应该固定不变，即回转轴线的瞬时速度为零。实际上，由于主轴部件中轴承、轴颈、轴承座孔等的制造误差和配合质量、润滑条件，以及回转过程中多方面的动态因素的影响，使瞬时回转轴线的空间位置呈现周期性。所谓主轴回转误差是指主轴实际回转轴线对其理想回转轴线的漂移。

（1）主轴回转误差的基本形式　为了分析方便，可以将主轴回转轴线的运动误差分解为三种基本形式：纯径向圆跳动、纯轴向窜动和纯角向摆动，如图11-2所示。由于主轴实际回转中心在不断变化，所以，实际误差是上述三种运动形式合成所产生的一个瞬时值。

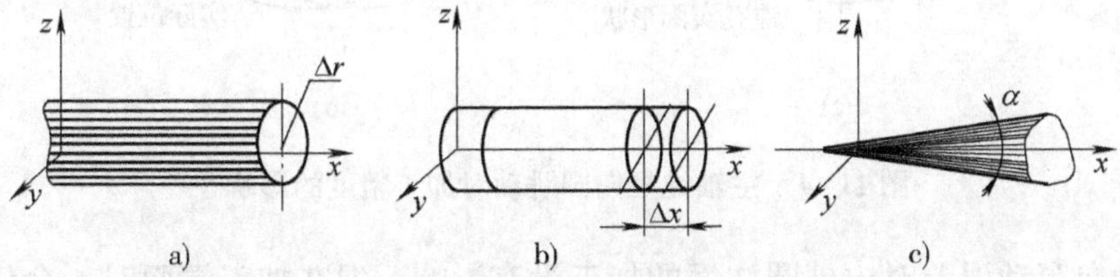

图11-2　主轴回转误差的基本形式

a）纯径向圆跳动　b）纯轴向窜动　c）纯角向摆动

（2）主轴回转误差的影响因素　轴承误差、轴承间隙还有轴承相配合零件的误差、主轴系统的径向不等刚度和热变形等均影响主轴的回转精度。

机床主轴采用滑动轴承结构，对于工件回转类机床（如车床、外圆磨床），由于切削力方向大体不变，主轴颈以不同的部位和轴承内孔的某一固定部位相接触，主轴轴颈的圆度误差造成径向跳动，轴承孔的形状误差影响较小，如图11-3a所示。对于刀具回转类机床（如镗床），由于切削力方向随主轴的回转而回转，主轴颈在切削力作用下总是以某一固定部位与轴承内表面的不同部位接触，因而当滑动轴承内

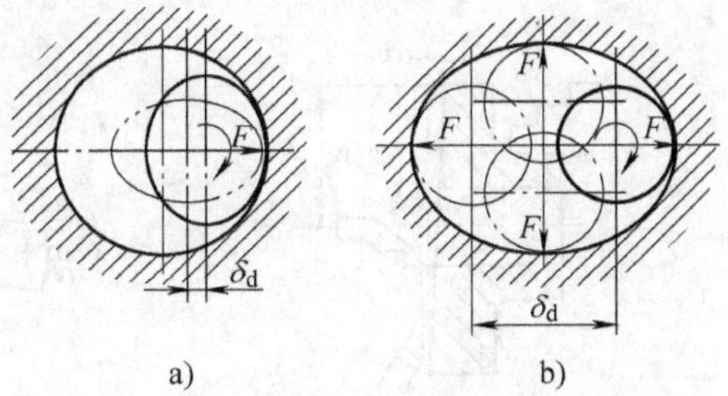

图11-3　滑动轴承对回转误差的影响

a）工件回转类机床　b）刀具回转类机床

孔有圆度误差时，将使主轴在回转的过程中产生径向跳动，引起镗孔的圆度误差，而主轴颈本身的圆度误差影响较小，如图 11-3b 所示。

采用滚动轴承结构的机床中，滚道形状误差对不同机床的影响是不同的。对于车床类机床，由于轴承承载区位置基本上不变，故滚动轴承内环滚道的圆度是影响主轴回转精度的主要因素，而对于镗床类机床，由于轴承承载区位置是不断变化的，滚动轴承外环滚道的圆度是影响主轴回转精度的主要因素。

（3）主轴回转误差对加工精度的影响　主轴回转误差对加工精度的影响，取决于不同截面内主轴瞬时回转中心相对于刀尖位置变化情况。而这种变化应重点分析在加工误差敏感方向上的影响。对于刀具回转类机床，加工误差敏感方向和切削力方向随主轴回转而不断变化，如镗床；对于工件回转类机床，加工误差敏感方向和切削力方向均保持不变，如车床。下面以车床、镗床为例，就主轴回转误差的三种基本形式对加工精度的影响进行分析。

主轴纯径向圆跳动误差对于孔加工时，镗出的孔是长短轴不变或变化的椭圆柱，如图 11-4a 所示；车削时，主轴纯径向圆跳动对工件的圆度误差影响很小，车出的工件表面接近于一个正圆，如图 11-4b 所示。

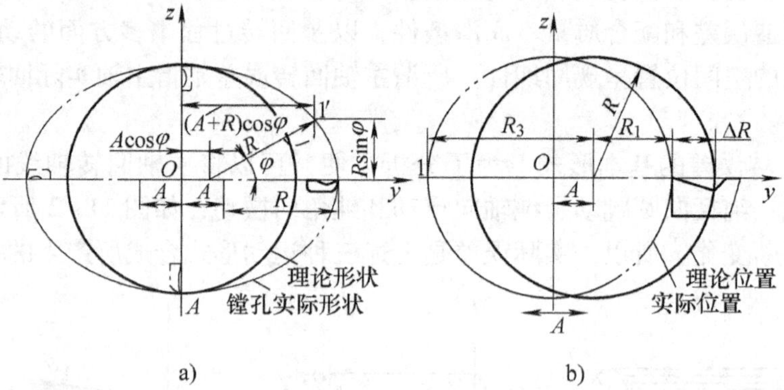

图 11-4　主轴纯径向圆跳动对加工精度的影响

主轴纯轴向窜动误差对内外圆柱面的加工没有影响，但在加工端面时，会使加工出的工件端面与内外圆轴线不垂直，产生平面度误差（见图 11-5）；加工螺纹时产生螺距误差。

主轴轴线产生纯角度摆动，在车削时工件同一截面的圆度误差小，但是会产生圆柱度误差。镗孔时，纯角度摆动使主轴轴线与工作台导轨不平行，使镗出的孔呈椭圆形（见图 11-6）。

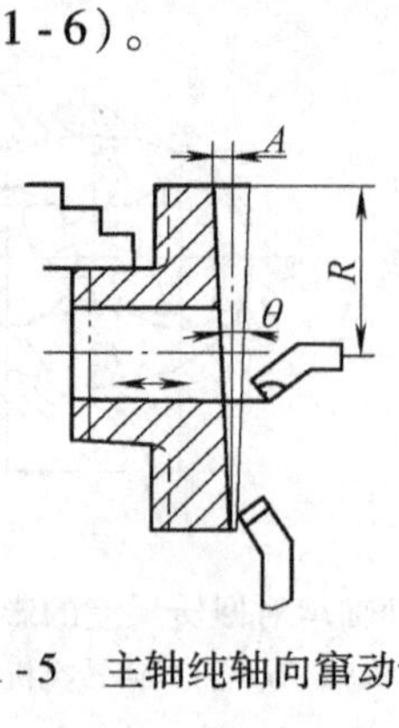

图 11-5　主轴纯轴向窜动误差

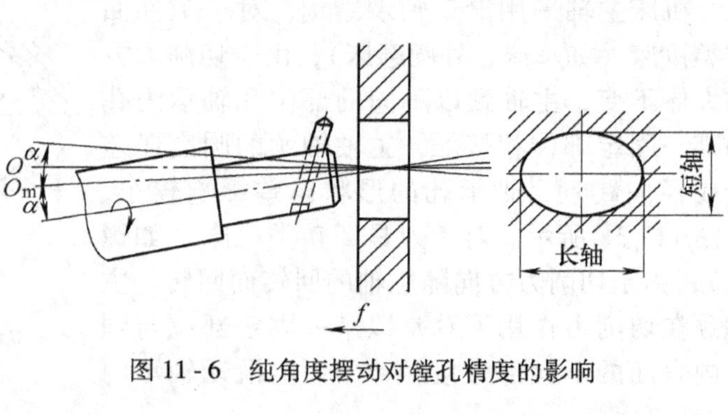

图 11-6　纯角度摆动对镗孔精度的影响

（4）提高主轴回转精度的措施

1）选用高精度的轴承，并提高主轴及箱体的制造精度和主轴部件的装配精度。

2）对高速主轴部件要进行动平衡，对精密滚动轴承要采取预加载荷等工艺措施。

3）采用液体或气体静压轴承，由于无磨损，高刚度，以及对主轴轴颈的形状误差的均化作用，可以大幅度地提高主轴回转精度。

4）使回转精度不依赖于主轴。工件的回转成形运动不是靠机床主轴的回转运动来实现，而是靠夹具的回转运动副来实现。如采用死顶尖磨外圆时，提高顶尖孔质量，保证两顶尖孔的同轴度，对保证工件的形状精度非常重要。

2. 机床导轨误差

（1）机床导轨误差对加工精度的影响　导轨是机床中确定主要部件相对位置的基准，也是运动的基准，它的各项误差直接影响工件的加工精度。在机床精度标准中，直线导轨的精度包括：

1）导轨在水平面内的直线度误差 Δ_2（见图 11-7）。卧式车床导轨在水平面内的直线度误差 Δ_2 将直接反映在被加工工件表面的法线方向（加工误差的敏感方向）上，对加工精度的影响最大。

2）导轨在垂直面内的直线度误差 Δ_1（见图 11-7）。卧式车床导轨在垂直面内的直线度误差 Δ_1 反映在被加工工件表面的切线方向（加工误差的非敏感方向）上，对加工精度的影响最小。但在卧式六角车床加工外圆时情况正好相反。

3）前后导轨的平行度误差（扭曲）（见图 11-8）。

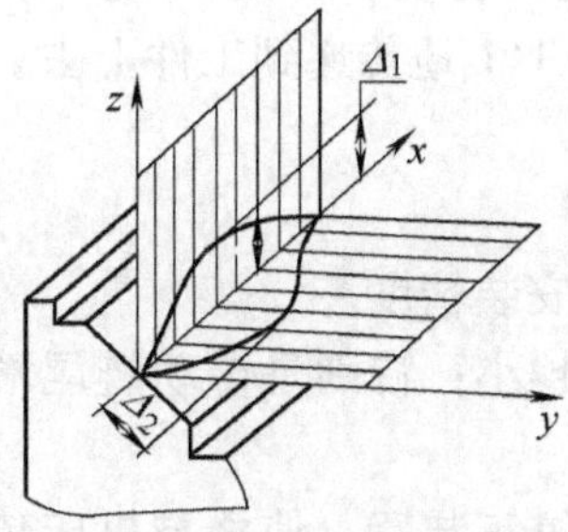

图 11-7　导轨直线度误差

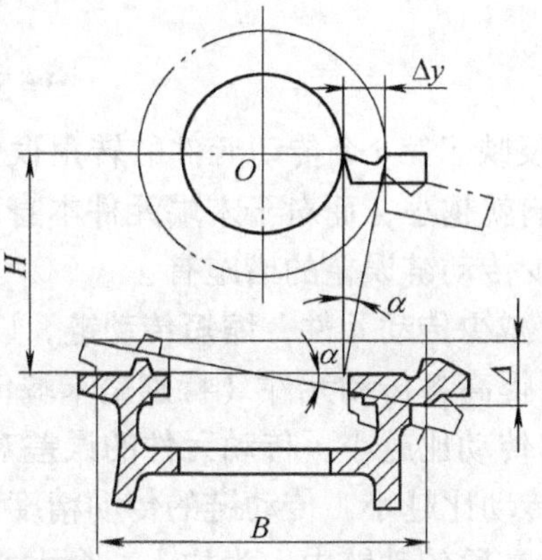

图 11-8　导轨的平行度误差

当前后导轨不平行、存在扭曲时，刀架产生倾倒（见图 11-8）。在某一截面内，工件加工半径误差为

$$\Delta y = \frac{H}{B}\delta$$

式中　H——车床中心高；

B——导轨宽度；

δ——前后导轨的扭曲量。

一般卧式车床 $H/B \approx 2/3$，外圆磨床 $H \approx B$，因此车床和外圆磨床前后导轨的平行度误差对加工精度的影响很大。除导轨本身的制造误差外，导轨的不均匀磨损以及机床的安装也是

造成导轨误差的重要原因。

（2）提高直线运动精度的措施　通常有以下几方面的措施：①常采用刮研等方法提高机床导轨的加工精度和配合接触精度；②采用静压导轨或贴塑导轨提高微动进给定位精度和机床精度保持性；③选用合理的导轨形状和导轨组合形式来提高直线运动精度，如90°的双三角形导轨其直线运动精度保持性较好，而这种导轨的磨损主要在垂直方向，故对一些在垂直方向是误差非敏感方向的机床（如卧式车床）可长期保持原有精度。

3. 机床传动链误差

机床传动链误差是指机床内联系传动链始末两端传动元件之间相对运动的误差，一般用传动链末端元件的转角误差来评定。它由齿轮、螺母、丝杠、蜗轮及蜗杆等传动元件在展成加工、装配和使用过程中磨损而形成，是展成法加工齿轮、螺纹等工件时影响加工精度的主要因素。

整个传动链误差即传动链的总转角误差是各传动元件所引起末端传动元件转角误差的叠加，即 $\Delta\varphi_{\Sigma} = \sum_{j=1}^{n}\Delta\varphi_{jn}$，而传动链中某一传动元件的转角误差引起末端传动元件转角误差 $\Delta\varphi_{jn}$的大小，取决于该传动元件的误差传递系数 K_j。K_j 的值等于从它到末端元件之间的总传动比 i，即

$$\Delta\varphi_{jn} = K_j\Delta\varphi_j = i_j\Delta\varphi_j$$

如果考虑各传动件转角误差的随机性，则传动链末端元件的总转角误差可用概率法进行估算

$$\Delta\varphi_{\Sigma} = \sqrt{\sum_{j=1}^{n}K_j^2\Delta\varphi_j^2}$$

K_j 反映了第 j 个传动元件的转角误差对传动链误差影响的程度，可见 K_j 越小，对加工度的影响就越小，而对于末端元件本身而言，其转角误差将1∶1地传递到工件上去。由此可见，减少传动链误差的措施有：

1）减少传动元件，缩短传动链，以减少误差来源。

2）提高各传动元件（特别是末端传动元件）的制造和安装精度。

3）传动比越小，传动元件的误差对传动精度的影响就越小：特别是传动链尾端的传动元件的传动比越小，传动链的传动精度就越高。

4）在原传动链中人为加入一个大小相等的反方向误差校正装置，使之与机床传动链误差相互抵消。常见的校正装置有校正尺、偏心齿轮、数控校正装置等。

11.2.3　工艺系统的其他几何误差

1. 刀具的几何误差

刀具误差对加工精度的影响随刀具种类的不同而不同。采用定尺寸刀具、成形刀具、展成刀具加工时，刀具的制造误差会直接影响工件的加工精度，尤其是工件的形状精度；而对一般刀具（如车刀、镗刀及铣刀等），其制造误差对工件加工精度无直接影响。

刀具磨损会引起工件尺寸和形状改变。正确地选用刀具材料和选用新型耐磨刀具材料，合理地选用刀具几何参数和切削用量，正确地刃磨刀具，正确地采用切削液等，均可有效地减少刀具尺寸磨损。必要时还可采用补偿装置对刀具尺寸磨损进行自动补偿。

2. 夹具误差

夹具误差包括定位误差、夹紧误差、夹具安装误差及对刀误差等。这些误差主要与夹具的制造和装配精度有关，其中夹具的定位、对刀及安装误差对加工精度影响较大。

调整法加工时，定位误差实质就是工序基准在加工尺寸方向上的最大变动量；采用试切法加工，不存在定位误差。

定位误差产生的原因是工件和定位元件的制造误差，如两者的配合间隙及工序基准与定位基准不重合等。

11.2.4 工艺系统的受力变形

1. 基本概念

工艺系统在切削力、夹紧力、传动力、惯性力等多种外力的作用下会产生相应的弹性变形与塑性变形，这种变形将破坏刀具与工件之间的正确位置关系，使工件产生加工误差。例如车削细长轴时（见图11-9），在背向力的作用下工件因弹性变形而产生“让刀”现象，使工件加工后产生腰鼓形的圆柱度误差。又如在内圆磨床上用切入式磨孔时，由于内圆磨头主轴的弹性变形，使磨出的孔出现锥度误差（见图11-10）。

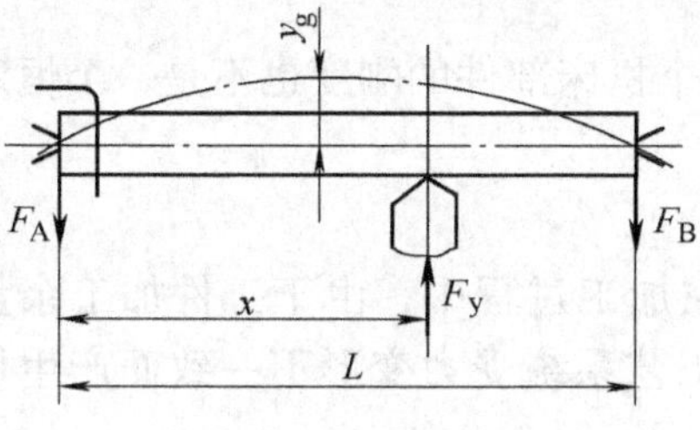

图11-9 车削细长轴时的变形

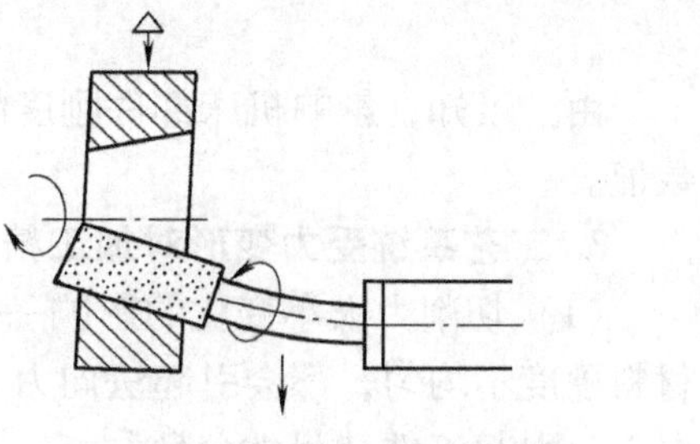

图11-10 切入式磨孔时磨杆的变形

切削加工中，作用于被加工表面法线上的切削分力 F_p 与工艺系统在该方向上的变形 y_{xt} 的比值称为工艺系统的刚度，即

$$k_{xt} = F_p / y_{xt}$$

必须指出，除 F_p 外，切削分力 F_c、F_f 都会使系统在加工面的法线方向产生位移，因此 y_{xt} 是 F_p、F_c、F_f 共同作用的结果。

2. 系统刚度计算

工艺系统的刚度是指整个系统在外力作用下抵抗变形的能力。它由组成工艺系统各部件的刚度决定。工艺系统的总变形量为

$$y_{xt} = y_{dj} + y_{gj} + y_{jj} + y_{jc}$$

工艺系统各部件的刚度为

$$k_{xt} = \frac{F_p}{y_{xt}} \qquad k_{jc} = \frac{F_p}{y_{jc}} \qquad k_{dj} = \frac{F_p}{y_{dj}} \qquad k_{gj} = \frac{F_p}{y_{gj}} \qquad k_{jj} = \frac{F_p}{y_{jj}}$$

式中 y_{xt}——工艺系统总变形，单位为mm；k_{xt}——工艺系统总刚度，单位为N/mm；

y_{dj}——刀架的变形量，单位为mm；k_{dj}——刀架的刚度，单位为N/mm；

y_{gj}——工件的变形量，单位为mm；k_{gj}——工件的刚度，单位为N/mm；

y_{jj}——夹具的变形量，单位为mm；k_{jj}——夹具的刚度，单位为N/mm；

y_{jc}——机床的变形量，单位为 mm；　k_{jc}——机床的刚度，单位为 N/mm。

工艺系统刚度的一般表达式为

$$k_{xt}=\frac{1}{\frac{1}{k_{jc}}+\frac{1}{k_{jj}}+\frac{1}{k_{dj}}+\frac{1}{k_{gj}}}$$

若已知工艺系统各组成部分的刚度，就可以求出工艺系统的总刚度。由公式可知，工艺系统的刚度比其中任何一个组成环节的刚度都要低，要提高刚度必须减少变形。影响工艺系统刚度和变形的因素主要有：①连接表面间的接触变形（见图 11-11）；②薄弱零件本身的影响（见图 11-12）；③接合面间的间隙；④接合面间摩擦力的影响。

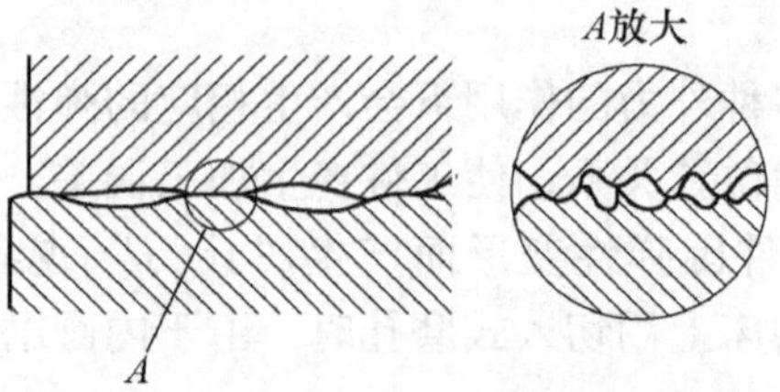

图 11-11　连接表面间的接触变形

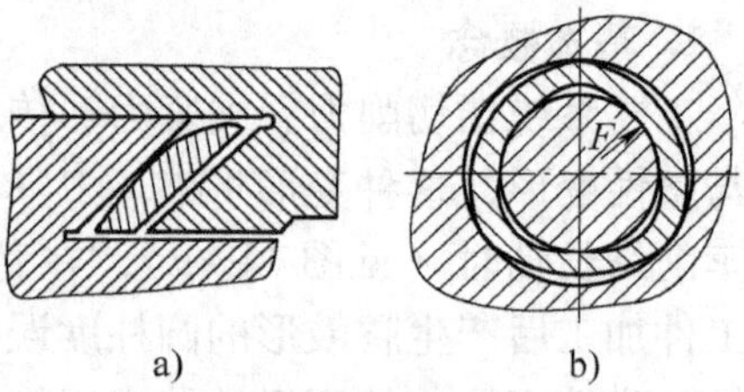

图 11-12　溜板部件中的薄弱环节

由上可知，影响机床部件刚度的因素很复杂，同一个机床部件的刚度也不是一个恒定的数值。

3. 工艺系统受力变形对加工精度的影响

（1）切削力大小变化的影响——误差复映规律　在加工过程中，由于工件加工余量或材料硬度不均匀，都会引起法向力 F_p 的变化，从而使工艺系统受力变形不一致而产生加工误差，引起工件"尺寸分散"。

以车削短圆柱工件外圆为例，如图 11-13 所示。由于毛坯的圆度误差，导致车削时背吃刀量在 a_{p1} 与 a_{p2} 之间变化。当背吃刀量为 a_{p1} 时产生的背向力为 F_{p1}，引起的让刀变形为 y_1，当切深为 a_{p2} 时产生的背向力为 F_{p2}，引起的让刀变形为 y_2，由于毛坯存在的圆度误差 $\Delta m = a_{p1}-a_{p2}$，因而引起了工件产生圆度误差 $\Delta w = y_1 - y_2$ 且 Δm 越大，Δw 越大。

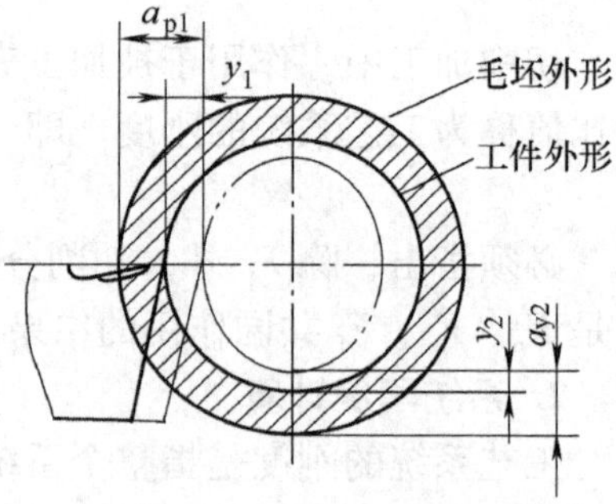

图 11-13　毛坯形状误差复映

$\because F_p \approx ca_p$，则有 $F_{p1}\approx ca_{p1}$ 及 $F_{p2}\approx ca_{p2}$

$$\therefore \Delta w = y_1 - y_2 = \frac{F_{p1}}{k_{xt}} - \frac{F_{p2}}{k_{xt}} = \frac{c}{k_{xt}}(a_{p1}-a_{p2}) = \frac{c}{k_{xt}}\Delta m$$

所以 $\varepsilon = \dfrac{\Delta w}{\Delta m} = \dfrac{c}{k_{xt}}$

式中　c——径向切削力系数；ε——称为误差复映系数。

这种毛坯的形状误差以一定的比例复映到工件上的现象称为误差复映现象。用工件误差 Δw 与毛坯误差 Δm 之比值来衡量误差复映的程度。由上式可知，工艺系统的刚度 k_{xt} 越大，复映系数 ε 越小，毛坯误差复映到工件上去的部分就越少。因为 k_{xt} 比较大，所以一般 ε 远小于 1，加工之后工件的误差比加工前的误差减小，经多道工序或多次进给加工之后，工件

的误差就会减小到工件公差所许可的范围内。若经过 n 次进给加工后，则误差复映为

$$\Delta w = \varepsilon_1 \varepsilon_2 \varepsilon_3 \cdots \varepsilon_n \Delta m$$

总的误差复映系数

$$\varepsilon_z = \varepsilon_1 \varepsilon_2 \varepsilon_3 \cdots \varepsilon_n$$

增加进给次数，可减小误差复映，提高加工精度，但会导致生产率降低。因此，提高工艺系统刚度，对减小误差复映系数具有重要意义。

毛坯的各种尺寸及形状误差都会以一定的复映系数，复映成工件的加工误差。另外，毛坯材料的不均匀，硬度的变化，同样会引起背向力的变化，产生加工误差，其分析方法同误差复映规律。

（2）切削力作用点位置变化的影响　假设车削一短而粗刚度很大的光轴时，由于工件刚度大，所以工艺系统总变形量完全取决于主轴箱、刀架、顶尖和尾座的刚度。变形的大小随着切削点位置的变化，工艺系统的变形随之变化。由于主轴箱、刀架、顶尖和尾座的刚度相对较差，因而变形较大，在两端切去的金属层较薄；而工件刚度较大，刀架变形较小，切到中间位置切去的金属层最厚，使切削后的工件呈两端粗，中间细的鞍形。

若在车床两顶尖间车削一细长轴，此时机床、夹具和刀具的刚度都较高，产生的变形忽略不计，而工件细长刚度较低，工艺系统的变形完全取决于工件的变形。由材料力学挠度计算可知，工件中间部位变形量最大，刀具从工件上切去的金属层最薄，使切削后的工件呈中间粗两端细的腰鼓形。

（3）其他作用力对加工精度的影响

1）离心力与传动力引起的加工误差。切削加工中高速旋转的零部件（包括夹具、刀具和工件）的不平衡会产生离心力。如图 11 - 14 所示，在车床或磨床类机床上用单爪拨盘带动轴类工件旋转时，产生的离心力与传动力有时将工件推向刀具，有时将工件拉离刀具，所以在被加工工件的截面上产生了心脏线形的圆度误差。一般适当降低主轴转速，采用配重平衡来减小离心力，采用双爪拨盘或柔性连接装置带动工件旋转是减小此类加工误差的有效措施。

2）重力的影响。在工艺系统中，零部件的自重也会产生变形。如龙门铣床、龙门刨床、龙门车床自重造成刀架横梁弯曲或偏斜变形，如图 11 - 15 所示，立式车床横梁弯曲使刀杆下垂或偏斜造成加工表面出现平面度和圆柱度误差。

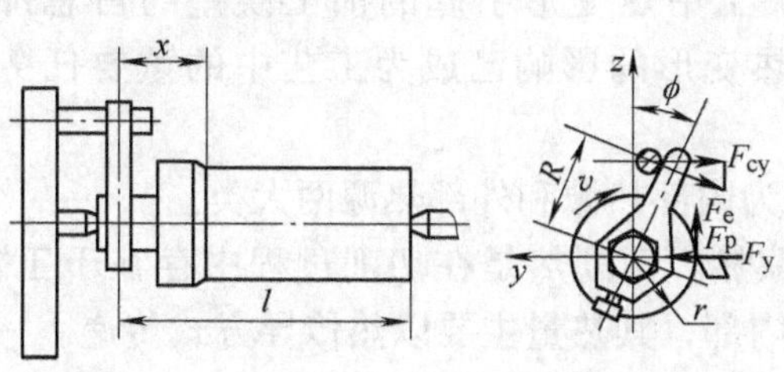

图 11 - 14　单爪拨盘传动力引起的加工误差

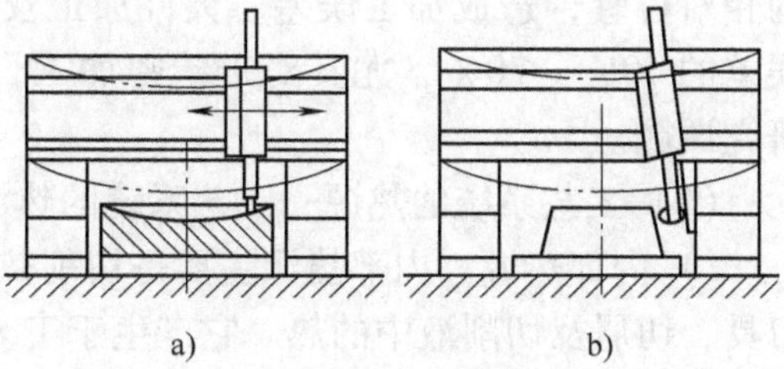

图 11 - 15　机床部件自重

3）夹紧力的影响。工件在被夹紧过程中，由于其刚性较差或夹紧力过大，也会引起变形，产生加工误差。如图 11 - 16 所示，薄壁套未夹紧前内外圆都是正圆形（见图 11 - 16a 中 1），夹紧后套筒呈三棱形（见图 11 - 16a 中 2），镗孔后孔呈正圆形（见图 11 - 16a 中 3），松开卡爪后镗圆的内孔又变成三棱形（见图 11 - 16a 中 4）。为减少夹紧变形，采用开口过渡环

(见图11-16b)使夹紧力均匀分布，减少夹紧变形。

(4)减少工艺系统受力变形的措施

1)提高零部件间接触刚度。通过刮研增加接触面积，预加载荷消除间隙，有效地提高接触刚度，从而提高工艺系统的刚度。但有时又往往受到预紧力不能进一步增大的限制，可以采取减少连接面接触面积的方法，来达到增加预紧力的目的。

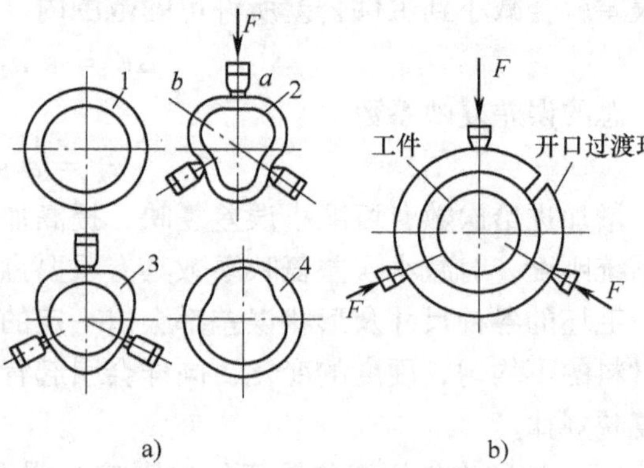

图11-16　套筒夹紧变形误差

2)提高零部件刚度，减小受力变形。在车床上加工细长轴时，工件刚度差，常采用中心架或跟刀架来提高工件的刚度。在转塔车床上加工较短的轴类零件时，为增强刀架刚度，常采用导套、导杆等辅助支承来加强刀架的刚度。

3)合理装夹工件，减小夹紧变形。对刚性较差的工件选择合适的夹紧方法，能减少夹紧变形，提高加工精度。

4)减少摩擦，防止微进给的"爬行"。随着数控加工、精密和超精密加工工艺的迅猛发展，对微量进给的要求越来越高，要求在高速进给时不振动，低速进给时不爬行，灵敏度高，耐磨性和精度保持性好。采用塑料滑动导轨、滚动导轨和静压导轨。滚动导轨用滚动体作循环运动；静压导轨能高速运行，刚性好承载能力强，摩擦因数极小，既无爬行，也不会产生振动。

5)减少载荷及其变化。采取适当的工艺措施，如合理选择刀具几何参数和切削用量以减少切削力，减少切削变形。将毛坯分组，使一次调整中加工的毛坯余量比较均匀，减少切削力的变化，减少复映误差。

11.2.5　工艺系统的热变形

1. 工艺系统的热源及其传递

工艺系统在各种分布的热源作用下产生相应的热变形，从而破坏工件与刀具间正确的相对位置，造成加工误差。大件加工及精密加工中热变形引起的加工误差约占总加工误差的40%～70%，尤其对于精密加工，控制热变形的影响已成为工艺中的重要任务及研究课题。

(1)工艺系统的热源　工艺系统的热源可分为内部热源和外部热源两大类。

1)内部热源。内部热源主要是切削热和摩擦热。切削热是在切削过程中存在于工件、刀具、切屑及切削液中的热。它产生于工艺系统内部，其热量主要以热传导方式传递。一般来讲，在车削加工中，切屑所带走的热量最多，可达50%～70%，传给工件的热量次之，约为30%，而传给刀具的热量则很少，一般不超过5%。对于不同的切削加工方法，传递给切屑、工件和刀具的热量比例也各不相同。机床内部各运动件要产生摩擦热，尽管系统内摩擦热比切削热少，但有时会使工艺系统某个局部产生较大的热变形，破坏工艺系统的原有几何精度。

2)外部热源。外部热源主要是指外部环境温度的变化和辐射热。如日光照射的部分与未被照射的部分之间产生温度差，从而使机床产生变形。

（2）工艺系统的热传递与热平衡　工艺系统受各种热源的影响，其温度会逐渐升高。同时，它们也通过各种传热方式向周围散发热量。当单位时间内传入和散发的热量相等时，工艺系统达到了热平衡状态，而工艺系统的热变形也就达到某种程度的稳定。

由于工艺系统中热源的位置、发热量和作用时间各不相同，各部分的热容量、散热条件不一样，因此各部分的温升和温度是不同的。物体中各点温度的分布称为温度场。当工艺系统达到热平衡时，各点的温度是位置的函数，这种温度场称为稳定温度场；稳定温度场对保证加工精度有重要意义。

2. 工件热变形对加工精度的影响

在工艺系统热变形中，机床的热变形最为复杂，而工件、刀具的热变形相对简单。这主要因为在加工过程中，影响机床热变形的热源较多，也较复杂，而对工件和刀具，由于热源少，热变形可用解析法进行估算和分析。

（1）工件均匀受热　对于一些形状简单、对称的零件，如轴、套筒等，加工时（如车削、磨削）切削热能较均匀地传入工件，工件热变形量可按下式估算

$$\Delta L = \alpha L \Delta t$$

式中　α——工件材料的热膨胀系数，单位为1/℃；

L——工件在热变形方向的尺寸，单位为mm；

Δt——工件升温，单位为℃；

ΔL——工件热变形量，单位为mm。

在较长的轴类零件加工中，开始切削时，工件温升为零，随着切削加工的进行，工件温度逐渐升高而使直径逐渐增大，其尺寸增大的部分被刀具切除，因此，加工完的工件冷却后将出现锥形圆柱度误差。

例如精密丝杠磨削时，工件受热伸长引起螺距的累积误差。如果磨削长度为3000mm的丝杠，每次进给温度升高3℃，工件热伸长量为 $\Delta L = \alpha L \Delta t = 3000\text{mm} \times 12 \times 10^{-6} \times 3 = 0.1\text{mm}$（钢的热膨胀系数为 12×10^{-6}/℃）。而6级丝杠的螺距的累积误差规定在全长上不超过0.02mm，由此可见，热变形对加工精度影响较大。

在粗加工时，可以不考虑热变形对加工精度的影响，但在工序很集中的情况下（如数控加工中心），粗加工时的热变形就不能忽视。

（2）工件不均匀受热　在平面刨削、铣削、磨削加工中，工件单面受热，上下平面间产生温差而引起热变形。如图11-17a所示，在平面磨床上磨削长为L、厚为H的板状工件，工件单面受热，上下面间形成温差Δt，导致工件向上凸起，凸起量y，凸起部分被磨去，冷却后磨削表面下凹，使工件产生平面度误差y'。因热变形引起的工件凸起量y可根据图11-17b按下式估算

$$y = \frac{\alpha \Delta t L^2}{8H}$$

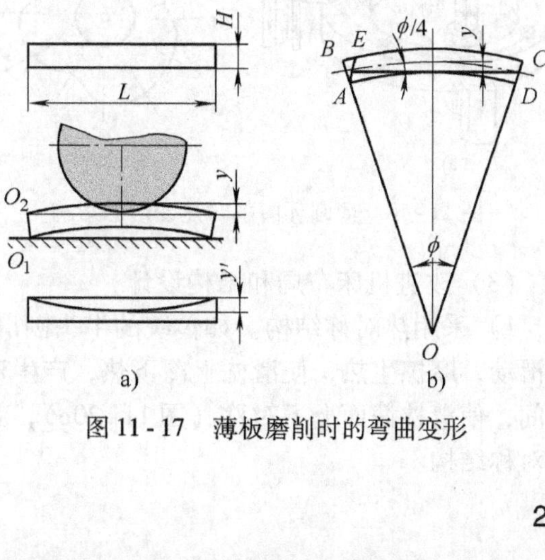

图11-17　薄板磨削时的弯曲变形

由上式可知，工件不均匀受热时，工件凸起量随工件长度的增加而急剧增加，工件厚度越薄，工件凸起量就越大。当工件长度 L 和厚度 B 不变时，要减小变形误差，必须控制温差 Δt 。

如图 11 - 18 所示薄圆环磨削，由于磨削热量大，工件质量较小，温升高，如图 11 - 18a 所示。在夹紧处散热好温度低，热膨胀小，冷却后会出现棱圆误差（见图 11 - 18b）。

3. 刀具热变形对加工精度的影响

刀具热变形主要是由切削热引起的。切削加工时虽然大部分切削热被切屑带走，传入刀具的热量并不多，但由于刀具体积小，热容量小，导致刀具切削部分的温度很高，刀具热变形对加工精度的影响比较显著。如高速工具钢车刀的刃部可达 700 ~ 800℃，热伸长量可达 0. 03 ~ 0. 05mm。切削开始阶段刀具变形明显，达到热平衡后刀具对加工精度的影响较小。

为减小刀具的热变形，应合理选择切削用量和刀具几何参数，并选用合适的切削液给以充分冷却和润滑，以减少切削热，降低切削温度。

4. 减少工艺系统热变形的主要途径

（1）减少发热和隔离热源　把机床中的电动机、变速箱、液压系统、冷却系统等热源应尽可能从主机中分离出去。对主轴轴承、丝杠螺母副、摩擦离合器、导轨副等不能分离出去的热源，应尽量从结构设计上采取措施，改善摩擦条件，以减少热量的产生。如采用静压轴承、空气轴承；低黏度润滑油、锂基油脂或油雾润滑等。另一方面也可采用隔热措施，将发热部件和机床基础件（如床身、立柱等）隔离开来。

对于一些发热量大的热源，可采用风冷、水冷以及循环润滑等强制冷却方法，吸收热源发出的热量，从而控制机床的温升和热变形；另外，还可以通过控制切削用量来减少切削热的产生。

（2）均衡温度场　图 11 - 19 所示为端面磨床均衡温度场的措施。它由风扇排出主轴箱内的热空气，经管道通向防护罩和立柱后壁的空间，然后排出。这样使原来温度较低的立柱后壁温度升高，致使立柱前后壁的温度大致相等，降低了立柱的弯曲变形，使被加工零件的端面平行度误差降低为原来的 1/4 ~ 1/3。

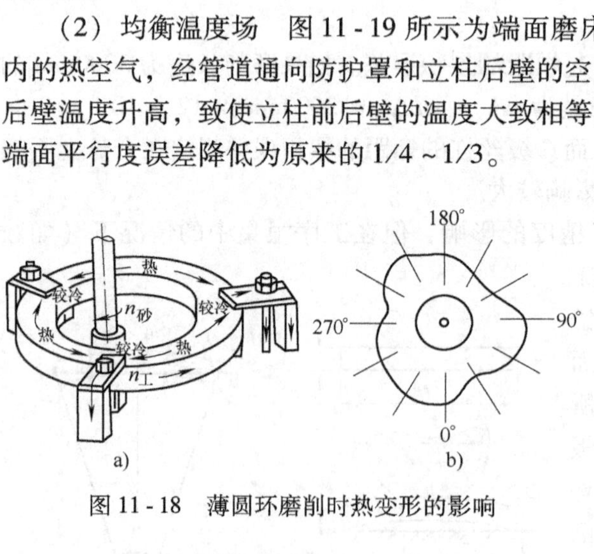

图 11 - 18　薄圆环磨削时热变形的影响

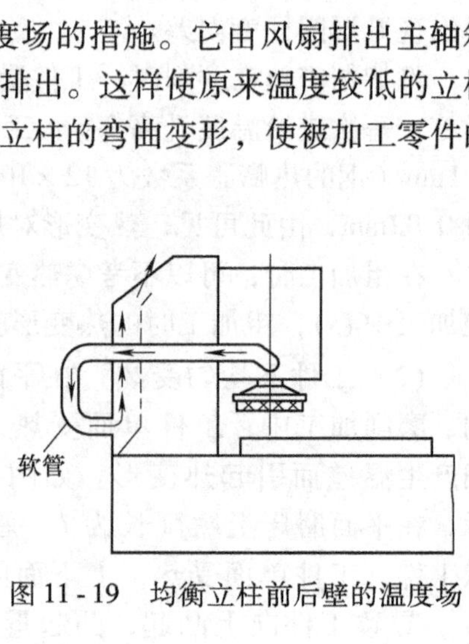

图 11 - 19　均衡立柱前后壁的温度场

（3）改进机床布局和结构设计

1）采用热对称结构。如传统的牛头刨滑枕截面结构（见图 11 - 20a），由于导轨面的高速滑动，摩擦生热，使滑枕上冷下热，产生弯曲变形（见图 11 - 20b）。若将导轨布置在截面中间，使滑枕截面上下对称（图 11 - 20c），就可大大地减小其弯曲变形。这种结构常被称为热对称结构。

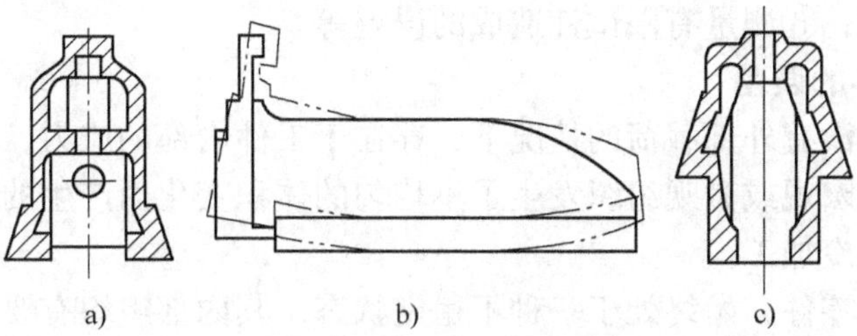

图 11-20　牛头刨床滑枕热变形及结构改进示意图

a）原滑枕截面　b）原滑枕热变形示意　c）滑枕热对称结构

2）合理选择机床零部件的安装基准。合理选择机床零部件的安装基准，使热变形不在误差敏感方向。如图 11-21b 所示，主轴轴线对于定位点 H 而言，只在 z 方向产生热位移，对加工精度影响较小。图 11-21a 所示结构除了在 z 方向产生热位移以外，还在 y 方向产生热位移，对加工精度影响较大。

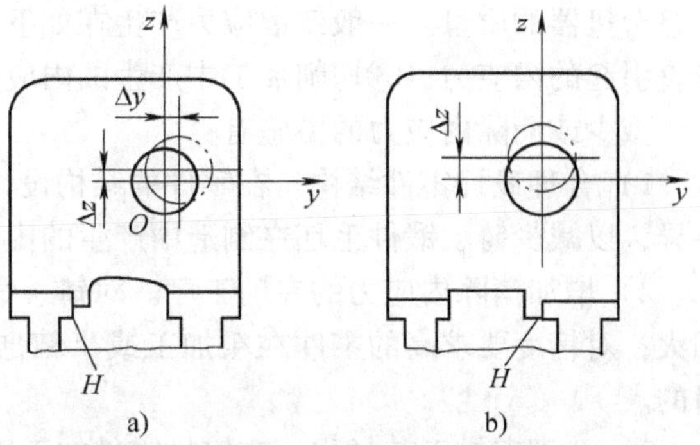

图 11-21　车床主轴箱两种结构的热位移

（4）保持工艺系统的热平衡　可使机床作高速空运转，当机床在较短时间内达到热平衡之后，再进行加工。必要时，还可以在机床的适当部位设置控制热源，人为地给机床加热，使其尽快地达到热平衡状态。另外精密机床加工时应尽量避免中途停车。

（5）控制环境温度　精密机床一般安装在恒温车间，其恒温精度一般控制在 ±1℃以内，精密级为 ±0.5℃。恒温基数按季节调节，一般春季和秋季取 20℃，在夏季取 23℃，在冬季可取 17℃。

11.2.6　工艺系统的其他变形

1. 工艺系统的调整误差

在机械加工的每一个工序中，为获得被加工表面的尺寸、形状和位置精度，总是要对工艺系统进行这样或那样的调整。由于调整不可能绝对地准确，因而产生调整误差。

工艺系统的调整有两种基本方式：试切法调整与调整法调整。不同的调整方式有不同的误差来源。

（1）试切法调整　单件、小批生产中普遍采用试切法加工。加工时先在工件上试切，然后测量、调整再试切，直至符合规定的尺寸要求时，再正式切削出整个待加工表面。显然，这时引起调整误差的因素是：测量误差；机床微进给机构的“爬行”位移误差；试切时最小切削层厚度引起工件的尺寸误差。

（2）调整法调整　在成批、大量生产中，广泛采用调整法（或样件样板）。预先调整好刀具与工件的相对位置，并在一批零件的加工过程中保持这种相对位置不变来获得所要求的零件尺寸。在以后的加工免去试切，所以既缩短了调整时间，又可得到较高的加工精度。

由于采用调整法对工艺系统进行调整时也以试切为依据，因此上述影响试切法调整精度的因素，同样也对调整法也有影响。此外，影响调整精度的因素还有：①定程机构误差；

②样件或样板的误差；③测量有限试件造成的误差等。

2. 残留应力引起的误差

残留应力是指在没有外部载荷的情况下，存在于工件内部的应力，又称内应力。内应力是由金属内部的相邻宏观或微观组织发生了不均匀的体积变化而产生的，促使这种变化的因素主要来自热加工或冷加工。

存在残留应力的零件，始终处于一种不稳定状态，其内部组织有要恢复到一种新的稳定的没有内应力状态的倾向。在内应力变化的过程中，零件产生相应的变形，原有的加工精度受到破坏。用这些有残留应力的零件装配成机器，在机器使用中也会逐渐产生变形，从而影响整台机器的质量。一般残留应力产生在如下几个方面：①毛坯制造中产生的内应力；②冷校直引起的内应力；③切削加工中产生的内应力。

减少或消除内应力的措施有：

1）合理设计零件结构。在零件的结构设计中，应尽量简化结构，减小零件各部分尺寸差异，以减少铸、锻件毛坯在制造中产生的内应力。

2）增加消除内应力的专门工序。对铸、锻、焊接件进行退火或回火；工件淬火后进行回火；对精度要求高的零件在粗加工或半精加工后进行时效处理都可以达到消除内应力的目的。

3）合理安排工艺过程。在安排零件加工工艺过程中，尽可能将粗、精加工分在不同工序中进行。

11.3 机械加工表面质量

11.3.1 表面质量的概念

零件的加工表面质量包括零件的表面几何特性和物理力学性能两方面。

1. 零件的表面几何特性

（1）表面粗糙度　表面粗糙度其大小由表面轮廓算术平均偏差 *Ra* 、微观不平度十点高度 *Rz* 或轮最大高度 *Ry* 等参数来评定，其中优先推荐 *Ra* 参数。

（2）表面波度　表面波度指介于宏观几何形状误差与微观几何形状误差（即表面粗糙度）之间的一种周期性几何形状误差。图 11-22 表示了表面粗糙度和表面波度的关系。对于表面波度的表征方法，目前尚无统一的规定。一般有两种表征方法。一种是根据其周期来表征，即波幅和波长；另一种是根据波纹的轮廓形状来表征，如圆弧形、尖峰形和锯齿形等。

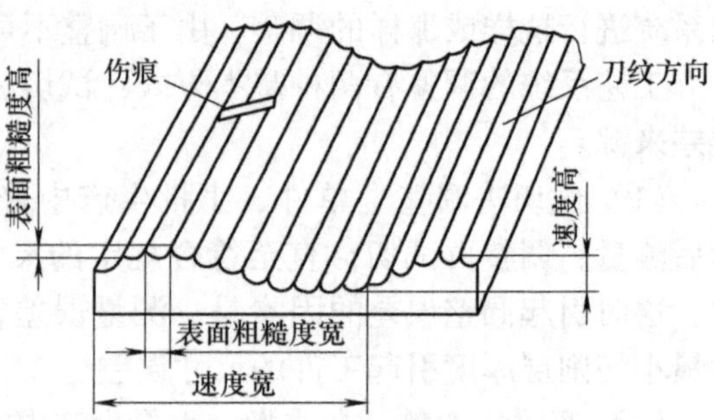

图 11-22　加工表面的几何形状误差

2. 零件表面的物理力学性能

由于机械加工中力的因素和热因素的综合作用，加工表面层金属的力学性能将发生一定的变化，主要反映在以下几个方面。

（1）表面层加工硬化　机械加工过程中表面层金属产生强烈的塑性变形，使晶格扭曲、畸变，晶粒间产生剪切滑移，晶粒被拉长，这些都会使表面层金属的硬度增加，塑性减小，统称为加工硬化。

（2）表面层金相组织的变化　机械加工过程中，在工件的加工区域，温度会急剧升高，当温度升高到超过工件材料金相组织变化的临界点时，就会发生金相组织变化。例如磨削淬火钢件时，常会出现回火烧伤、退火烧伤等金相组织变化，将严重影响零件的使用性能。

（3）表面层残留应力　机械加工过程中由于切削变形和切削热等因素的作用在工件表面层材料中产生的内应力，称为表面层残留应力。

11.3.2　机械加工表面质量对零件使用性能的影响

1. 表面质量对零件耐磨性的影响

一般认为磨损产生在有相对运动的表面，它不仅与摩擦副的材料和润滑有关，而且还与零件的表面质量有密切关系。

零件的磨损过程一般可分为、正常磨损和急剧磨损三个阶段。由于初期磨损阶段，只是表面粗糙度的凸峰相接触，实际接触面积很小，压强很大，因而磨损很快，这个时间比较短；随着机器的继续工作，相对运动的表面的实际接触面积逐步增大，压强逐渐减小。从而磨损变缓，进入正常磨损阶段，这段时间较长；随着磨损的延续，接触表面的凸峰被磨平，表面粗糙度变得很小，此时，不利于润滑油的贮存。润滑油也难以进入摩擦区，从而使润滑情况恶化。同时，紧密接触表面会产生很大的分子亲和力，甚至会发生分子黏合，使摩擦阻力增大，结果使磨损进入急剧磨损阶段。

实践证明，初期磨损量与零件表面粗糙度有很大关系，在一定条件下摩擦副的表面粗糙度参数总是存在某个最佳点，在这一点的初期磨损量为最小。一般 Ra 值在 0.04 ~ 0.08μm 左右。其中轻载比重载情况下最佳表面粗糙度小。

表面磨损还与该表面采用的加工方法和成形原理所得到的表面纹理有关。一般情况下，上下摩擦件的纹理方向与相对运动方向一致时，初期磨损量最小；表面加工冷作硬化一般能提高耐磨性 0.5 ~ 1 倍。但是冷作硬度过高会使局部金属组织疏松发脆及有细小裂纹出现，同样，冷作硬化也存在一个最佳硬化硬度。

2. 表面质量对零件疲劳强度的影响

在交变载荷作用下，零件表面的粗糙度、划痕和微观裂纹等缺陷容易引起应力集中而产生和扩展疲劳裂纹，致使零件疲劳损坏。试验表明，减小表面粗糙度可使疲劳强度提高 30% ~ 40%。

当加工纹理方向与相对运动方向相垂直时，疲劳强度将明显降低。

表面残留应力对疲劳强度的影响很大，当表面层的残留应力为压应力时，能部分抵消外力产生的拉应力，起着阻碍疲劳裂纹扩展和新裂纹产生的作用，因而能提高零件的疲劳强度。而当残留应力为拉应力时，则与外力施加的拉应力方向一致，会助长疲劳裂纹的扩展，从而使疲劳强度降低。

表面冷作硬化有助于提高零件的疲劳强度，这是由于硬化层能阻止已有裂纹的扩大和新疲劳裂纹的产生。但冷作硬化也不能过大，否则反而易于产生裂纹。

3. 表面质量对零件耐腐蚀性能的影响

由于表面粗糙度的存在，在表面凹谷处容易积聚腐蚀性介质而产生化学腐蚀，而在粗糙表面的凸峰处则因摩擦剧烈而容易产生电化学腐蚀。由此看来，减小表面粗糙度和波度可提高零件的耐腐蚀能力。

零件表面存在残留应力时，会使零件表面产生应力腐蚀。

4. 表面质量对配合性质的影响

相配零件的配合性质是由它们之间的过盈量或间隙量来表示的。由于表面微观不平度的存在，使得实际有效过盈量或有效间隙量发生改变，从而引起配合性质和配合精度的改变。

当零件间为间隙配合时，若表面粗糙度过大，将引起初期磨损量增大，使配合间隙变大，导致配合性质变化，从而使运动不稳定或使气压、液压系统的泄漏量增大。当零件间为过盈配合时，如果表面粗糙度过大，则实际有效过盈量将减少，这也会使配合性质改变，降低连接强度，影响配合的可靠性。因此，在选取零件间的配合时，应考虑表面粗糙度的影响。例如为了维持足够的过盈，可在相配零件的尺寸中增加一表面粗糙度 *Ra* 值。

11.3.3 表面粗糙度的形成及其影响因素

1. 切削加工后的表面粗糙度

用切削刀具加工零件表面时，影响已加工表面粗糙度的因素主要包括几何因素、塑性变形因素和振动因素。

（1）几何因素　影响表面粗糙度的几何因素主要是指刀具几何形状和切削运动引起的切削残留面积，它是影响表面粗糙度的主要因素。

切削加工的表面粗糙度值主要取决于切削残留面积的高度。对于刀尖圆弧半径 $r_\varepsilon=0$ 的刀具，工件表面残留面积的高度如图 11-23 所示。图 11-23a 所示为用尖刀切削的情况，其残留面积高度为

$$H=\frac{f}{\cot\kappa_r+\cot\kappa_r'}$$

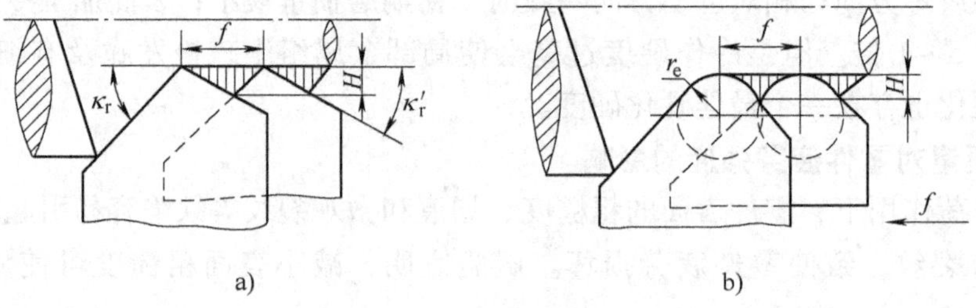

图 11-23　切削层残留面积

a）尖角刀切削情况　b）圆弧刀切削情况

对于刀尖圆弧半径为 r_ε 的刀具（图 11-23b），工件表面残留面积的高度

$$H=\frac{f^2}{8r_\varepsilon}$$

从以上二式可知，进给量 f 和刀尖半径 r_ε 对切削加工表面粗糙度影响明显。切削加工表面粗糙度的实际轮廓形状，一般都与纯几何因素形成的理论轮廓有较大的差别，这是由于切削加工中有塑性变形发生的缘故。

（2）塑性变形因素　在切削加工过程中，刀具对工件的挤压和摩擦使金属材料发生塑性变形，引起原有的残留面积扭曲或沟纹加深，增大表面粗糙度。当采用中等或中等偏低的切削速度切削塑性材料时，在前刀面上容易形成硬度很高的积屑瘤，它可以代替刀具进行切削，但状态极不稳定，积屑瘤的生成、长大和脱落将严重影响加工表面的表面粗糙度值。另外，在切削过程中由于切屑和前刀面的强烈摩擦作用以及撕裂现象，还可能在加工表面上产生鳞刺，使加工表面的表面粗糙度增加。

（3）振动因素　在加工过程中，工艺系统有时会发生振动，即在刀具与工件间出现的除切削运动之外的另一种周期性的相对运动。振动的出现会使加工表面出现波纹，增大加工表面的表面粗糙度，强烈的振动还会使切削无法继续下去。

除上述因素外，造成已加工表面粗糙不平的原因还有被切屑拉毛和划伤等。此外，合理地选择切削液、适当增大刀具的前角、提高刀具的刃磨质量等均能有效减少表面粗糙度值。

2. 磨削加工后的表面粗糙度

在磨削过程中，磨粒在工件表面上滑擦、耕犁和切下切屑，把加工表面刻划出无数微细的沟槽，沟槽两边伴随着塑性变形，形成粗糙表面。

影响磨削表面粗糙度的工艺因素主要有磨削用量和砂轮。

（1）磨削用量的影响　提高砂轮速度 v_s 可以增加在单位时间内工件单位面积上的刻痕，使工件表面塑性变形和沟槽两侧塑性隆起的残留量减小，磨削表面粗糙度值可以显著减小。

径向进给量 F_r 增加，磨削过程中磨削力和磨削温度都会增加，磨削表面塑性变形的程度增大，从而增大表面粗糙度值。

（2）砂轮的影响　砂轮的粒度越细，单位表面上磨粒数越多，工件表面上刻痕越密而细，表面粗糙度值越小。但粒度过细时，砂轮易堵塞，切削性能下降，表面粗糙度值反而会增大，同时还会引起磨削烧伤。

砂轮硬度应大小合适，半钝化期越长越好。砂轮太硬，磨粒钝化后仍不易脱落，使工件表面受到强烈摩擦和挤压作用，塑性变形程度增加，表面粗糙度值增大并易使磨削表面产生烧伤。砂轮太软，磨粒易脱落，常会产生磨损不均匀现象，从而使磨削表面粗糙度值增大。

砂轮的修整质量是改善磨削表面粗糙度的重要因素，因为砂轮表面的不平整在磨削时将被复映到被加工表面上。修整砂轮时，金刚石笔的纵向进给量越小，金刚石越锋利，修整出的砂轮磨粒微刃等高性越好，磨出工件的表面粗糙度越小。

此外，被加工材料的硬度、塑性和导热性以及砂轮和磨削液的正确使用都对磨削表面的表面粗糙度有一定的影响，还有机械加工过程中的振动也会对加工精度产生一定影响，对这些因素应予以足够的重视。

11.4　提高加工精度和表面质量的措施

为了保证和提高机械加工精度，首先要找出产生加工误差及表面质量的主要因素，然后采取相应的工艺措施，以减少或控制这些因素的影响。

前面已对影响加工精度的各种主要因素进行了分析，并提出了一些保证加工精度的措施，从分析方法上来讲，属于单因素分析法。在实际生产中，影响加工精度的因素往往是错综复杂的，有时很难用单因素分析法来分析计算某一工序的加工误差，这时就必须通过对生产现场中实际加工的一批工件进行检查测量，运用数理统计的方法加以处理和分析，从中可发现误差的规律，指导我们找出解决加工精度的途径。

11.4.1 加工误差的统计性分类

根据加工一批工件时误差出现的统计规律，加工误差可分为：系统误差和随机误差。

1. 系统误差

在顺序加工一批工件中，其加工误差的大小和方向都保持不变，称为常值系统性误差；误差的大小和方向按一定规律变化，称为变值系统性误差；这两种误差统称为系统误差。

加工原理误差，机床、刀具、夹具的制造误差，工艺系统的受力变形等引起的加工误差均与加工时间无关，其大小和方向在一次调整中也基本不变，因此都属于常值系统误差。机床、夹具、量具等磨损引起的加工误差，在一次调整的加工中也均无明显的差异，故属于常值系统误差。

机床、刀具和夹具等在热平衡前的热变形误差，刀具的磨损等都是随加工时间而有规律地变化的，因此属于变值系统误差。

2. 随机误差

在顺序加工的一批工件中，其加工误差的大小和方向无规律而随机性的变化称为随机误差。如毛坯误差（余量大小不一、硬度不均匀等）引起的复映误差，定位误差（间隙影响），夹紧误差，多次调整的误差，内应力引起的变形误差等都属于随机误差。

应该指出，在不同的场合下，误差的表现性质也有不同。例如，机床在一次调整中加工一批工件时，机床的调整误差是常值系统误差。但是，当多次调整机床时，每次调整时发生的调整误差就不可能是常值，变化也无一定规律，调整误差所引起的加工误差又成为随机误差。

3. 不同性质误差的解决途径

对于常值系统性误差，在查明其大小和方向后，采取相应的调整或检修工艺装备，或用一种常值系统性误差去补偿原来的常值系统性误差，即可消除或控制误差在公差范围之内。

对于变值系统性误差，在查明其大小和方向随时间变化的规律后，可采用自动连续补偿或自动周期补偿的方法消除。

对随机性误差，从表面上看似乎没有规律，但是应用数理统计的方法可以找出一批工件加工误差的总体规律，查出产生误差的根源，在工艺上采取措施来加以控制。

11.4.2 分布图分析法

1. 实际分布曲线

成批加工某种零件，抽取其中一定数量进行测量，抽取的这批零件称为样本，其件数 n 叫样本容量。

由于各种误差的影响，加工尺寸的偏差总是在一定范围内变动（称为尺寸分散），亦即为随机变量，用 x 表示。样本尺寸或偏差的最大值 $x_{\max}$ 与最小值 $x_{\min}$ 之差，称为极差 R，即

$$R = x_{\max} - x_{\min}$$

将样本尺寸及偏差按大小顺序排列，将它们分成 k 组，组距为 d。d 可按下式计算

$$d = \frac{R}{k-1}$$

同一尺寸或同一误差组的零件数量 m_i 称为频数。频数 m_i 与样本容量 n 之比称为频率 f_i 即

$$f_i = \frac{m_i}{n}$$

以工件尺寸或误差为横坐标，以频数或频率为纵坐标，就可作出该批工件加工尺寸（或误差）的实际分布图即直方图。连接各直方块的顶部中点得一折线，即分布曲线。

选择组数 k 和组距 d，对实验分布图的显示好坏有很大关系。组数过多，组距太小，分布图会被频数的随机波动所歪曲；组数太少，组距太大，分布特征将被掩盖。k 值一般应根据样本容量来选择（见表 11-1）。

表 11-1　分组数 k 的确定

n	25～40	40～60	60～100	100	100～160	160～250
k	6	7	8	10	11	12

为了分析该工序的加工精度情况，可在直方图上标出该工序的加工公差带位置，并计算出该样本的统计数字特征：平均值 $\bar{x}$ 和标准差 S。

样本的平均值 $\bar{x}$ 表示该样本的尺寸分散中心。它主要决定调整尺寸的大小和常值系统误差。

$$\bar{x} = \frac{1}{n}\sum_{i=1}^{n} x_i \tag{11-1}$$

式中　x_i——各工件的尺寸。

样本的标准差 S 反映了该批工件的尺寸分散程度。它是由变值系统误差和随机误差决定的，误差大 S 也大，误差小 S 也小。

$$S = \sqrt{\frac{1}{n-1}\sum_{i=1}^{n}(x_i - \bar{x})^2} \tag{11-2}$$

当样本的容量比较大时，为简化计算，可直接用 n 来代替上式中的（$n-1$）。

$$\text{频率密度} = \frac{\text{频率}\,f_i}{\text{组距}\,d} = \frac{\text{频数}\,m_i}{\text{样本容量}\,n \times \text{组距}\,d}$$

连接各直方块的顶部中点得到一条折线，即为实际分布曲线。

2. 理论分布正态曲线及非正态分布曲线性质

（1）正态分布曲线　在机械加工中，用调整法加工一批零件，其尺寸误差是由很多相互独立的随机误差综合作用的结果，如果其中没有一个是起决定作用的随机误差，则加工后零件的尺寸将近似于正态分布。

正态分布曲线的函数表达式为

$$y = \frac{1}{\sigma\sqrt{2\pi}}e^{-\frac{1}{2}\left(\frac{x-\bar{x}}{\sigma}\right)^2}(-\infty < x < +\infty, \sigma > 0) \tag{11-3}$$

当用该曲线代表加工尺寸的实际分布曲线时，上式各参数含义：

式中　y——纵坐标表示工件的分布密度（频率密度）；

x——横坐标，表示工件的尺寸和误差的分布；

$\bar{x}$——正态分布随机变量总体算术平均值，即工件平均尺寸，尺寸分散中心；

σ——正态分布随机变量标准差，即工序的标准偏差 S，表示尺寸分散程度。

如果改变 $\bar{x}$，分布曲线将沿横坐标移动而不改变其形状（见图 11-24a），这说明 $\bar{x}$ 是表征分布曲线位置的参数。由于分布曲线所围成的面积总是等于 1，因此 σ 越小，分布曲线两侧越向中间收紧。反之，当 σ 增大时，y_{max} 减小，分布曲线越平坦地沿横轴伸展（见图 11-24b）。可见 σ 是表征分布曲线形状的参数，亦即它表达了随机变量 x 取值的分散程度，即随机误差的影响程度。

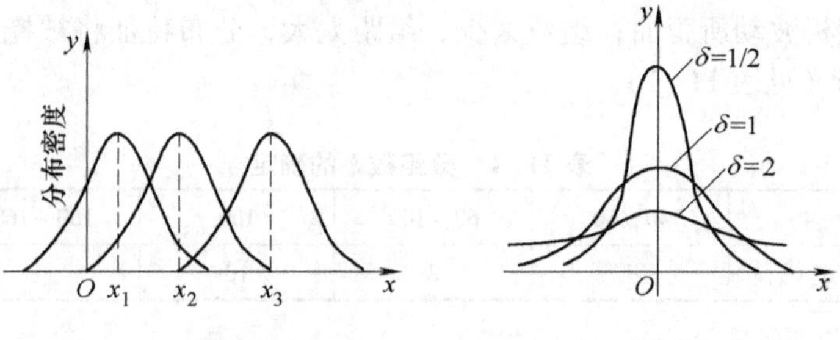

图 11-24　正态分布曲线及其特征

由于分布曲线所围成的总面积包含全部工件，所以对式（11-3）积分可得

$$F(x) = \frac{1}{\sigma\sqrt{2\pi}}\int_{-\infty}^{x} e^{-\frac{1}{2}\left(\frac{x-\bar{x}}{\sigma}\right)^2}\mathrm{d}x \tag{11-4}$$

由此式可知，$F(x)$ 为正态分布曲线上下积分限间包含的面积，它表征了随机变量 x 落在区间（$-\infty$，x）上的概率。令

$$z = \frac{x-\bar{x}}{\sigma}；\text{则 } F(z) = \frac{1}{\sqrt{2\pi}}\int_{0}^{z} e^{-\frac{z^2}{2}}\mathrm{d}z \tag{11-5}$$

$F(z)$ 为图 11-25 中有阴影线部分的面积。对于不同 z 值的 $F(z)$，可由表 11-2 查出。

当 $z = \pm 3$，即 $x-\bar{x} = \pm 3\sigma$ 时，由表 11-2 查得 $2F(3) = 0.49865 \times 2 = 99.73\%$。这说明随机变量落在 $\pm 3\sigma$ 范围以内的概率为 99.73%，落在此范围以外的概率仅 0.27%，此值很小。因此可以认为正态分布的随机变量的分散范围即是 $\pm 3\sigma$。这就是所谓 $\pm 3\sigma$ 原则。$\pm 3\sigma$ 的概念，在研究加工误差时应用的一个重要概念。6σ 的大小代表了某种加工方法在一定条件下（如毛坯余量、切削用量、正常的机床、夹具、刀具等）下所能达到的加工精度。所以在一般情况下，应使所选择加工方法的标准差 σ 与公差带宽度 T 之间具有 $6\sigma \leq T$ 的关系。

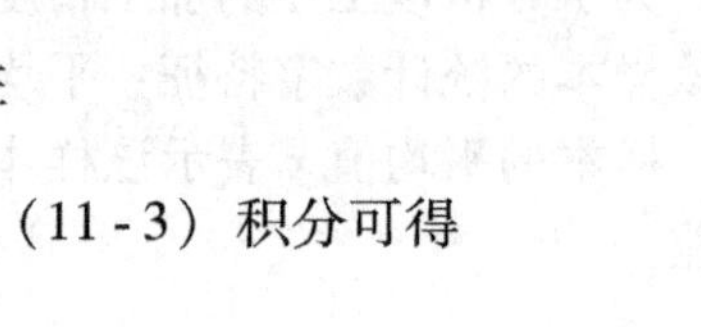

图 11-25　正态分布曲线

表 11-2　$F(z)$ 值

z	$F(z)$	z	$F(z)$	z	$F(z)$	z	$F(z)$
0.0	0.0000	0.80	0.2881	1.80	0.4641	2.80	0.4974
0.05	0.0199	0.90	0.3159	1.90	0.4713	2.90	0.4981
0.10	0.0398	1.00	0.3413	2.00	0.4772	3.00	0.49865
0.15	0.0596	1.10	0.3643	2.10	0.4821	3.20	0.49931
0.20	0.0793	1.20	0.3849	2.20	0.4861	3.40	0.49966
0.30	0.1179	1.30	0.4032	2.30	0.4893	3.60	0.499841
0.40	0.1554	1.40	0.4192	2.40	0.4918	3.80	0.499928
0.50	0.1915	1.50	0.4332	2.50	0.4938	4.00	0.499968
0.60	0.2257	1.60	0.4452	2.60	0.4953	4.50	0.499997
0.70	0.2580	1.70	0.4554	2.70	0.4965		

（2）非正态分布　工件的实际分布，有时并不近似于正态分布。如将两次调整下或两台机床加工的工件混在一起，由于每次调整时的常值系统误差、每台机床的随机误差均是不同的，如常值系统误差之值大于2.2σ，就会得到双峰曲线（见图 11-26a）。

如果加工中刀具磨损比较显著，所得一批工件的尺寸分布如图 11-26b 所示。不同瞬间尺寸分布的算术平均值是逐渐移动的（当均匀磨损时，瞬时平均值可看成是匀速移动），因此分布曲线为平顶。

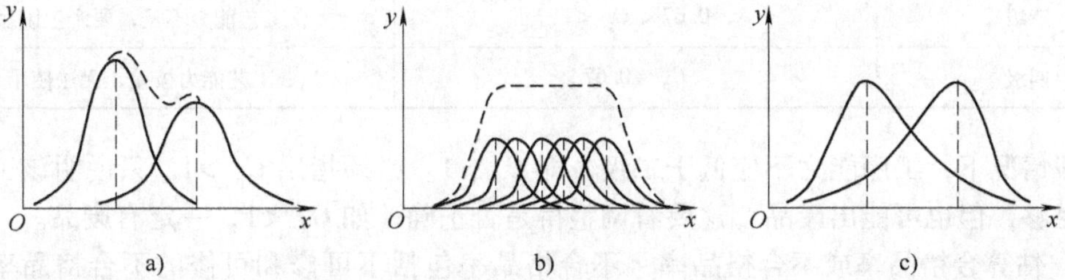

图 11-26　非正态分布

当工艺系统存在显著的热变形时，分布曲线往往不对称。如图 11-26c 所示，当刀具热变形严重，加工轴时曲线凸峰偏向左（尺寸偏小），加工孔时曲线凸峰偏向右偏（尺寸偏大）。

用试切法加工时，操作者主观上存在着宁可返修也不可报废的倾向性，所以分布图也会出现不对称情况：加工轴时宁大勿小，故凸峰偏向右；加工孔时宁小勿大，故凸峰偏向左。对于端面圆跳动和径向圆跳动一类的误差，一般不考虑正负号，所以接近零的误差值较多，远离零的误差值较少，其分布（称为瑞利分布）也是不对称的（见图 11-26c）。

对于非正态分布的分散范围，就不能认为是 6σ，而必须除以相对分布系数 k。即

$$T = \frac{6\sigma}{k} \tag{11-6}$$

k 值的大小与分布图形状有关，具体数值可参考有关资料与手册。

3. 分布图分析法的应用举例

（1）判别加工误差性质　如前所述，假如加工过程中没有变值系统误差，那么其尺寸

分布应服从正态分布，这是判别加工误差性质的基本方法。

如果实际分布与正态分布基本相符，加工过程中没有变值系统误差（或影响很小），这时就可进一步根据样本平均值 $\bar{x}$ 是否与公差带中心重合来判断是否存在常值系统误差（$\bar{x}$ 与公差带中心不重合就说明存在常值系统误差）。常值系统误差仅影响 $\bar{x}$ 值，即只影响分布曲线的位置，对分布曲线的形状没有影响（见图 11-24a）。

（2）确定工序能力及其等级　工序能力是指工序处于稳定状态时，加工误差正常波动的幅度。当尺寸服从正态分布时，其尺寸分散范围是 6σ，所以工序能力就是 6σ。

工序能力等级是以工序能力系数来表示的，它代表了工序能满足加工精度要求的程度。当工序处于稳定状态度时，工序能力系数 C_p 按下式计算

$$C_p = T/6\sigma \tag{11-7}$$

根据工序能力系数 C_p 的大小，可将工序能力分为 5 级（见表 11-3）。

表 11-3　工序能力系数 C_p

等级	工序能力系数 C_p	说明
特级	$C_p > 1.67$	工艺能力过高，不经济
一级	$1.33 < C_p < 1.67$	工艺能力足够
二级	$1 < C_p < 1.33$	工艺能力一般
三级	$0.67 < C_p < 1$	工艺能力不足，要产生废品
四级	$C_p < 0.67$	工艺能力极差，无法使用

一般情况下，工序能力不应低于二级，即 $C_p > 1$。必须指出 $C_p > 1$，只说明该工序的工序能力足够，但也可能出废品，这要看调整得是否正确；如 $C_p < 1$，一定有废品。

（3）估算合格品率或不合格品率　不合格品率包括不可修和可修的不合格品率，它可通过分布曲线进行估算。

分布图分析法的缺点在于：没有考虑一批工件的加工顺序，故不能反映误差变化的趋势，难以区别变值系统误差与随机误差的影响；必须等到一批工件加工完毕后才能绘制分布图，因此不能在加工过程中及时提供控制精度的信息。

除了分布图分析法外，还有点图分析法，这里不再详述，需要时可查相关资料。

11.4.3　提高加工精度的工艺措施

为了保证和提高机械加工精度，首先要找出产生加工误差的主要因素，然后采取相应的工艺措施，以减少或控制这些因素的影响。

1. 减少原始误差

减少原始误差就是在查明产生加工误差的主要因素后，设法对其直接进行消除或减弱。如车削细长轴时即使在切削用量很小的情况下，也发生弯曲变形和振动，得不到准确的几何精度。即使采用跟刀架，也难保证高精度，因为跟刀架只是消除了背向力把工件“顶弯”的因素，还没有解决轴向切削力把工件“压弯”的因素。轴向切削力对工件变形的影响因素主要是：①轴向切削力对工件施加一个偏置压力容易使工件变弯；②工件弯曲后在离心力

作用下加剧工件弯曲变形；③由于工件受热伸长，而卡盘至尾座顶尖间的距离不变，由热伸长引起的轴向力加剧工件弯曲变形。

常言道："车工怕细长"。在车削加工中，为提高精度常采用跟刀架消除了背向力把工件"顶弯"的因素；采用大进给量及反向进给，即由卡盘一端指向尾座（与一般切削的进给方向相反的切削方式）使轴向切削力对工件是拉伸作用而不是压缩；同时采用可伸缩的活顶尖使工件热伸长量有一定的活动空间；此外，采用大进给量和大的主偏角车刀，加工细长轴以便产生较大的轴向切削力和较小的背向力使切削更平稳。

又如，摩擦离合器的摩擦片、刀具中的锯片等淬火后需要进行磨削，工件在淬火后一般都产生一定的弯曲变形，在电磁吸盘吸力的作用下被吸平和磨平了，但卸下吸盘后又恢复了变形，所以说"磨工怕薄片"。

在磨削加工中，常采用弹性夹紧的方法磨薄片工件，就是在电磁吸盘与工件之间安放橡皮垫，工件在吸力的作用下变形不大，从而磨削出较高平面度的工件。

2. 补偿原始误差

补偿原始误差就是人为地造出一种新的原始误差，去抵消原来工艺系统中存在的原始误差，尽量使两者大小相等、方向相反，而达到把误差尽可能抵消彻底的目的。

3. 转移原始误差

误差转移法就是把原始误差从误差敏感方向转移到误差的非敏感方向，或者通过一定的机构使加工误差不依赖于机床精度，而是由其他结构决定。如图 11 - 27a 所示，调整转塔车床的刀具时，由于六角刀架在旋转时存在转角误差，使刀尖切入或远离工件表面，而此时刀尖的运动方向为加工面的法线方向，即误差敏感方向，此时由刀架转角误差产生的刀尖运动误差将被 1∶1 地复映到工件上形成加工误差。

图 11 - 27b 采用"立刀"安装法，刀架转位时的转角误差转移到了工件加工表面的切线方向，也就是误差非敏感方向，由此而产生的加工误差非常微小，从而提高了加工精度。

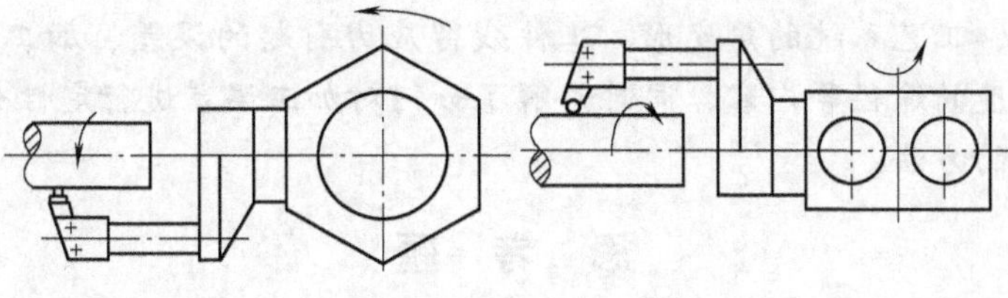

a) b)

图 11 - 27 转塔车床的"立刀"安装法

当机床精度达不到加工精度要求时，并不一定只从提高机床精度一方面去考虑，还可以从工艺和夹具上想办法，使机床的原始误差转移到不影响加工精度的方向或环节中。例如，在卧式镗床上利用镗模加工同轴孔系，主轴与镗杆采用浮动连接时，工件上孔系的加工精度完全取决于镗模的制造和安装精度，而不受机床误差的影响。与此类似，主轴锥孔磨削加工时，要求锥孔与轴颈的同轴度很高，生产中常将主轴装在 V 形夹具上，机床主轴与工件之间常采用柔性环节相联系，使其只传递运动，而不限制位置。这样机床主轴的原始误差就会被转移掉，而不影响加工精度。

4. 均分原始误差

在生产中有时会出现本工序的加工精度是稳定的，工序能力也足够，但毛坯或者上道工序的加工精度太低，所引起的定位误差或复映误差太大，从而造成本工序的加工误差超差。

解决这类问题最好采用均分原始误差的方法，特别是大批量生产时更为有利。均分原始误差就是把毛坯或上工序加工的工件尺寸经测量按大小分为 n 组，每组工件的尺寸误差范围就缩减为原来的 $1/n$。然后按各组的误差范围分别调整刀具相对工件的位置，使整批工件的尺寸分散范围大大缩小。这种方法比直接提高毛坯或者上道工序的加工精度往往要简便、有效和经济。

5. 均化原始误差

加工过程中，工艺系统中机床、刀具的误差总是要传给工件。机床、刀具的某些误差只是根据局部地方的最大误差值来判断的。经常采用均化原始误差的方法使这些局部较大的误差比较均匀地影响到整个加工表面，使传递到加工表面的加工误差比较均匀，因此加工精度也相应提高。

均化原始误差就是利用有密切联系的表面之间的相互比较，相互检查，从对比中找出差距后，或是相互修正（如偶件的对磨）或者利用互为基准进行加工，以达到很高的加工精度。例如，研磨时，研具的精度并不高，磨粒大小也不一样，但研磨时工件与研具、磨粒之间有复杂的运动曲线，使工件上各点都有机会与研具、磨粒进行接触并受到均匀的微量切削，同时工件与研具、磨粒之间相互修整精度共同提高，进一步使误差均化，因此工件获得的加工精度高于研具原始精度；再如，精密的标准平板相对刮研；一些精密偶件，如轴孔与轴颈的研配，精密分度盘副的研配等都常采用这种加工方法。

本章小结

本章系统讲解了影响加工精度的原始误差因素，并分别讲述了工艺系统的几何误差、工艺系统的受力变形、工艺系统的热变形、工件残留应力引起的误差、加工误差的统计分析、提高和保证加工精度的途径等内容，同时讲解了如何对加工误差进行定性分析和对加工过程的稳定性进行监控的方法。

思考题

1. 理解名词：加工精度、原始误差、机床的静误差、机床主轴回转误差、误差敏感方向。

2. 一批工件的内孔（ϕ45mm），加工后测得尺寸为 ϕ45.01 ~ ϕ45.03mm，试问该批工件的加工误差分散程度及最大和最小加工误差是多少？

3. 为什么对车床床身导轨水平面的直线度要求较垂直面的直线度要求要高？而平面磨床床身导轨的要求则相反？

4. 普通车床主轴前端锥孔或自定心卡盘夹爪的定心表面出现过大的径向跳动时，常在刀架上安装内圆磨头，进行自磨自的修磨加工，修磨后的定心表面，其径向跳动量确实大为减小，试问：

（1）修磨后是否提高了主轴回转精度？为什么？

（2）在机床主轴存在几何偏心的情况下，以精车过的轴套外圆表面定位来精车轴套内孔时，会产生怎样的加工误差？

5. 提高机床主轴回转精度有哪些途径？在实际生产中转移主轴回转误差常用的工艺方法有哪些？

6. 在卧式镗床上镗箱体，两壁上的同轴孔由于两孔相距太远，镗杆又不能伸出太长，故先镗一侧壁的孔，然后将工作台回转180°再镗另一侧壁的孔，结果两壁的孔不同轴，试分析其产生的原因。

7. 描述在车削细长轴及磨削薄壁板件时为减少变形而采用的方法。

8. 在车床上加工圆盘件的端面时，有时会出现圆锥面（中凸或中凹）或端面凸轮似的形状（螺旋面），试从机床几何误差的影响分析造成图11-28所示的端面几何形状误差的原因是什么？

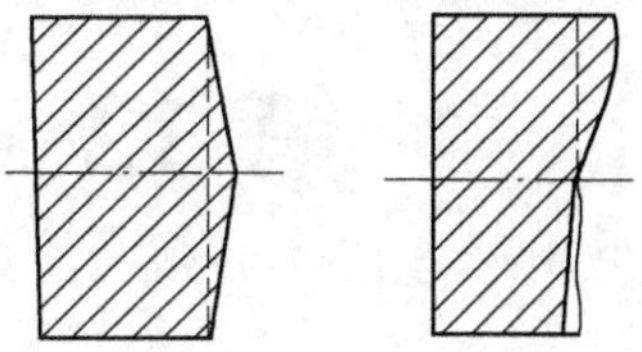

a)　　b)

图11-28　第8题图

9. 在卧式车床上加工一光轴，已知光轴长度 $L=800$mm，加工直径 $D=80_{-0.11}^{\ 0}$mm，当该车床导轨相对于前后顶尖连心线在水平面内平行度为0.015mm/1000mm，在垂直面内平行度为0.015mm/1000mm（见图11-29），试求所加工的工件几何形状的误差值，并绘出加工后光轴的形状。

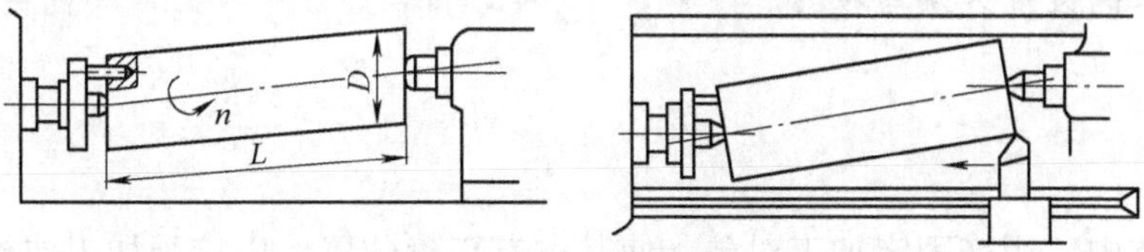

a)　　b)

图11-29　第9题图—在卧式车床上加工光轴

a）垂直面图　b）水平面图

10. 精镗连杆大小头孔时，其安装情况如图11-30所示。精镗后在机床上测量两孔中心距、平行度均合格。工件卸下后再测量发现两孔的平行度超差，试问是什么原因引起的？

11. 当龙门刨床床身导轨不直时（见图11-31），在下列两种情况下，加工后的工件会成什么形状？

（1）当工件刚度很差时。

（2）当工件刚度很大时。

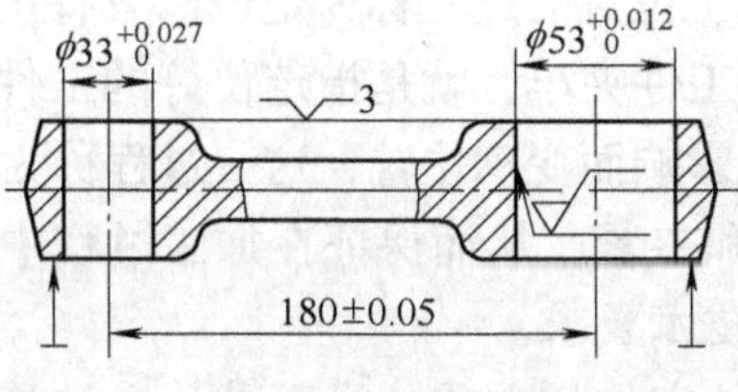

图11-30　第10题图—精镗连杆大小头孔

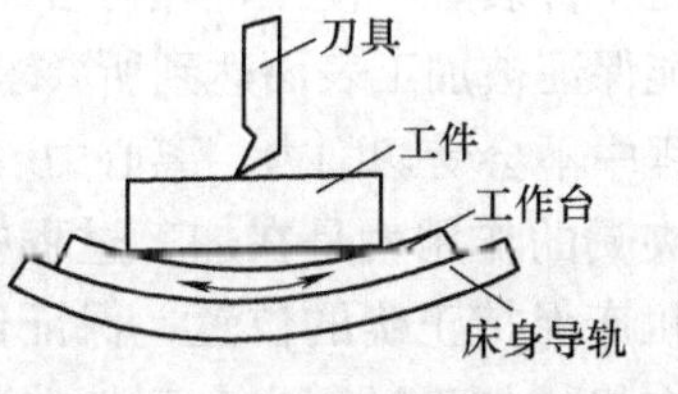

图11-31　第11题图—刨床床身导轨

12. 在卧式镗床上加工箱体孔，若只考虑镗杆刚度的影响，试在题图11-32中画出下列四种镗孔方式加工后孔的几何形状，并说明为什么？

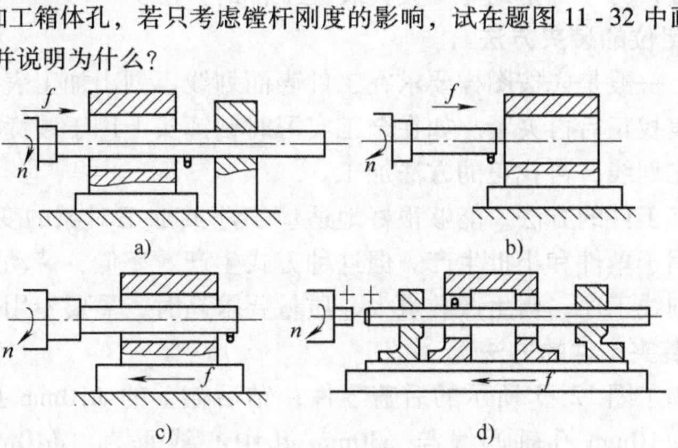

图11-32　第12题图—在卧式镗床上加工箱体孔

a）镗杆送进，有后支承　b）镗杆送进，没有支承　c）工作台送进　d）在镗模上加工

第 12 章　机床夹具设计基础

【学习目标】本章主要介绍机床专用夹具设计的基本知识和方法，包括定位方式、定位元件的选择，定位误差的分析与计算，夹紧力的确定及典型夹紧装置，各类机床夹具的基本类型、特点和设计要点，专用机床夹具设计的基本方法与步骤，并简单介绍组合夹具。通过本章学习，学生应能根据零件的结构和加工要求，合理确定零件的定位和夹紧方案，初步掌握专用机床夹具的设计方法与技巧。

12.1　概述

在机械制造中，用来固定加工对象，使其占有正确位置，以接受加工或检测的装置，统称为夹具。它广泛地应用于机械制造过程中，如焊接夹具、检验夹具、装配夹具和机床夹具等。在金属切削机床上使用的夹具统称为机床夹具。在现代生产中，机床夹具直接影响着零件加工的精度、劳动生产率和产品的制造成本等。

12.1.1　夹具的作用

在机床上加工零件时，为了使该工序所要加工的表面能够达到图样所规定的尺寸、几何形状及与其他表面间的相互位置精度等技术要求，在加工前首先应将工件装好、夹牢。

把工件装好，使工件相对于刀具及机床有正确的加工位置的过程称为定位，只有正确的定位才能保证被加工表面达到所要求的各项技术要求。把工件夹牢，就是指定位好的工件，在加工过程中不会受切削力、离心力、冲击、振动等外力的影响而变动位置，这一过程称为夹紧。

夹具的作用就是在加工过程中，对工件进行定位和夹紧，从而保证在加工过程中工件相对于机床保持正确的位置，保证达到该工序所规定的技术要求。

在机械加工过程中，工件的装夹方法按其实现工件定位的方式分为两种：一种是按找正方式定位的装夹方法；另一种是用专用夹具装夹工件的方法。

1. 按找正方式定位的装夹方法

这种装夹方法，一般是先按图样要求在工件表面划线，划出加工表面的尺寸和位置，装夹时用划针或百分表找正后再夹紧。如在金工实习时钻锤头上用于装锤柄的孔时，由于是单件生产，通常采用先划线，再找正的方法加工。

按找正方式装夹工件的方法，能够很好地适应工序或加工对象的变换，夹具结构简单，使用简便经济，适用于单件和小批生产。但这种方式生产效率低，劳动强度大，加工质量不高，往往需要增加划线工序。当生产数量大、质量要求高时，需要专用夹具加工。

2. 用专用夹具装夹工件的方法

成批生产中，加工图 12-1 所示的后盖零件，钻后盖上的 ϕ10mm 孔，保证距后端面距离为 18 ± 0.1mm，ϕ10mm 孔轴心线与 ϕ30mm 孔中心线垂直，ϕ10mm 孔轴线与下面的 ϕ5.8mm 孔轴线在同一平面上。其钻床夹具如图 12-2 所示。ϕ10mm 孔径尺寸钻头保证，由钻套1保证，距后端面距离18±0.1mm由支承板4保证，$\phi10$mm孔轴线与$\phi30$mm孔轴线垂直由钻套和圆柱销5共同保证。$\phi10$mm孔轴线与下面的$\phi5.8$mm孔轴线在同一平面上由菱形销9保证。加工时拧紧螺母7，实现定位，松开螺母7，拿开开口垫圈6，实现快速更换工件。

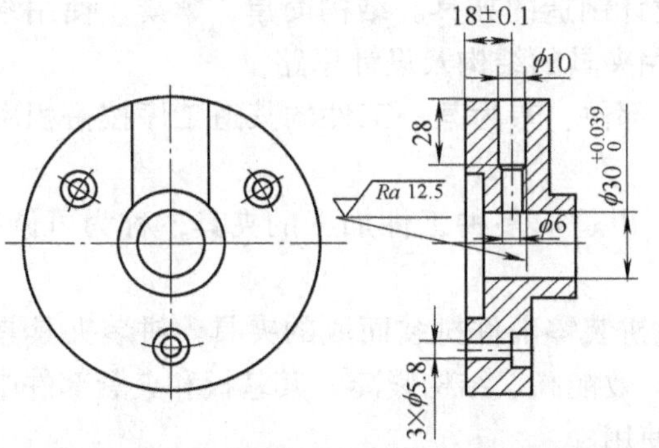

图12-1　后盖零件钻径向孔的工序图

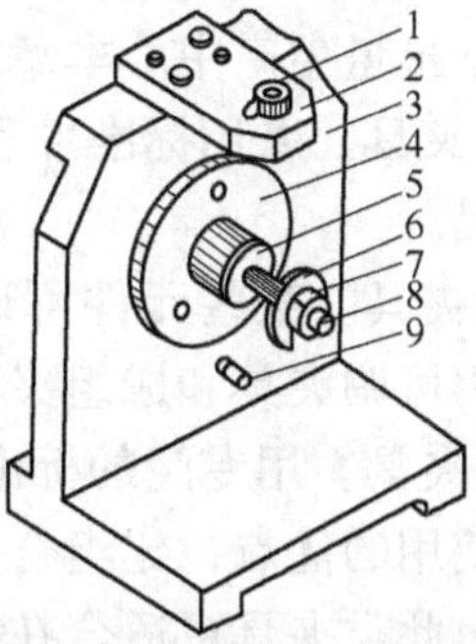

图12-2　后盖零件钻床夹具

1—钻套　2—钻模板　3—夹具体

4—支承板　5—圆柱销　6—开口垫圈

7—螺母　8—螺杆　9—菱形销

从上面钻床夹具的使用实例中不难看出不同生产条件的零件，加工所用机床夹具作用要点有所不同，但主要有以下五方面的作用：

（1）保证加工精度　用专用夹具安装工件，能迅速准确地保证工件正确位置，不受工人操作水平等因素的影响，不同批次零件基本达到相同精度，保证加工精度稳定可靠。

（2）提高生产效率　采用机床夹具工件定位和夹紧迅速可靠，既可减少划线找正等辅助工时，又可提高工件加工时的刚度，允许选用较大切削用量，从而提高了劳动生产率。

（3）改善劳动条件　采用夹具装夹工件方便、省力、安全。当采用气动、液动等夹紧装置时可减轻工人的劳动强度，同时保证安全生产。

（4）降低生产成本　在成批生产中使用夹具，生产效率高，对工人技术要求低，可相对降低生产成本。批量越大，生产成本降低越显著。

（5）扩大工艺范围　单件小批量生产时，零件品种多数量少，又不可能为了满足所有的加工要求而购置相应的机床，采用夹具就可以扩大机床的加工范目。采用专用夹具是企业在生产条件有限时常用的一种技术措施。

12.1.2　机床夹具的分类

机床夹具种类繁多，可从使用特点、所用机床及动力源特点三个不同角度对机床夹具进行分类如下：

（1）按夹具使用机床分　可分为车床夹具、铣床夹具、钻床夹具、镗床夹具、齿轮机床夹具、数控及自动机床夹具、自动线随行夹具等。

（2）按夹具夹紧动力源分　可分为手动夹具、气动夹具、液压夹具、气液增力夹具、电磁夹具以及真空夹具等。

（3）按夹具的使用范围及特点分　可分为通用夹具、专用夹具、组合夹具、可调夹具、拼装夹具、随行夹具等。

1）通用夹具。已经标准化，不需特殊调整，可加工一定范围内不同工件的夹具。常作为机床附件（如自定心卡盘、机床用平口虎钳、万能分度头、磁力工作台等）由专门工厂制造供应，只需选购。

2）专用夹具。专为某一工件某道工序设计制造的夹具。结构简单，紧凑，使用维修方便，一般用于批量生产中。本章主要介绍专用夹具的结构及设计思路。

3）组合夹具。采用标准件和组合元件、部件，专为某一工件的某道工序按搭积木的原理组装的夹具。

4）可调夹具。某些元件可调整或更换，以适应多种工件加工的夹具，称为可调夹具。还可分为通用可调夹具和成组夹具两类。

5）拼装夹具。用专门的标准化、系列化拼装零部件拼装而成的夹具。拼装夹具具有组合夹具重复使用的优点，比组合夹具精度高、效能高、结构紧凑，其基板和夹紧部件中常用小型液压缸。此类夹具更适合在数控机床上使用。

12.1.3 机床夹具的组成

零件类型不同，机床夹具结构不同，但其中各类组成元件和机构的作用基本上又是相同的。可按功能相类似原则把各类夹具中元件或机构归类，从而得出夹具主要组成部分如下：

（1）定位元件　主要用于确定工件在夹具中的正确位置。如例中支承钉、支承板、各种V形块及定位销等。当工件定位基准面形状确定后，定位元件的结构也就基本确定了。

（2）夹紧装置　主要用于夹紧工件，在受到外力作用时能保持工件正确加工位置不变。其结构影响夹具的性能及复杂程度。通常使用的夹紧机构有斜楔、偏心件（圆偏心轮或偏心轴）、螺旋压板及其他增力或动力传动装置（如杠杆、凸轮、气缸、液压缸）等。

（3）夹具体　用于连接夹具上的各种元件和机构，使之成为整体装置，与机床的相关部位连接确定夹具相对机床正确位置的夹具基础件。

（4）对刀导引元件　用于确定或引导刀具。使刀具与夹具有一个正确的相对位置，如对刀块、钻套、镗套等。

（5）其他元件和装置　有定向件、连接操作件以及根据夹具特殊功能需要而设置的一些分度装置、工件顶出装置、上下料装置等。

每套机床夹具的组成并非上述每一个部分都缺一不可，但其中定位元件、夹紧装置和夹具体是构成机床夹具最主要的组成部分。

12.2 工件在夹具中的定位

12.2.1 工件定位方法及定位元件

1. 定位副及对定位元件的要求

在设计零件的机械加工工艺规程时，工艺人员根据加工要求已经选择了各工序的定位基准和确定了各定位基准应当限制的自由度，并将它们标注在工序简图或其他工艺文件上。夹具设计的任务首先是选择和设计相应的定位元件来实现上述定位方案。

为了分析问题的方便，引入“定位基面“的概念。当工件以回转表面（如孔、外圆等）

定位时，称它的轴线为定位基准，而回转表面本身则称为定位基面。与之相对应，定位元件上与定位基面相配合（或接触）的表面称为限位基面，它的理论轴线则称为限位基准。如工件以圆孔在心轴上定位时，工件内孔称为定位基面，其轴线称为定位基准。与之相对应，心轴外圆表面称为限位基面，其轴线称为限位基准。工件以平面定位时，其定位基面与定位基准，限位基面和限位基准则是完全一致的。工件在夹具上定位时，理论上定位基准与限位基准应该重合，定位基面与限位基面应该接触。

由工件上的定位基面和定位元件上的限位基面组成定位副。平面定位限位基准与限位基面接触重合，回转面定位限位基准与限位基面分离。

定位元件是夹具中与工件定位基面接触并能确定工件正确位置的元件。加工中起支承限位和承受夹紧力、切削力的作用，因此，定位元件应满足以下要求：

1）足够的耐磨性以保持长期稳定的精度。一批工件在定位元件上装卸，定位元件易磨损，多采用耐磨材料以便保持定位精度，提高夹具的使用寿命。

2）足够的精度以保证加工精度。一般定位元件尺寸精度为公差等级 IT6，*Ra* 值 1.6μm 左右，定位元件上限位面尺寸公差是工件相应公差的 1/3～1/5。

3）足够的刚度及强度。定位元件限位时要承受切削力及夹紧力，必须有足够的刚度和强度以防止变形或损坏。

4）良好的工艺性。要求工件加工时定位元件结构简单，易拆装更换，排屑及操作使用方便，且定位精度稳定。

2. 常见定位方式及定位元件

（1）工件以平面定位　在机械加工过程中，支架、机座、箱体等工件都是以平面为主要定位基准面的。加工时常采用的定位方式有单一平面、2 个平面组合定位、3 个平面组合定位；常用定位元件有固定支承、可调支承、自位支承。为提高工件大平面的支承刚度及定位稳定性有时还要应用辅助支承，现将平面定位常用各种定位元件分述如下：

1）固定支承。分为支承钉和支承板 2 种基本形式，一般在夹具上使用时不拆卸或调整，结构如图 12-3 及图 12-4 所示。

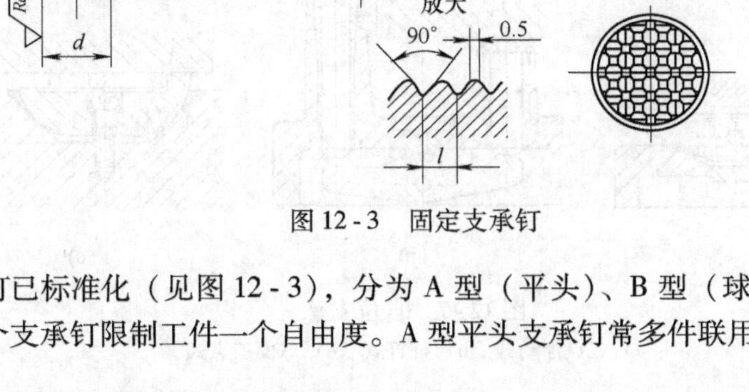

图 12-3　固定支承钉

固定支承钉已标准化（见图 12-3），分为 A 型（平头）、B 型（球头）和 C 型（齿纹）三种，一般一个支承钉限制工件一个自由度。A 型平头支承钉常多件联用于加工过的平面的定位；B型球头支承钉能与定位基准面保持良好的接触，常用于铸件、锻件毛坯面定位；C型支承钉其齿纹增大摩擦因数，可防止工件在加工时滑动，常用于工件侧面或较大型工件的定位。

固定支承板也已标准化，如图12-4所示，有A型和B型两种，A型结构简单，制造方便，但螺钉沉孔中不好排屑，故多用于加工过的侧面和顶面定位；B型工作面上有45°容屑斜槽，排屑便利，多用于工件底面定位。支承板对工件定位基面要求比支承钉高，多用于接触面大的易装工件。

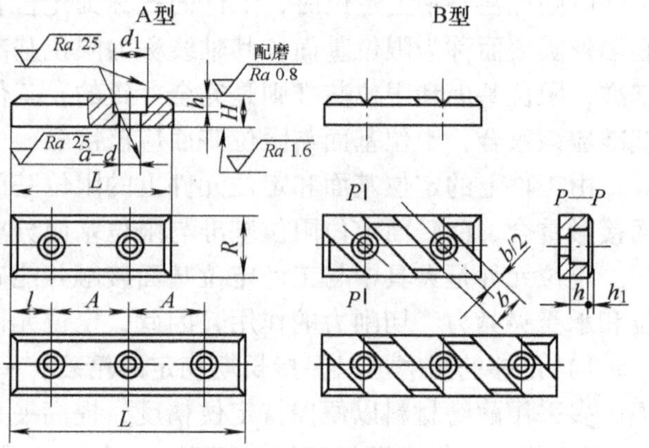

图12-4　固定支承板

2）可调支承。可调支承分为尖顶和齿顶两种结构，其结构已标准化，如图12-5所示。可调支承钉的高度可以根据需要在一定范围内调节，其螺钉高度调整后用螺母锁紧，主要用于毛坯质量不高的粗基准定位、形状尺寸变化较大或加工不同尺寸的相似零件，特别是用于不同批次毛坯差别较大时，在加工每批毛坯的最初几件时，需要按划线来找正工件的位置。一般工件一批一调，大件可能一件一调，如图12-6所示。

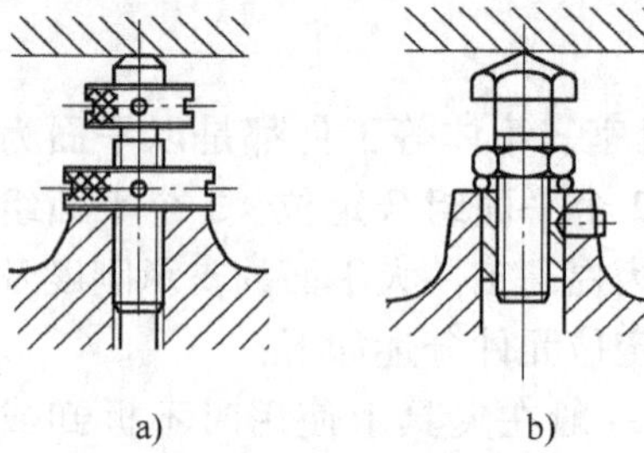

图12-5　可调支承

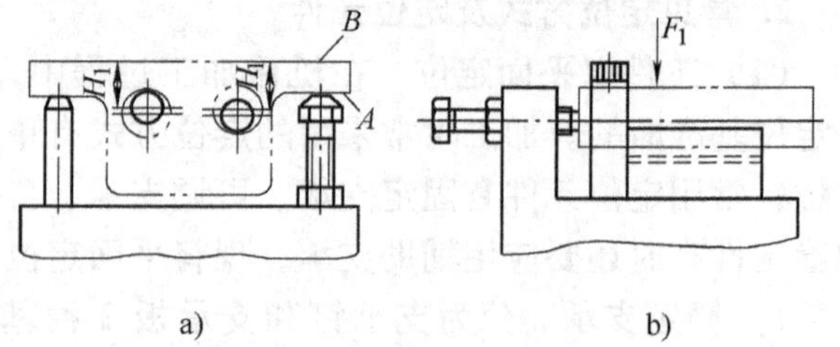

图12-6　可调支承的应用

3）自位支承。自位支承又称为浮动支承，结构如图12-7所示。在定位过程中支承的位置随工件定位面变化而自动与之相适应。图12-7a、b分别是二点浮动式支承和杠杆式支承，通过下边摆杆与工件二点浮动接触；图12-7c所示为球面三点式支承，各支承点是浮动的，因此，常用于阶梯、断续和侧平面的定位中，更适用于粗基准定位面或刚度不足的场合。

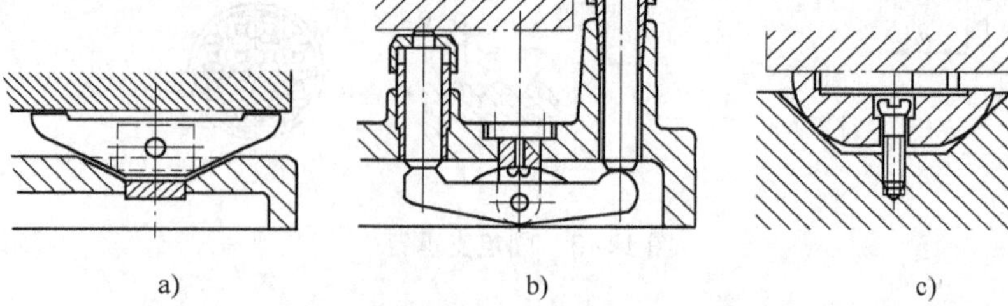

图12-7　自位支承

a）二点浮动式　b）杠杆式　c）球面三点式

以上三种支承的主要作用是定位，因而也称为主要支承或基本支承。

4）辅助支承。用来提高工件的装夹刚度和稳定性，承受重力、切削力和夹紧力，防止工件因受力而产生振动或变形，如图 12 - 8 所示。

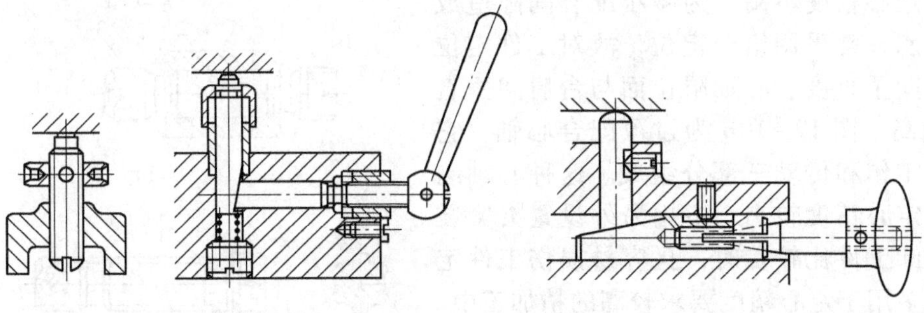

图 12 - 8　辅助支承

辅助支承在定位后夹紧前增设，不起定位作用，故不限制自由度。每次装卸工件都须重新调节辅助支承，因此，凡可调节的支承都可用作辅助支承。

（2）工件以圆孔定位　盘类、套类及齿轮零件加工常以单一孔、一面一孔或一面两孔形式定位，用定位销、心轴类定位元件实现定位，以保证加工面如外圆面、锥面或齿轮分度圆对内孔的同轴度。

1）圆柱定位销。分为固定定位销和可换定位销，结构如图 12 - 9 所示。当定位销直径 $D>3\sim10$mm 时，为增加刚性，避免使用中折断或热处理淬裂，通常把根部倒成圆角 R，且夹具体上应设有沉孔，使定位销的圆角部分沉入孔内而不影响定位。大批大量生产时，为了便于更换定位销，可采用图 12 - 9d 所示带衬套的结构形式。

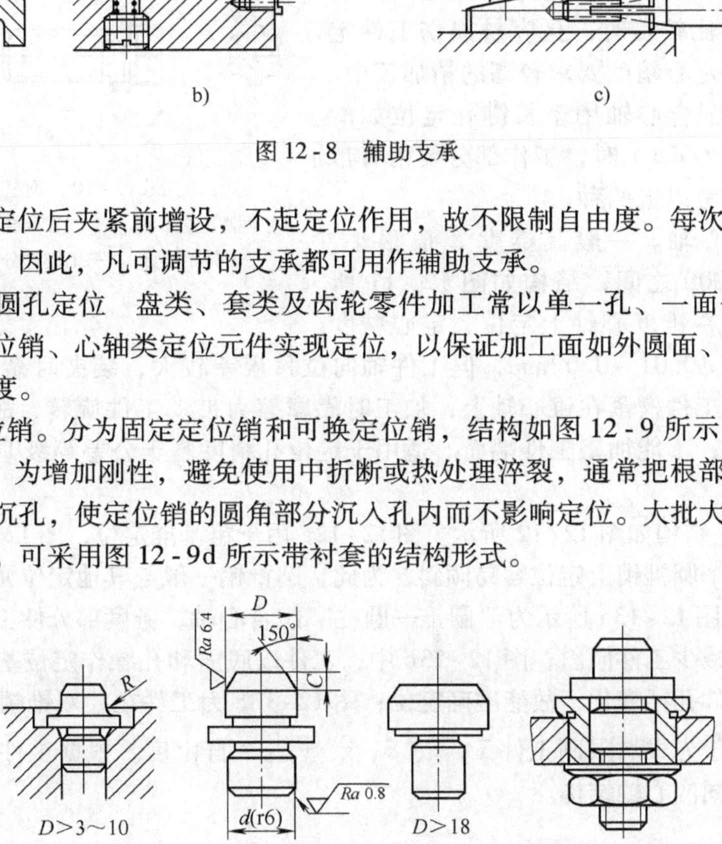

图 12 - 9　定位销

a）D >3 ~10mm　b）D >10 ~18mm　c）D >18mm　d）可换式

为便于工件装入，定位销的头部有 15°倒角。长销限制 4 个自由度，短销限制 2 个自由度，定位销的具体结构参数可查阅有关国家标准。定位销也可以使用非标准自行设计件。

2）定位心轴。定位心轴的结构形式很多，除以下介绍的圆柱心轴外，还有弹性胀套心轴、液性塑料心轴等。定位心轴根据主要定位面长短不同可限制工件的 4 个或 2 个自由度，也可再设置防转或止推支承实现组合定位。

按圆柱心轴与工件间的配合关系不同，有间隙、过盈和花键三种形式，结构如图 12-10 所示。图 12-10a 为间隙配合心轴，装卸工件方便，但定心精度不高。为减小配合间隙造成的工件倾斜，常采用组合定位，故对工件定位孔和端面间垂直度、心轴限位面与台肩间垂直度要求较高；图 12-10b 为过盈配合心轴，它由引导、工作和传动三部分组成。这种心轴制造简单，定心精度较高，不用另外设置夹紧装置，但装卸工件比较费时，且容易损伤工件定位孔，故多用于定心精度要求较高的精加工中。图 12-10c 花键配合心轴用于长键孔定位如滑移齿轮工件，当 $L/d>1$ 时，工作部分要稍有带锥度，配合可参考以上两种。

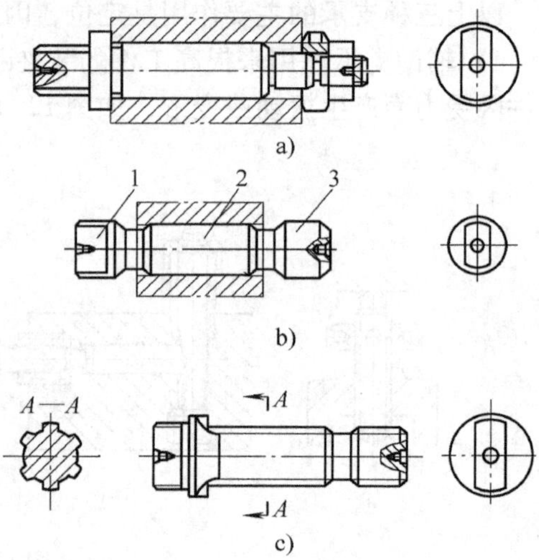

图 12-10　圆柱心轴

a) 间隙配合心轴　b) 过渡配合心轴　c) 花键心轴

1—引导部分　2—工作部分　3—传动部分

3）小锥度心轴。一般其锥度 K 值很小，在 1/8000～1/1000 之间，结构如图 12-11 所示。工件以长孔在锥度心轴上定位，定心精度高，同轴度可达 ϕ0.01～0.02mm，但工件轴向位移误差较大；装夹时靠心轴锥度产生的均匀弹性变形使工件楔紧在锥心轴上，加工时靠摩擦力带动工件旋转，故传递转矩较小，装卸工件不方便，不能加工工件端面。适用于定位孔精度高于公差等级 IT7 级的外圆精车和磨削加工。

4）圆锥销。结构如图 12-12 所示。图 12-12a 用于粗基准定位，图 12-12b 用于精基准定位。工件在单个圆锥销上定位容易倾斜，为此，圆锥销一般与其他定位元件组合使用，如图 12-13 所示。图 12-13a 所示为“圆锥—圆柱”组合心轴，锥度部分使工件准确定位并楔紧，圆柱部分可减少工件倾斜；图 12-13b 中，工件以底面和孔缘作定位基面，采用活动圆锥销，以适应工件孔径变化，故能准确定位；图 12-13c 为工件在“双锥销”组合心轴上定位；以上三种定位方式均限制工件 $\overrightarrow{x}$、$\overrightarrow{y}$、$\overrightarrow{z}$、$\hat{x}$、$\hat{y}$ 五个自由度。根据工件结构及所用定位方式确定选用不同的心轴结构。

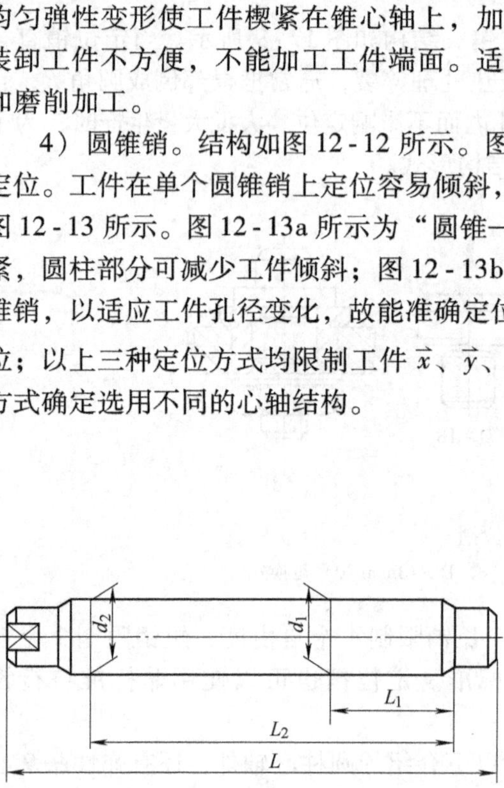

图 12-11　小锥度心轴

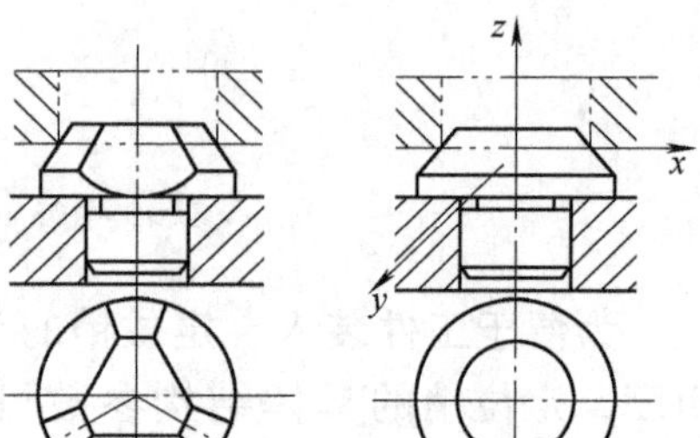

图 12-12　孔用圆锥销

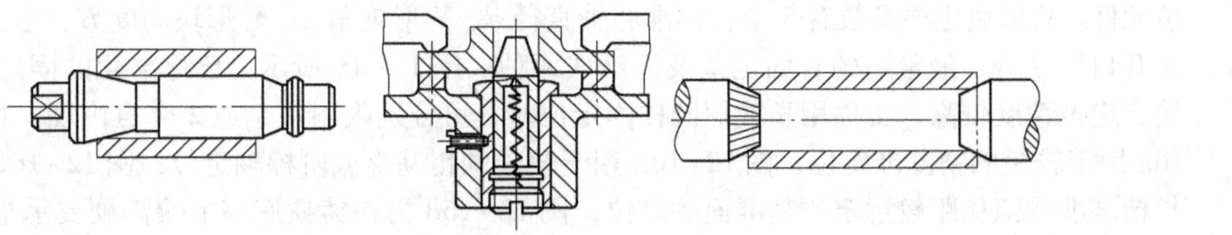

a)　　　　　　b)　　　　　　c)

图 12 - 13　圆锥销组合定位

（3）工件以外圆柱表面定位　在盘类、套类、轴类等零件加工中，常以外圆柱面作为定位基准，根据工件定位外圆柱面的长短、大小、完整程度及加工要求等，可以对应采用定位套、半圆套、V 形块等定位元件。

1）定位套。工件以外圆柱面作定位基准面在定位套中定位时，其定位元件常做成钢套装在夹具体中，如图 12 - 14 所示。图 12 - 14a 所示为锥套，也称为反顶尖，工件以孔缘为定位基面，一对锥套（其中应有一活动的）限制工件 5 个自由度 $\vec{z}$、$\vec{x}$、$\vec{y}$、$\hat{x}$、$\hat{y}$；图 12 - 14b 所示为带肩短定位套，图 12 - 14c 所示为长定位套，工件以外圆柱面为主定位面，定位套多用间隙配合定心定位，对工件定位基面精度要求较高（公差等级 IT8 以上）而应用较少，主要用于形状简单的小型轴类零件定位。

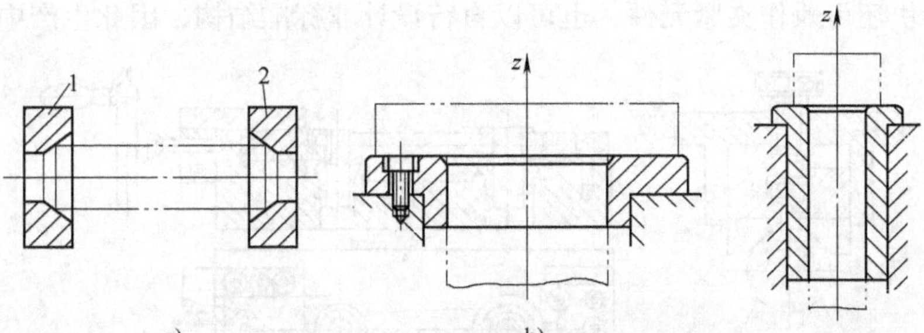

a)　　　　　　b)　　　　　　c)

图 12 - 14　定位套

应用定位套时要考虑套与肩垂直、工件与套配合间隙的影响，必要时采取工艺措施避免重复定位。

2）半圆套。其结构如图 12 - 15 所示，半圆套下半部分装在夹具体上，限位面 A 置于工件的下方，其上半部分起夹紧作用。这种定位方式常用于不便轴向安装的大型轴套类零件的精基准定位中。半圆套与定位基面接触面积较大，夹紧力均匀，尤其可减小薄套类工件定位基面的接触变形，其定位类似于 V 形块，稳定性优于 V 形块，工件定位基面精度不应低于公差等级 IT9，半圆套最小内径应取工件定位基面的最大直径。

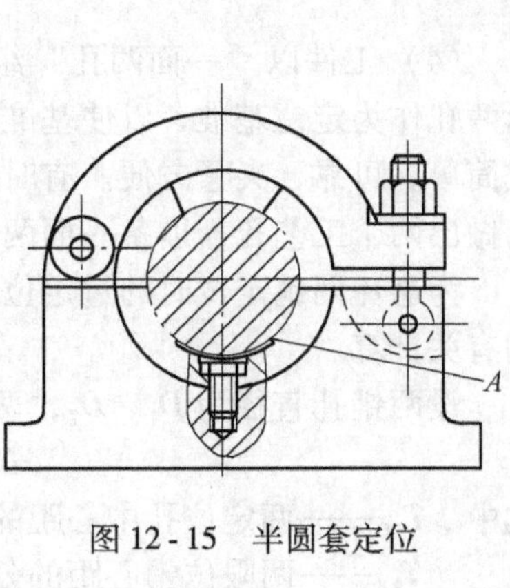

图 12 - 15　半圆套定位

3）V 形块。V 形块指两相交平面成一定角度的槽形定位元件。V 形块主要参数有 5 个：标准心轴直径 d、V 形夹角 α、V 形块高度 H、定位高度 T 及开口尺寸 N，最常用的有固定式及活动式两种。图 12 - 16 所示为已标准化的固定式 V 形块，定位精度较高，工件用长或短圆柱面定位时，可分别限制 4 个或 2 个自由度。如图 12 - 16a 用于较短的精基准定位，图 12 - 16b 用于较长的粗基准或阶梯轴定位，图 12 - 16c 用于较长精基准或两相距较远定位基准面的定位，图 12 - 16d 为在铸铁底座上镶淬硬支承板或硬质合金板的 V 形块。

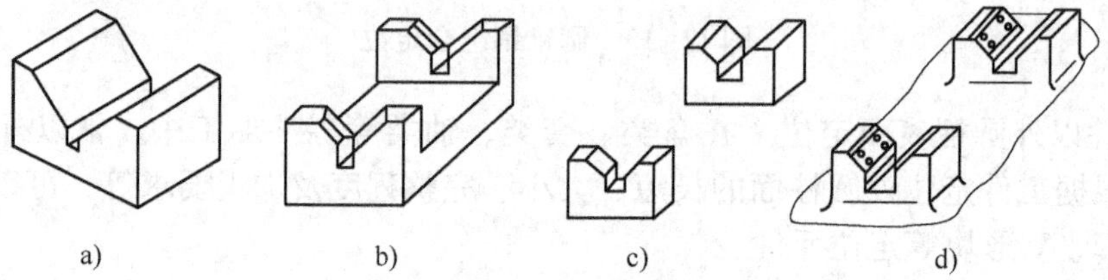

图 12 - 16　固定 V 形块结构形式

活动式 V 形块也已经标准化，结构如图 12 - 17 所示。图 12 - 17a 为加工轴承座孔的限位方式，图 12 - 17b 为加工连杆的限位方式，此时活动 V 形块除限制工件的一个自由度以外，还兼有夹紧的作用。

V 形块适于整圆及非整圆工件的粗、精基准定位。具有良好的对中性（即工件定位基准轴线对中在 V 形块两斜面对称平面上，不受定位基准直径误差的影响），而且装卸工件方便，活动 V 形块还可兼作夹紧元件，也可以自行设计非标准结构，因此生产中应用广泛。

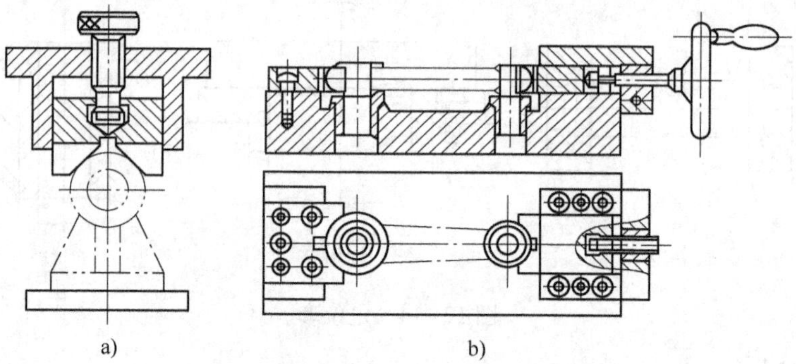

图 12 - 17　活动 V 形块的应用

（4）工件以“一面两孔”组合形式定位　在加工箱体、支座类零件时，常用工件上一面两孔作为定位基准，以使基准统一。此时常采用一面两销的定位元件来限位。这种定位方式简单、可靠、夹紧方便。有时工件上没有合适的小孔时，常把紧固螺栓孔的精度提高或专门做出两个工艺孔，以备一面两孔定位之用。

为避免两销定位时的过定位干涉，应该将两圆柱销之一作成削边销，下面来讨论削边销的有关计算。

设两销孔直径为 D_1、D_2，两定位销直径为 d_1、d_2。两定位孔心距及限位销心距分别为

$$L_D = L \pm T_{LD}/2 \text{ 和 } L_d = L \pm T_{Ld}/2$$

式中　T_{LD}——两定位孔中心距的公差；

T_{Ld}——两限位销心距的公差。

一批工件定位可能出现定位干涉的极限情况为：工件两孔直径最小（$D_{1\min}$、$D_{2\min}$），而两定位销直径最大（$d_{1\max}$、$d_{2\max}$），孔心距最大而销心距最小（左干涉），或者反之（右干涉）。两种情况下的干涉均需消除，它们的计算方法和结果是相同的，现以第一种情况为例，计算削边销宽度及尺寸 b。如图 12-18 所示，设孔 1 中心与销 1 中心重合为 O_1，孔销中心距误差全部由削边销 2 补偿。O_2为销 2 中心，O_2'为孔 2 中心，$\overline{O_2O_2'}=\dfrac{T_{\mathrm{LD}}}{2}+\dfrac{T_{\mathrm{Ld}}}{2}$。由于这一偏移使孔 2 与销 2 产生月牙形阴影干涉区。为了避免这种干涉，削边销 2 的宽度应有 $b\leqslant\overline{BC}$。

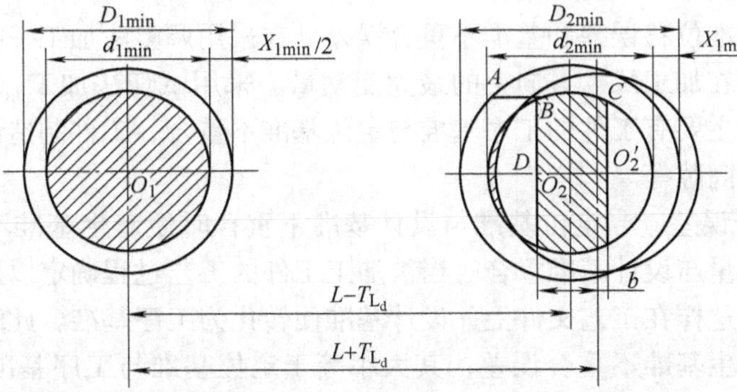

图 12-18　削边销尺寸的确定

由直角三角形 BDO_2 和 BDO_2'可知：$\overline{BO_2^2}-\overline{O_2D^2}=\overline{BO_2'^2}-(\overline{O_2D}+\overline{O_2O_2'})^2$，其中有

$$\overline{O_2D}=\frac{b}{2},\ \overline{BO_2'}=\frac{D_{2\min}}{2},\ \overline{BO_2}=\frac{D_{2\min}}{2}-\frac{X_{2\min}}{2},\ \overline{O_2O_2'}=\frac{T_{\mathrm{LD}}}{2}+\frac{T_{\mathrm{Ld}}}{2}$$

代入上式，化简并略去其中高阶项，可得近似公式

$$b=\frac{X_{\max}D_{\max}}{T_{\mathrm{LD}}+T_{\mathrm{Ld}}}$$

故可反算得

$$X_{2\min}=\frac{b\ (T_{\mathrm{LD}}+T_{\mathrm{Ld}})}{D_{2\min}}$$

式中　$X_{2\min}$——削边销的最小间隙。

削边销的宽度 b 已标准化，为保证削边销的强度，小直径削边销常做成菱形结，称为菱形销，b 为留下的圆柱部分的宽度，菱形的宽度 B，一般可根据孔直径 D 查表得到，见表 12-1。削边销的直径一般按公差等级 IT6 或 IT7 级制造。

表 12-1　削边销尺寸　　（单位：mm）

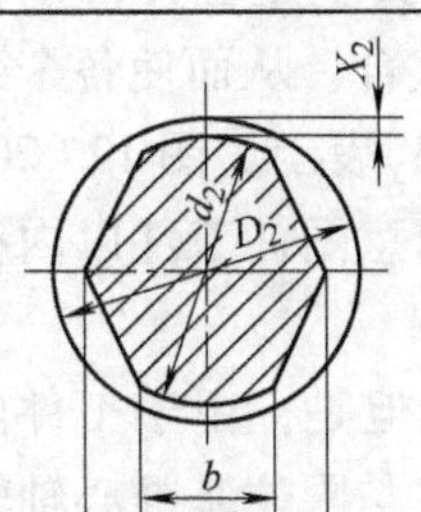	D_2	3~6	6~8	8~20	20~25	25~32	32~40	40~50
	b	2	3	4	5	6	7	8
	B	$D_2-0.5$	D_2-1	D_2-2	D_2-3	D_2-4		D_2-5

12.2.2 定位误差及其计算

1. 定位误差的组成

工件在夹具中位置是以其定位基面与定位元件相接触的配合状况来确定的。由于定位基面、定位元件限位基面的制造误差，会使各工件在夹具中的实际位置不一致。致使加工后各工件的加工尺寸大小不一而形成误差。这种由于工件在夹具上定位不准而造成的加工误差称为定位误差，用Δ_D表示。

定位误差包括基准位移误差和基准不重合误差。在采用调整法加工一批工件时，定位误差的实质是工序基准在加工尺寸方向上的最大变动量。采用试切法加工，不存在定位误差。定位误差产生的原因主要有工件的工序基准与定位基准不重合、工件制造误差和定位元件的制造误差两者间配合间隙等。

（1）基准不重合误差　当定位基准与设计基准不重合时便产生基准不重合误差。因此选择定位基准时应尽量与设计基准重合。当被加工工件的工艺过程确定以后，各工序的工序尺寸也就随之而定，这样在工艺文件上，设计基准便转化为工序基准。此时定位基准与工序基准不重合，就会产生基准不重合误差，其大小等于定位基准与工序基准之间尺寸（称为定位尺寸L_d）的公差用Δ_B表示，此误差须在具体的加工要求和定位方案下分析确定。

例如图12-19所示，在长方形工件上铣缺口。工序尺寸为A和B，工序基准为F面和底面，此时对应的定位面为侧面E及底面，如图12-19b所示，加工要求A存在基准不重合误差，大小为定位尺寸的公差，即$\Delta_{B(A)}=T_{Ld}=T_S$，加工要求B定位基准与工序基准重合，不存在基准不重合误差，即$\Delta_{B(B)}=0$。

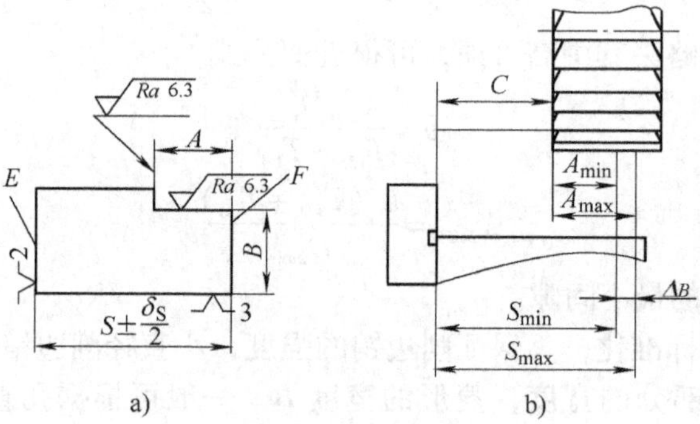

图12-19　基准不重合误差

（2）基准位移误差　工件在夹具中定位时，由于工件定位基面与夹具上定位元件限位基面的制造公差和最小配合间隙的影响，导致定位基准与限位基准不能重合，从而使各个工件的位置不一致，加工尺寸造成误差，这个误差称为基准位移误差，用Δ_Y表示。图12-20a是圆套零件铣键槽的工序简图，工序尺寸为A和B。图12-20b是加工示意图，工件以内孔D在圆柱心轴O上定位，C是对刀尺寸。

尺寸A的工序基准和定位基准均为内孔轴线，两者重合有$\Delta_{B(A)}=0$；但是，由于工件内孔面与心轴圆柱面有制造公差和最小配合间隙，使得定位基准工件孔心线与限位基准心轴轴线不能重合，定位基准相对于限位基准下移了一段距离，由于刀具调整好位置后在加工一批工件过程中位置不再变动（即限位基准的位置不变），所以，工件上定位基准位置的变动影响到加工尺寸 A 的大小，给尺寸 A 造成了误差，这个误差就是基准位移误差 $\Delta_Y(A)$。

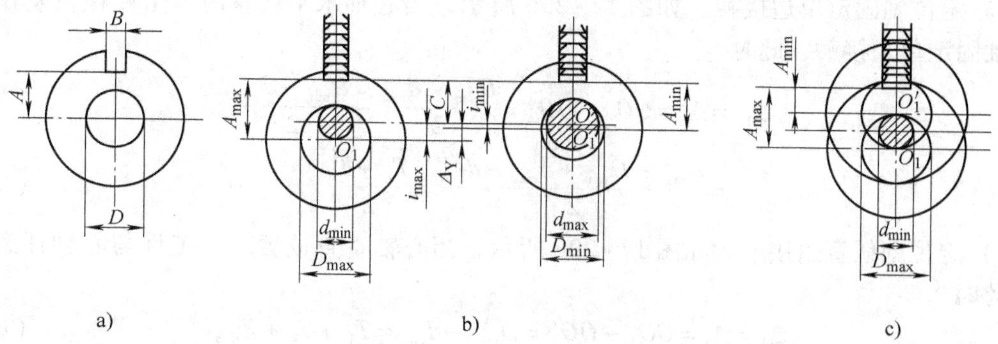

图 12-20　基准位移误差

基准位移误差的大小应等于因定位基准与限位基准不重合造成工序尺寸的最大变动量，即一批工件定位基准相对限位基准的最大变动量 Δ_i。由图 12-20b 可知，一批工件定位基准的最大变动量为：

$$\Delta_i = i_{max} - i_{min} = A_{max} - A_{min} = \Delta_Y(A)$$

式中　A_{max}——最大工序尺寸；

A_{min}——最小工序尺寸。

对于水平加工尺寸 B，定位基准及工序基准均为竖直孔心线，所以有 $\Delta_{B(B)}=0$，限位基准为竖直销心线，由图可知单边接触，故水平方向定位基准与限位基准重合，有 $\Delta_{Y(B)}=0$。

当定位基准的变动方向与工序尺寸的方向相同时，基准位移误差等于定位基准的变动范围，即 $\Delta_Y=\Delta_i$；当定位基准的变动方向与工序尺寸的方向不同时，基准位移误差等于定位基准的变动范围在加工尺寸方向上的投影即

$$\Delta_Y=\Delta_i \times \cos\alpha \tag{12-1}$$

其中 α 为定位基准的变动方向与工序尺寸方向间的夹角。

2. 典型定位方式的定位误差计算

（1）计算原则　如上所述，定位误差由基准位移误差和基准不重合误差组成。但并不是在任何情况下两种误差都存在：当定位基准与工序基准重合时，$\Delta_B=0$；当定位基准相对限位基准无变动时，$\Delta_Y=0$。计算定位误差要先分别算出 Δ_B 和 Δ_Y，然后将两者组合而成 Δ_D。组合方法为

工序基准不在定位基面上　$\Delta_D = \Delta_B + \Delta_Y$　(12-2)

工序基准在定位基面上　$\Delta_D = \Delta_B \pm \Delta_Y$　(12-3)

式中“+”、“-”号按如下方法确定：

1）分析一批工件定位基面直径由小变大（或由大变小）时，定位基准相对限位基准的变动方向，从而判断 Δ_Y 的方向。

2）定位基面直径同上趋势变化时，假设定位基准的位置不变动，即在不考虑 Δ_Y 的情况下分析工序基准的变动方向，从而判断 Δ_B 的方向。

3）按 Δ_B、Δ_Y 的方向叠加 Δ_D。两者变动方向相同取“+”号，变动方向相反取

“-”号。

（2）工件以圆柱配合面定位

1）定位副固定单边接触。如图 12-20b 所示，当心轴水平放置时，工件在自重作用下与心轴固定单边接触，此时

$$\Delta_Y = \Delta_i = OO_1 - OO_2 = \frac{D_{\max} - d_{\min}}{2} - \frac{D_{\min} - d_{\max}}{2}$$

$$= \frac{D_{\max} - D_{\min} + d_{\max} - d_{\min}}{2} = \frac{T_D + T_d}{2} \quad (12-4)$$

2）定位副任意边接触。如图 12-20c 所示，当心轴垂直放置时，工件与心轴任意边接触，此时

$$\Delta_Y = \Delta_i = OO_1 - OO'_1 = D_{\max} - d_{\min} = T_D + T_d + X_{\min} \quad (12-5)$$

式中，T_D、T_d分别为工件孔及心轴的公差，$X_{\min}$为工件孔与心轴的最小间隙，单位均为 mm。须注意的是当工件以外圆定位，用定位套限位时其定位误差计算也用以上公式计算。

例 12.1 钻铰图 12-21a 所示加工凸轮上的 $2\times\phi16$mm 孔，已知定位方式如图 12-21b 所示。定位销直径为 $\phi22_{-0.021}^{\ 0}$mm，求加工尺寸 100±0.1mm 的定位误差。

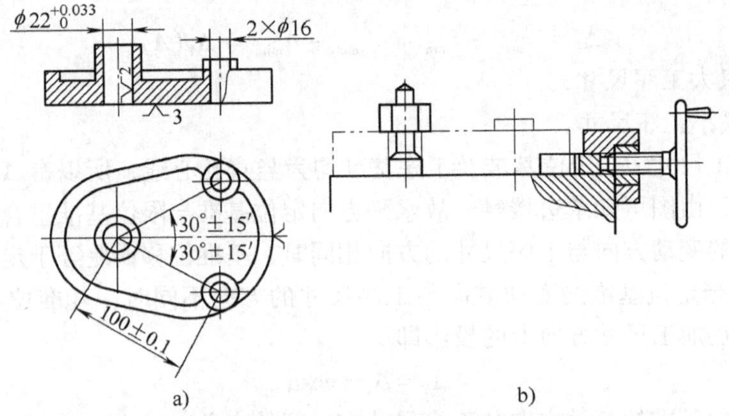

图 12-21 凸轮工序及定位简图

解：① 定位基准与工序基准重合孔心 $\phi22^{+0.033}_{0}$mm，故 $\Delta_{B(100)}=0$。

② 定位基准与限位基准不重合有间隙，定位基准单方向左移，移动方向与加工尺寸方向的夹角为 30°±15′，应用 $\Delta_Y=\Delta_i\times\cos\alpha$ 和式（12-3）。

因 $\Delta_i=\dfrac{T_D+T_d}{2}$可得

$$\Delta_{Y(100)} = \frac{T_D + T_d}{2}\times\cos30° = \frac{0.033+0.021}{2}\times\frac{\sqrt{3}}{2}\text{mm} = 0.02\text{mm}$$

③ $\Delta_{D(100)}=\Delta_B+\Delta_Y=0.02$mm。

④ $\Delta_{D(\doteq)}=\Delta_{B(\doteq)}+\Delta_{Y(\doteq)}=0.069$mm。

（3）一面两孔组合定位　工件以一面两孔定位时，首先选好圆柱销及削边销，还要注意各定位元件对定位误差的综合影响。基准不重合误差要根据具体加工条件分析；基准位移误差则包含平面内移动位移误差和转动位移误差（孔心连线相对销心的转角误差）。移动位

移误差主要取决于第一孔销定位副的最大间隙，转角误差则以一批工件最不利的情况通过几何关系计算。

12.3　工件的夹紧

12.3.1　夹紧装置的组成及基本要求

夹紧是工件装夹过程的重要组成部分。工件定位后须通过一定的机构产生夹紧力，保持工件准确的定位位置并使之固定，确保加工过程中，在切削力、惯性力等外力作用下不产生位移或振动。这种产生夹紧力的机构或系统称为夹紧装置。

（1）夹紧装置的组成　夹紧装置的结构形式很多，主要包括力源装置、中间递力机构及夹紧元件三部分。如图12-22所示，夹紧机构由力源配气阀6、气缸4、活塞5、活塞推杆3、连杆2和夹紧元件压板1组成。

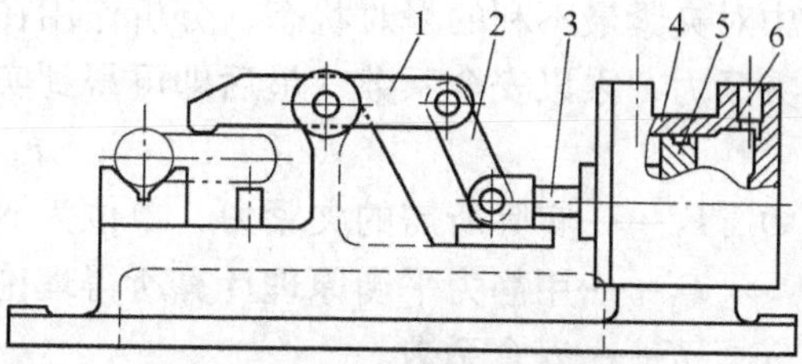

图12-22　夹紧机构的组成
1—压板　2—连杆　3—活塞推杆　4—气缸　5—活塞　6—配气阀

1）力源装置是产生夹紧原始作用力的装置，对机动夹紧机构来说，常用的力源装置有气动、液压、电力等动力装置。

2）中间递力机构是把力源装置产生的力传递给夹紧元件的中间机构，它能改变力的作用方向和大小，当手动夹紧时能可靠地自锁。

3）夹紧元件是夹紧装置的最终执行元件，直接和工件接触，把工件夹紧。中间递力机构及夹紧元件合称为夹紧机构。

（2）夹紧装置的基本要求　机械加工过程中，夹紧装置的作用就是将工件压紧夹牢。夹紧装置是否合理、可靠及安全，对工件加工的精度、生产率和工人的劳动条件有着重大的影响，为此对其提出如下基本要求：

1）夹紧过程可靠。夹紧过程中不破坏工件在夹具中的正确定位位置。

2）夹紧力大小适当。夹紧后的工件变形和表面压伤程度须在加工精度允许的范围内。

3）结构工艺性好。结构力求简单、紧凑，便于制造和维修。

4）使用性好。夹紧动作迅速，操作方便，安全省力。

12.3.2　夹紧力的确定

确定夹紧力的方向、作用点和大小时，依据工件的结构特点、加工要求，并结合工件加工中的受力状况及定位元件的结构和布置方式来确定。

（1）夹紧力作用点的选择

1）夹紧力的作用点应选在定位元件的支承范围内。若夹紧力的作用点落到了定位元件支承范围之外将破坏工件的定位。

2）夹紧力的作用点应落在工件刚性较好的部位。这一原则对刚性差的工件特别重要。

3）夹紧力的作用点应适当靠近加工表面。若主要夹紧力的作用点距加工表面较远，加工部位刚性差会产生较大振动，影响加工质量，应在靠近加工表面的部位设置一个辅助支承，并增设夹紧力作用点，以提高工件的装夹刚性，减少加工时工件的振动。

（2）夹紧力方向的选择

1）夹紧力的作用方向应有助于定位稳定，不应破坏工件的定位。

2）夹紧力作用方向应与工件刚度最大的方向一致，使工件的夹紧变形小。

3）夹紧力的作用方向应尽量与工件的切削力、重力等方向一致，有利于减小夹紧力。

（3）夹紧力大小的确定　夹紧力的大小从理论上讲，应该与作用在工件上的其他力或力矩相平衡。而实际上，夹紧力的大小还与工艺系统的刚度、夹紧机构的传动效率等因素有关，计算是很困难的。因此，在实际工作中常用估算法、类比法或经验法来确定所需夹紧力的大小。

在设计夹紧装置时常用估算法确定夹紧力的大小。首先根据加工情况，确定工件加工过程中对夹紧最不利的瞬时状态，分析作用在工件上的各种力，再根据静力平衡条件计算出理论夹紧力，乘以安全系数，最后即可得到实际所需夹紧力，即

$$F_k = K \times F_J$$

式中　F_k——实际所需的夹紧力，单位为 N；

F_J——用静力平衡原理计算所得理论夹紧力，单位为 N；

K——安全系数。

粗加工或断续切削时，取 $K=2.5\sim3$；精加工或连续切削时，取 $K=1.5\sim2$，当夹紧力与切削力方向相反时，K 取大值 3 左右。

计算和确定夹紧力时，对于一般中、小型工件的加工，主要考虑切削力的影响；对于大型工件的加工，必须考虑重力的影响；对于高速回转的偏心工件和往复运动的大型工件的加工，还必须考虑离心力及惯性力的影响。

夹紧力计算可参考夹具设计手册。

12.3.3　常用基本夹紧机构

在夹具的夹紧机构中，通常把最常用的斜楔、螺旋及偏心夹紧机构称为三种基本夹紧机构。

1. 斜楔夹紧机构

采用斜楔的斜面直接或间接夹紧工件的机构称为斜楔夹紧机构。图 12-23 所示为几种斜楔夹紧机构的应用实例。图 12-23a 是在工件上钻互相垂直的两组孔 ϕ8mm、ϕ5mm。工件装入后，敲击斜楔大头，夹紧工件。加工完毕敲击斜楔小头松开工件。由于用斜楔直接夹紧工件，夹紧力较小，且操作费时，所以实际生产中多将斜楔与其他机构联合起来使用。图 12-23b 是将斜楔与顶柱合成的一种双斜楔夹紧机构，其可手动也可以气压驱动。图 12-23c 是由端面斜楔与压板组合而成的夹紧机构。

当用斜楔手动夹紧工件时，应使斜楔具有自锁功能，即使斜楔的斜面升角小于斜楔与工件和斜楔与夹具体之间的摩擦角之和。

斜楔夹紧机构结构简单，操作方便，常在手动或机动夹紧中与其他机构联合使用。

2. 螺旋夹紧机构

采用螺钉、螺母、垫圈及压板等元件组成的机构称为螺旋夹紧机构。螺旋夹紧机构结构简单、制造容易，而且由于螺旋升角小，自锁性能好，夹紧力和夹紧行程都较大，通用性

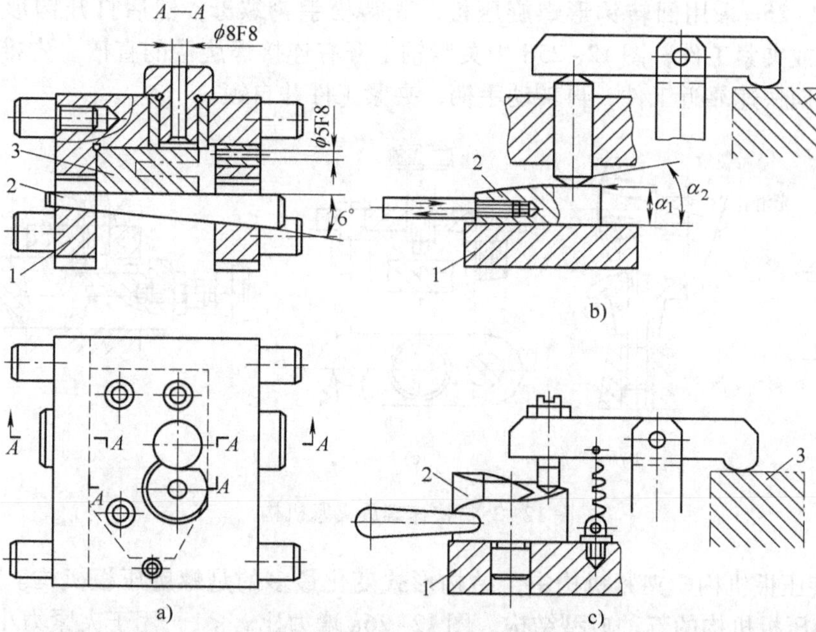

图 12-23　斜楔夹紧机构

1—夹具体　2—斜楔　3—工件

好，是目前在夹具中用得最多的一种夹紧机构。其缺点是夹紧动作慢，故在机动夹紧装置中较少应用。

（1）单个螺旋夹紧机构　图 12-24a、b 所示为直接用螺钉或螺母夹紧工件的机构，称为单个螺旋夹紧机构。旋转夹紧时，螺钉头、螺母端面直接与工件表面接触，会损伤工件表面或带动工件旋转，为此在螺钉头部装上图 12-24c、d 所示的摆动压块。摆动压块与工件接触后，由于压块与工件间的摩擦力矩大于压块与螺钉间的摩擦力矩，压块不会随螺钉一起转动。如图 12-24c 所示，A 型摆动压块用于夹紧已加工表面，B 型摆动压块端面有齿纹，用于夹紧毛坯粗糙表面。

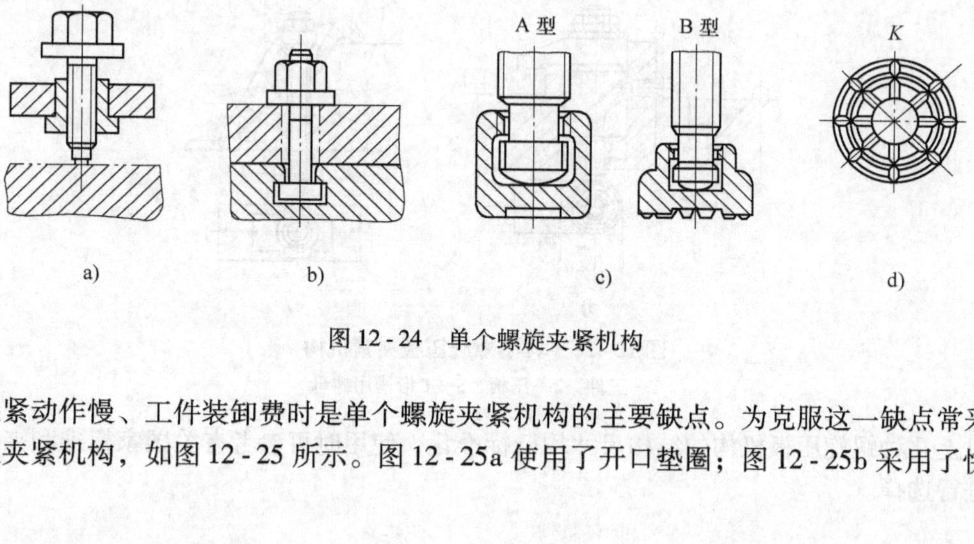

图 12-24　单个螺旋夹紧机构

夹紧动作慢、工件装卸费时是单个螺旋夹紧机构的主要缺点。为克服这一缺点常采用螺旋快速夹紧机构，如图 12-25 所示。图 12-25a 使用了开口垫圈；图 12-25b 采用了快卸斜孔螺母；图 12 - 25c 采用回转钩形螺旋压板，先转松手轮螺母，然后打开钩形压板或反向做，从而松开或夹紧工件；图 12 - 25d 中夹紧轴上开有连接螺旋槽的直槽，先推动手柄摆动压块沿直槽方向快速靠近工件，再转动手柄，夹紧工件并自锁。

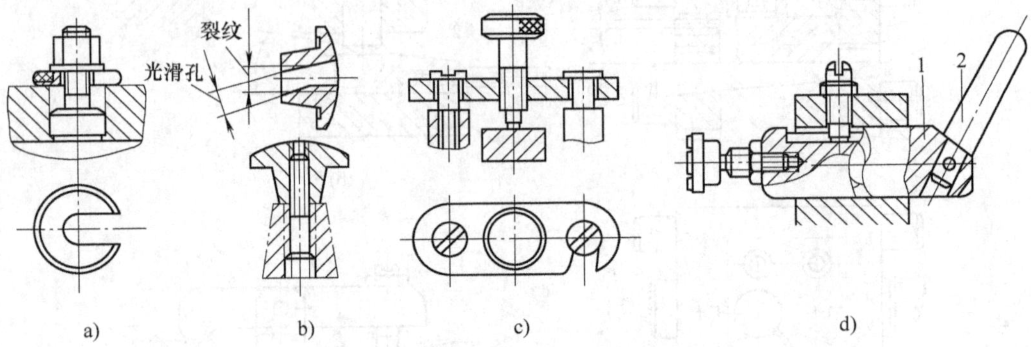

图 12 - 25　快速螺旋夹紧机构

（2）螺旋压板机构　夹紧机构中，结构形式变化最多的是螺旋压板机构。图 12 - 26 所示为常用螺旋压板机构的五种典型结构。图 12 - 26a 增力比 $i_p<1$，用于夹紧力小而夹紧行程大的场合；图 12 - 26b 可通过调整压板的杠杆比，增大夹紧力和夹紧行程；图 12 - 26c 是铰链压板机构，主要用于增大夹紧力场合；图 12 - 26d 是螺旋钩形压板机构，结构紧凑，使用方便，主要用于夹紧机构位置受限的场合；图 12 - 26e 为自调压板，适用于工件有高度变化（在 0 ~ 100mm 范围内），又无需进行调节的场合。

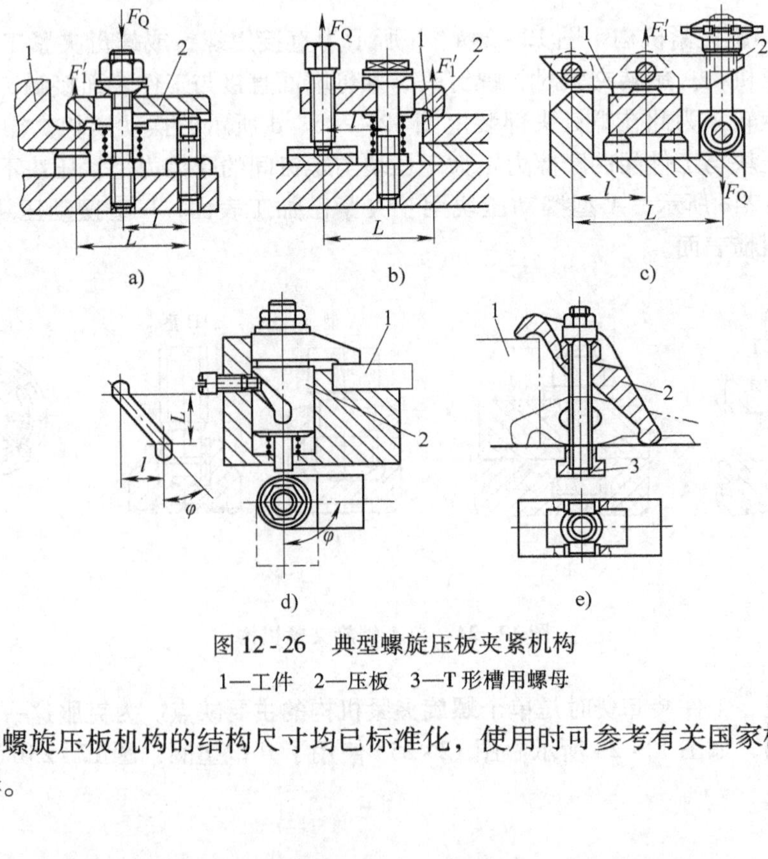

图 12 - 26　典型螺旋压板夹紧机构

1—工件　2—压板　3—T 形槽用螺母

以上几种螺旋压板机构的结构尺寸均已标准化，使用时可参考有关国家标准和夹具设计手册进行选择。

3. 偏心夹紧机构

用偏心件直接或间接夹紧工件的机构，称为偏心夹紧机构。偏心件有圆偏心和曲线偏心两种类型。圆偏心机构因结构简单、制造容易，在夹具中应用较多。图 12 - 27 所示为几种常见偏心夹紧机构的应用实例。图 12 - 27a、b 用的是圆偏心轮，图 12 - 27c 用的是偏心轴，图 12 - 27d 用的是偏心叉。

偏心夹紧机构操作方便、夹紧迅速，缺点是夹紧力和夹紧行程都较小，自锁可靠性差。一般适用于切削负荷小且平稳、没有离心力影响的中小型工件的夹具中。

圆偏心轮的结构已标准化，使用时首先根据工件夹紧方向的公差、装卸工件的间隙及夹紧的压移量等确定夹紧行程 h，再根据所选工作段计算出偏心距 e，按自锁条件计算偏心轮直径 D，最后根据技术要求及参数（可查阅 JB/T 8011.1～8011.5—1999），确定所用偏心轮的具体结构。

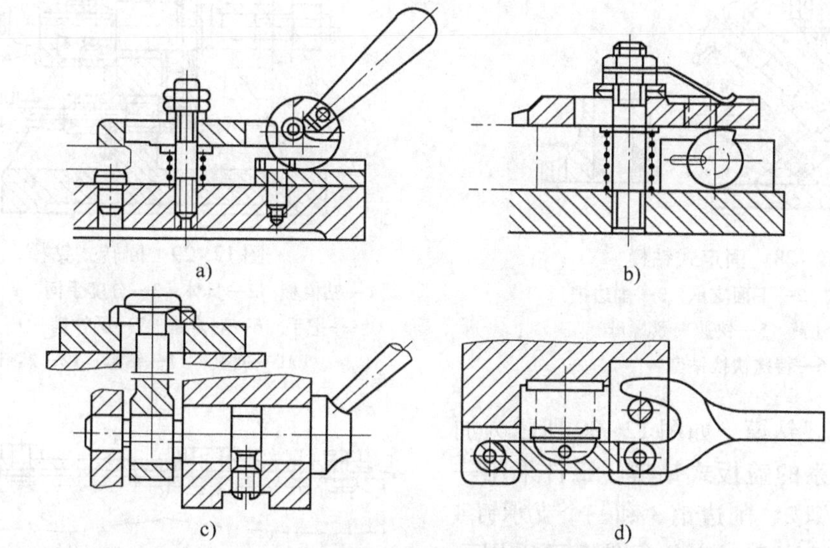

图 12 - 27　偏心夹紧机构

除了上述介绍的各类夹紧机构外，还有联动夹紧机构、定心夹紧机构等，这里不再详述。

12.4　各类机床夹具

12.4.1　钻床夹具

1. 钻床夹具的典型结构形式

钻床上进行孔加工所用夹具称钻床夹具，也称钻模。钻模的类型很多，有固定式、回转式、移动式、翻转式、盖板式和滑柱式等。这里只介绍固定式、回转式和盖板式。

（1）固定式钻模　固定式钻模使用时被固定在钻床工作台上不动，如图 12 - 28 所示。工件以一底面及两孔在斜端面、圆柱销 4 和削边销 3 上定位；采用快速夹紧螺母 5 夹紧，用特殊快换钻套 6 导向加工斜孔。

安装夹具时在钻床主轴上装入标准心棒，调整夹具位置使心棒顺利伸入钻套，然后用压板、螺栓及U形耳座固定夹具。

这类钻模加工精度较高，主要用于立式钻床、摇臂钻床上加工直径较大的单孔或平行孔系。

（2）回转式钻模　带有回转式分度装置的钻模称为回转式钻模。图12-29所示为一加工径向均布孔的回转式钻模。工件以内孔和端面定位；用开口垫圈及螺母夹紧；当加工完一个孔后，拔出对定销6，转动分度手柄3分度，加工下一个孔。加工过程中钻模固定在钻床工作台面上。这种钻模主要适用于加工大型多孔零件同一圆周上的平行、径向孔系或直线上的等距孔系，钻模上设置有分度装置。

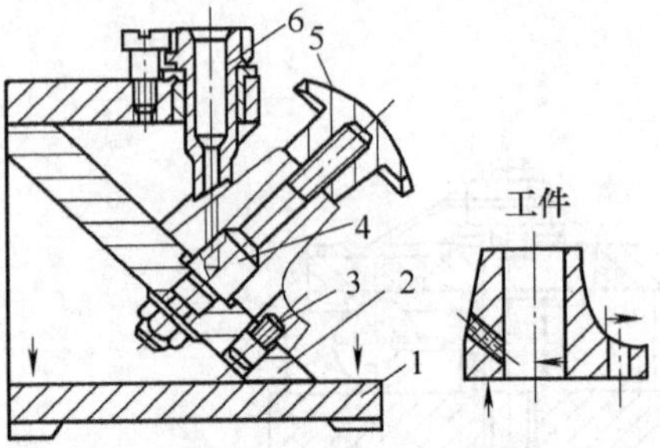

图12-28　固定式钻模

1—夹具体　2—平面支承　3—削边销　4—圆柱销　5—快速夹紧螺母　6—特殊快换钻套

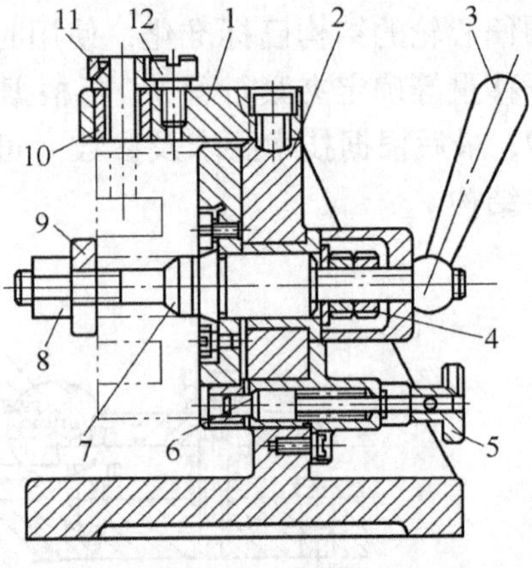

图12-29　回转式钻模

1—钻模板　2—具体　3—分度手柄　4、8—螺母　5—把手　6—对定销　7—圆柱销　9—口垫圈　10—衬套　11—钻套　12—螺钉

（3）盖板式钻模　如图12-30所示为加工某箱体上孔系的盖板式钻模。工件采用一面两孔在圆柱销2、削边销3和三个支承钉4上定位，当孔精度高时定位元件2可采用可胀性心轴对工件定位并夹紧，盖板1上的三处大圆孔是用于减轻重量的。这类钻模没有夹具体，钻套和定位元件直接装在钻模板上，有时也不需夹紧装置，使用时钻模像盖子一样盖在工件上，因需经常搬动，故要设置把手或吊耳，并尽可能减轻重量。盖板式钻模常用于加工大、中型工件上的孔系。

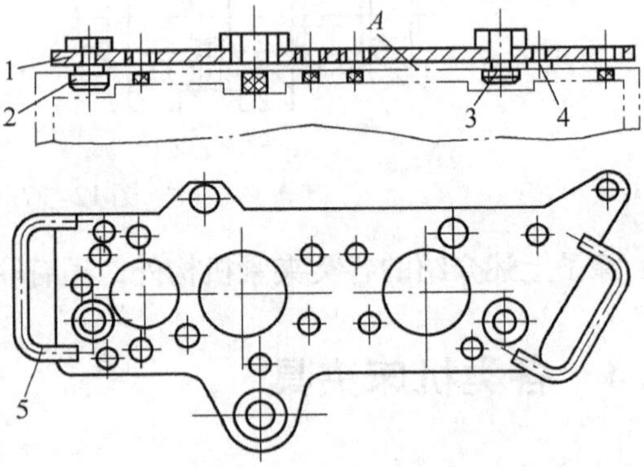

图12-30　盖板式钻模

1—盖板　2—圆柱销　3—削边销　4—支承钉　5—把手

2. 钻床夹具设计要点

（1）钻套的选择和设计

1）钻套类型特点。一般装在夹具的钻模板上，用来确定工件被加工孔位置，引导加工刀具提高其刚性，并防止加工中的振动。钻套一般分为标准钻套及特殊钻套两类。

图12-31所示为标准钻套，分为固定钻套、可换钻套和快换钻套。图12-31a所示的固定钻套有A、B带凸肩及不带凸肩两种类型，直接压装在钻模板上，结构简单，导向精度高，但磨损后不能更换，适用于单一钻孔工序的小批生产。图12-31b所示为可换钻套，钻

套装在衬套中，采用过渡配合，衬套压装在钻模板上，采用过盈配合，为防止钻套转动或退刀时脱出，用螺钉将钻套压紧。钻套磨损后，将螺钉松开可迅速更换。可换钻套适用于大批生产时单一钻孔工序；图12-31c所示为快换钻套，其结构与可换钻套相似，当工件一个工序中同一孔需多工步加工（如需经钻、扩、铰或攻螺纹等）时，能快速频繁更换不同孔径的钻套。更换时，将钻套削边缺口转至压紧螺钉处，即可取出。需要注意削边缺口方向，应放置在钻头切削旋向的前边，以防钻套会自动松脱。

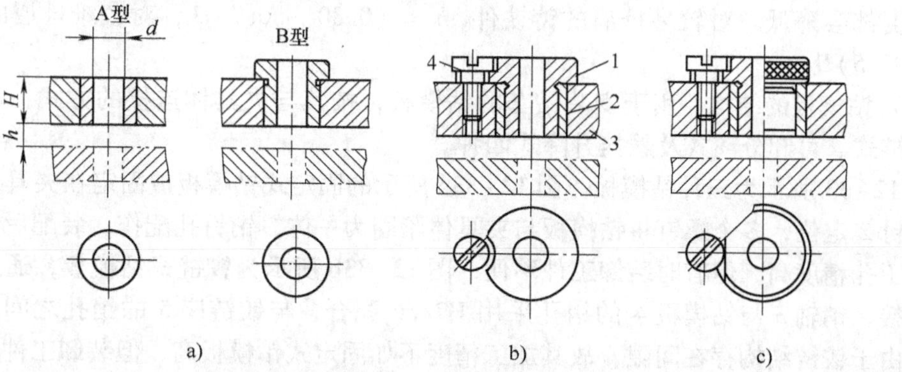

图12-31　标准钻套

图12-32所示是特殊钻套。当工件结构形状或被加工孔位置不适合采用标准钻套时，可自行设计与工件相适应的特殊钻套。图12-32a所示为加长钻套，引导段H应贴近孔端面，用于加工凹深面上孔；图12-32b所示为斜弧面钻套，增加了导向长度，但排屑空间h要减小（$h<0.5$mm），用以增加刀具刚度，避免钻头引偏甚至折断，主要用于加工斜面及圆弧面上孔；图12-32c所示为小孔距钻套，钻套上有多个小孔导向孔，用定位销确定钻套孔位置，主要用于近孔距小孔孔系加工；图12-32d所示为定位夹紧钻套，使工件正确定位同时夹紧；图12-32e所示为上、下二次导引钻套，一般用于加工较深或有较高位置精度的孔。为防止切屑进入，刀杆与钻套间不留间隙选用过渡配合。

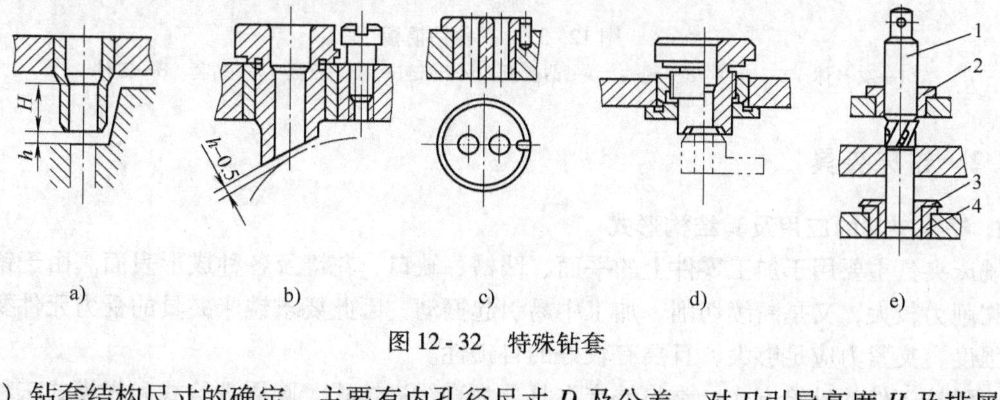

图12-32　特殊钻套

2）钻套结构尺寸的确定。主要有内孔径尺寸D及公差、对刀引导高度H及排屑空间h。钻套内孔D尺寸及其公差是由刀具种类和被加工孔的尺寸精度决定的。钻套内孔的基本尺寸取刀具最大极限尺寸，钻孔时内径公差按F8或G7制造，被加工孔的尺寸精度高于公差等级IT8时，则按F7或G6制造。

例如，加工一孔，其尺寸为ϕ15H7，分钻、扩、铰三个工步完成，所用刀具及快换钻套孔径尺寸公差分别为：

麻花钻头 $d_{钻}$ 为 $\phi13.3_{-0.001}^{0}$ mm，钻套孔径尺寸及公差为 $\phi13.3F8\ (_{+0.016}^{+0.040})$ mm。

扩孔钻尺寸 $\phi15_{-0.025}^{-0.021}$ mm，扩孔套孔径尺寸为 $\phi14.79F8\ (_{+0.016}^{+0.040})$ 即 $\phi15_{-0.194}^{-0.17}$ mm。

铰刀尺寸 $\phi15_{+0.007}^{+0.015}$ mm，铰套孔径尺寸及公差：$\phi15.015G6\ (_{+0.006}^{+0.017})$ 即 $\phi15_{+0.021}^{+0.032}$ mm。

钻套的导向高度 H 增大，则导向性能好，刀具刚度提高，加工精度高，但钻套与刀具的磨损加剧，一般取 $H=(1\sim2.5)D$。排屑空间 h 增大，排屑方便，但刀具的刚度和孔的加工精度都会降低。对较易排屑的铸铁件，$h=(0.30\sim0.7)D$，对较难排屑的钢件 $h=(0.7\sim1.5)D$。

（2）钻模板的结构　用于安装钻套的钻模板，按其与夹具体连接的方式，可分为固定式、铰链式、可卸分离式及悬挂升降式四种。

图 12-33 所示为三种钻模板。图 12-33a 所示的固定式钻模板被固定在夹具体 1 上，由两个销钉 2 定位，多个螺钉将钻模板与夹具体紧固为一体，销钉孔配作，装配后钻套位置不变，加工孔精度高，但有时装卸工件不便；图 12-33b 所示为铰链式钻模板，通过铰链与夹具体连接，销轴 3 与钻模板 4 的销孔采用 H7/h6 配合，与铰链座 5 的销孔之间采用 N7/h6 配合，由于铰链结构存在间隙，故其加工精度不如固定式钻模板高，但装卸工件方便，常在多工步加工中使用；图 12-33c 所示的可卸（分离）式钻模板工件在夹具中每装卸一次，钻模板 4 也要装卸一次，这种钻模板加工的工件精度高，但装卸工件费时，钻模板易损坏。

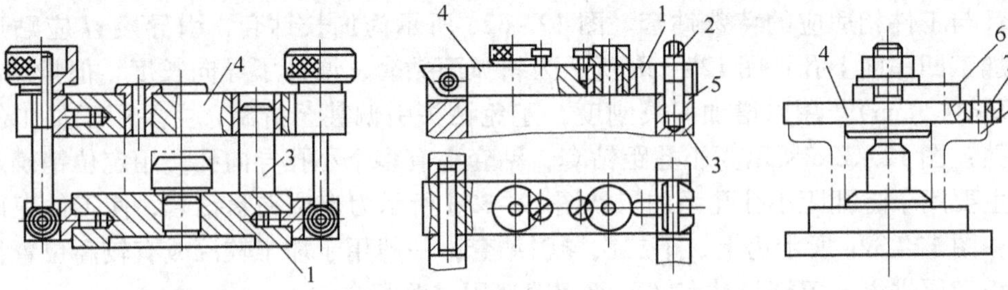

图 12-33　三种钻模板

1—夹具体　2—销钉　3—销轴　4—钻模板　5—铰链座　6—压板　7—钻套　8—工件

12.4.2　铣床夹具

1. 铣床夹具的应用及其结构形式

铣床夹具主要用于加工零件上的平面、凹槽、缺口、花键及各种成形表面。由于铣削加工的切削力较大，又是断续切削，加工中易引起振动，因此要求铣床夹具的受力元件要有足够的强度，夹紧力应足够大，且要有较好的自锁性。

一般按工件的进给方式，常将铣床夹具分为直线进给式、圆周进给式和靠模式三种。

（1）直线进给式铣床夹具　铣床夹具中直线进给式用得最多，一般根据工件结构、质量及生产批量，将夹具设计成单件或多件、串联或并联的联动装夹结构。铣床夹具也可采用分度装置。

1）多件联动夹紧的直线进给式铣床夹具。如图 12-34 所示为铣削垫块上直角缺口的三件联动夹紧直线进给式夹具。工件以底面、槽侧及端面在夹具体 3 和定位块 6 上定位。拧紧螺母 5，通过螺杆带动浮动杠杆 10，即能使两副压板 4、8 均匀地同时夹紧工件。使用两定位键 1 和对刀块 2 确定夹具与机床、刀具间正确的相对位置。夹具可同时加工三个工件，提高了生产效率。工件的加工要求由夹具相应的精度来保证。

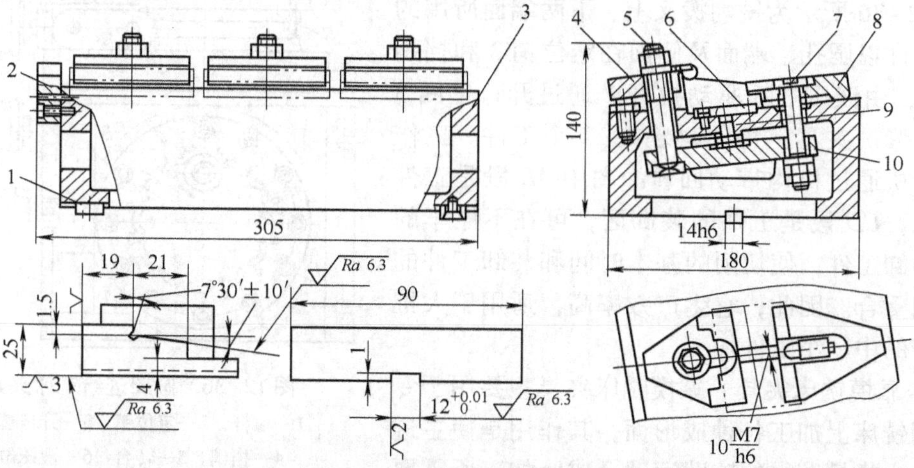

图 12-34　铁垫块铣直角多件联动铣床夹具

1—定位键　2—对刀块　3—夹具体　4、8—压板　5—螺母　6—定位块　7—螺栓　9—支钉　10—浮动杠杆

2）多件平行连续夹紧的带料仓直线进给式铣床夹具。图 12-35 所示的夹具体固定在机床工作台上，可拆卸的装料框如图 12-35b 所示，工件在装料框支架的左端面、圆柱销和菱形销上定位，料仓又以圆柱及菱形销在夹具定位孔和槽中定位，拧紧螺母，通过压板、压块将料仓中的工件平行连续压紧。为提高效率，减少安装工件的辅助时间，一个夹具应准备两个以上装料框，操作者可利用切削的机动时间装好另一料仓的工件，使装卸工件时间与机动时间重合。这种夹具主要适用于成批生产中的小型工件。

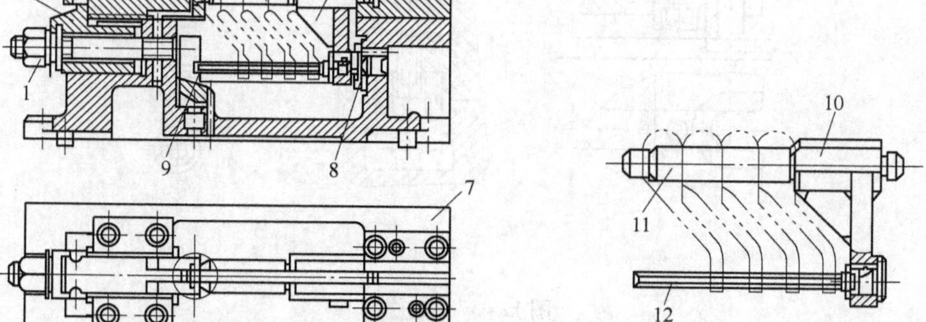

图 12-35　杠杆零件的料仓式铣床夹具

1—螺母　2—压板　3—压块　4、6、8—定位销　5—装料框　7—夹具体　9—定位槽　10—菱形销　11—圆柱销　12—支架

（2）圆周进给式铣床夹具　圆周进给式铣床夹具一般在有回转工作台的专用铣床上使用，在普通铣床上使用时，可进行改装，增加一个回转工作台。

图 12-36 所示为铣削拨叉上、下两端面所用的夹具。工件以圆孔、端面及侧面在定位销 2 和挡销 4 上定位，由液压缸 6 驱动拉杆 1 通过开口垫圈 3 将工件夹紧。夹具上可同时装夹 12 个工件。工作台由电动机通过机构带动回转。图中 *AB* 段是工件的切削区，*CD* 段是工件的装卸区，可在不停车的情况下装卸工件，使切削的基本时间和装卸工件的辅助时间重合。因此，它生产效率高，适用于大批大量生产的中、小工件加工。

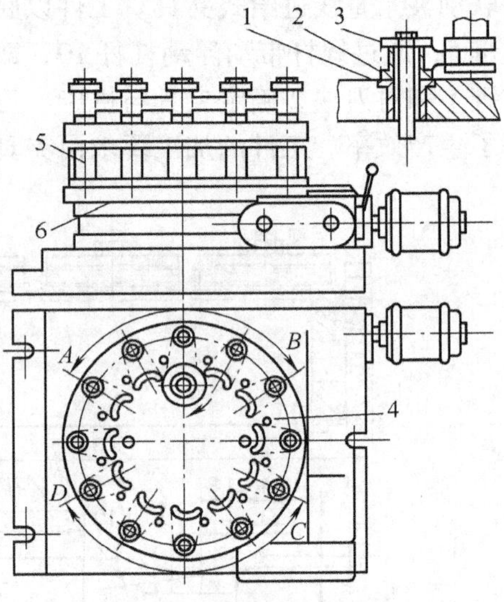

图 12-36　圆周进给铣床夹具

1—拉杆　2—定位销　3—开口垫圈　4—挡销　5—转台　6—液压缸

（3）靠模铣床夹具　靠模铣床夹具主要用于专用或通用铣床上加工各种成形面，其作用是使主进给运动和由靠模获得的辅助运动合成为加工所需要的仿形运动。

2. 铣床夹具的结构特点

铣床夹具除了具有定位元件、夹紧机构和夹具体以外，和其他机床夹具不同的是还具有定位键和对刀装置（对刀块与塞尺）。

（1）定位键　铣床夹具常用装在夹具体底面上的定位键来确定夹具相对于机床进给方向的正确位置。图 12-37 所示为常用矩形及圆形定位键的结构。矩形定位键已经标准化，其规格尺寸、材料和热处理等可查阅夹具手册。

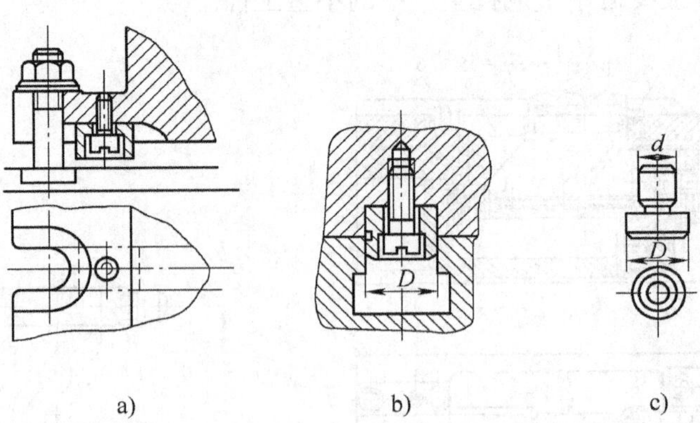

图 12-37　定位键

定向精度要求高的铣床夹具，常不放置定位键，而在夹具体的侧面加工出一窄长平面作为夹具安装时的找正基面，通过找正获得较高的定向精度。

（2）对刀装置　主要由对刀块和塞尺组成，用来确定夹具与刀具的相对位置。其结构形式取决于工件加工表面的形状。图 12-38 所示为几种常用的对刀装置，其中图 12-38a 所示装置用于铣平面，图 12 - 38b 所示装置用于铣槽，图 12 - 38c、d 所示装置用于铣削成形面。

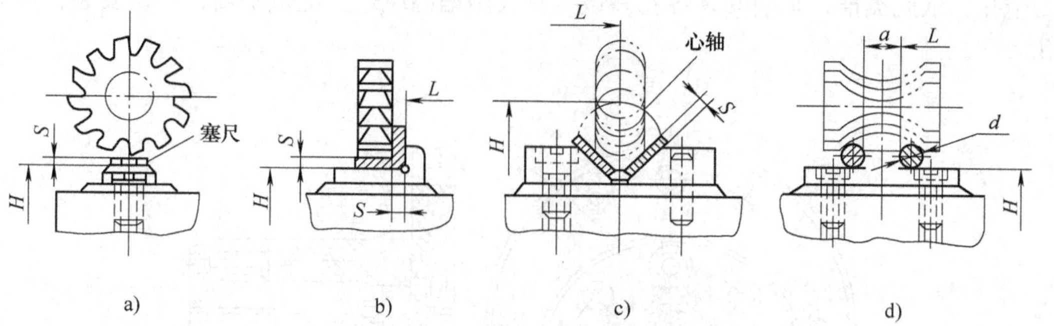

图 12 - 38　对刀装置

对刀块与塞尺均已标准化，其结构尺寸、材料、热处理等都可从夹具手册中查到。

12. 4. 3　车床夹具

1. 车床夹具的主要类型

（1）定心式车床夹具　定心式车床夹具多用于工件以内孔作主要定位基准，加工外圆柱面的情况。常见的车床心轴有圆柱心轴、弹簧心轴、液塑性心轴、顶尖式心轴等，在前边定心夹紧机构中已作多种介绍。在此仅举飞球保持架加工外圆工序的应用实例。

图 12 - 39a 所示为加工 $\phi92_{-0.5}^{\ 0}$mm 外圆及两端倒角 C0. 5 工序图，图 12 - 39b 所示为加工时所用圆柱心轴。心轴上装有定位键，工件以大端面、$\phi33$mm 孔及槽侧面为定位基准在心轴及定位键上定位，每次装夹 22 件，每件之间还要装一垫套，以便加工倒角 C0. 5。旋转螺母，通过快换垫圈和压板将工件平行连续夹紧。卸下工件时需取下右侧压板。

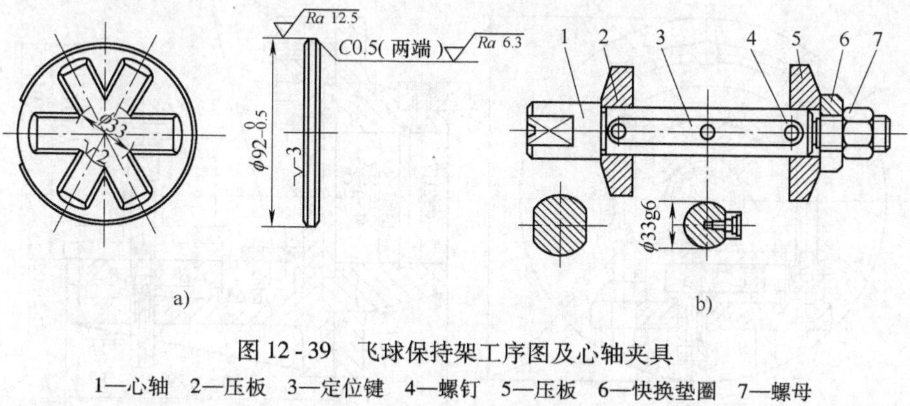

图 12 - 39　飞球保持架工序图及心轴夹具

1—心轴　2—压板　3—定位键　4—螺钉　5—压板　6—快换垫圈　7—螺母

（2）卡盘类车床夹具　卡盘类车床夹具结构特点与自定心卡盘类似，装夹的工件大都是回转体、对称体，回转加工时不平衡影响较小。

（3）回转分度车床夹具　图 12 - 40 所示是阀体四孔偏心回转车床夹具装配图。该夹具用于普通车床，车削阀体上的 4 个均布孔。工件以端面、中心孔和侧面在转盘、定位销及挡销上定位；分别拧紧螺母，通过两个钩形压板将工件压紧。一孔车削完毕后，松开螺母，拔出对定销，转盘旋转 90°，将对定销插入分度盘的另一个定位孔中，再拧紧螺母，即可车削第二个孔，依此类推，车削其余各孔。该夹具利用偏心原理及配重平衡，一次安装，可车削多孔。

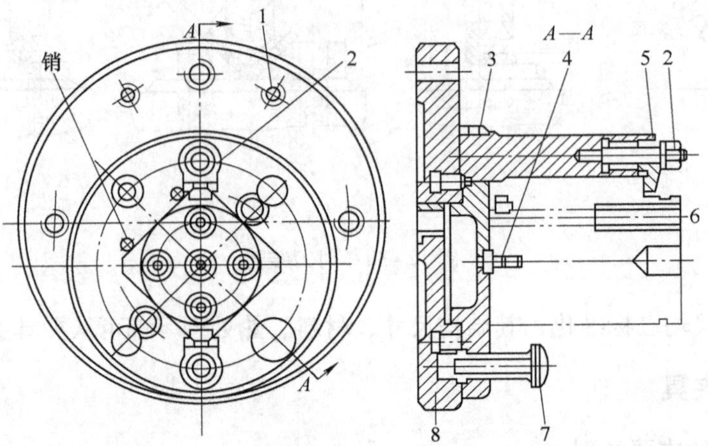

图 12-40　阀体四孔偏心回转分度车床夹具

1—配重用螺孔　2—螺母　3—转盘　4—定位销　5—压板　6—工件　7—对定销　8—分度盘

（4）角铁式车床夹具　在车床上加工箱体类、支座类零件上的回转面及端面时，由于零件形状比较复杂，难以装在通用卡盘上，而需设计带有前台面的角铁车床夹具。图 12-41 所示为一角铁式车床夹具，用于精镗开合螺母的中心孔。这类车床夹具端面及前台面类似角铁的形状，故称其为角铁式车床夹具。

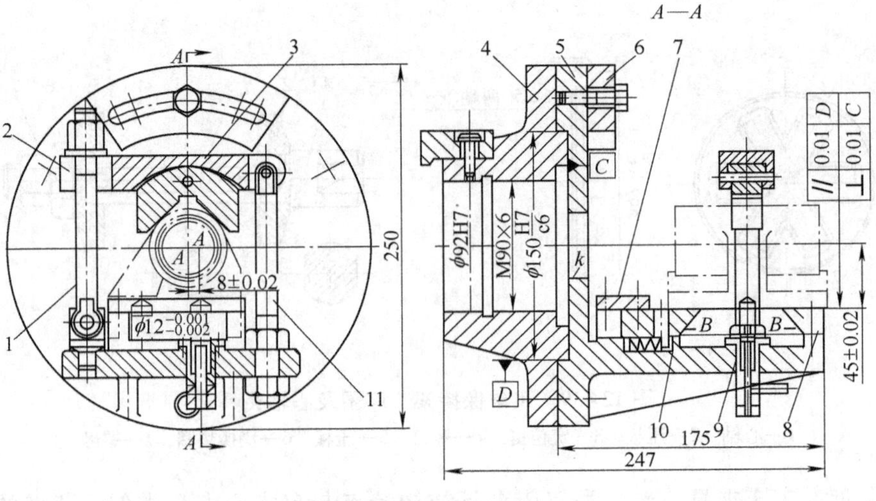

图 12-41　开合螺母中心孔的角铁式车床夹具

1、11—螺栓　2—压板　3—摆动 V 形块　4—过渡盘　5—夹具体

6—平衡块　7—盖板　8、10—固定、活动支承板　9—活动菱形销

(5) 花盘式车床夹具　图 12-42 所示为十字槽轮零件精车 $\phi 23^{+0.023}_{0}$mm 圆弧的工序简图。

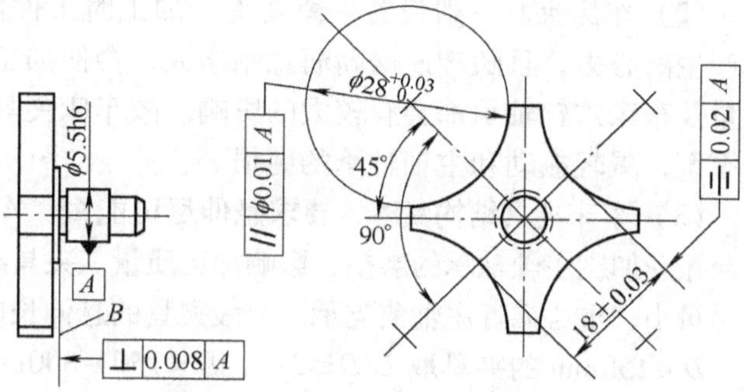

图 12-42　十字槽轮零件精车圆弧工序简图

图 12-43 所示为精车圆弧工序的夹具，工件以外圆柱面 $\phi 5.5h6$、端面 B 及半精车的 $\phi 22.5h8$ 圆弧面（精车 $\phi 23^{+0.023}_{0}$mm 圆弧面前已经半精车好）为定位基面，在夹具上定位套 1 的内孔面与端面及定位销 2（安装在套 3 中，其限位表面尺寸为 $\phi 22.5^{0}_{-0.01}$mm，安装在定位套4 中的限位基面尺寸为 $\phi 23^{0}_{-0.008}$mm 图中未画出，用于精车第二个圆弧面时使用）的外圆表面为相应的限位表面。限制工件 6 个自由度，符合基准重合原则。同时加工三件，有利于尺寸的测量。

为了保证工件加工精度，该夹具体止口与过渡盘凸台就地加工达到 $\phi 120H7/n6$ 过盈配合；工件 $\phi 23^{+0.023}_{0}$mm 圆弧尺寸由刀具调整，且 4 个圆弧要在同一定位套中使用同一定位销定位并加工；定位套 1 内孔 $\phi 5.5G5$ 与安装基面 B 的垂直度、与安装基准 A（$\phi 20H7$ 孔）的距离 $20.5^{+0.010}_{+0.002}$mm 共同保证尺寸 18mm ±0.02mm 及对称度公差 0.02mm。

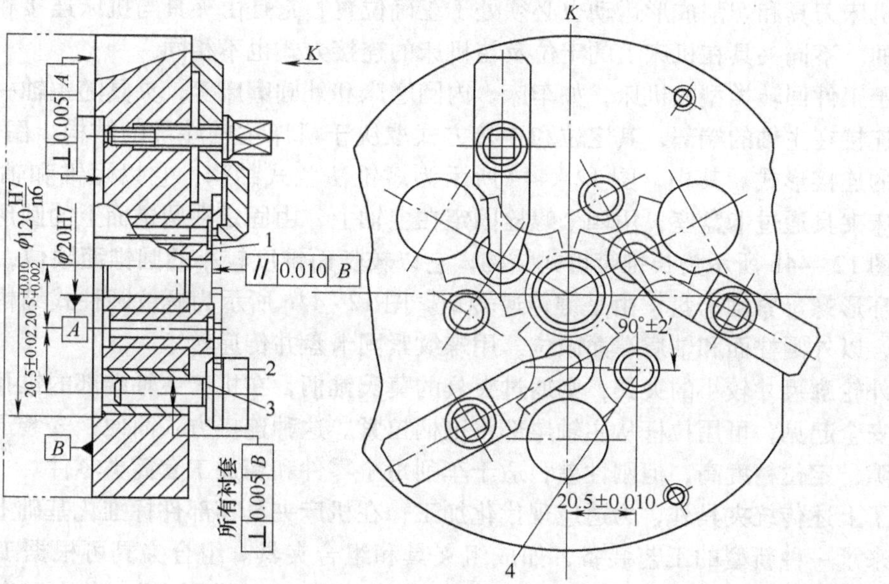

图 12-43　花盘式车床夹具

1、3、4—定位套　2—定位销

2. 车床夹具的结构特点

(1) 保证工件与车床主轴的轴线重合　为在机床主轴上正确安装车床夹具，夹具用止口孔在过渡盘上定位；此外，在夹具上常设置找正孔、校正基圆等测量表面，以保证主轴回转轴线与工件加工面的轴线重合。

（2）车床夹具一般设置平衡装置　加工时工件随夹具一起转动，若重心偏离回转中心会产生离心力，且随转速增高而急剧增大，会使加工过程产生振动，对零件加工精度、表面质量及车床主轴轴承都会有较大的影响。故车床夹具应设置配重块或减重孔来达到夹具的基本平衡，减轻振动和主轴轴承的磨损。

（3）车床夹具结构紧凑，要求悬伸尽可能短　车床夹具一般是在悬臂状态下工作的，易引起振动加剧主轴轴承的磨损，影响加工质量。夹具结构应力求简单紧凑、轻便安全，悬伸长度尽量小，重心靠近主轴前支承。一般夹具的悬伸长度 L 与轮廓直径 D 之比应控制如下：

$D<150\text{mm}$ 的夹具取 $L/D\leqslant2.5$；$D=150\sim300\text{mm}$ 的夹具取 $L/D\leqslant0.9$；$D>300\text{mm}$ 的夹具取 $L/D\leqslant0.6$。

（4）要求夹紧装置安全可靠　加工过程中车床夹具要受到离心力、重力和切削力的作用，其合力的大小与方向是变化的。所以夹紧装置要有足够而合适的夹紧力和良好的自锁性，夹紧变形尽可能小，且要求受力布局合理，不应破坏工件的定位精度，以确保夹紧安全可靠。

（5）为保证安全夹具体应制成圆形　车床夹具的夹具体应设计成圆形，装在夹具体上的各个元件（包括工件）不允许伸出夹具体直径之外，以免工作时碰伤操作者。此外，还应考虑切屑的缠绕、切削液的飞溅等影响安全操作的问题。

3. 车床夹具的定位及夹具与机床的连接

工件在夹具中的正确位置是由夹具定位元件的限位面所确定的。而夹具定位元件的限位面相对机床刀具和切削成形运动也必须处于正确位置，它是由夹具与机床连接和配合的精度来保证的。不同夹具在机床上的定位及与机床的连接方式也不相同。

对于工件回转类型的机床，如车床、内圆磨床和外圆磨床等，夹具随主轴一起回转，夹具一般连接在主轴的端部，其定位和连接方式取决于机床主轴端部的结构。图 12-44 所示为常用的连接形式。其中，图 12-44a 所示为短锥法兰式结构，它以短锥和轴肩作为限位面，车床夹具通过卡盘座，用四个螺栓固定在主轴上，由固定在圆锥面上的圆形端面键传递转矩。图 12-44b 所示为长锥带键式结构，它以较长而锥度较小的圆锥面限位，用套在主轴轴肩的环形螺母紧固卡盘，由平键传递转矩。图 12-44c 所示为螺纹圆柱式结构，卡盘座在轴端上，以外圆柱面和轴肩端面限位，用螺纹紧固卡盘并传递转矩。

对外轮廓尺寸较小的夹具，则通过夹具的莫氏锥柄，在机床主轴端部的锥孔内定位并连接，为安全起见，可用拉杆从主轴尾部将锥柄拉紧。这种连接方式简便，安装迅速，锥面定心无间隙，定位精度高，但刚性差，适于车削短小零件和精加工套筒类零件。

除了上述传统夹具外，为适应现代化加工，在机床夹具零部件标准化基础上，近些年又发展起来了一种新型的工艺装备，如成组夹具和组合夹具。组合夹具可根据工件的加工要求，能在较短时间内组装成专用夹具，其工作原理类似于“搭积木”，其中以车、钻组合夹具应用最广。组合夹具是以组装代替设计和制造，故具有如下特点：①灵活多变，适应范围广，可大大缩短生产准备周期；②可节省大量人力、物力，减少金属材料的消耗；③可大大减少存放专用夹具的库房面积，简化了管理工作。它对保证产品质量，提高劳动生产率，降低成本，缩短生产周期等都起着重要的作用。

当然，组合夹具也有其不足之处：①外形尺寸较大、笨重且刚性较差；②由于所需元件的储备量大，故一次性投资费用高。

成组夹具和组合夹具这里不做专门介绍，需要时可参阅相关资料。

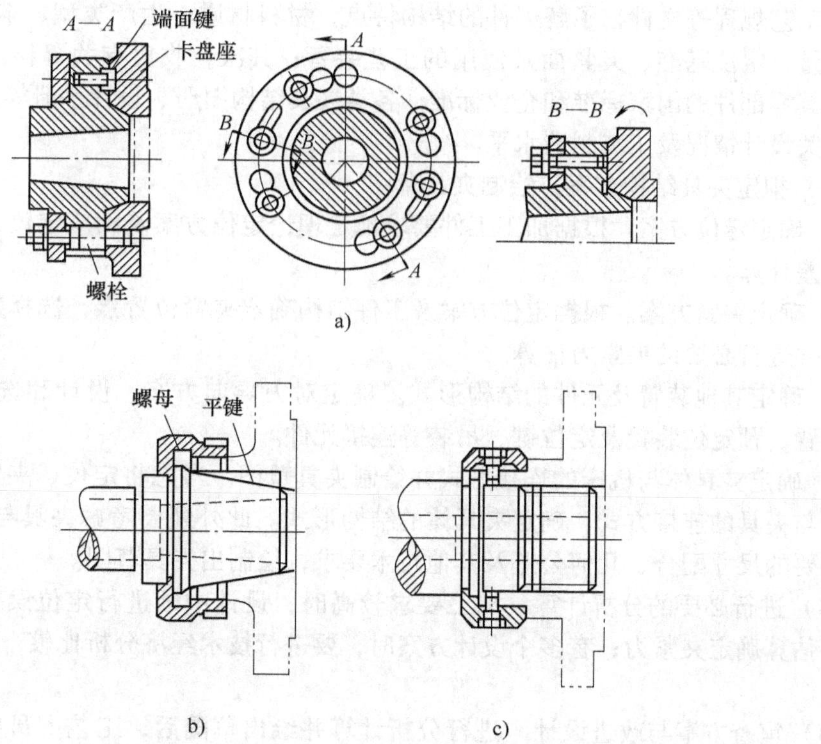

图 12-44 车床夹具与机床主轴的连接

12.5 专用夹具的设计方法和步骤

在专用夹具设计中，除要考虑工件的定位、夹紧和夹具结构外，还需进行夹具总图上尺寸公差及技术要求的标注，工件在夹具中加工的精度分析，夹具的经济分析等。

12.5.1 专用夹具的设计步骤

1. 对专用夹具的基本要求

（1）保证工件的加工精度 专用夹具应有合理的定位、夹紧、对刀导向方案，合适的尺寸、几何公差和技术要求，并进行必要的精度分析，确保夹具满足工件加工精度要求。

（2）提高生产率 专用夹具的复杂程度要与工件生产纲领相适应，即根据工件生产批量选择不同复杂程度的高效夹具，如快卸、多件及联动装置以缩短辅助时间。

（3）工艺性好 设计专用夹具时，应在满足生产要求的前提下，力求结构简单合理，便于加工、装配、检验、调整和维修。

（4）使用性好 专用夹具的操作应简便、省力、安全可靠、排屑方便，必要时应设置排屑结构。

（5）经济性好 夹具结构简单，采用标准件多，夹具成本低而耐用，使用价值高。

2. 专用夹具的设计步骤

（1）明确设计任务，收集设计资料 首先分析研究被加工工件的装配图、零件图、工序图、工艺规程等文件，了解工件的结构特点、材料材质、生产类型、本工序的加工要求、加工余量、定位基准、夹紧面及使用的工艺装备；其次，收集有关资料，如机床的技术参数、夹具零部件的国家标准和企业标准、各类夹具结构图册、设计手册等，了解工厂同类夹具的相关设计情况及工装制造水平。

（2）拟定夹具结构方案，绘制夹具草图

1）确定定位方案。根据加工工件要求确定理论定位方案及相应定位元件，进行必要的定位误差计算。

2）确定夹紧方案。根据定位方案及工件结构确定夹紧位置点，选择适当的夹紧机构及装置，并进行必要的夹紧力估算。

3）确定其他装置及元件的结构形式。确定对刀导向方案，设计和选择对刀导向装置、分度装置、预定位装置及定位键、吊装等连接元件。

4）确定夹具体与机床的连接方式并绘制夹具草图。考虑将定位、夹紧、对刀及分度装置结构与夹具的连接方式，确定夹具体的结构形式。此外还要考虑夹具与机床的连接方式，考虑必要的尺寸配合、几何公差及其他技术要求，绘制出夹具草图。

（3）进行必要的分析计算　加工要求较高时，设计中须进行定位误差计算，有动力装置的要估算确定夹紧力；有多个设计方案时，要进行技术经济分析比较，确定经济效益高的方案。

（4）审查方案与改进设计　进行分析计算并绘出草图后，工艺人员要征求有关技术部门的意见，审查并改进设计方案。

（5）绘制夹具总图　绘制夹具总图时要按国家标准，绘图比例尽量用1:1，主视图取夹具面对操作者位置画，总图应把夹具工作原理、各种装置的结构及其相互的装配关系表达清楚。

绘制总图顺序及步骤如下：

1）用双点画线将工件的外形轮廓、定位基面、夹紧表面及加工表面画在各视图相应位置上，待加工表面的加工余量可用网纹线或粗实线表示。在总图中工件可看作透明体，不遮挡后面的线条。

2）实线依次画出定位、夹紧、对刀及导向元件或装置的具体结构，再画出夹具体，并将各元件及装置连成一个整体。

3）标注必要的配合尺寸、整体安装尺寸公差及技术要求。

4）编制夹具总图的明细栏及标题栏。

（6）绘制夹具的零件图　按总图要求确定全部非标准零件的尺寸、公差及技术要求。

12.5.2　夹具总图尺寸及技术要求的制订

1. 夹具总图上应标注的尺寸和公差

（1）最大轮廓尺寸　一般指夹具长、宽、高三个方向的轮廓尺寸，如图12-45中的ϕ70mm、84mm、60mm。如果夹具有活动部分，则应用双点画线画出其最大活动范围。

（2）影响定位精度的尺寸及公差　主要指“工件定位基面-定位元件”或“定位元件之间”的相互位置尺寸及公差。例如图12-45中的ϕ20H7/g6，台肩与心轴轴线间的垂直度公差“⊥/0.01/*A*”等。

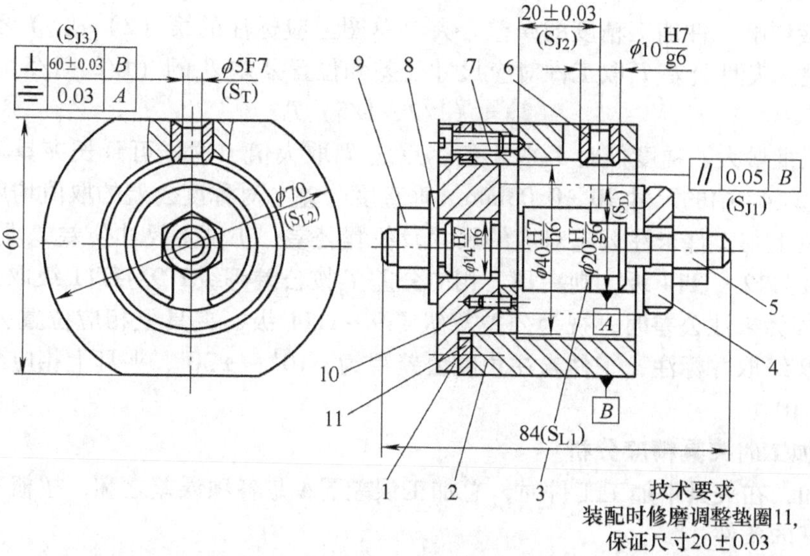

图 12-45　钢套钻孔型材夹具体钻模标注及精度分析示例

1—盘　2—套　3—定位心轴　4—开口垫圈　5—夹紧螺母　6—固定钻套

7—螺钉　8—垫圈　9—锁紧螺母　10—防转销钉　11—调整垫圈

（3）影响对刀精度的尺寸及公差　主要指“刀具-对刀导向元件”本身及相互之间尺寸公差。如图 12-45 中钻套导引孔的公差 ϕ5F7。

（4）影响夹具在机床上安装精度的尺寸及公差　主要指“夹具安装基面-连接元件与机床相应配合表面”间的尺寸、公差。如图 12-45 所示，钻模的安装基面是平面，要求底平面的平面度为0.05。又如图12-43 所示车床夹具中的 | ⊥ | 0.005 | A |、ϕ120H7/n6 及其沉台面的垂直度“⊥/0.05/A”。

（5）影响夹具制造及装配精度的尺寸及公差　指“定位元件-对刀元件-安装基面”三者之间的位置尺寸及公差。

例如图 12-45 中对刀导向元件钻套与定位端面距离 20±0.03mm，安装基面、定位心轴及刀具导套之间的位置公差要求 | // | 0.05 | B |、| ⊥ | 0.03:60 | B |。

（6）其他重要尺寸及配合　主要指夹具内部各连接副的配合、各组成元件之间的位置关系。这类尺寸的配合及几何公差，设计时可查阅夹具设计手册。

如图12-45 中夹具体盘1、套2 间的配合 ϕ40H7/n6，夹具体与定位元件间配合ϕ14H7/n6，衬套与钻模板间、钻套与衬套间配合 ϕ10H7/n6 等。

2. 夹具总图上应标注的其他技术要求

夹具总图上无法用符号标注说明而又必须说明的问题，就用文字形式写出技术要求，包括夹具装配调整方法、配作加工要求、夹具操作顺序等。例如本例中，应标出“装配时修磨调整垫圈 11，保证尺寸 20±0.03。”的技术要求。

3. 夹具总图上公差值的确定

夹具总图上取公差值大小的原则是满足加工零件要求的前提下，尽量降低夹具的制造精度和成本。

(1) 直接影响工件加工精度的误差　夹具总图上应标注的第 (2) ~ (5) 类尺寸的公差属于此类公差。夹具公差 T_J取工件对应尺寸公差和位置公差 T_K的 (1/2 ~ 1/5)，即有：

$$T_J = (1/2 \sim 1/5)\ T_K$$

工件加工批量大、精度低时 T_J取小值，反之 T_J取大值，这样可延长夹具寿命，降低制造难度。图 12-45 中的尺寸 20 ±0.03mm、垂直度公差、对称度公差的取值均属于此类。

(2) 夹具上与工件未注公差对应的尺寸及位置公差　工件上尺寸公差 T_K是未注公差时，视为公差等级 IT12 ~ IT14 级，则夹具上相应公差 T_J按公差等级 IT9 ~ IT11 级取并标注；工件上位置要求 T_K为未注公差时，视为公差等级 IT9 ~ IT11 级，夹具上相应位置公差 T_J按公差等级 IT7 ~ IT9 级取并标注；工件未注角度公差视为 ±10′ ~ ±30′，夹具上相应角度公差则标注为 ±3′ ~ ±10′。

4. 工件加工时夹具精度分析

由前可知，在夹具中加工工件时，总加工误差$\sum\Delta$ 是各项误差之和，按概率法叠加保证工件加工精度的条件：

$$\sum\Delta = \sqrt{\Delta_D^2 + \Delta_T^2 + \Delta_A^2 + \Delta_Z^2 + \Delta_G^2} \leqslant T_K$$

为保证夹具使用寿命，防止因磨损导致的过早报废，在分析工件加工精度时，一般会留出一定的精度储备量 J_C，上式改写为 $\sum\Delta \leqslant T_K - J_C$ 或 $J_C = T_K - \sum\Delta \geqslant 0$。

当 $J_C \geqslant 0$ 时，夹具能满足工件的加工要求，J_C 值的大小还表示夹具使用寿命和夹具总图上各项公差 T_J 的取值是否合理。

由图 12-45 及图 12-46 所示的钢套加工径向孔工序图，分析钢套钻模加工精度。

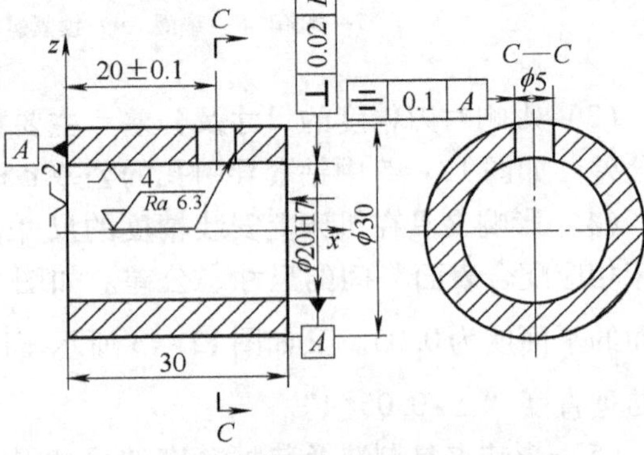

图 12-46　钢套加工径向孔工序图

1) 定位误差 Δ_D：

计算得出 $\Delta_{D(20\pm0.1)} = 0$，$\Delta_{D(\equiv)} = X_{max} = 0.041mm$。

2) 对刀误差：

∵ 钻套 $\phi5F7(^{+0.022}_{+0.010})$ mm、钻头 $\phi5^{\ 0}_{-0.03}$mm

∴ $\Delta_T = 0.022mm + 0.03mm = X_{max} = 0.052mm$

3) 夹具安装误差 Δ_A：夹具底平面放在机床工作台上，所以有 $\Delta_A = 0$。

4) 夹具制造误差 Δ_Z：因为夹具自身的制造及装配调整，因此有以下三项：

$\Delta_{Z(\perp)} = 0.03mm$，$\Delta_{Z(\equiv)} = 0.03mm$，$\Delta_{Z(20\pm0.03)} = 0.06mm$

5) 过程误差 Δ_G：$\Delta_{G(\equiv)} = 1/3 \times T_{K(\equiv)} = 1/3 \times 0.1mm = 0.033mm$

$$\Delta_{G(20)} = 0.2 \times 1/3mm = 0.067mm$$

$$\because \sum\Delta_{(20)} = \sqrt{0^2 + 0.052^2 + 0^2 + 0.03^2 + 0.06^2 + 0.067^2}\ mm = 0.108mm$$

$$\therefore J_{C(20)} = T_{K(20)} - \sum\Delta_{(20)} = 0.2mm - 0.108mm = 0.092mm > 0$$

$$\because \sum\Delta_{(\equiv)} = \sqrt{0.041^2 + 0.052^2 + 0^2 + 0.03^2 + 0.033^2}\ mm = 0.087mm$$

$$\therefore J_{C(\equiv)} = T_{K(\equiv)} - \sum \Delta_{(\equiv)} = 0.1\text{mm} - 0.087\text{mm} = 0.013\text{mm} > 0$$

所以此方案可使用。

值得注意的是夹具一般是单件生产，且精度要求高，多采用“修配法”装配，有“配作”及“精作”要求时，须要在总图技术要求中标明；有时也可能采用“调整法”装配保证夹具使用精度，此时要合理选择调整件。

本章小结

本章主要介绍了机床专用夹具设计的基本知识和基本方法。通过本章的学习，使学生能够根据零件的具体结构和加工要求，合理确定零件的定位和夹紧方案，初步掌握专用机床夹具的设计方法与技巧。

思考题

1. 机床夹具由哪几部分组成？各部分的作用是什么？通常分为哪些类型？

2. 工件在夹具中定位、夹紧的任务是什么？

3. 分析图 12-47 所示定位方案：①确定各定位元件限制的自由度；②判定有无欠定位或过定位；③对不合理的定位方案提出改进意见。

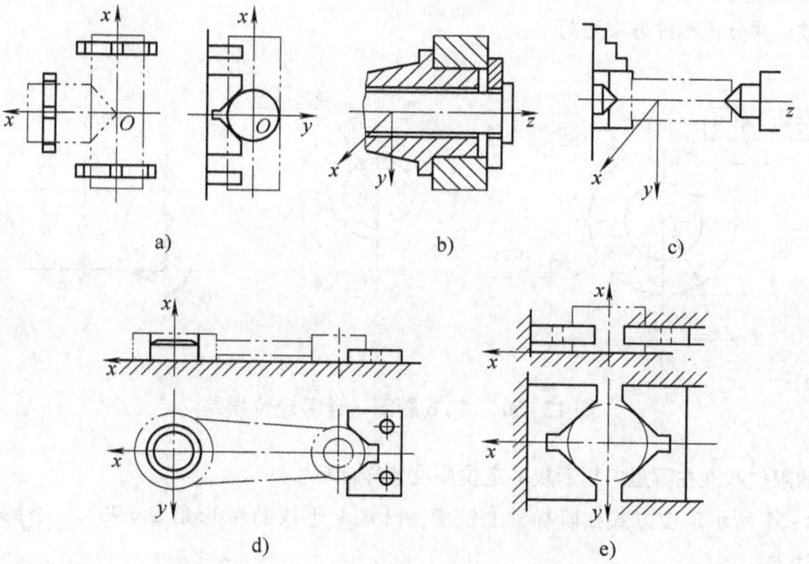

图 12-47　第 3 题图—分析定位方案

a）T 形轴钻中心孔，孔心 Ox 与 Oz 垂直　b）车外圆，外圆与内孔同轴　c）车阶梯外圆　d）盘形件钻外圆同轴孔　e）钻铰连杆小头孔，保证与大头孔的距离及平行度

4. 根据所标注的加工要求，分析图 12-48 所列零件加工时必须限制的自由度，选择定位基准和定位元件，并用规定的符号在图中标出定位及夹紧方式。

已知：图 12-48a 过球心钻一通孔；图 12-48b 加工齿轮坯两端面，要求保证尺寸 A 及端面与内孔垂直度；图 12-48c 在轴上铣槽，保证 H 和 L；图 12-48d 心轴上钻通孔，保证 L 及 ϕD；图 12-48e 在支座零件上加工两通孔，保证尺寸 A 和 H。

5. 如图 12-49 零件所示，锥孔及各平面均已加工好，现在铣床上铣宽为 b 的键槽，要求保证槽与锥孔对称，并与 A 面平行，还要保证槽深 h，图示定位是否合理，如不合理需如何改进？

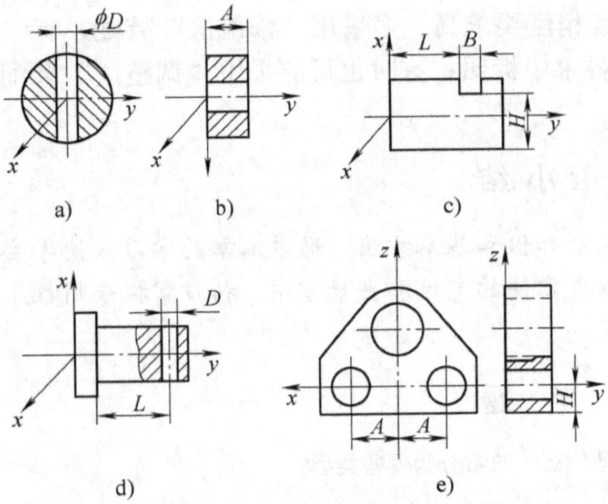

图 12-48 第 4 题图—分析零件定位自由度、选择定位基准和定位元件

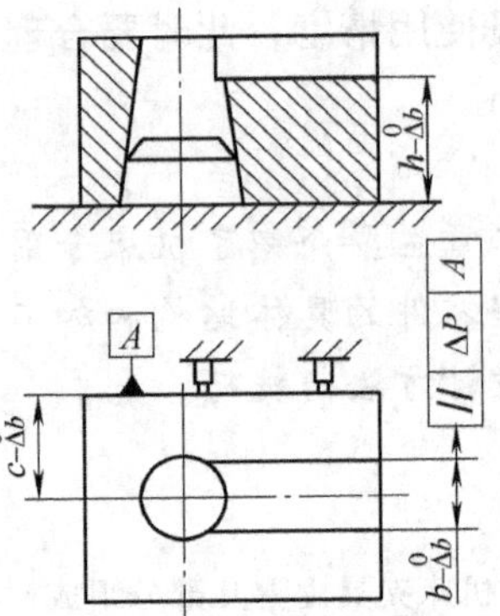

图 12-49 第 5 题图—分析零件定位的合理性

6. 在工件上铣键槽，要求如图 12-50a 所示，试计算图 12-50b、c 所示的两定位方案中 $45_{-0.2}^{0}$mm 和对称度的定位误差，并分析哪种方案更好。

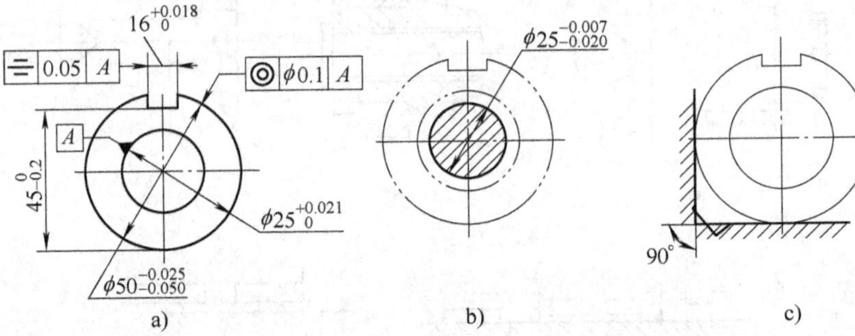

图 12-50 第 6 题图—计算定位误差

7. V 形块的限位基准在哪里？V 形块的定位高度怎样计算？

8. 用图 12-51 所示定位方式在阶梯轴上铣槽，已知 V 形块的 V 形角 $\alpha=90°$，试计算加工尺寸 74 ± 0.1mm 的定位误差。

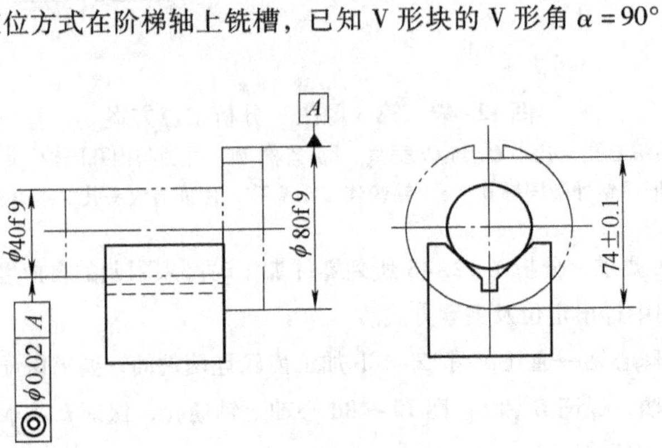

图 12-51 第 8 题图—计算定位误差

9. 对夹紧装置的基本要求有哪些？
10. 钻床夹具有哪些类型？各类钻模有何特点？
11. 铣床夹具的结构类型有哪几种？各适用于什么类型的工件？
12. 常用车床夹具有哪几类？车床夹具与车床主轴的连接方式有哪几种？

参考文献

[1] 吴拓. 金属切削加工及设备 [M]. 北京：机械工业出版社，2006.
[2] 金捷. 机械制造技术 [M]. 北京：清华大学出版社，2006.
[3] 张普礼，杨琳. 机械加工设备 [M]. 北京：机械工业出版社，2005.
[4] 周宏甫. 机械制造技术基础 [M]. 北京：高等教育出版社，2004.
[5] 孙庆群. 机械工程综合实训 [M]. 北京：机械工业出版社，2006.
[6] 焦小明，孙庆群. 机械加工技术 [M]. 北京：机械工业出版社，2005.
[7] 孙庆群，周宗明. 金属切削加工原理及设备（修订版）[M]. 2 版. 北京：科学出版社，2008.
[8] 周宗明. 金属切削机床 [M]. 北京：清华大学出版社. 2004.
[9] 胡黄卿. 金属切削原理与机床 [M]. 北京：化学工业出版社，2004.
[10] 隋秀凛. 现代制造技术 [M]. 北京：高等教育出版社，2003.
[11] 黎震. 机械制造基础 [M]. 北京：高等教育出版社，2006.
[12] 吴安德. 机械制造基础 [M]. 北京：高等教育出版社，2004.
[13] 韩步愈. 金属切削原理与刀具 [M]. 北京：机械工业出版社，2006.
[14] 李一民. 数控机床 [M]. 南京：东南大学出版社，2005.
[15] 卢小平. 现代制造技术 [M]. 北京：清华大学出版社，2003.
[16] 太原市金属切削刀具协会. 金属切削实用刀具技术 [M]. 2 版. 北京：机械工业出版社，2002.
[17] 董庆华. 车削工艺分析及操作案例 [M]. 北京：化学工业出版社，2009.
[18] 周同玉. 机械制造技术与设备 [M]. 北京：机械工业出版社，2006.